"大国三农"系列规划教材

普通高等教育"十四五"规划教材

农业智能装备嵌入式系统原理

——基于 ARM Cortex-M4 内核微控制器

谢 斌 主编

中国农业大学出版社

·北京·

内容简介

本书为“大国三农”系列规划教材。从智能农业需求出发，讲述嵌入式系统原理及其在农业装备中的应用，基于以 ARM Cortex-M4 为内核的 STM32F4xx/GD32F4xx 系列微控制器，由浅入深，以点带面，介绍了微控制器内核和外设的硬件组成结构和工作原理，并通过应用实例展示采用标准库和硬件抽象库的编程方法。第 1 章绪论，介绍嵌入式系统的基本概念、开发方法和农业智能装备中的嵌入式技术应用；第 2 ～ 4 章介绍了 ARM Cortex-M4 体系结构、软件基础以及 STM32F4xx/GD32F4xx 微控制器应用基础；第 5 ～ 10 章介绍了通用输入 / 输出（GPIO）、定时器（TIM）、显示接口、同步 / 异步串行通信（USART）、串行总线（SPI、I^2C、CAN）、模拟信号转换（ADC、DAC）等外设的内部结构、功能特点、寄存器定义与初始化、应用方法；第 11 章介绍了基于 ARM Cortex-M4 内核的微控制器在智能农业装备中的综合应用实例。

本书既可以作为农业工程、机械工程等一些涉农类、机械类、电子类专业的本科生、专科生或研究生学习嵌入式技术的教材，也可以作为相关专业技术人员的参考书。

图书在版编目（CIP）数据

农业智能装备嵌入式系统原理：基于 ARM Cortex-M4 内核微控制器 / 谢斌主编 .-- 北京：中国农业大学出版社，2023. 12

ISBN 978-7-5655-3062-3

Ⅰ. ①农… Ⅱ. ①谢… Ⅲ. ①农业电气化—微控制器—研究 Ⅳ. ① S24-39

中国国家版本馆 CIP 数据核字（2023）第 173710 号

书　名　农业智能装备嵌入式系统原理——基于 ARM Cortex-M4 内核微控制器

NONGYE ZHINENG ZHUANGBEI QIANRUSHI XITONG YUANLI——JIYU ARM Cortex-M4 NEIHE WEIKONGZHIQI

作　者　谢　斌　主编

策划编辑　张秀环　　**责任编辑**　张秀环

封面设计　中通世奥图文设计

出版发行　中国农业大学出版社

社　址　北京市海淀区圆明园西路 2 号　　**邮政编码**　100193

电　话　发行部 010-62733489, 1190　　读者服务部 010-62732336

编辑部 010-62732617, 2618　　出　版　部 010-62733440

网　址　http: //www.caupress.cn　　**E-mail**　cbsszs@cau.edu.cn

经　销　新华书店

印　刷　运河（唐山）印务有限公司

版　次　2023 年 12 月第 1 版　　2023 年 12 月第 1 次印刷

规　格　185 mm × 260 mm　　16 开本　　19.75 印张　　490 千字

定　价　62.00 元

图书如有质量问题本社发行部负责调换

编 写 人 员

主　编　谢　斌（中国农业大学）

副主编　周　俊（南京农业大学）

谭　彧（中国农业大学）

编　者（按姓氏笔画排序）

丁　力（河南农业大学）

闫银发（山东农业大学）

李　涵（江汉大学）

陈　雨（西北农林科技大学）

周　俊（南京农业大学）

庞　靖（河南科技大学）

温昌凯（北京市农林科学院智能装备技术研究中心）

谢　斌（中国农业大学）

谭　彧（中国农业大学）

翟志强（中国农业大学）

前言

近些年来，随着互联网、人工智能、信息技术以及物联网的快速发展，全球产业逐渐向数字化、智能化方向发展，传统农业也不断与新兴科学技术结合，逐渐向精准农业、智能农业、智慧农业转变。其中智能化农业装备已经成为现代农业发展的核心支撑，其显著特点是以机械装备为载体，融合电子、信息、生物、材料、现代制造等高新技术，贯穿农业生产经营中育种、耕整、种植、养殖、管理、收获、运输、贮存、加工等全过程各环节，实现性能增强、通信互联、安全可靠、自动高效、精准控制。

在农业装备技术体系中智能化系统无所不在，农业生产全生命周期“实时感知、智能控制、精准作业、智慧服务”中离不开嵌入式技术。2019 年教育部提出的“新农科”建设也顺应农业的发展方向，强调新农科人才需要掌握更多智能化时代的知识和新型技术，培养方式上要求应用更多的电子化、信息化技术。2022 年中国共产党第二十次全国代表大会明确提出“加快建设农业强国”“强化农业科技和装备支撑”，扎实推动农业人才振兴。

嵌入式系统是一种以应用为中心、综合硬件和软件的完整计算机系统，是实现智能化的基础构件，凭借其高效、稳定、经济等特点影响着我们生活的方方面面，同时也是我们掌握智能农业装备必不可少的知识内容。

嵌入式技术所用的处理器种类众多，其中英国 ARM 公司的 Cortex-M 系列处理器无疑是最受欢迎的入门学习对象，由于其低功耗、高可靠性、高性能且低成本的综合优势，在嵌入式微控制器市场领域中独领风骚，出货率和占有率都很高。本书以中等性能 ARM Cortex-M4 内核为基础，选用 STM32F407 和 GD32F407 微控制器为蓝本，介绍了嵌入式系统中微控制器内核、外设的硬件结构、工作原理和编程方法，列举了大量的实例代码和面向智能农业装备的应用。

本书主要内容来自我们团队多年对农业装备的智能化、数字化研究实践，编排内容和实例展示具有一定的实用性和代表性，希望本书给读者带来一些帮助和提供解决开发过程中实际问题的参考，并推动智能农业相关技术的普及。

本书每章均配以导学 PPT、实例练习视频，读者可通过扫描书中二维码进入数字资源在线学习，登录中国农业大学出版社教学服务平台可以获得更多学习资源。读者若需要更多的资料，也可以联系主编获取。本书的读者需要具有一定的 C 语言、数字电路、模拟电路以及计算机（或单片机）原理基础，适合广大学习和从事嵌入式技术的学生和技术人员。

本书所列实例代码的开发环境和版本号为：开发平台采用 Keil MDK-ARM 5.35 和 CMSIS 5.8.0，所选微控制器 Pack 包分别是 Keil.STM32F4xx_DFP.2.16.0.pack 和 GigaDevice.GD32F4xx_DFP.3.0.3.pack，标准外设库分别为 STM32F4xx_DSP_StdPeriph_Lib_V1.8.0 和 GD32F4xx_Firmware_Library_V2.1.4，硬件抽象库法所用图形化软件是 STM32CubeMX V5.6.1。这些文件均能通过相应公司的官网下载，读者可自行下载相同、相近或最新的版本，

也可联系主编拷贝。

西北农林科技大学陈雨老师负责第 1 章，中国农业大学翟志强老师负责第 2 章，中国农业大学谢斌老师负责第 3、第 4 章和附录，江汉大学李涵老师负责第 5、第 6 章，河南科技大学的庞靖老师负责第 7 章，山东农业大学闫银发老师负责第 8 章，河南农业大学丁力老师负责第 9、第 10 章，北京市农林科学院智能装备技术研究中心温昌凯博士负责第 11 章；南京农业大学周俊教授和中国农业大学谭彧教授担任副主编，对初稿进行了大量修改；中国农业大学谢斌教授对全书进行了统稿。本书在编写过程中，河南科技大学的徐立友教授提出了许多宝贵的意见和建议；张胜利、罗振豪、刘楷东、陈仲举、娇伟鹏、侯宇豪、邢少凡、赵子豪、陈召以及何彦江等研究生进行了例程代码校对；还得到了行业中多名专家的指导、所在学校领导与同事的支持以及研究生们的帮助，在此一并表示感谢。

本书在编写过程中参考和借鉴了大量的资料，并在例程开发中得到了北京兆易创新科技集团股份有限公司的技术支持，在此致以诚挚的谢意。

限于编者的水平，本书难免存在疏漏之处，所提供的实例解决思路和参考代码也可能并非最佳方式。如果读者有所疑问和建议可以通过邮件 xiebincau@126.com 联系主编，主编将与读者一起真诚交流，共同提高。

编　者

2023 年 5 月

目　录

第 1 章　绪论 …… 1
1.1　农业装备的智能化 …… 1
1.1.1　智能农业装备概述 …… 1
1.1.2　农业装备智能技术应用一览 …… 2
1.1.3　智能系统的组成 …… 3
1.2　嵌入式系统 …… 5
1.2.1　嵌入式系统的特点 …… 6
1.2.2　嵌入式系统的结构组成 …… 7
1.2.3　嵌入式系统的分类 …… 8
1.2.4　几个基本概念 …… 9
1.3　嵌入式系统的发展 …… 11
1.3.1　嵌入式系统的发展历程 …… 11
1.3.2　嵌入式系统的发展趋势 …… 12
1.3.3　嵌入式系统在农业领域的应用前景 …… 13
1.4　嵌入式系统开发流程和开发平台 …… 14
1.4.1　传统开发模式 …… 14
1.4.2　V 型开发模式 …… 15
1.4.3　交叉开发平台 …… 16
1.5　嵌入式技术的学习建议 …… 17
思考题与练习题 …… 18

第 2 章　ARM Cortex-M4 体系结构 …… 19
2.1　ARM Cortex-M 系列概述 …… 19
2.1.1　ARM Cortex 产品系列 …… 19
2.1.2　ARMv7-M 架构 …… 21
2.1.3　ARM Cortex-M4 特点 …… 22
2.2　ARM Cortex-M4 内部结构 …… 22
2.2.1　处理器 CPU 内核 …… 23
2.2.2　总线矩阵和总线接口 …… 24
2.2.3　存储器系统和位段 Bitband …… 26
2.2.4　内存保护单元 MPU …… 28
2.2.5　异常和中断处理系统 …… 29
2.2.6　浮点运算和数字信号处理 …… 30
2.2.7　系统定时器 SysTick …… 30
2.2.8　调试体系结构 …… 30
2.2.9　支持睡眠模式的电源管理 …… 31
2.3　常见 ARM Cortex-M4 内核微控制器 …… 31

2.3.1 恩智浦半导体 NXP 公司 …… 32
2.3.2 意法半导体 ST 公司 …… 33
2.3.3 德州仪器 TI 公司 …… 34
2.3.4 爱特美尔 Atmel 公司（微芯 Microchip）…… 34
2.3.5 北京兆易创新科技集团股份有限公司 …… 35
2.3.6 雅特力科技股份有限公司 …… 36
思考题与练习题 …… 36

第 3 章 ARM Cortex–M4 软件基础 …… 37
3.1 ARM Cortex-M4 处理器运行特性 …… 37
3.1.1 运行模式和特权级别 …… 37
3.1.2 数据类型 …… 38
3.1.3 堆栈操作 …… 38
3.1.4 内核寄存器组 …… 39
3.1.5 异常和中断系统 …… 42
3.1.6 复位序列 …… 44
3.1.7 内核组件特殊功能寄存器 …… 45
3.2 ARM Cortex-M4 指令集 …… 46
3.2.1 概述 …… 46
3.2.2 指令格式 …… 47
3.2.3 存储器访问指令 …… 49
3.2.4 通用数据处理指令 …… 50
3.2.5 分支和控制指令 …… 51
3.2.6 乘除、饱和、浮点和打包运算指令 …… 52
3.2.7 位域指令 …… 53
3.2.8 其他指令 …… 54
3.2.9 伪指令 …… 55
3.2.10 汇编语言操作符 …… 56
3.3 软件接口标准 CMSIS …… 56
3.3.1 CMSIS 概述 …… 56
3.3.2 CMSIS 软件结构及层次 …… 57
3.3.3 CMSIS 组件 …… 58
3.3.4 CMSIS 文件结构 …… 59
3.3.5 CMSIS 的规范和工具链 …… 60
思考题与练习题 …… 60

第 4 章 STM/GD32F4xx 微控制器应用基础 …… 62
4.1 STM/GD32F4xx 系列芯片概述 …… 62
4.1.1 命名规则 …… 62
4.1.2 产品特性 …… 63
4.1.3 硬件组成框图 …… 63
4.1.4 时钟体系 …… 68

4.1.5 复位方式 …… 68
4.2 STM/GD32F40x 最小应用系统和开发板 …… 70
4.2.1 芯片引脚 …… 70
4.2.2 最小系统电路图 …… 72
4.2.3 开发板及其资源 …… 74
4.3 STM/GD32F4xx 编程方法 …… 75
4.3.1 编程平台概述 …… 75
4.3.2 开发平台与编程方法 …… 76
4.3.3 嵌入式汇编语言编程 …… 82
4.3.4 嵌入式 C 语言编程 …… 83
4.3.5 嵌入式系统编程步骤 …… 87
思考题与练习题 …… 88

第 5 章 通用输入 / 输出（GPIO）…… 89
5.1 GPIO 端口结构与工作原理 …… 89
5.1.1 GPIO 功能和特点 …… 89
5.1.2 结构原理 …… 90
5.1.3 工作模式 …… 95
5.2 GPIO 端口寄存器 …… 96
5.2.1 GPIO 寄存器一览表 …… 96
5.2.2 GPIO 寄存器介绍 …… 98
5.2.3 GPIO 功能的初始化 …… 100
5.3 GPIO 端口编程方法 …… 101
5.3.1 SysTick 计时使用方法 …… 101
5.3.2 操作步骤 …… 104
5.3.3 库函数说明 …… 104
5.3.4 GPIO 应用实例 1 …… 105
5.3.5 GPIO 应用实例 2 …… 110
5.4 外部中断 / 事件控制器（EXTI）…… 114
5.4.1 概述 …… 114
5.4.2 EXTI 结构原理 …… 115
5.4.3 中断优先级和向量表 …… 116
5.4.4 EXTI 寄存器和初始化 …… 117
5.4.5 外部中断应用实例 …… 120
思考题与练习题 …… 125

第 6 章 定时器（TIM）…… 126
6.1 定时器工作原理和分类 …… 126
6.1.1 定时器的种类 …… 126
6.1.2 时基单元工作原理 …… 127
6.1.3 基本定时器定时原理 …… 128
6.1.4 高级定时器结构与特性 …… 129

6.1.5 通用定时器特性 …… 131
6.2 定时器功能描述 …… 132
6.2.1 计数时钟源 …… 132
6.2.2 计数器模式 …… 133
6.2.3 输入捕捉模式 …… 134
6.2.4 输出比较模式 …… 135
6.2.5 输出 PWM 功能 …… 136
6.2.6 互补输出、死区插入和断路功能 …… 138
6.2.7 单脉冲输出模式 …… 139
6.2.8 编码器输入接口 …… 140
6.2.9 霍尔传感器输入接口 …… 141
6.2.10 定时器同步（互连）…… 142
6.3 定时器寄存器及初始化 …… 143
6.3.1 定时器寄存器一览表 …… 143
6.3.2 定时器控制寄存器 …… 144
6.3.3 定时器状态、中断和事件寄存器 …… 147
6.3.4 定时器捕捉 / 比较寄存器 …… 149
6.3.5 影子寄存器和计数寄存器 …… 152
6.3.6 定时器死区 / 断路寄存器 …… 152
6.3.7 定时器寄存器的初始化 …… 153
6.4 定时器应用 …… 156
6.4.1 定时器引脚分配 …… 156
6.4.2 定时器库函数介绍 …… 157
6.4.3 定时器应用实例——定时中断 …… 160
6.4.4 定时器应用实例——PWM 输出 …… 166
6.4.5 定时器应用实例——测量频率 …… 171
思考题与练习题 …… 176

第 7 章 显示接口 …… 177
7.1 数码管显示接口（GPIO 方式）…… 177
7.1.1 数码管显示原理 …… 177
7.1.2 数码管显示接口 …… 179
7.1.3 数码管显示应用实例 …… 180
7.2 液晶显示接口（FSMC 方式）…… 184
7.2.1 液晶显示概述 …… 184
7.2.2 FSMC 的功能和外设地址映射 …… 185
7.2.3 FSMC 接口信号和时序模型 …… 187
7.2.4 FSMC 的寄存器和初始化 …… 189
7.2.5 TFT LCD 显示应用实例 …… 191
7.3 OLED 显示接口（I^2C 方式）…… 195
7.3.1 OLED 概述 …… 195

7.3.2 OLED 显示应用实例 …… 196
思考题与练习题 …… 197
第 8 章 同步 / 异步串行通信（USART）…… 198
8.1 串行通信概述 …… 198
8.1.1 串行通信基本概念 …… 198
8.1.2 串行通信接口种类 …… 200
8.1.3 无线串行通信 …… 201
8.2 串行通信 USART 工作原理 …… 202
8.2.1 功能特点 …… 202
8.2.2 内部组成和工作原理 …… 203
8.2.3 工作模式 …… 204
8.2.4 帧格式 …… 204
8.2.5 波特率计算 …… 205
8.3 串行通信的应用 …… 207
8.3.1 寄存器和标志位 …… 207
8.3.2 引脚分配和初始化 …… 209
8.3.3 USART 库函数说明 …… 211
8.3.4 重定义 printf 函数 …… 212
8.3.5 串行通信应用实例 …… 213
思考题与练习题 …… 218
第 9 章 串行总线（SPI、I²C、CAN）…… 219
9.1 串行总线 SPI …… 219
9.1.1 SPI 总线概述 …… 219
9.1.2 硬件结构和工作流程 …… 220
9.1.3 寄存器及其初始化 …… 222
9.1.4 操作步骤和库函数 …… 223
9.1.5 SPI 总线应用实例 …… 224
9.2 串行总线 I²C …… 229
9.2.1 I²C 总线概述 …… 229
9.2.2 硬件结构和特性 …… 230
9.2.3 I²C 通信流程 …… 231
9.2.4 寄存器及其初始化 …… 233
9.2.5 操作步骤和库函数 …… 234
9.2.6 I²C 总线应用实例 …… 235
9.3 局域网总线 CAN …… 240
9.3.1 CAN 总线概述 …… 240
9.3.2 硬件结构和特点 …… 242
9.3.3 寄存器及其初始化结构体 …… 243
9.3.4 工作模式 …… 245
9.3.5 CAN 通信的波特率和标识符过滤 …… 247

9.3.6 报文发送 / 接收流程和库函数 …… 248
9.3.7 CAN 总线应用实例 …… 250
思考题与练习题 …… 257

第 10 章 模拟信号转换（ADC、DAC） …… 258
10.1 模拟信号转换概述 …… 258
10.1.1 基本概念 …… 258
10.1.2 分类 …… 259
10.2 模 / 数转换器 ADC …… 260
10.2.1 硬件结构和特点 …… 260
10.2.2 转换模式 …… 262
10.2.3 转换参数 …… 263
10.2.4 寄存器及其初始化 …… 264
10.2.5 标准库函数 …… 266
10.2.6 ADC 应用实例 …… 267
10.3 数 / 模转换器 DAC …… 274
10.3.1 硬件结构和特点 …… 274
10.3.2 寄存器及其初始化 …… 275
10.3.3 DAC 应用实例 …… 276
思考题与练习题 …… 279

第 11 章 嵌入式系统设计与开发 …… 280
11.1 嵌入式操作系统 …… 280
11.1.1 基本概念 …… 280
11.1.2 实时操作系统之 RTX …… 282
11.1.3 实时操作系统之 FreeRTOS …… 283
11.2 农田信息监测物联网系统 …… 284
11.2.1 组建方案 …… 284
11.2.2 采集节点设计 …… 285
11.2.3 网关设计 …… 286
11.3 单轨运输机控制系统 …… 287
11.3.1 开发需求 …… 287
11.3.2 电路设计 …… 288
11.3.3 软件编写 …… 290
11.3.4 调试方法 …… 291
思考题与练习题 …… 292

附 录 …… 293
附表 1 ASCII 码表 …… 293
附表 2 STM/GD32F407 微控制器的中断 / 异常向量表 …… 294

参考文献 …… 301

第 1 章　绪论

农业装备的智能化离不开嵌入式技术，嵌入式系统可见于农业生产的各个环节中。本章首先从农业装备上的智能系统应用概述出发，然后以智能农业装备实例讲解嵌入式系统的组成、概念、发展以及相关基础知识。本章导学请扫数字资源 1-1 查看。

数字资源 1-1
第 1 章导学

1.1　农业装备的智能化

1.1.1　智能农业装备概述

智能农业装备是指将先进电子技术、信息通信技术、互联网技术、智能控制和检测技术等运用于农业领域中融合创新所形成的新型装备。智能农业装备的“智能”体现在装备系统具有感知、分析、推理、决策、控制的功能，其中又以“知识”是作用于系统输入信息并产生系统输出时的关键特征。因此，智能农业装备可应用于农业生产的各个过程和环节，获取农业中的各种信息并形成“知识”以供智能使用。

智能农业装备涵盖了农机定位监控与自动驾驶、“耕种管收”全程无人化、农业机器人、农机作业参数智能监测与计量、作业环境数据采集与处理、智能设备协同与精准作业、数据远程传输与分析决策、数据共享与应用等领域。例如，农业机器人可以在育秧、移苗、嫁接和农产品收获等方面替代人力，可保证实现农业精准化生产。再如，智能化农业管理系统由农机配置、机具状态及智能化实时调度组成，在一个农场、一片区域甚至全国形成高效的农业生产管理网络，采集农业地理、作业环境、农机作业参数、智能农机决策等信息，并进行传递、存储和分析；通过建立统一完善的信息管理系统，根据农作物生长情况和气候变化采取相应的调度措施；借助各种传感器和中央处理芯片实现多个农机的智能化互联，对协同作业的农机进行智能化管理，使农机作业效果达到最优化。

又如，物联网技术在精准灌溉、精准施肥、病虫害防治、环境智能调控、智慧水产、智慧畜禽业等领域发挥了重要作用。在精准灌溉方面已经实现了温室大棚物联网控制与管理系统，该系统能够快速可靠地发送控制指令，为每个农户配备专有的生产档案和专家系统，实现农产品基本信息的追溯，定时、定量、精准地控制灌溉和施肥，自动调节大棚内各类环境参数。基于物联网技术的农田精准施肥管理系统专注于生态监测领域应用，囊括了检测管理、数据管理、监测管理、网络管理、信息管理、系统管理几大模块的主要功能，该系统操作简单，使用者直接登录后根据提示和需求直接操作即可，非常适用于现在生态监测行业需求。基于物联网技术智慧水产养殖系统，突破了传统水产养殖模式的桎梏，引入了更加智能化、自动化、专业化的现代养殖模式，不仅保证了水产品的生存环境，而且能够大大地提高水产品的质量和品质。以嵌入式控制技术作为核心，结合物联网技术的智能猪舍环境监测与调控系统，通过4G信号为整个系统提供网络通信，搭载空气温湿度传感器、NH_3浓度传感器、H_2S浓度传感器、CO_2浓度传感器、恒温通风装置、除湿装置和负压风机，各数据节点将实时采集到的数据汇总至控制单元做计算处理，通过网关上传到云端，最终在客户端上实现系统远程的监测与调控的功能。在病虫害防治方面，物联网也发挥了十分巨大的作用。利用物联网病虫害防治公共服务平台，可以对病虫害信息进行检索，实现远程诊断、信息预警等功能。

1.1.2 农业装备智能技术应用一览

农业装备使用到的常见智能技术（表1-1和图1-1），体现出目前农业装备智能化的程度，而嵌入式系统作为智能技术的核心则被广泛使用，成为实现精准农业、智能农业和智慧农业不可或缺的基础。

表1-1 农业装备所用智能技术一览

序号	农业装备名称	智能技术	嵌入式系统举例
1	拖拉机	发动机电控，电液负载换挡，自主导航、无人驾驶，农机具悬挂控制	柴油机电控系统ECM、自动导航控制系统
2	联合收获机	发动机电控，自动导航，工作装置如割台、脱粒清选装置的智能控制，收获质量监测如损失率、产量，无级变速，多机协同	割台仿形控制系统、作业负荷自动控制系统
3	播种机	种子检测及精密播种，定位开穴，漏播检测及补偿技术	播种量调控系统
4	喷药/施肥机	静液压驱动控制，对靶喷雾，循环喷雾，防飘喷雾，变量喷药/施肥，自动比例混合	变量施肥控制系统
5	灌溉设备	节水装置（如微灌、滴灌、喷灌等），远程监控，自动变量	水肥一体化灌溉系统
6	农业四情监测	墒情、苗情、病虫情以及灾情监测系统，土壤墒情（温湿度、水分、pH、氮磷钾等）无线监测站	手持式土壤环境监测仪、虫情测报灯
7	农业机器人	采摘机器人（苹果、菠萝、番茄、黄瓜等），移栽机器人，分拣机器人，田间作业机器人（除草、施肥、喷雾等）	苹果采摘机器人执行末端控制系统
8	农业无人机	植保无人机，巡检无人机，遥感无人机	植保无人机飞行控制系统
9	设施农业	智能大棚，智能温室，微环境调控（如光、温、水、肥、气等），农产品质量安全追溯系统，植物工厂技术	环境智能控制系统
10	设施养殖	环境控制，精准饲喂，疫病防控，清洁养殖	饲喂智能配给系统
11	农场管理	农业信息化，无人农场，云管控系统，农业物联网，农业局域网，农机服务，数据平台	远程信息采集系统
12	其他	农产品加工，冷鲜物流，仓储保鲜	农产品实时跟踪系统

从表1-1和图1-1中可以看出农业装备的智能化离不开嵌入式技术，嵌入式系统广泛应用于农业领域。

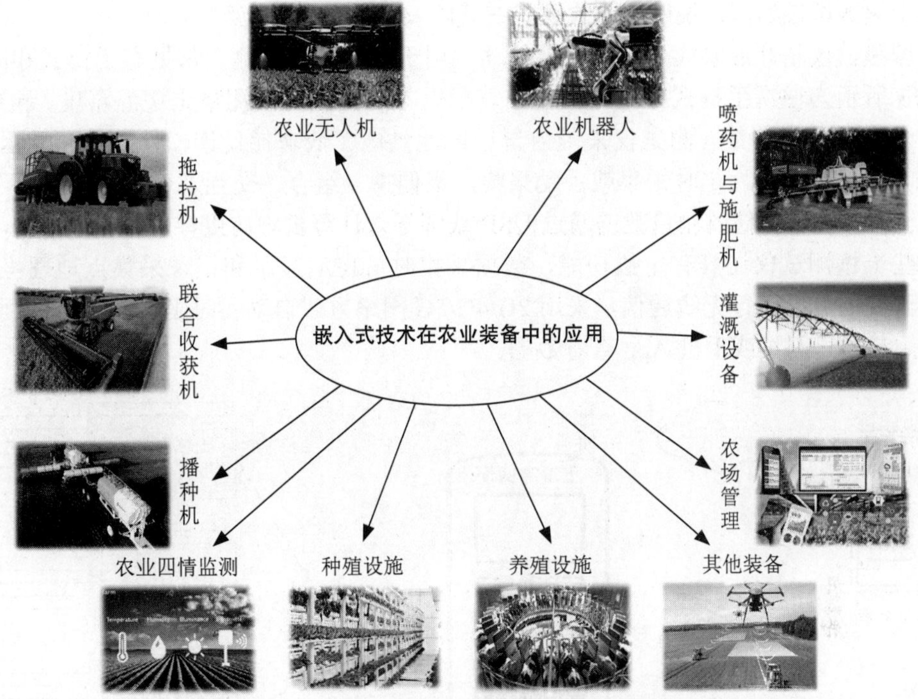

图 1-1 嵌入式技术在农业装备中的应用

1.1.3 智能系统的组成

一个农业装备智能系统一般由嵌入式计算机系统、输入元件、输出元件、人机交互元件、通信互联和电源供给等部分组成，如图 1-2 所示，这些组成可依据农业装备不同的功能而有所取舍。嵌入式计算机系统是整个智能系统的核心，起到“大脑”的作用；输入元件指的是感知元件，如温度、压力等各种传感器，捕捉或检测农业装备对象产生的各种信号；输出元件为执行装置，如电机、电磁阀等，实现参数显示与控制执行一定的操作；人机交互元件通常有 LCD 显示屏、LED 灯、数码管、手柄等；通信互联指的是各种通信方式，如 WiFi、CAN 总线、物联网、ZigBee 等，传递系统间的数据；电源供给则是为智能系统提供稳定可靠、不同规格的各种电源，如电池、DC/DC、AC/DC 等。

图 1-2 中嵌入式计算机系统即是嵌入式系统，也称为控制器、控制单元、机载电脑等，是一种专用的计算机系统。

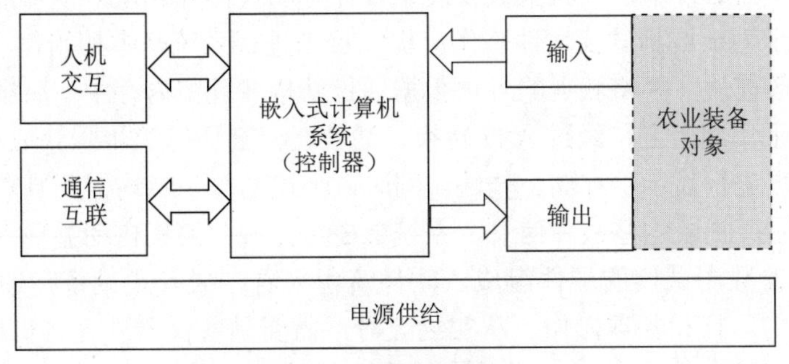

图 1-2 智能系统组成

以土壤测试仪为例，说明嵌入式系统在智能农业装备中的应用。

土壤测试仪是开展农业生产的重要仪器，用于土壤墒情监测，常见有手持式和固定式。如图 1-3 所示为便携手持式土壤测试仪，若配以不同探头可以测量土壤温湿度、pH、各种微量元素含量等多参数。测试仪采用内置锂电池供电、低功耗设计，具有液晶显示、内部存储等功能，可设置为定时采集或手动采集，集便携、组合、交互及寿命长等特点于一体。采集完毕后，内部存储的测量数据通过 USB 线缆导入计算机中，进行后续数据处理。

某些土壤测试仪还具有定位功能，数据采集时可自动显示和记录采集点地理坐标。另外，测试仪还可以进行无线通信，采用 2G/4G/5G 网络方式自动实时上传测量数据到云端服务器，用户通过网页或手机 App 查看数据。

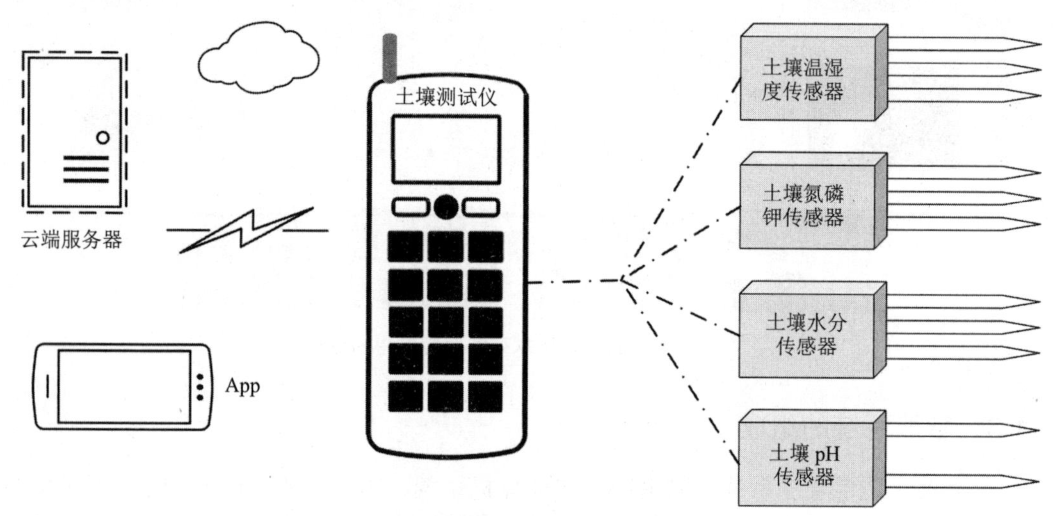

图 1-3　便携手持式土壤测试仪

如图 1-4 所示为土壤测试仪的硬件组成，从功能模块可以划分为：输入部分是传感器模拟信号经由 AI 模块进行 A/D 转换；输出部分为通用数字接口 GPIO 输出驱动报警灯；通信部分有 SPI 总线接 SD 卡存储、串行口 USART1 接 GNSS 全球定位接收器、串行口 USART2 接无线传输模块；人机交互部分通过通用数字接口 GPIO 连接按键、静态存储控制器 FSMC 连接液晶 LCD 显示器、I^2C 总线连接语音模块以及电源部分、调试部分。

在此基础上，完成电路原理图的绘制、电路板 PCB 制作以及元器件焊接，形成土壤测试仪主板。然后，依据功能要求进行软件编程，并进行调试。最后将程序代码编译好的目标文件下载到微控制器芯片中，并将主板安装于设计好的仪器外壳里，便形成了产品。

如图 1-5 所示为土壤测试仪软件工作流程，首先进行系统基本初始化，然后启动 GNSS 模块和远程传输等模块，并将获得的各项数据通过结构体驻留内存中。后续对测试参数的种类切换到不同的采集通道上，经过 A/D 转换、滤波、标定计算等步骤获取有效的测量结果。然后汇总本次数据进行显示、存储、传输。同时，上述的每一步均需要判断故障，并在每次任务中收集、显示、提示这些故障信息。系统上电后，按此流程自动循环运行。

从上述土壤参数测试仪的硬件组成、软件流程来看，嵌入式设备是通过硬件和软件的协同来完成系统的运行和各项操作。从实物上看，需要具备仪器外壳（机械部件）、硬件电路板和软件代码，这些构成了嵌入式系统的物质基础。从农业领域专业的角度来看，对土

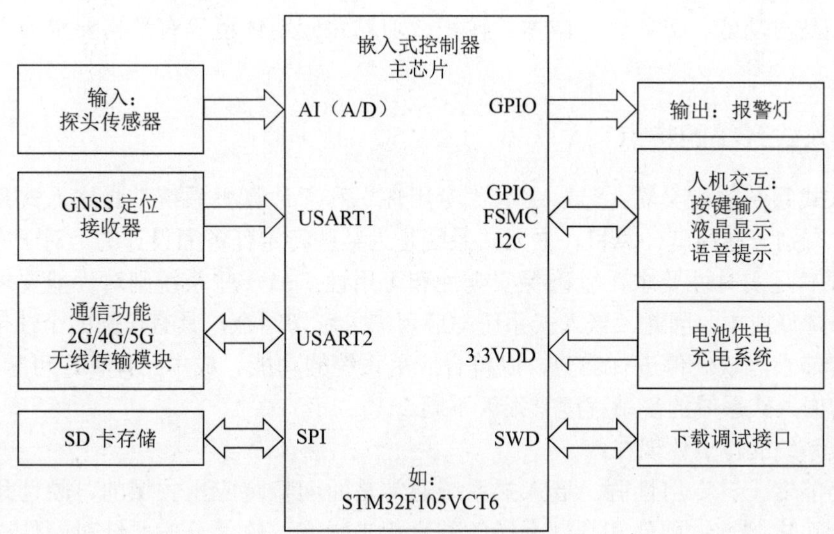

图 1-4　土壤测试仪的硬件组成

壤参数的处理则是智能系统的核心概念，其算法体现出本专业的优势，体现智能中“知识”的专有特征。

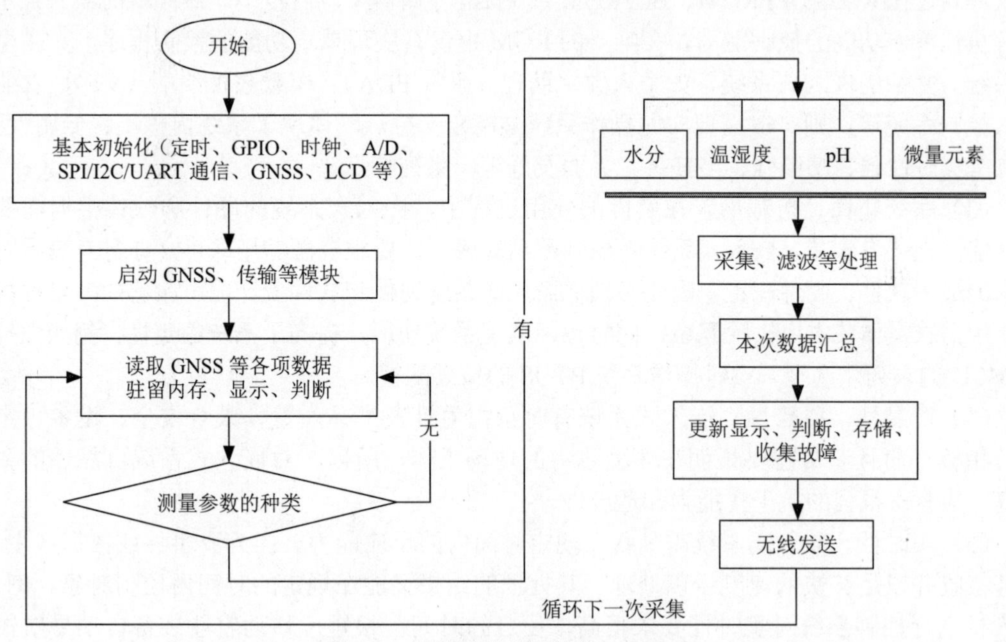

图 1-5　土壤测试仪的软件工作流程

1.2　嵌入式系统

嵌入式系统（embedded systems）是指嵌入对象体系中的，用于执行独立功能的专用计算机系统。通常，嵌入式系统的定义描述为：以应用为中心，以微电子技术、控制技术、计算机技术和通信技术为基础，强调软硬件的协同性与整合性，软硬件可剪裁的计算机系统。

嵌入式系统是对功能、可靠性、成本、体积、功耗和应用环境等有严格要求的专用计算机系统。

1.2.1 嵌入式系统的特点

从嵌入式系统的定义看，“嵌入式”“专用性”和“计算机系统”是嵌入式系统的3个基本要素。有别于通用型计算机，嵌入式系统是为某些特定任务而设计的。对于有些应用系统强调必须满足实时性要求，以确保安全性和可用性；另一些系统则对性能要求很低，以简化硬件、降低成本。因此，嵌入式系统与应用需求密切结合，具有很强的个性化，需要根据具体应用需求对软硬件进行裁剪，以符合应用系统的功能、成本、体积、可靠性等要求。不同功能的嵌入式系统的复杂程度有很大不同。

嵌入式系统的特点体现在：

（1）功能专一、专用性强。嵌入式系统通常是面向特定应用领域的，硬件和软件都必须具备高度可定制性，硬件和软件系统的结合相当紧密。软件一般要针对硬件进行代码移植，即使在同一类农业装备、同一系列的产品中也需要根据系统硬件的变化和增减不断进行修改。针对不同的任务、不同的用户，往往需要对系统进行较大更改。

（2）系统内核小。嵌入式系统不具备像通用计算机中硬盘那样大容量的存储介质，而将软件固化在ROM、EPROM、EEPROM或Flash存储器中，内核小。最简单的嵌入式系统仅有执行单一功能的控制能力，在唯一的ROM中仅有实现单一功能的控制程序，无微型操作系统。复杂的嵌入式系统，如个人数字助理（手持PDA）、车载虚拟终端（VT）、农业机器人控制系统等，则一般需要实时操作系统RTOS支持，既体现了系统内核小、专用性强，又具有实时性强、功能强、多任务、界面友好等一系列特点。

（3）系统精简、可裁剪。在实际的使用过程中，嵌入式系统的硬件和软件根据需要进行功能扩充或者删减。嵌入式系统考虑到产品的成本，要求资源够用即可，即具有满足对象要求的最小软件、硬件配置。因此必须把嵌入式系统硬件和软件设计成可裁剪的，可根据实际应用需求量体裁衣，去除冗余，同时也降低了系统功耗，提高了系统稳定性。例如微控制器MCU的系列化选型、实时操作系统RTOS的按需配置。

（4）可靠性、鲁棒性。嵌入式系统有时承担着涉及产品质量、人身安全、设备稳定等运行指标，而且通常需要长期在环境恶劣的现场工作，所以，对嵌入式系统可靠性的要求极高，应具有很强的抗干扰能力和适应性。

（5）实时性。嵌入式系统需具备在规定时间内的反应能力。当外界事件或数据产生时，能够接收并以足够快的速度予以处理，其处理的结果又能在规定的时间内控制对象。例如，无人机飞行控制系统对实时性要求很高，反应的时间会很短；移动农业装备自动导航控制的实时性为ms级别；但对于控制生物生长、化学反应过程的时间就可能很长，对实时性的要求并不是很高。因此嵌入式系统的实时性有强实时和弱实时之分。

（6）功耗低。小型、便携式、远程布置的嵌入式产品，如手持土壤参数测试仪、远程农业监测点等，这些设备一般需要采用电池供电，对系统的低功耗具有较高的限制。一方面选择功耗较低的芯片进行硬件设计，另一方面对软件进行必要的优化，降低操作功耗。

（7）开发嵌入式系统需要开发工具和环境。由于嵌入式系统本身不具备自主开发能力，必须借助于一套开发工具和环境才能进行硬件和软件开发，用户才可以编辑、修改和下载程序代码。

嵌入式系统在应用数量上远远超过各种通用计算机。目前，嵌入式系统已在国防、国民经济及社会生活各领域广泛应用，在制造工业、化工、汽车、农业、航空航天、建筑、家居、医学设备等方面，嵌入式系统都有用武之地。

1.2.2 嵌入式系统的结构组成

嵌入式系统包括硬件和软件，如图1-6所示，硬件部分以处理器芯片为核心，配以外围电路、接口元件组成，软件部分则主要分成硬件驱动层、中间层、系统软件层和应用软件层。

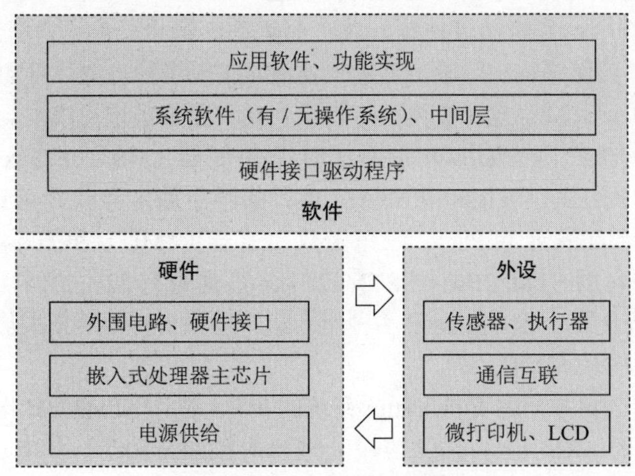

图1-6 嵌入式系统的组成

嵌入式处理器芯片主要有微控制器MCU、微处理器MPU、数据信号处理器DSP、片上系统SOC等类型，其中以MCU为主流，并具有技术融合的趋势，如在MCU架构中融入DSP功能。处理器的架构又有X86、ARM、PowerPC、RISC-V、MIPS等体系之分。表1-2给出了4种处理器的区别。

（1）微控制器MCU，即micro control unit，简写为μC。

（2）微处理器MPU，即micro processor unit，简写为μP。

（3）数据信号处理器DSP，即digital signal processor。

（4）片上系统SOC，即system-on-a-chip。

表1-2 嵌入式处理器类型对比

分项	MCU	MPU	DSP	SOC
描述	将计算机的CPU、RAM、ROM、定时计数器和多种I/O接口等主要部分集成在一块芯片上	高度集成的通用结构的处理器，功能增强、符合嵌入式环境的CPU	针对信号处理进行了优化的处理器芯片，具有强大的数据处理能力和高运行速度	以IP模块为基础，通过软硬件协同设计在单片上实现的更为完整的片上计算机系统
特点	集成了片上外围器件	不带外围器件	适合信号处理算法	系统级的芯片

续表 1-2

分项	MCU	MPU	DSP	SOC
用途	低成本现场控制	较为高端的小型计算机系统的核心	运算要求高的应用，如多媒体	高端解决方案，如智能手机
举例	80C51 芯片 STM32F1xx 系列芯片	NXP 的 i.MX6 系列 ST 的 STM32MP157	TI 的 C6000 系列芯片 AD 的 ADSP21 系列	麒麟 980 芯片 高通骁龙 855 芯片

近年来，嵌入式处理器的发展趋势之一是各种技术的融合。

为了加强数字信号处理功能，有许多公司推出了 MCU 和 DSP 融合在一起的产品，这些芯片同时具有智能控制和数字信号处理两种功能，应用于多媒体、互联网、图像 / 视频处理、农业机器人等场合，是机械臂控制、农产品识别、组合导航、电机运行等较为复杂任务的最佳解决方案。其优势是：用单一芯片的处理器实现多种功能，可加速复杂场景下产品的开发，同时简化设计，减小电路板体积，降低功耗和整个系统的成本。

例如德国仪器 TI 公司的 C2000 系列实时微控制器 TMS320F28xx 芯片，基于 32 位 C28x DSP 内核，针对从片上 Flash 或 SRAM 运行的浮点或定点代码可提供 120 MHz 的信号处理性能，拥有浮点单元（FPU）、三角函数加速器（TMU）和循环冗余校验（VCRC）扩展指令集。ST 公司的 STM32F4xx、STM32F7xx 系列带有 32 位的单精度硬件浮点单元（FPU），支持浮点指令集，还支持 DSP 多种指令集，比如支持单周期乘加指令（MAC）、优化的单指令多数据指令（SIMD）等。

意法半导体 ST 公司推出的支持 Linux 系统的 MPU 芯片 STM32MP1xx 系列，其集成了两颗主频 650 MHz 的 ARM Cortex-A7 应用处理器内核和一颗运行频率 209 MHz 的高性能 ARM Cortex-M4 微控制器内核。两个内核之间分工明确、配合默契，Cortex-A7 内核专用于开源操作系统，Cortex-M4 内核则专用于实时及低功耗任务处理。这一灵活的异构计算架构在单一芯片上执行快速数据处理和实时任务，在优异的计算和图形处理能力的同时，兼备高能效实时控制和多功能集成度，始终实现最高的能效。

嵌入式系统的软件是面向实际应用设计的，体系层次并不雷同。对于简单的控制对象，一般没有系统软件和应用软件的明显区分，不要求其功能设计及实现过于复杂，既满足了系统功能，同时也利于控制系统成本，保证系统安全。而对于更为复杂的嵌入式系统，在采用了多任务的操作系统后，软件层次分明、接口明确，开发更加标准化、模块化和生态化，提高了开发效率，软件质量得到保障。这时，就需要软件工程和先进开发模式的管理体系。

1.2.3 嵌入式系统的分类

按嵌入式处理器的位数分类，目前可以分为 4/8/16/32/64 位嵌入式系统等类型。一般情况下，位宽越大，性能越强。其中 4 位、8 位与 16 位的嵌入式系统已经应用在各个领域；32 位处理器嵌入式系统在发展中逐渐占据主流地位；64 位处理器嵌入式系统目前应用并不广泛，主要集中应用在高速、高复杂性的环境中。

按照嵌入式系统的软件结构分类，嵌入式系统可分为循环轮询系统、前后台系统和多任务系统。在循环轮询系统软件架构中，程序依次检查（轮询）系统的每个输入条件，如果条件满足就执行相应的处理；循环轮询系统是一种依据条件的多分支循环结构。前后台系统属于中断驱动机制，后台是一个无限循环，通过调用函数实现相应操作，完成某任务，前台程序则是中断处理程序，用来处理异步事件。多任务系统一般采用嵌入式操作系统来管理，操作系统负责任务的切换、调度、通信、同步，以及中断、时钟等的处理。

按嵌入式系统的实时性分类，可划分为嵌入式实时系统和嵌入式非实时系统。嵌入式实时系统是为执行特定功能而设计的，可以严格地按时序执行功能。其最大的特征就是程序的执行具有确定性，可以在一个有限的指定时间内对外部产生的输入激励及时做出响应。计算的正确性不仅依赖于其结果，也依赖于输出产生的时间。实时系统必须满足响应时间约束或者遵循系统的因果。这类系统在嵌入式系统中占有很大比例，如过程控制、数据采集、通信等领域的大部分嵌入式系统均属于嵌入式实时系统。而非实时系统的响应时间需求则没那么重要，比如自动取款机和媒体播放系统等。

按照应用领域分类，嵌入式系统可分为信息家电类、消费电子类、医疗电子类、移动终端类、通信类、汽车电子类、工业控制类、航空电子类、军事电子类、农业装备类等。

1.2.4 几个基本概念

1. 嵌入式系统与通用计算机系统

从用途上一般把计算机系统分为通用计算机系统和嵌入式系统两类。两者在基本原理上没有什么本质的区别，技术上是相通的，但因为应用目标不一样，故两者的特点、发展方向并不相同。通用计算机包括微型计算机（如台式 PC、笔记本电脑）、大型计算机、工作站、服务器等，其硬件功能全面，具有较强的扩展能力；软件上配置标准操作系统及其他常用系统软件和应用软件；发展方向是计算速度的无限提升、总线带宽的无限扩展及存储容量的无限扩大。嵌入式系统是针对特定应用进行专门设计的计算机，其硬件配置和软件编程随着应用对象需求而变化，发展方向是提高嵌入性能、控制能力和系统可靠性。

2. 单片机和微控制器

单片机是单片微型计算机的简称，单片机也叫作微控制器（MCU），从形象上描述出在一块芯片上实现了一台微型计算机的基本功能。其定义是：把微型计算机的中央处理单元（CPU）、存储器（RAM、ROM）、定时器 / 计数器、多种 I/O 接口、时钟电路及系统总线等功能单元集成在一片半导体硅片上，具有微型计算机基本功能的超大规模集成电路。

从专业术语来说，“微控制器”一词更具有良好的针对性，体现出嵌入应用对象中进行控制的意义，而“单片机”一词更加广泛一些。

3. 处理器

处理器的范畴比较大，指的是计算机系统的核心，嵌入式处理器包括微处理器 MPU、微控制器 MCU、数字信号处理器 DSP 和片上系统 SOC 等。

中央处理单元 CPU（central processing unit），即中央处理器，有时也简称为处理器，是计算机系统的运算和控制核心，是信息处理、程序运行的最终执行单元。从硬件上看，CPU 对计算机的所有硬件资源（如存储器、I/O 接口）进行控制调配、执行电路操作（如加法器、逻辑门）。从软件上看，CPU 负责读取指令，对指令译码并执行指令，即计算机系统中所有软件层的操作，最终都将通过指令集映射为 CPU 的操作。

（1）计算机系统的三大部件为中央处理单元 CPU、存储设备和输入 / 输出设备。

（2）CPU 主要由运算器、控制器、寄存器组和内部总线构成。其中运算器包括算术逻辑单元 ALU、通用寄存器、数据暂存器等部分。控制器包括程序计数器 PC、指令寄存器、地址寄存器、数据寄存器、指令译码器等。

（3）微处理器 MPU 通常代表一个功能强大的 CPU，而微控制器 MCU 是将一个微型计算机集成到一个芯片中。

4. 冯·诺依曼结构与哈佛结构

处理器的结构体系有两种基本架构：冯·诺依曼结构和哈佛结构。

计算机运行的程序代码分为两种，一种是只读代码，按逻辑编写的程序代码，称之为程序指令；另一种是变量，内容可以变化的代码，称之为数据。程序指令存储在只读存储器 ROM 中，称为程序存储器；变化的数据存储在随机存取存储器 RAM 中，称为数据存储器。

冯·诺依曼结构也称普林斯顿结构，是一种将程序存储器和数据存储器合并在一起的体系结构。程序指令存储地址和数据存储地址共同指向同一个存储器的不同物理位置，因此程序指令和数据的宽度相同。

哈佛结构是一种将程序存储和数据存储分开的体系结构。中央处理器首先到程序指令存储器中读取程序指令内容，解码后得到数据地址，再到相应的数据存储器中读取数据，并进行下一步的操作。程序指令存储和数据存储分开，可以使指令和数据有不同的数据宽度。

哈佛结构是将程序和数据空间分开独立寻址的结构，因此具有哈佛结构的微处理器通常具有较高的执行效率。

5. RISC 和 CISC

指令集结构（ISA）在嵌入式处理器中起着重要的作用，指令集可分为复杂指令集计算机（CISC）和精简指令集计算机（RISC）。

（1）复杂指令集计算机 CISC（complex instruction set computer）。CISC 指令丰富，数据总线和指令总线分时复用，但取指令和取数据不能同时进行，执行速度受限，例如 x86 架构、8051 系列。

（2）精简指令集计算机 RISC（reduced instruction set computer）。RISC 中指令集小，数据总线和指令总线分离，取指令和取数据可同时进行，执行速度快，而且指令多为单字节，程序存储器空间利用率高，不需要复杂的架构，有利于小型化设计，被广泛用于嵌入式应用。

6. 嵌入式操作系统和通用操作系统

嵌入式操作系统（embedded operating system，EOS）是指用于嵌入式系统应用的操作系统软件，通常包括与硬件相关的底层驱动软件、系统内核、设备驱动接口、通信协议、图形界面和网络支持等。嵌入式操作系统具有通用操作系统的基本特点，如负责嵌入式系统的全部软件、硬件资源的分配、任务调度，控制、协调并发活动。与通用操作系统相比较，嵌入式操作系统在系统实时高效性、硬件的相关依赖性、软件固态化以及应用的专用性等方面具有较为突出的特点，能够通过装卸某些模块达到所在应用系统所要求的功能，体现其应用对象的特征。

嵌入式操作系统实现了操作系统软件和用户应用软件的分离，为工程技术人员开发嵌入式系统应用软件带来了极大便利，大大缩短了嵌入式系统软件的开发周期，提高了开发效率，减少了系统开发的总工作量，而且提高了嵌入式应用软件的可移植性。

嵌入式操作系统有实时和非实时之分：一类是面向控制、通信等领域的实时操作系统RTOS，如风河WindRiver公司的VxWorks、Micrium公司推出的μC/OS、美国系统集成ISI公司的pSOS、QNX系统软件公司的QNX、美国ATI公司的Nucleus等；另一类是面向消费电子产品的非实时操作系统，如Apple公司的iOS、Google公司的Android等。嵌入式产品大部分是基于实时操作系统RTOS开发的，可靠性和可信度很高。

嵌入式操作系统也分为商用型和免费型。目前免费开源的操作系统主要有FreeRTOS、Linux、μC/OS、eCos和RTX等。FreeRTOS操作系统是完全免费的操作系统，具有源码公开、可移植、可裁减、调度策略灵活的特点，可以方便地移植到各种微处理器上运行。Micrium公司推出了μC/OS-II、μC/OS-III、μC/FS、μC/TCP-IP、μC/USB-Device等免费商业授权。嵌入式Linux操作系统是将通用Linux操作系统进行裁剪修改，使之能在嵌入式计算机系统上运行的一种操作系统，包括μClinux、RT-Linux、Embedix、XLinux等版本。eCos由Redhat推出的小型实时操作系统，特点是模块化，内核可配置，最低编译核心可小至10 kB的级别。RTX是ARM公司的一款嵌入式实时操作系统，使用标准的C结构编写，RTX不仅仅是一个实时内核，还具备丰富的中间层组件，不但免费，而且代码也是开放的。

实时系统又可分为硬实时和软实时系统，其区别是对超时带来的容忍度。硬实时系统：不允许处理过程超时，超时后即使得到了正确的结果，也是不容忍的。软实时系统：处理超时的过程不那么严重。硬实时要求在规定的时间内必须完成操作，这是在操作系统设计时保证的；软实时则只要按照任务的优先级，尽可能快地完成操作。

通用操作系统如Windows、Linux、Mac OS等，不限定应用领域和场景的操作系统，可以安装到任何符合硬件要求的计算机上，对计算机系统中的硬件与软件资源进行管理。

1.3 嵌入式系统的发展

1.3.1 嵌入式系统的发展历程

嵌入式系统的诞生是从20世纪70年代独立于微型计算机系统成为“单芯片的计算机”开始的，应用场景局限于专业性很强的领域。发展至今，嵌入式系统的应用几乎无处不在，微处理器型号百花齐放，各种新装置层出不穷，技术的融合和创新令人目不暇接。纵观嵌入式技术历程大致经历了4个阶段，每个阶段都呈现出时代的特点。

（1）单片机的形成和探索，单芯片阶段。针对某些现场工业控制系统、仪表仪器要求，嵌入式系统具有与监测、控制、指示设备相配合的功能，一般没有操作系统的支持，通过汇编语言程序对系统进行直接控制。这一阶段的主要特点是：系统结构和功能相对单一，处理能力和效率低，存储容量也十分有限，几乎没有用户接口，界面简单。典型代表是Intel公司的MCS-48系列、Motorola公司的MC68HC系列、Zilog公司的Z8系列单片机。

（2）稳步成长、增强控制性能的阶段。在Intel公司推出了MCS-51系列单片机不久，Atmel公司的AT89系列、Philips公司的PCF80C51系列等增强型8位机推动了微控制器被广泛地接受和应用。1982年Intel公司推出MCS-96系列16位单片机。20世纪90年代Microchip公司发布了新一代PIC系列单片机，其指令精简到33条，拓宽了更多应用场景，在业界中占有一席之地。1996年TI公司向市场推出一种16位超低功耗、具有精简指令集

RISC 的混合信号处理器 MSP430 系列。这个阶段，嵌入式系统发展迅猛，主要特点是：嵌入式处理器种类繁多，通用性比较弱；系统内核小，效率高；将模数转换 A/D、脉宽调制 PWM 等功能内置化，初步呈现控制功能特征；使用简单的操作系统，具有一定的兼容性和扩展性；应用软件较专业化，用户界面不够友好。

（3）以多任务嵌入式操作系统为标志、功能更加强大的嵌入式系统阶段。典型代表就是 ARM 技术的完善，推出 32 位精简指令集 RISC 嵌入式中央处理器。主要特点是：嵌入式系统的软件体系逐步完善、嵌入式操作系统能运行于各种不同类型的微处理器上，兼容性好；操作系统内核小、效率高，并且具有高度的模块化和扩展性；具备文件和目录管理、多任务、网络支持、图形窗口以及用户界面等功能；具有大量的应用程序接口 API，开发应用程序较简单；嵌入式应用软件丰富。

（4）通信互连、网络化、智能化的阶段。这个阶段主要表现在两个方面：一方面是嵌入式处理器集成了网络接口，出现了多种通信方式；另一方面是嵌入式设备应用于网络环境中，信息化、高度智能化特征明显。嵌入式系统已经从单一、独立走向网络、总线控制，嵌入式操作系统也从简单走向成熟，与网络、Internet 结合日益紧密，更加智能化。

1.3.2　嵌入式系统的发展趋势

嵌入式系统因其体积小、功能强、灵活方便，对各行各业的技术改造、产品更新换代、加速自动化进程、提高生产率等方面起到了极其重要的推动作用。在应用领域、应用智能化、产品性能等强大需求的推动下，嵌入式产品获得了巨大的发展契机和广阔的发展、创新空间，未来嵌入式系统的发展趋势主要体现在以下几个方面。

（1）完善、便捷、智能化的开发平台。嵌入式系统开发是一项系统工程，因此要求嵌入式系统厂商不仅要提供嵌入式系统软硬件本身，同时还需要提供强大的硬件开发工具和软件支持包。诸如调试跟踪可视化、板级驱动包 BSP、初始化代码生成器、专业领域支持（如汽车 AUTOSAR 体系）等。

（2）精简系统内核、算法，降低功耗和软硬件成本。未来的嵌入式产品是软硬件紧密结合的设备，为了降低功耗和成本，需要设计者尽量精简系统内核，只保留和系统功能紧密相关的软硬件，设计者需不断改进算法和选用最佳的编程模型，专业性更强，以降低功耗和软硬件成本。嵌入式操作系统趋于更加合理地与硬件结合，发挥更高的执行效率。

（3）网络化、信息化的要求日益提高，使得以往单一功能则不再单一，处理器结构更加复杂。这就要求芯片设计厂商在芯片上集成更多的功能，一方面采用更强大的嵌入式处理器如 32 位、64 位 RISC 芯片或数字信号处理器 DSP 增强处理能力，另一方面增加功能接口，如 USB、扩展总线类型等，加强对多媒体、图形等的处理。

（4）多种技术的融合，推动产品不断创新。数字模拟融合、微机电融合、MCU+DSP 融合、电路板硅片融合及硬软件设计融合，趋向片上系统 SOC 和系统级封装 SiP；通信、计算机及消费电子产品（3C）融合为信息产品（IA），工业控制器具有更多内置网络功能，分布式互联特征明显。

（5）在开发过程中，软件和测试将承担更多的角色，嵌入式系统趋于丰富的智能化操作和人机交互。嵌入式系统的开发工作逐渐从传统的硬件为主演变为以软件为主，软件从业者的需求数量已经多于硬件设计者。同时，市场上也急需综合能力强的测试人员，其最终目的是梳理出具有自主知识产权的嵌入式系统产品。

1.3.3 嵌入式系统在农业领域的应用前景

在农业领域，将嵌入式系统应用于农业生产，改变相对落后的农业生产方式，是嵌入式发展应用的新趋势。

由于嵌入式系统具有体积小、重量轻、成本低、功耗小等特点，其功能可以满足不同用户的要求，嵌入式系统在农业装备等领域得到了广泛应用。通过嵌入式系统，可以将计算机自动控制技术、现代信息技术等高新技术结合起来，实现现代化的“精准农业”和可持续发展农业。降低物耗能耗提高资源利用率、减少浪费、减少化肥和农药使用量、减少污染物产生、提高经济效益。对于我国的农业发展，嵌入式系统更具有实际意义。通过采用低成本的嵌入式系统，开发出既能满足我国现代化农业生产需要，又能减轻农民负担、提高产量的设备，加快我国农业现代化的步伐。

嵌入式系统在农业中主要应用在温室环境控制、生物生长状况控制、设施农业装备控制、农业机器人控制、农业生产管理控制等方面。

（1）温室环境控制。温室内的温度、湿度、二氧化碳浓度、光照等因素通过传感器将模拟信号转换为数字信号后，送入嵌入式微处理器，微处理器将信号与内存中的设定值比较后，调用相应的执行程序，启动执行装置（风机、水泵等）调节温室内的环境参数，使温室内的温度、湿度、二氧化碳浓度、光照一直处在最适合生物生长的值。温室环境控制一般采用微控制器 MCU 为核心开发控制系统，不但能够有效地控制温室的环境，而且具有中断、定时功能、利用一个 MCU 可以同时控制多个温室的环境。同时，MCU 还可以利用串行通信与上位机 PC 交换数据，操作人员通过键盘和监视器可以实时控制和了解温室的环境状况。

（2）生物生长状况控制。在生物生长状况方面，利用嵌入式系统将生物生长基本信息（重量、高度、产量）记录在数据存储器中，为生物的施肥、施水和病虫害的防治提供依据。这类控制主要通过嵌入式系统将数据存入存储器，可以与环境控制共同使用一个微控制器，但是生物的基本信息存放在专用的数据存储器中，使其他控制系统的处理器也可以读取数据。

（3）农业装备控制。嵌入式系统在农业装备中主要应用在控制动力驱动和装备功能上。例如，设施农业装备是在有限的空间内工作，要求体积小，操作方便，便于运输，因此嵌入式系统在设施农业装备中有广泛的应用前景。在施肥、灌溉和施药等设备上，施肥、灌溉设备的喷嘴由微处理器控制，根据微处理器从数据存储器得到的生物生长状况，决定在不同的作物生长区的施肥量和喷水量，使整块农田生物均衡生长。施药设备需要嵌入式系统具有图像处理能力，在通用的硬件平台上，增加图像采集模块和驱动模块。图像采集模块负责图像的采集，由图像处理程序处理数据，驱动模块将处理结果转换为执行机构需要的电压和电流。通过图像处理，机器视觉区别出作物和非作物、施药设备在非作物生长区喷施农药，可以减少农药的用量，减轻土壤的污染。例如国外科学家研制出一种喷药机，利用光折射传感器扫描农田的杂草，扫描到杂草就喷出药液杀死杂草，没有杂草就不喷药液。

目前，简单的嵌入式系统可以完成环境监测与控制、施肥、灌溉、播种、嫁接等机械的自动控制，这类系统一般采用具有定时功能的单个微处理器，再配置数据和程序存储器，控制单个机械的工作。复杂的嵌入式系统还可以与上位机通信，使一个上位机可以控制各种机械的工作，如果在嵌入式系统的末端加上音频、视频传感器，处理器根据处理程序就可以完成音频和视频的处理，复杂的嵌入式系统用于采摘、喷药等进行精确定位的机械中。

随着嵌入式系统的广泛应用，将掌上运算、掌上显示、掌上通信、掌上定位等方面完全一体、高度集成、小巧便携的农业数据采集设备成为近几年研究的热点。掌上数据采集设备配合 GNSS、传感器，实现位置数据和田间数据的采集，通过有线或无线网络将相应信息传输到控制中心，进行处理和管理决策，为精细农业的实施提供必要的信息基础。

1.4 嵌入式系统开发流程和开发平台

为设计出嵌入式应用系统，需按一定的开发流程进行布置任务和开展工作。嵌入式系统开发模式的最大特点是：软件和硬件综合开发、协同设计、相互支撑、共同固化、缺一不可。因此需要建立一套专门的开发系统，集成开发环境、开发工具、软硬件平台，并配备一定的人员进行分工合作完成。当前，嵌入式系统的开发已经逐步规范化，采用的开发模式既可以是传统模式、瀑布模式，也可以是 V 型开发模式、迭代模型等其他模式。例如敏捷开发嵌入式系统是一种以人为核心、解构、迭代、循序渐进的开发方法，在开发过程中产品一直处于可使用状态，按照迭代周期不断纠正存在的问题，持续地完善和增强功能。

1.4.1 传统开发模式

嵌入式系统开发的传统流程主要包括需求分析、方案设计、机械结构 / 硬件 / 软件协同开发、整机集成测试、产品交付等几个阶段，按顺序模式执行，如图 1-7 所示。这种模式的优点是严格控制各步骤任务节点、分工明确，缺点是执行起来比较僵化、缺乏灵活性，一旦发现问题需要重新按步骤运行，开发成本将会增大，延长开发周期。

（1）需求分析阶段。分析所开发嵌入式系统的功能定义、主要性能参数指标和成本定位高低，确定设计任务和设计目标，并提炼出设计规格说明书，作为正式设计指导和验收的标准。系统的需求一般分功能性需求和非功能性需求两方面。功能性需求是系统的基本功能，如输入输出信号、操作方式等；非功能性需求包括系统性能、成本、功耗、体积、重量等因素。

（2）方案设计阶段。依据规格说明书，描述系统如何实现所述的功能性和非功能性需求，包括对硬件、软件和执行装置的功能模块划分，以及系统的软件、硬件选型等。组建一个好的开发体系结构是设计成功与否的关键。本阶段需给出详细的机械结构 / 硬件 / 软件各部分的实施计划、接口定义和时间节点。

（3）机械结构 / 硬件 / 软件协同开发阶段。开展机械结构设计，如控制器外壳、操作机构等部分。硬件开发主要完成硬件目标板的电路原理图 SCH 和印制电路板 PCB 设计，样板的制作、焊接、调试、测试等工作。软件开发按模块化的思路进行源代码编写、编译链接、软件仿真调试、初步下载到目标样板、调试和测试、代码优化等。

（4）整机集成测试阶段。对设计好的机械结构 / 硬件 / 软件部分进行系统级的联合测试，检查是否满足规格说明书中给定的功能要求。如果有问题不能满足功能要求，则退回产品开发或方案阶段再次执行。在嵌入式系统的开发过程中，系统的测试是系统设计过程中一个十分重要的环节。硬件测试主要关注目标板的功能、接口和指标是否满足要求，硬件配合软件进行黑盒、白盒和灰盒等测试。样机在平台上进行台架试验，完成参数标定、指标考核等内容。如果条件允许，开展实际作业场景进行测试，如田间试验、高低温环境测试。

（5）文件归档、交付产品阶段。整理各个阶段的说明书、技术文档；完善系统，交付整机给生产部门。文件包括规格说明书、技术任务书、技术条件、产品标准（草案）、技术方案报告、技术设计说明书、试验报告、研制总结报告、物料 BOM 表以及成本核算等。

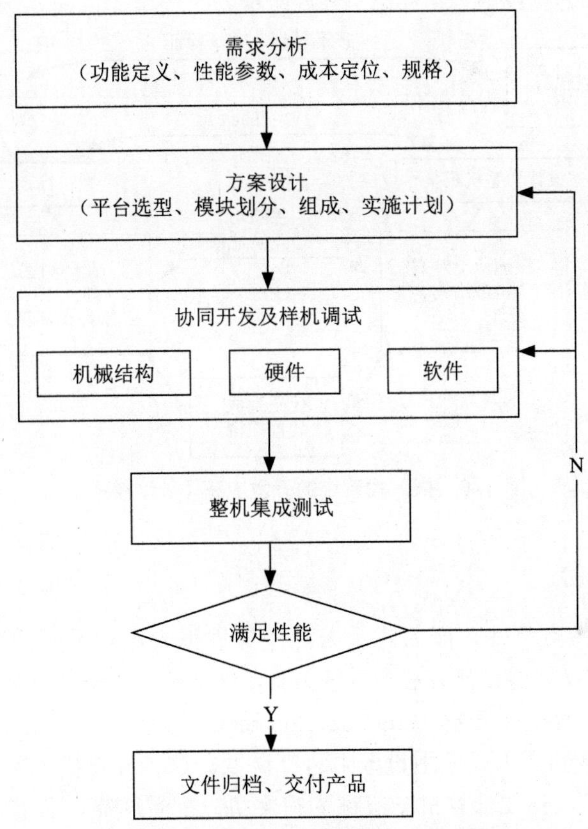

图 1-7　嵌入式系统的开发流程（传统模式）

1.4.2　V 型开发模式

V 型开发模式，即 V 模型，来源于快速应用开发模型 RAD，其模型构图形似字母 V，通过左右侧开发和测试同时进行的方式缩短开发周期，提高开发效率。如图 1-8 所示，V 型开发模式强调整机嵌入式系统开发的协作和速度，将左侧的开发任务和右侧的测试任务通过高低各层次的验证有机地结合起来，在保证较高的开发质量情况下缩短开发周期。从横向来看，左侧是分析和设计，底端是软件代码生成和机械、电路板样机，右侧是测试环节，这些划分与传统开发模式的五个阶段相符。从纵向来看，产品需求分析和市场验证是面向用户应用，方案设计和整机功能测试是面向开发主管，开发阶段与各功能验证面向工程师。层次越高，内部细节越被隐藏，因此从下向上依次按白盒、灰盒、黑盒测试方法进行验证。

在嵌入式系统 V 型开发模式中，基于模型设计 MBD 方法较之传统软件开发流程而言，使开发者能够更快捷、更高效地进行开发。运用各种开发工具，模型支持系统层和组件级的设计和仿真、自动代码生成以及持续的测试和验证，例如 MATLAB 中的 Simulink 模型和代码自动生成工具、产品开发需求建模可视化工具、dSPACE 公司的快速控制原型 RCP、NI 公司的 HIL 测试套件等。

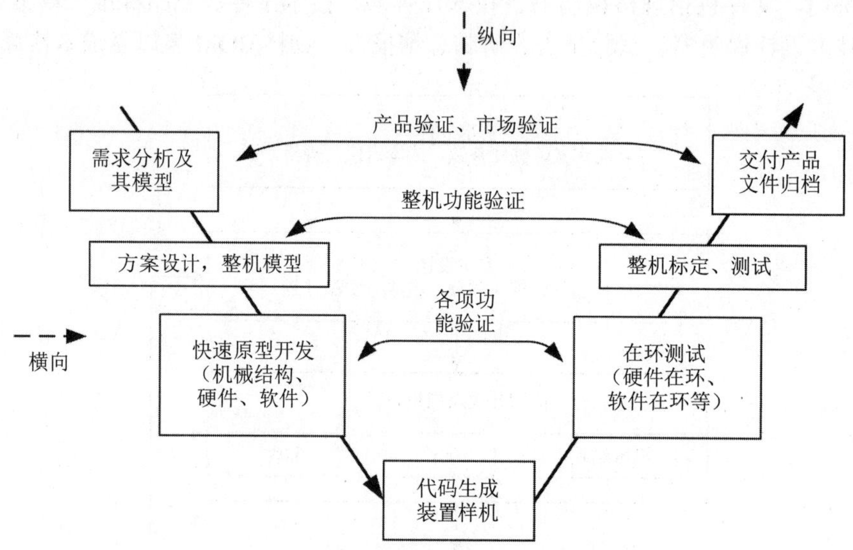

图 1-8　嵌入式系统的开发流程（V 型模式）

1.4.3　交叉开发平台

由嵌入式系统的特点可知，嵌入式系统的差异性很大，对不同的应用需求，必须选择不同的开发平台、硬件 / 软件设计方法和系统工具，建立相应的开发环境。嵌入式系统的开发属于跨平台开发，是一种交叉开发（cross development）的过程，即借助于通用计算机上的开发工具将目标代码下载到嵌入式应用设备中运行调试。这种开发模式称为“宿主机（host）/ 目标机（target）模式”。开发计算机一般称为宿主机，配置较高，具有通用性；嵌入式设备称为目标机，一般资源有限，针对性强。因此，嵌入式系统的开发环境一般由三部分组成：宿主机、目标机和连接两者的调试器。

宿主机可完成嵌入式系统的机械结构建模与仿真、硬件电路设计与仿真、软件源代码的编辑与编译，充当嵌入式系统的外设用于显示等作用，其操作系统可以是 UNIX（Mac OS）、Linux 和 Windows，硬件可以是 PC 和工作站。

目标机就是用户嵌入式程序运行的设备或控制器。目标机的硬件方面，其处理器可以任意选型；软件方面，其操作系统常用的有 Linux、FreeRTOS、μC/OS、Windows CE、VxWorks 等，或者根本没有操作系统。目标机在学习阶段也可以采用各种实验板（学习板、开发板）充当。

调试器在宿主机一端通过串口、并口、网口或 USB 等相连，在目标机一端通过 BDM、JTAG、SWD 等相连。待调试的软件程序通过该调试装置下载到目标机上运行。

换言之，组建嵌入式系统开发环境一般需要计算机、用户硬件平台、集成开发系统软件以及开发工具（如编程器、调试器）等部件。

计算机是嵌入式应用开发环境中必不可少的设备。

用户硬件平台即目标板，所开发的嵌入式系统硬件电路板，可以是面向初学者的学习板、开发板，也可以是自制的实际应用电路板。

集成开发环境（integrated development environment，IDE）将编辑、编译、调试、烧录、工程管理、代码分析、可视化设计等功能集成在同一软件平台中，使开发人员专注于在程序设计本身，可以加快开发进度，提高开发效率和开发质量，降低开发成本。常见的嵌入式 IDE 有 Keil、IAR 等。

编程器是将集成开发系统软件编写并汇编生成目标代码（如 .HEX、.OBJ）的可执行文件烧写到嵌入式系统处理器的内部或外部存储器的工具，也称为下载器。调试器（debugger）可以实现宿主机和目标机运行程序之间的数据传送，进行全速 / 停止运行、单步调试、逐行调试、断点调试、跟踪、窗口显示等操作。常见 ARM 仿真调试器有 SEGGER 公司的 J-Link、IAR 公司的 I-jet、ARM 公司的 ULINK 和 CMSIS-DAP、ST 公司的 ST-Link、Nuvoton 公司的 Nu-Link 等，集下载、仿真、调试等功能于一身。

面向实际的、复杂的嵌入式系统应用场合，如拖拉机自动驾驶控制器、移栽机整机控制器、农业机器人控制系统、非线性液压工作装置控制系统，更适合采用 V 型模式进行开发，配套的开发环境和工具有自动代码生成工具、快速控制原型设备、建模仿真工具、硬件在环测试平台等。

1.5 嵌入式技术的学习建议

嵌入式系统应用于各行各业，涉及很多学科，对于初学者来说有以下几方面的学习建议。

（1）特别要注重动手能力，从实际练习中理解硬件和软件如何协同。为此需建立自己的交叉开发平台和开发环境，包括个人计算机、下载器、开发板（实验板）和开发工具。购买一块合适的嵌入式开发板，通过提供的例程熟悉电子元器件、电路原理图、硬件接线、软件编程和调试过程，对于增加感性认识、提高学习效率、增强理解力将非常有效。开发工具既包括万用表、示波器等仪表类工具，也包括建模、代码自动生成等软件工具。

（2）建立自己的知识体系，在掌握嵌入式系统硬件和软件体系结构和原理的基础上，还需具备 C 语言、数字电路、模拟电路、数据结构、传感器、信号处理、图像处理、自动控制、通信等方面的知识。另外，如果从事某专业，还需对该专业有较好的理解，如农业装备机械结构和工作原理，这样才能开发出针对性强、适宜性好的算法。

（3）结合应用场景，寻找项目来做。可以是一个很小的项目，如测量土壤的 pH。通过完成一个完整的任务，从整体设计、资源分配到硬件设计、软件开发和最终实现，对自信心和解决问题的能力有很好的提升。

（4）在学习过程中的几个小建议。

①仔细研究所用芯片的资料，元器件的数据手册一定要好好消化。

②树立“先硬件后软件”的思想，每次开发实例前首先仔细查看开发板的原理图，对微控制器资源的分配心中有数，购买一块万用表用来测试电路。

③在开发板提供的例子上进行改变，触类旁通，深刻理解。

④学习嵌入式技术，你对硬件还是软件哪个更感兴趣，抓住重点，积少成多。

⑤建立良好的交流环境，诸如网络论坛、授课老师、视频案例等，特别是老师的亲自指导对提高解决问题的效率很重要。

思考题与练习题

1. 嵌入式系统的定义是什么？其区别于通用计算机系统的特点是什么？

2. 举例说明农业装备中应用嵌入式系统的功能和组成，并概括其软件编程思路。

3. 嵌入式系统的分类有哪些？

4. 试述嵌入式系统的组成，各部分的作用是什么？并回答嵌入式处理器有哪几种？

5. 嵌入式操作系统的作用是什么？

6. 复习计算机原理基础知识，并回答数字“2”的二进制数、十六进制数、ASCII码、BCD码各是什么？

第 2 章　ARM Cortex-M4 体系结构

本书以 ARM Cortex-M4 内核的嵌入式微控制器为对象，学习嵌入式系统微控制器原理，并进行应用实践。本章主要阐述了 ARM Cortex-M4 内核的体系结构，为后续学习奠定微控制器硬件架构的基础。本章导学请扫数字资源 2-1 查看。

数字资源 2-1
第 2 章导学

2.1　ARM Cortex-M 系列概述

2.1.1　ARM Cortex 产品系列

2005 年，ARM 公司推出全新的 Cortex 系列处理器产品，形成了 Cortex-A、Cortex-R、Cortex-M 三大系列，而之前的 ARM7、ARM9 和 ARM11 成为经典处理器系列，新旧共存。

ARM Cortex 三大处理器系列的主要特征对比如表 2-1 所示。

表 2-1　ARM 公司的 Cortex-A、Cortex-R、Cortex-M 系列处理器对比

分类	Cortex-A	Cortex-R	Cortex-M
Processors 类型	Application（应用型）	Real-time（实时型）	Microcontroller（微控制器）
系统架构特点	时钟频率高，指令流水线长，高性能，对媒体处理支持（NEON 指令集扩展）、内存管理单元 MMU，Cache Memory，TrustZone 安全扩展	时钟频率高，指令流水线较长，高确定性（中断延迟低），内存保护单元 MPU，Cache Memory，紧耦合内存 TCM	较短的指令流水线、内存保护单元 MPU、嵌套向量中断控制器 NVIC，唤醒中断控制器 WIC，TrustZone 安全扩展
指令集	A32、T32、A64	A32、T32	T32/Thumb2
目标市场	开放式操作系统的高性能处理器；复杂的电脑应用，用于移动领域的 CPU 移动计算	用于需要实时响应的场景（严格的安全性应用、需要确定响应的应用、汽车电子）	低功耗、小尺寸、成本敏感、深度嵌入的微控制器应用
产品举例	服务器、网络设备、智能手机、移动计算、TV	自动驾驶控制器、汽车电子、工业微控制器、硬盘控制器	小型传感器、通信模组、智能家居产品、各种嵌入式控制器、物联网 IoT

其中每个大系列里又分为若干小的系列。目前，ARM 公司推出的 Cortex-M 处理器家族包含有 Cortex-M0、Cortex-M0+、Cortex-M1、Coretx-M23、Cortex-M3、Cortex-M33、Cortex-M35P、Cortex-M4、Cortex-M55、Cortex-M7 等子系列，这些子系列采用的架构并不

相同，均有各自的特点和适宜应用场景，如表 2-2 所示。Cortex-M 内核的共同特点是：32 位精简指令集（RISC）处理器；哈佛总线结构，取指令和数据访问可以同时执行；32 位寄存器，32 位内部数据通道，32 位总线接口；存储器系统使用 32 位寻址，最大可寻址地址空间为 4 GB。

表 2-2　ARM Cortex-M 处理器家族对比

<table>
<tr><th>分类</th><th>描述</th><th>架构</th><th>指令集</th><th>面向应用</th></tr>
<tr><td>Cortex-M0</td><td>使用 AHB-Lite 总线、3 级流水线，最小 12K 门电路</td><td rowspan="3">ARMv6-M</td><td rowspan="3">小指令集（56 条）支持部分 Thumb/Thumb-2 指令集</td><td rowspan="3">低成本、低功耗、小体积，超小型嵌入式系统</td></tr>
<tr><td>Cortex-M0+</td><td>使用 AMBA AHB-Lite 总线、2 级流水线；对比 Cortex-M0 具有更低功耗，扩展功能，例如单周期 I/O 接口和向量表重定位功能</td></tr>
<tr><td>Cortex-M1</td><td>针对 FPGA 优化设计的小处理器，紧耦合内存 TCM；使用 AMBA AHB-Lite 总线、3 级流水线</td></tr>
<tr><td>Cortex-M3</td><td>使用 3 个 AMBA AHB-Lite 总线、3 级流水线；支持可以处理器快速处理复杂任务的丰富指令集，具有硬件除法器和乘加指令 MAC；支持全面的调试和跟踪功能，支持各种位操作指令</td><td rowspan="2">ARMv7-M</td><td rowspan="2">支持部分 Thumb/Thumb- 指令集、支持 8 ～ 256 优先级</td><td rowspan="2">高效高性能、低功耗、低成本，广泛应用嵌入式应用</td></tr>
<tr><td>Cortex-M4</td><td>对比 Cortex-M3 扩展了面向数字信号处理 DSP 的指令集、可选 IEEE 754 单精度浮点运算单元，例如单指令多数据指令 SMID 和更快单周期 MAC 操作</td></tr>
<tr><td>Cortex-M7</td><td>使用 1 个 64 位 AMBA4 AXI 总线、1 个 32 位 AHB 外设接口、1 个为外部主机访问 TCMs 内存提供的 32 位 AMBA AHB 从机接口；6 级大规模流水线；支持 DSP 扩展、可选的双精度浮点运算单元；具备扩展存储器功能，例如指令、数据的 Cache 和 TCM</td><td>ARMv7-M</td><td>Thumb/Thumb-2 指令集，支持 8 ～ 256 优先级</td><td>高端和数据密集处理的嵌入式应用</td></tr>
<tr><td>Cortex-M23</td><td>使用 AMBA 5 AHB 总线、2 级流水线；支持 TrustZone 安全扩展；对比 Cortex-M0 支持各种增强的指令集和系统层面的功能特性，例如指令支持硬件单周期乘法（32×32）和快速除法（32/32）</td><td>ARMv8-M Base-line</td><td>Thumb/Thumb-2 部分指令集，4 个优先级</td><td>超低功耗，安全性的 IoT 和嵌入式应用</td></tr>
<tr><td>Cortex-M33</td><td>与 Cortex-M3 和 Cortex-M4 类似，但是系统设计更灵活，能耗比更高效，性能更高；使用 2 个 AMBA 5 AHB 总线、3 级流水线；可选 DSP 扩展即 SIMD 指令、1 个协处理器接口、内存保护单元、浮点计算单元、TrustZone 安全扩展</td><td rowspan="2">ARMv8-M Main-line</td><td rowspan="2">支持 Thumb/Thumb-2 指令集，8 ～ 256 个中断优先级，RM 自定义指令</td><td>需要安全性或者数字信号、主流的嵌入式应用</td></tr>
<tr><td>Cortex-M35P</td><td>使用 2 个 AMBA 5 AHB 总线、3 级流水线；支持 TrustZone 安全扩展，具有硬件安全和可选的软件隔离特性，防止入侵和非入侵式攻击；具有可选的协处理器接口、DSP</td><td>更高级别安全认证的嵌入式应用</td></tr>
</table>

续表 2-2

分类	描述	架构	指令集	面向应用
Cortex-M55	首款采用 ARM Helium 技术（MVE，M-Profile 矢量扩展），显著提高机器学习和 DSP 性能；使用 AMBA 5 AXI5 64 位主机总线、4 级流水线；64 位 ALU，可选 64 位协处理器接口、TrustZone；32 位 DSP/SIMD 指令扩展、指令及数据 Cache 和 TCM	ARMv 8.1-M	SIMD 指令集、ARM 自定义指令	增强性能的应用，如可穿戴设备，智能语音

本书着重介绍以 ARM Cortex-M4 为内核的处理器（微控制器）。

2.1.2 ARMv7-M 架构

ARM 处理器的架构一般包括系统架构和微架构两方面。通常对于开发人员来说，只关注系统架构即可，无须了解微架构的信息。ARM 公司早期的 ARMv1 ～ v3、ARMv4xM、ARMv4TxM、ARMv5、ARMv5xM、ARMv5TxM 已退市，正在使用的架构版本有 ARMv4、ARMv4T、ARMv5T、ARMv5TE、ARMv5TEJ、ARMv6、ARMv6T2、ARMv7、ARMv8 和 ARMv9。架构的高版本向下兼容低版本。

ARMv7 版本能够根据不同的市场需求定制架构，ARM 公司 2005 年披露细节，其后陆续出售其 IP（半导体知识产权）给世界各个 MCU 芯片制造商，市场上占有率高，被广泛使用在嵌入式应用中。

ARMv7 架构采用了 Thumb-2 指令集、NEON 多媒体与信号处理算法、JIT 即时与 DAC 动态调整编译改良的运行环境等技术，既满足视频编码 / 解码、2D/3D 图形、游戏、音频处理、图像处理等高性能要求，又满足传统的嵌入式控制应用需求。

ARMv7 分为 ARMv7-A、ARMv7-R 和 ARMv7-M 三大系列。

（1）ARMv7-A，支持 Arm 和 Thumb 指令集，其内存管理模型中支持虚拟地址，面向复杂、基于虚拟内存的操作系统和高端应用。典型代表有 Cortex-A5/A8/A9/A15/17 处理器。

（2）ARMv7-R，支持 Arm 和 Thumb 指令集，内存管理模型中仅支持物理地址，针对高性能的实时系统应用。典型代表有 Cortex-R4/R5/R7 处理器。

（3）ARMv7-M，仅支持 Thumb 指令集，更强调总体尺寸和确定性操作而不是绝对性能，针对低成本、性能优化的嵌入式应用。典型代表有 Cortex-M3/M4/M7 处理器。

其中 ARMv7-M 架构仅支持 Thumb 指令的执行，扩展的浮点（FP，floating-point）运算指令、信号处理 DSP 指令被添加到 Thumb 指令集（注：包含 DSP 扩展的 ARMv7-M 实现称为 ARMv7E-M 版本）。ARMv7-M 主要特点如下。

（1）具有行业领先的功耗、性能和面积限制，提供简单的流水线设计，在广泛的市场和应用中提供领先的系统性能水平。

（2）高度确定性操作，单周期或低周期计数执行，较短指令流水线促使中断延迟很小，能够进行无缓存操作。

（3）出色的 C/C++ 编程，异常处理程序及其调用均使用标准 C/C++ 函数。

（4）专为深度嵌入式系统设计，低引脚数器件，入门级 ARM 架构。

（5）为事件驱动系统提供调试和软件分析支持。

2.1.3 ARM Cortex-M4 特点

ARM Cortex-M4 处理器是基于 ARMv7E-M（是 ARMv7-M 的增强版本）架构的 32 位 RISC 内核，主要特点如下。

（1）低功耗、低成本。继承 ARM Cortex-M 系列的特点，低门数，支持多电源域、睡眠和深度睡眠模式。采用 65LP 工艺，0.201 mm^2 面积的动态功耗为 35.54μW/MHz；40LP 工艺 0.082 mm^2 面积时功耗为 15.48μW/MHz。

（2）高性能。具有单时钟周期乘法累加单元 MAC、优化的单指令多数据指令 SIMD、内存保护单元 MPU、饱和运算指令和单精度浮点运算单元 FPU（注：Cortex-M4F 是在 Cortex-M4 基础上增加了浮点运算指令集）。

（3）混合型。具有数字和模拟信号、数字控制和信号处理 DSP。

（4）低延迟。指令执行采用 3 级流水线，处理速度可达 1.25DMIPS/MHz；紧凑的 16/32 位混合指令集 Thumb-2；低延迟、低抖动中断响应的嵌套矢量中断控制器 NVIC。

（5）调试成本低。采用 CoreSight 技术进行调试和跟踪，支持 JTAG 或 2 针 SW-DP 串行线调试连接，支持实时跟踪、断点、代码补丁、观察点和系统分析，支持 printf( ) 调试。

（6）易于编程。配套软件工具和接口标准 CMSIS（其中也包含了信号处理算法），支持实时操作系统 RTOS。

（7）工艺性好。ARM Cortex-M4 可以根据应用需要提供多种不同的制造方式，如 90nm 超低漏电流工艺、65nmLPe 工艺等。

（8）生态广。多家 MCU 半导体公司获得 ARM Cortex-M4 处理器 IP 授权，其中包括国外的恩智浦 NXP 的 Kinetis K 系列和 LPC4000 系列、意法半导体 ST 的 STM32 系列、德州仪器 TI 的 TM4 系列以及国内的兆易创新 GD32 系列、极海半导体 APM32 系列等。

由于以上特点，ARM Cortex-M4 处理器组合了高效的信号处理 DSP 功能与 Cortex-M 系列的低功耗、低成本和易于使用的优点，定位于较高性能、混合信号的深层嵌入式应用场合，面向电动机控制、汽车、电源管理、嵌入式音频、工业自动化、农业装备以及其他新兴的、中高端的电子产品市场。

2.2 ARM Cortex-M4 内部结构

数字资源 2-2 ARM Cortex-M4 处理器技术手册目录

ARM Cortex-M4 处理器的内部框图如图 2-1 所示，包含处理器内核、嵌套向量中断控制器 NVIC、SysTick 定时器、总线矩阵以及可选的存储器保护单元 MPU、浮点运算单元 FPU、唤醒中断控制器 WIC、数据观测与跟踪单元 DWT、Flash 补丁和断点单元 FPB 等部分。其技术手册目录请扫数字资源 2-2 查看。

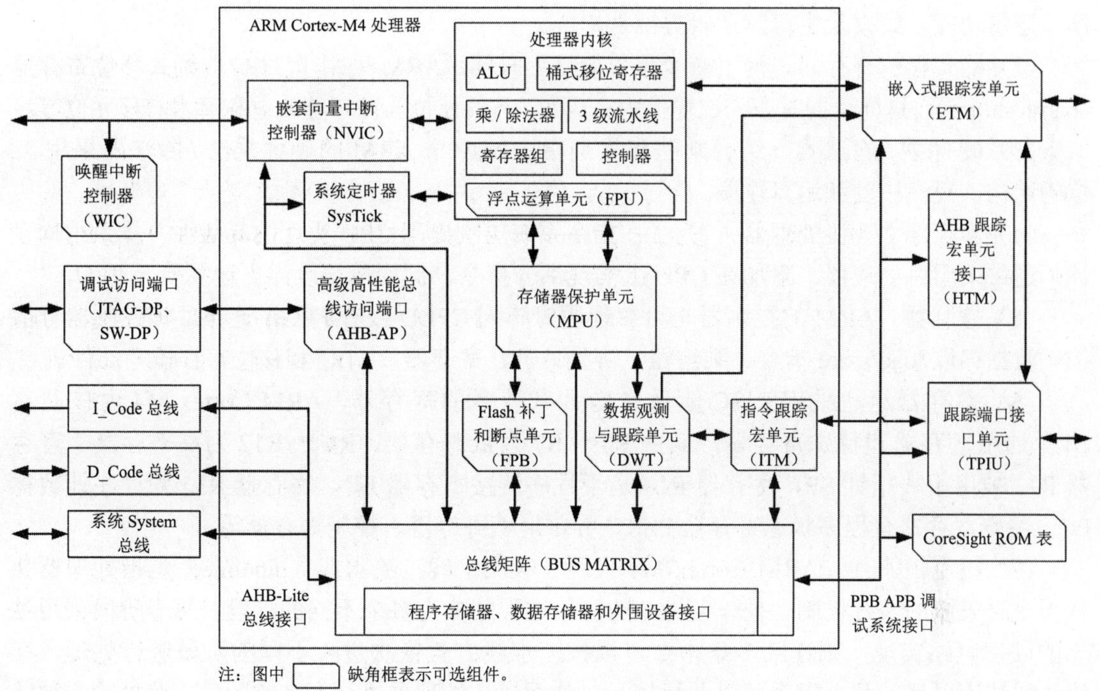

图 2-1　ARM Cortex-M4 内部组成

2.2.1　处理器 CPU 内核

ARM Cortex-M4 处理器内核的结构由算术逻辑单元 ALU、通用寄存器组、A/B 操作数、桶形移位寄存器、硬件乘 / 除法器 MAC、3 级流水线、可选的浮点部件、控制器、指令译码器和数据 / 地址寄存器等组成，如图 2-2 所示。

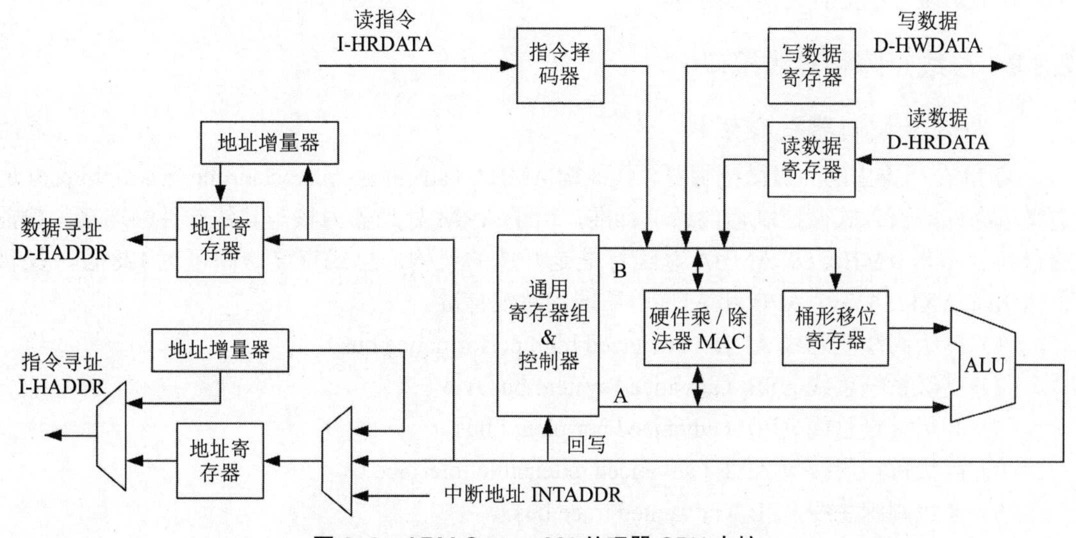

图 2-2　ARM Cortex-M4 处理器 CPU 内核

（1）ALU。与常用的 ALU 逻辑结构基本相同，由 A/B 两个操作数锁存器、加法器、累加器、逻辑功能、结果及零检测逻辑等部件构成。

（2）桶式移位寄存器。为了减少移位的延迟时间，ARM 采用了 32 位的桶式移位寄存器（barrel shifter），这样可同时在一次操作中完成左 / 右移 *n* 位、循环移 *n* 位和算术右移 *n* 位等。

（3）硬件乘 / 除法器。结合乘法和累加指令 MAC，ARM 的硬件乘法 / 除法器采用 32 位的结构，提高精度和运算速度。

（4）浮点部件（协处理器）。为了在指令系统层次提高 CPU 实现的灵活性，体系结构设计师通常采用协处理器，附加在 CPU 上实现部分指令，例如单精度浮点运算单元 FPU。

（5）控制器。ARM 的控制器与可编程逻辑阵列 CPLD 或者 FPGA 连接。该控制器分散控制数据存取 load/store 指令、乘法器、协处理器、寄存器、ALU 和移位寄存器等部件。

（6）寄存器组。采用 RISC 体系结构具有较多的寄存器，ARM Cortex-M4 内核共有 16 个通用寄存器和特殊寄存器，其中 R0 ～ R7 为低寄存器、R8 ～ R12 为高寄存器、寄存器 R13 被用于栈指针 SP、寄存器 R14 是子程序链接寄存器 LR、寄存器 R15 为程序计数器 PC。特殊寄存器有程序状态寄存器 PSR、异常屏蔽寄存器、控制寄存器等。

（7）指令流水线。ARM Cortex-M4 采用 3 级流水线。流水线（pipeline）是指处理器执行指令时采用的并行机制。把一条指令的执行过程划分为多个不同的阶段，每个阶段采用独立的硬件电路实现，则连续多条指令可以按流水线方式依次进入不同的阶段进行处理，在流水线装满以后，几个指令可以并行执行，从而提高处理器执行指令的效率。此处阶段数就是流水线级数。所有的 ARM 处理器都使用了流水线技术。流水线级数越高，每一级所需完成的功能越少，允许采用的处理器时钟频率越高，吞吐率越高，但处理器的结构也越复杂。

3 级流水线即是将 CPU 中执行一条指令分成 3 个阶段：取指（fetch）、译码（decode）和执行（execute）。Cortex-M4 采用了带分支预测（branch prediction）的 3 级流水线，分支预测算法能够提高流水线执行的性能。3 级流水线结构是处理器在遇到包括乘法在内的多数指令时，可以单周期内执行，效率更高，指令执行周期更短。同时，流水线结构的总线接口也使存储系统可以运行更高的频率。

2.2.2 总线矩阵和总线接口

1. 高级微控制器总线架构

ARM 公司推出的高级微控制器总线架构 AMBA（advanced microcontroller bus architecture）定义了高性能嵌入式微控制器的通信标准，用于 ARM 处理器内核与其他部件的连接。目前的最新版本是 AMBA 5。AMBA 总线标准是开放的架构，总线宽度最高可达 128 位，提供了 AHB、AXI、ASB、APB 和 ATB 等不同的总线标准。

（1）高级高性能总线 AHB（advanced high performance bus）。

（2）高级系统总线 ASB（advanced system bus）。

（3）高级外设总线 APB（advanced peripheral bus）。

（4）高级可拓展接口 AXI（advanced extensible interface）。

（5）高级跟踪总线 ATB（advacned trace bus）。

AHB 主要是针对高效率、高频宽及快速系统模块所设计的总线，可以连接如微处理器 CPU、芯片上或芯片外的内存模块和 DMA、DSP 等高效率模块。ARM Cortex-M 系列处理器主要采用 AHB 总线标准，其中 AHB-Lite 是 AHB 的子集，针对单个总线主设备（master）

设计的具有流水线结构的总线协议。ARM Cortex-M4 主要使用 AHB-Lite 总线作为程序存储器和系统总线接口，可以在低硬件成本下实现高运行频率。

ASB 用于处理器与外设之间的互连，将被 AHB 取代。

APB 主要用在低速且低功率的外部设备，可针对外围设备作功率消耗及复杂接口的最佳化。APB 在 AHB 和低带宽的外围设备之间提供了通信的桥梁，所以 APB 是 AHB 或 ASB 的二级拓展总线。主要应用在低带宽的外设上，如 UART、I^2C。

AXI 是一条现代总线，通过分离一个总线周期的地址阶段和数据阶段达到读写并行、高速度、高带宽，支持管道化互联、单向通道、乱序、非对齐操作，有效支持初始延迟较高的外设，连线非常多，接口逻辑设计较为复杂。

2.ARM Cortex-M4 处理器的总线矩阵

ARM Cortex-M4 处理器采用哈佛结构，通过总线矩阵（bus matrix）为系统提供了 3 套基于 AHB-Lite 的总线接口和 1 条高级外设总线 APB 接口，这些 32 位总线可以同时独立地发起总线传输读写操作。

（1）I_Code 总线。用于访问代码空间 0x0000 0000 ～ 0x1FFF FFFC 的指令，也称为 I 总线、C-AHB。

（2)D_Code 总线。用于访问代码空间 0x0000 0000～0x1FFF FFFF 的数据，也称为 D 总线、D-AHB。

（3）系统 System 总线。用于访问其他系统空间，包括 0x2000 0000 ～ 0xDFFF FFFF 和 0xE010 0000 ～ 0xFFFF FFFF，也称为 S 总线、S-AHB。

（4）基于高级外设总线 APB 协议构造的专用外设总线 PPB（private peripheral bus）。用于访问空间 0xE004 0000 ～ 0xE00F FFFF，连接非共享的系统设备，例如调试组件。跟踪端口接口单元 TPIU 和制造商指定的外围设备位于此总线上。此外，扩展 PPB（即 EPPB）访问空间 0xE004 0000 ～ 0xE010 0000，用于 CoreSight 兼容的调试和跟踪组件。

I_Code 总线是取指令的专用通道，只能发起读操作，写操作被禁止，可提升系统取指令的性能。I_Code 总线每次取 1 个字（32 位），可能是 1 个或 2 个 16 位指令，也可能是一个完整的或部分的 32 位指令。内核中包含的 3 个字的预取指缓存可以用来缓存从 I_Code 总线上取得的指令或拼接 32 位指令。

D_Code 总线是取数据的专用通道。该总线既可以用于内核数据访问，也可以用于调试数据访问。任何在内核空间读写数据的操作都在这个总线上发起，且内核相比调试模块有更高的访问优先级。数据访问可以单个读取，也可以顺序读取。非对齐访问会被 D_Code 总线分割为几个对齐的访问。

系统 System 总线是内存访问指令、数据，以及调试模块的访问接口。访问的优先级为数据最高，其次为指令和中断向量，调试接口访问优先级最低。访问位段（Bitband）的映射区会自动转换成对应的位访问。同 D_Code 总线一样，所有的非对齐访问会被系统总线分割为几个对齐的访问。

ARM Cortex-M4 处理器还集成了 3 个调试总线接口：嵌入式跟踪宏单元接口 ETM、AHB 跟踪宏单元接口 HTM、高级高性能总线访问端口 AHB-AP 接口。

（1）ETM（embedded trace macrocell）接口使 Cortex-M4 嵌入式跟踪宏单元 ETM-M4 与处理器的简单连接成为可能，并为 ETM 的指令跟踪提供了一个通道。

（2）HTM（AHB trace macrocell）接口支持 AHB 跟踪宏单元与处理器的简单连接，并为 HTM 的数据跟踪提供通道。

（3）AHB-AP（advanced high-performance bus access port）接口用于调试访问，该接口由符合 CoreSight 标准的串行线调试 SWJ-DP 端口访问。SWJ-DP 包括 JTAG-DP、SW-DP。其中 SW-DP 为两针接口，也称 SWD。

2.2.3 存储器系统和位段 Bitband

ARM Cortex-M4 处理器本身并不包含存储器，而是通过总线接口由微控制器制造商进行设计并添加到系统中。

（1）程序存储器，如 Flash、EEPROM。

（2）数据存储器，如 SRAM、DRAM。

（3）片上外设，输入 / 输出端口对应的寄存器。

（4）处理器的内部控制和调试组件，如系统控制、调试、私有外设区。

1.ARM Cortex-M4 处理器的存储器系统的特点

ARM Cortex-M4 的存储器系统采用统一编址方式。程序存储器、数据存储器、寄存器以及输入 / 输出端口都被组织在同一个 4GB（2^{32} 字节）的线性地址空间内，以小端格式存放。小端格式指的是将 32 位的字（word）数据的低字节存放在低地址中，高地址存放的是该字数据的高字节。

ARM Cortex-M4 处理器的存储器系统具有以下特点。

（1）多总线接口，允许并发指令和数据访问（哈佛总线接口）。

（2）总线接口设计基于高级微控制器总线架构 AMBA 协议，既用于存储器和系统总线流水线操作，也用于与调试部件通信。

（3）支持小端格式和大端格式的存储系统。

（4）支持未对齐的数据传输。

（5）支持独占传输（用于嵌入式操作系统和实时操作系统中的信号量运算）。

（6）位可寻址存储空间（位段 Bitband 操作）。

（7）不同内存区域的属性和访问权限。

（8）可选的内存保护单元 MPU，如果 MPU 可用，存储器的属性和访问权限能够在运行时通过编程来设置。

2.ARM Cortex-M4 处理器的存储映射

ARM Cortex-M4 处理器的存储映射如图 2-3 所示，程序存储器的起始地址为 0x0000 0000，片内 SRAM 的起始地址为 0x2000 0000，片上外设起始地址为 0x4000 0000，以上三区域容量都是 512MB。其中，SRAM 和片上外设区域还开辟了位段（Bitband）区域，用于位操作。片外扩展存储器的起始地址为 0x6000 0000，片外扩展外设起始地址为 0xA000 0000，空间大小为 1GB。同时，处理器为系统、调试、专用外设提供了 512MB 的系统区域。系统区的地址范围是 0xE000 0000 ～ 0xFFFF FFFF，这个区包含以下几个部分。

（1）内部专用外设总线（internal private peripheral bus）地址范围为 0xE000 0000 ～ 0xE003 FFFF。用来访问处理器的一些内置部件，包括系统控制空间 SCS、Flash 补丁和断点单元 FPB、数据监测点和跟踪单元 DWT 及指令跟踪宏单元 ITM 等。其中，SCS 包括系统控制块 SCB、浮点运算单元 FPU、内存保护单元 MPU、嵌套矢量中断控制器 NVIC、SysTick 定时器等。

（2）调试 / 外部专用外设总线（debug/extenal private peripheral bus），范围为 0xE004 0000 ～ 0xE00F FFFF。用来访问处理器的一些调试部件，包括提供调试或跟踪部件地址的 ROM 表、内嵌跟踪宏单元 ETM 和跟踪端口接口单元 TPIU，以及提供给外设供应商使用的外部 PPB 内存映射。

（3）制造商定义区 0xE010 0000 ～ 0xFFFF FFFF：用于供应商定义的部件。

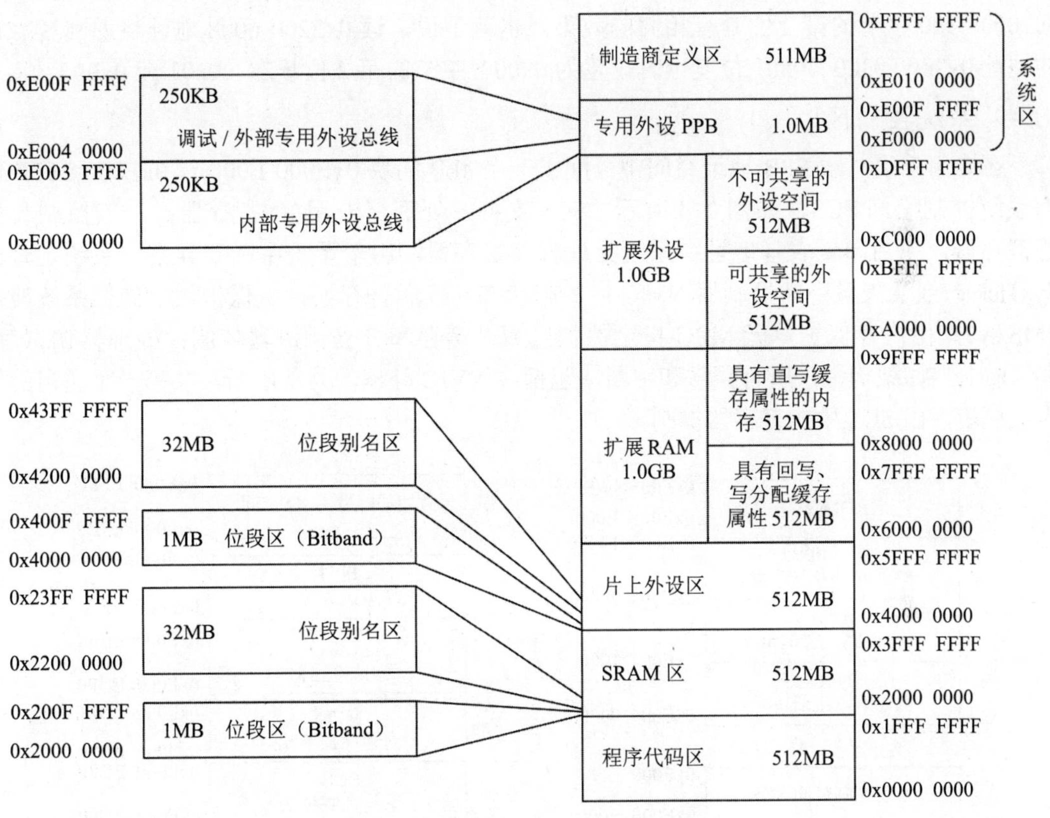

图 2-3 ARM Cortex-M4 存储器映射

3.ARM Cortex-M4 处理器的位段区

位段区包括有 SRAM 的最低 1MB 空间（0x2000 0000 ～ 0x200F FFFF）和片上外设区的最低 1MB 空间（0x4000 0000 ～ 0x400F FFFF）两部分。这两个位段区域，既可以像普通的 RAM 一样使用，还可以通过“位段别名”（bitband alias）像操作字一样的方法来操作位。位操作区域只能从 Cortex-M4 内核访问，而不能通过其他总线（如 DMA）访问。位操作指令是原子操作（atomic operation），不会被事件或中断系统打断。位段别名与某目标位的地址映射公式是：

$$bit\_word\_addr = bit\_band\_base + (byte\_offset \times 32) + (bit\_number \times 4)$$

其中：

bit_word_addr，位段别名区域中的位地址，用字表示的位地址；

bit_band_base，位段别名区域的起始地址；

byte_offset，该目标位所在字节在位段区域的偏移量；

bit_number，该目标位在字节中的位置（0 ～ 7）。

例如：将 SRAM 地址 0x2000 0300 字节的第 2 位映射到位段别名区上。

$$0x2200\ 0000+(0x300\times0x20)+(2\times4) = 0x2200\ 6008$$

式中：32=0x20。对位地址 0x2200 6008 进行“读—修改—写”操作与操作 SRAM 地址 0x2000 0300 字节的第 2 位具有相同的效果。也就是说，读 0x2200 6008 地址将返回 SRAM 的地址 0x2000 0300（0x01 位复位时设置为 0x00）字节的第 2 位状态（0x01 或 0x00）值。

4. 系统控制区

在专用外设总线 PPB 地址空间中分配了一个 4kB 的块 0xE000 E000 ～ 0xE000 EFFF 作为系统控制空间 SCS，如图 2-4 所示。SCS 支持：处理器专用 ID 寄存器；一般控制和配置寄存器，包括向量表基地址；系统处理程序寄存器，用于系统中断和异常；系统定时器 SysTick；嵌套矢量中断控制器 NVIC；故障状态和控制寄存器；受保护的存储器系统架构 PMSAv7，由内存保护单元 MPU 指定保护区域；缓存和分支预测器控制；处理器调试等。在 ARMv7-M 架构中，所有异常和中断，包括由 NVIC 处理的外部中断，共享一个通用的优先级模型，由 SCS 中的寄存器控制。

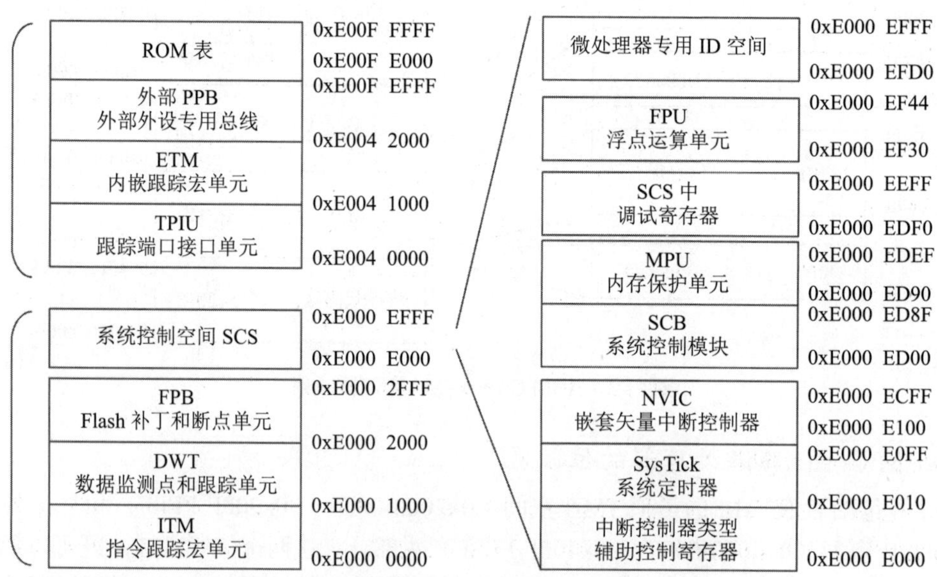

图 2-4　ARM Cortex-M4 存储器中系统控制区域分布

2.2.4　内存保护单元 MPU

内存保护单元 MPU 为可选配模块，其作用是把存储区域分割成不同区域的存储器访问特性和属性，使应用程序能够利用多种权限级别，在逐个任务的基础上分离和保护代码、数据和堆栈，提高系统的可靠性，使系统更加安全。这些保护措施在工业、车辆、农业装备等许多嵌入式应用中变得至关重要。

存储器访问特性包括只支持特权访问和全访问（用户访问）两种，存储器属性包括可否缓存、可否缓冲、可否执行、可否共享四种。内存保护单元 MPU 不仅可以保护内存区域（SRAM 或 RAM 区），还可以保护外设区（如 FMC）。内存保护单元 MPU 功能体现在以下方面。

（1）非法访问保护区域将产生异常中断错误，而在异常处理的时候，就可以确定系统是否应该复位或者执行其他操作。

（2）阻止用户应用程序破坏操作系统使用的数据。

（3）阻止一个任务访问其他任务的数据区，从而隔离任务。

（4）可以把关键数据区域设置为只读，从根本上解决被破坏的可能。

（5）检测意外的存储访问，如堆栈溢出、数组越界等。

（6）将 SRAM 或者 RAM 空间定义为不可执行，防止代码注入攻击。

（7）优先级 0 为最低，7 为最高。

ARM Cortex-M4 处理器的内存保护单元 MPU 提供了 8 个可编程保护区域，每个区域都有自己的可编程起始地址、大小及设置。每个区域包含子区域和背景区域（即没有 MPU 设置的其他所有地址空间），程序中允许启用一个背景区域，背景区域只允许特权访问。

2.2.5 异常和中断处理系统

异常（exception）和中断（interrupt）在嵌入式系统中是两个相似而又重要的概念。

（1）异常。异常的作用是指示系统的某个地方发生一些事件 Event，需要引起处理器（包括正在执行中的程序和任务）的注意。

（2）中断。ARM 架构中把中断定义为包含于异常范畴内的一种特殊事件，是一类特殊的异常。

在 Cortex-M4 处理器核中紧密集成了可配置的嵌套矢量中断控制器 NVIC。NVIC 可支持 1 个不可屏蔽中断 NMI、9 个系统异常、1～240 个外部/外设中断源 IRQ 等几种异常类型，具有 3～8 位优先级设定，是系统实现快速异常处理、管理中断的重要部件。中断的具体路数和优先级数由微控制器制造商定义，微控制器 MCU 和 Cortex-M4 处理器的中断系统如图 2-5 所示，从图中可以看出，NVIC 接收来自各种不同来源的中断请求，NVIC 的特点如下。

（1）采用矢量中断的机制，进入和退出中断无须指令，可自动保存 / 恢复处理器状态，可快速执行中断服务程序 ISR，大幅降低中断延迟。

（2）通过寄存器的硬件堆栈以及暂停多加载 / 多存储（load/store）指令实现更低延迟。

（3）支持电平触发和脉冲触发中断。

（4）中断优先级可动态重置。

（5）支持中断嵌套，支持优先权分组，可以用来实现抢占中断和非抢占中断。

（6）支持背靠背尾链技术（back-to-back tail-chaining），将前一中断处理退出时序与后一中断处理进入时序整合在一起，以降低中断延迟。

（7）支持迟到 late-arriving 机制，状态保存不受延迟到达的影响，加快了抢占速度。

（8）可选的唤醒中断控制器 WIC 和提供外部低功耗睡眠模式支持，具有深睡眠功能，使处理器可以在迅速断电的同时仍保留程序的状态。

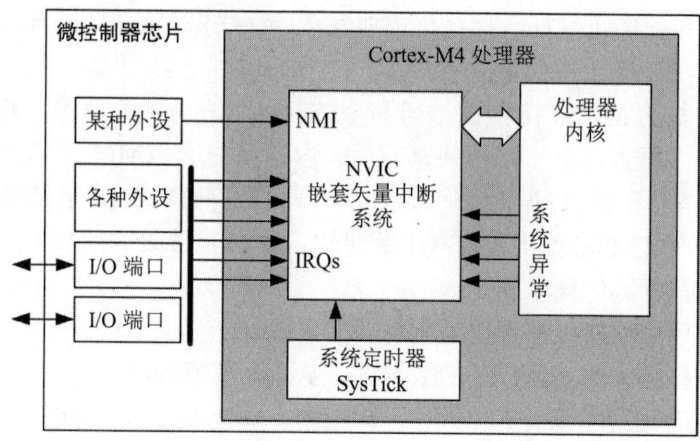

图 2-5　微控制器和 ARM Cortex-M4 处理器的中断系统

2.2.6　浮点运算和数字信号处理

ARM Cortex-M4 在浮点运算、数字信号处理等方面比 Cortex-M3 有很大的优势，能够高效率处理较为复杂的浮点运算和信号处理算法，如电机闭环控制、PID 算法、快速傅里叶变换等。

浮点运算单元 FPU 是 Cortex-M4 的可选组件，通过硬件提升性能处理单精度 32 位浮点运算，并与 IEEE 754 标准兼容，这完成了 ARMv7-M 架构单精度变量的浮点扩展。FPU 扩展了寄存器的程序模型与包含 32 个单精度寄存器的寄存器文件，硬件完全支持单精度的加、减、乘、除、乘加以及平方根操作，还可用于转换定点和浮点数据 IEEE 格式。

在数字信号处理方面增加了 DSP 指令集，支持诸如单周期乘加指令 MAC、优化的单指令多数据指令 SIMD、饱和算数等多种数字信号处理指令集。Cortex-M4 执行所有的 DSP 指令集都可以在单周期内完成，显著改善了运算性能和实时效率。

2.2.7　系统定时器 SysTick

系统定时器 SysTick 是一个 24 位的倒计时定时器，时钟源来自内核，用于在每隔一定的时间产生一个中断，常用于实时操作系统 RTOS 节拍定时（心跳），或者充当简单的计数器用来测量完成时间和使用时间。SysTick 也可工作于系统睡眠模式下。SysTick 属于单调递减计数器，每个时钟递减一次，从重载值连续递减到 0。SysTick 简单易用、配置灵活，还具有写入即清零、过零自动重载等灵活的控制机制。SysTick 通过以下 3 个寄存器进行管理。

（1）控制及状态寄存器。用于配置时钟数值、使能计数器功能、使能 SysTick 中断和确定计数器状态。

（2）重载值寄存器。计数器的重载值，用于每当计数器过零时自动重载，初始化 SysTick 时填写该值。

（3）当前值寄存器。读取计数器的当前值，通过写入任意值清零该寄存器。

2.2.8　调试体系结构

ARM Cortex-M4 处理器支持 CoreSight 调试体系结构。CoreSight 是 ARM 公司于 2003 年

开发的、综合而全面的调试与跟踪架构，能够非侵入式、实时调试、极高效率地了解芯片的实时运行情况，并提供了对多种调试方式的支持。Cortex-M4处理器内嵌用于调试的功能单元有：系统控制空间SCS、ROM表、调试端口SWJ-DP、Flash补丁和断点单元FPB、数据观察和跟踪单元DWT、指令跟踪宏单元ITM、内嵌跟踪宏单元ETM和跟踪端口接口单元TPIU。这些功能单元挂接在专用外设总线PPB上，PPB是基于高级外设总线协议APB的32位总线。微控制器制造商也可挂接自己的专用外设在该总线上。

调试端口SWJ-DP为JTAG-DP/SW-DP二合一接口，其中JTAG（joint test action group）即为经典的广泛使用的边界扫描调试机制物理接口，4线或可选5线，而SW-DP（即SWD）则是ARM新引入的2线或可选3线串行协议调试结构。

2.2.9 支持睡眠模式的电源管理

在ARMv7-M架构中由微处理器内核管理电源，通过采用睡眠模式，处理器内核会保持在低功耗状态，停止执行指令，只有嵌套矢量中断控制器NVIC的一小部分保持唤醒状态，以降低系统功耗。处理器可以通过唤醒中断控制器WIC进入极低功耗睡眠模式。ARMv7-M系列处理器支持3种睡眠模式：即刻睡眠（sleep-now）、退出中断睡眠（sleep-on-exit）和深度睡眠（deep-sleep），进入睡眠模式后系统的反应取决于微控制器制造商设计。在睡眠模式下，内核停止工作，不执行代码和取指，但是此时中断控制寄存器可以捕获中断信号，从而唤醒内核。

（1）睡眠模式停止处理器时钟。

（2）深度睡眠模式停止系统时钟，并关闭PLL和Flash闪存。

（3）中断睡眠模式（sleep-on-exit）允许处理器在执行中断服务完成后立即返回睡眠状态，这样能避免在主应用程序和中断之间进行不必要的上下文切换以节省时间。在该情况下，允许处理器在中断中唤醒，完成必要的工作，然后返回睡眠状态。

ARMv7-M支持使用等待中断WFI（wait for interrupt）和等待事件WFE（wait for event）指令作为系统电源管理的一部分，进入睡眠模式。WFI和WFE都是提示型指令，通常用于软件空闲循环中，只有在中断或特定的事件发生后才恢复程序执行。

（1）等待中断WFI为进入一个或多个睡眠状态提供了硬件支持机制。硬件可以暂停执行，直到唤醒事件发生。

（2）等待事件WFE为软件提供了一种暂停程序执行的机制，直到出现唤醒条件，对唤醒延迟的影响极小或没有影响。等待事件WFE为硬件提供了一些方式发起节电措施。

（3）由系统控制寄存器SCR（system control register）的SEVONPEND、SLEEPDEEP、SLEEPONEXIT等相关位来控制进入或退出低功耗模式。

2.3 常见ARM Cortex-M4内核微控制器

目前，市场上基于ARM Cortex-M4处理器核的微控制器芯片有很多，每个制造商生产的ARM芯片型号各不相同，而且每种芯片系列的参数和性能也有差异。此处列举一部分国内外嵌入式芯片厂商，并介绍一些基于Cortex-M4内核的典型型号。

2.3.1 恩智浦半导体 NXP 公司

恩智浦半导体（NXP）公司由飞利浦 Philips 公司于 1960 年创立，2006 年独立出来，2015 年合并飞思卡尔 FreeScale 公司。目前 NXP 公司拥有基于 ARM Cortex-M 内核的通用微控制器芯片有 LPC 和 K 两大系列，汽车级微控制器有 S32 系列，如表 2-3 至表 2-5 所示。

表 2-3 NXP 公司的 ARM Cortex-M4 内核 K6x 系列 MCU

型号		MK60DN 512VLQ10	MK61FN 1M0VMJ15	MK64FN 1M0CAJ12R	MK66FN 2M0VMD18
工作电压 /V		1.71 ～ 3.6	1.71 ～ 3.6	1.71 ～ 3.6	1.71 ～ 3.6
片内存储器 /kB	SRAM	128	128	256	256
	Flash	512	1024	1024	2048
最高工作频率 /MHz		100	150	120	180
GPIO		100	128	100	100
串行接口	UART	6	6	6	6
	SPI	3	3	3	3
	I^2C	2	2	3	4
CAN		2	2	1	2
USB		1× 全速	2× 全速 + 高速	1× 全速	2× 全速 + 高速
以太网		1×10/100Mbps	1×10/100Mbps	1×10/100Mbps	1×10/100Mbps
ADC		2×16bit	4×16bit	2×16bit	2×16bit
DAC		2×12bit	2×12bit	2×12bit	2×12bit

表 2-4 NXP 公司的 ARM Cortex-M4 内核 LPC4000 系列 MCU

型号		LPC4072FET80	LPC4076FET180	LPC4078FBD144	LPC4088FBD208
工作电压 /V		2.4 ～ 3.6	2.4 ～ 3.6	2.4 ～ 3.6	2.4 ～ 3.6
片内存储器 /kB	SRAM	24	80	96	96
	EEPROM	2	2	4	4
	Flash	64	256	512	512
最高工作频率 /MHz		120	120	120	120
GPIO		54	142	109	165
串行接口	UART	4	5	5	5
	SPIFI	1	1	1	1
	I^2C	3	3	3	3
CAN		2	2	2	2
USB		1	1	1	1
以太网		—	√	√	√
ADC		1×12bit	1×12bit	1×12bit	1×12bit
DAC		1×10bit	1×10bit	1×10bit	1×10bit

表 2-5 NXP 公司的 ARM Cortex-M4 内核 S32K14x 系列 MCU

型号		S32K142	S32K144	S32K146	S32K148
工作电压 /V		2.7 ～ 5.5	2.7 ～ 5.5	2.7 ～ 5.5	2.7 ～ 5.5
片内存储器 /kB	RAM	32	64	128	256
	Cache	4			
	Flash	256	512	1024	2048
最高工作频率 /MHz		80（RUN 模式）或 112（HSRUN 模式）			
GPIO		89		128	156
串行接口	UART	2	3	3	3
	SPI	2	3	3	3
	I^2C	1	1	1	2
CAN		2	3	3	3
以太网		—	—	—	1×10/100Mbps
ADC		2×16bit	2×16bit	2×24bit	2×32bit
DAC		1×8bit	1×8bit	1×8bit	1×8bit

2.3.2 意法半导体 ST 公司

意法半导体（ST）公司成立于 1987 年，由意大利 SGS 微电子公司和法国 Thomson 半导体公司合并而成，现在是世界最大的半导体公司之一。目前该公司中 STM32 系列微控制器主要搭载 ARM Cortex-M 内核，如表 2-6 所示。

表 2-6 ST 公司的 ARM Cortex-M4 内核 STM32xxx 系列 MCU

型号		STM32F301K8	STM32L475VE	STM32WL5CC	STM32H747XI
工作电压 /V		2.0 ～ 3.6	1.71 ～ 3.6	1.8 ～ 3.6	1.62 ～ 3.6
片内存储器 /kB	SRAM	16	128	64	1024
	Flash	64	1024	256	2×1024
最高工作频率 /MHz		72	80	48	480
核数		单核	单核	双核	双核
GPIO		51	82	29	168
定时 / 计数器		9	16	8	20
串行接口	USART	3	3	2	4
	UART	—	2	—	4
	SPI	2	3	2	6
	I^2C	3	3	3	4
CAN		—	1	—	2
USB		—	√	—	√
以太网		—	—	—	√
ADC		1×12bit	3×12bit	1×12bit	3×16bit
DAC		1×12bit	2×12bit	1×12bit	1×12bit

2.3.3 德州仪器 TI 公司

德州仪器（TI）公司于 1930 年在美国得克萨斯州成立，主要从事创新型数字信号处理与模拟电路方面的研究、制造和销售。目前该公司中 MSP 和 TM4C 系列微控制器主要采用 ARM Cortex-M4 内核，如表 2-7 所示。

表 2-7　TI 公司的 ARM Cortex-M4 内核 MSP 和 TM4C 系列 MCU

型号		MSP432E401Y	MSP432E411Y	TM4C1294KCPDT	TM4C123BH6PGE
工作电压 /V		2.97 ~ 3.63	2.97 ~ 3.63	2.97 ~ 3.63	3.15 ~ 3.63
片内存储器 /kB	SRAM	256	256	256	32
	EEPROM	6	6	6	2
	Flash	1024	1024	512	256
最高工作频率 /MHz		120	120	120	80
GPIO		90	140	90	105
串行接口	UART	8	8	8	8
	QSSI	4	4	4	—
	I^2C	10	10	10	6
CAN		2	2	2	2
USB		√	√	√	—
以太网		1×10/100Mbps	1×10/100Mbps	1×10/100Mbps	—
ADC		2×12bit	2×12bit	2×12bit	2×12bit
DAC		—	—	—	—

2.3.4 爱特美尔 Atmel 公司（微芯 Microchip）

爱特美尔（Atmel）公司成立于 1984 年，致力于设计和制造各类微控制器、电容式触摸解决方案、先进逻辑、混合信号、非易失性存储器和射频元件，2016 年被美国微芯科技（Microchip）收购。目前该公司中 SAMD5/E5，SAM4 和 SAMG 系列微控制器采用 Cortex-M4/M4F 内核，如表 2-8 所示。

表 2-8　Microchip（Atmel）公司的 ARM Cortex-M4 内核 SAM4 系列 MCU

型号		ATSAM4 LC8CA-AU	ATSAM4 SD32CA-CU	ATSAM4 N16BA-AU	ATSAM4 E8CA-CU
工作电压 /V		1.68 ~ 3.6	1.62 ~ 3.6	1.62 ~ 3.6	1.62 ~ 3.6
片内存储器 /kB	SRAM	64	160	80	128
	Flash	512	2048	1024	512
最高工作频率 /MHz		48	120	100	120
GPIO		75	79	79	79

续表 2-8

型号		ATSAM4 LC8CA-AU	ATSAM4 SD32CA-CU	ATSAM4 N16BA-AU	ATSAM4 E8CA-CU
串行接口	USART	4	2×USART 2×UART	2×USART 4×UART	2×USART 2×UART
	SPI	1	3	4	3
	I^2C	4	2	3	2
CAN		—	—	—	1
USB		1× 全速	1× 全速	—	1× 全速
以太网		—	—	—	1×10/100Mbps
ADC		15 通道 12bit	16 通道 12bit	11 通道 10bit	10 通道 16bit
DAC		1 通道 12bit	2 通道 12bit	1 通道 10bit	2 通道 12bit

2.3.5 北京兆易创新科技集团股份有限公司

北京兆易创新科技集团股份有限公司于 2005 年在北京市登记成立，公司经营范围包括微电子产品、计算机软硬件、计算机系统集成等。目前该公司产品中 GD32F30x、GD32F3x0、GD32F450、GD32F405/407、GD32F403 以及 GD32E103 系列微控制器采用 ARM Cortex-M4 内核，如表 2–9 所示。

表 2–9 兆易创新品牌的 ARM Cortex-M4 内核 GD32xxx 系列 MCU

型号		GD32F330F4P6	GD32F350CB	GD32F450VI	GD32E103T8	GD32F403RK
工作电压 /V		2.6 ～ 3.6	2.6 ～ 3.6	2.6 ～ 3.6	2.6 ～ 3.6	2.6 ～ 3.6
片内存储器 /kB	SRAM	4	16	512	20	128
	Flash	16	128	2048	64	3072
工作频率 /MHz		84	108	200	120	168
GPIO		15	39	82	26	51
定时 / 计数器		10	12	18	11	18
串行接口	USART	1	2	4×USART 4×UART	2	3×USART 2×UART
	SPI	1	2	5	1	3
	I^2C	1	2	3	1	2
CAN		—	—	2	—	2
USB		—	1	全速 + 高速	全速	全速
以太网		—	—	—	—	—
ADC		1×12bit	1×12bit	3×12bit	2×12bit	3×12bit
DAC		—	1×12bit	2×12bit	2×12bit	2×12bit

2.3.6 雅特力科技股份有限公司

雅特力科技股份有限公司于 2016 年成立，致力于推动全球市场 32 位微控制器创新趋势的芯片设计公司，专注于 ARM Cortex-M4/M0+ 的微控制器研发与创新。目前该公司中 AT32F407、AT32F403、AT32F413、AT32F415、AT32F421、AT32F425、AT32F435 以及 AT32F437 系列微控制器采用 ARM Cortex-M4 内核，如表 2-10 所示。

表 2-10 雅特力品牌的 ARM Cortex-M4 内核 AT32Fxxx 系列 MCU

型号		AT32F407 RCT7	AT32F413 KBU7	AT32F415 KCU7-4	AT32F421 F4P7	AT32F437 VMT7
工作电压 /V		2.6 ～ 3.6	2.6 ～ 3.6	2.6 ～ 3.6	2.4 ～ 3.6	2.6 ～ 3.6
片内存储器 /kB	SRAM	224	16/32/64	32	8	512
	Flash	256	128	256	16	4032
最高工作频率 /MHz		240	200	150	120	288
GPIO		51	27	27	15	84
定时 / 计数器		18	12	12	11	19
串行接口	USART	4×USART 4×UART	2	2	1×USART 1×UART	4×USART 4×UART
	SPI	4	2	2	1	4
	I^2C	3	2	2	2	3
CAN		2	2	1	—	2
USB		1× 全速	1× 全速	全速	—	2× 全速
以太网		1×10/100Mbps	—	—	—	1×10/100Mbps
ADC		3×12bit	2×12bit	1×12bit	1×12bit	3×12bit
DAC		2×12bit	—	—	—	2×12bit

思考题与练习题

1. ARM 公司推出的 Cortex 系列产品有哪些类别？各自适用的应用领域是什么？
2. ARM Cortex-M4 微处理器的特点是什么？采用架构是哪个版本？
3. 总结并简述 ARM Cortex-M4 的内部结构组成以及各自部件的作用。
4. 试述 ARM Cortex-M4 的总线矩阵概念。总线接口有哪些？
5. 画图说明 ARM Cortex-M4 的存储器系统，并解释位段别名的计算方法。
6. ARM Cortex-M4 微处理器的中断系统有什么特点？
7. 就市场上某款基于 ARM Cortex-M4 处理器核的微控制器芯片进行产品描述。

第 3 章　ARM Cortex-M4 软件基础

本章介绍 ARM Cortex-M4 微处理器的软件编程基础，包括运行模式、数据类型、堆栈、事件与中断系统、核心寄存器组、指令集以及软件接口标准 CMSIS，为后续嵌入式应用奠定软件基础。本章导学请扫数字资源 3-1 查看。

数字资源 3-1
第 3 章导学

3.1　ARM Cortex-M4 处理器运行特性

数字资源 3-2
ARM Cortex-M4 处理器的使用指南目录

ARM Cortex-M4 处理器是一款高性能 32 位处理器，专为深度嵌入式系统应用设计，其程序运行模式支持异常处理过程的切换，对应有线程模式和处理模式之分。软件代码可按特权或非特权方式执行，以区别系统资源访问权限。有关 ARM Cortex-M4 处理器的使用指南目录请扫数字资源 3-2 查看。

3.1.1　运行模式和特权级别

运行模式（mode）和特权（privilege）是 ARMv7-M 体系架构应用编程中的关键概念。ARM Cortex-M 系列处理器支持两种运行模式和两种运行状态，如图 3-1 所示。

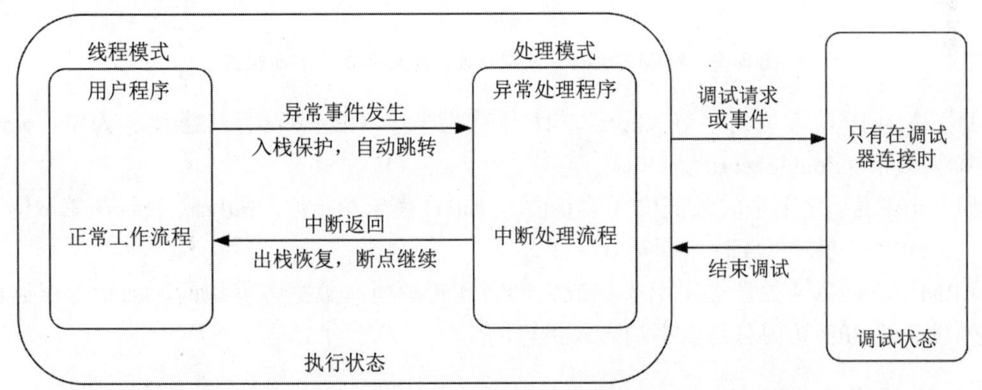

图 3-1　ARM Cortex-M 微处理器应用程序运行模式和运行状态

（1）线程模式（thread mode）。执行普通代码的工作模式，在复位时进入该模式，也可以由异常处理返回时进入。

（2）处理模式（handler mode）。处理异常中断的工作模式，所有异常都在处理模式下执行。处理模式必须有中断返回。当出现异常中断时，处理器自动进入处理模式。

（3）执行状态。指处理器正常运行 16 位和 32 位半字对齐 Thumb 指令时的状态。

（4）调试状态。如果处理器被配置为在调试事件发生时暂停，则处理器进入调试状态，并且调试事件发生。调试状态须在连接调试器时存在。

程序代码可以作为特权或非特权执行。非特权执行限制或排除访问一些资源。特权执行可以访问所有资源。处理程序模式下的执行总是有特权的。线程模式下的执行可以是特权执行，也可以是没有特权。

非特权（unprivileged）：软件只能执行存储器访问的 MSR 和 MRS 指令，不能使用清除 / 设置中断屏蔽寄存器 CPS 指令，无法访问系统定时器 SysTick、嵌套向量中断控制器 NVIC 或系统控制块 SCB，对内存或外设的访问可能受到限制。“非特权软件”在非特权级别执行。

特权（privileged）：软件可以使用所有指令，并且可以访问所有资源。“特权软件”在特权级别执行。非特权状态可以使用监管者调用 SVC 指令来产生一个系统调用，把控制权转移到特权状态。只有特权状态可以在线程模式下写控制寄存器来改变状态执行的特权级别。在线程模式下，控制寄存器控制软件执行是特权级别或者非特权级别；在处理模式下，软件执行总是特权级别。

3.1.2 数据类型

在应用编程中，ARM Cortex-M 系列 32 位处理器支持位、字节、半字、字以及双字等数据类型，如图 3-2 所示，图中 LSB 表示最低位，MSB 表示最高位。

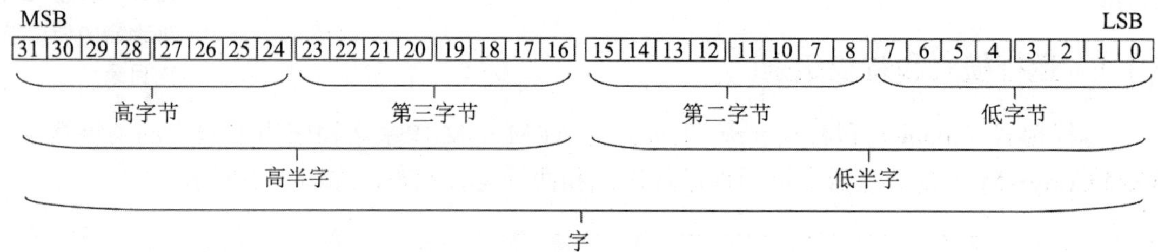

图 3-2 ARM Cortex-M 微处理器数据存放（小端格式）

1 位称为 1bit，8 位为字节（byte），16 位称为半字（half word），32 位称为字（word），64 位称为双字（double word）。

用 bit[0] 表示字节中的最低位（第 0 位），bit[*x*] 表示第 *x* 位，bit[*y*:*x*] 表示从第 *x* 位到第 *y* 位。如 bit[3:0] 表示低 4 位，即第 0 ～ 3 位。

ARM Cortex-M4 处理器采用小端或大端方式管理所有数据内存访问，而指令存储器和专用外设总线 PPB 访问总是以小端方式执行。

3.1.3 堆栈操作

堆栈是在 SRAM 区域开辟出来特定的存储区，用于存放需要保护的程序运行数据。堆栈的一端是固定的，称为栈底，另一端是浮动的，称为栈顶。由寄存器 SP（堆栈指针）指向栈顶。堆栈是按特定顺序“先进后出”进行存取。

ARM Cortex-M4 处理器使用完全递减方式堆栈，堆栈方向是向低地址方向增长，为满堆栈机制。堆栈操作是通过入栈 PUSH 和出栈 POP 指令来完成的，堆栈指针 SP 保存的是内存中最后入栈项目的地址。当处理器向堆栈推入一个新的项目时，堆栈指针 SP 递减，然后写入项目到新的内存位置。如图 3-3 示意入栈和出栈过程。

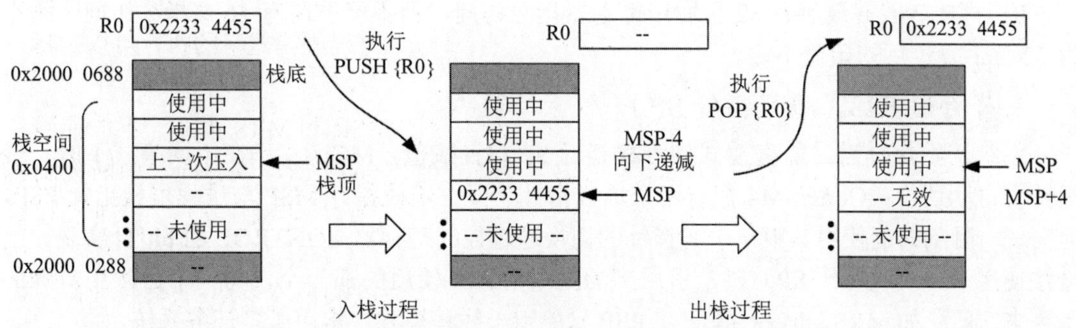

图 3-3　ARM Cortex-M 微处理器堆栈操作示意图

Cortex-M4 处理器堆栈有主堆栈（main stack）和进程堆栈（process stack）之分，指针分别存放在独立的寄存器中，即主堆栈指针 MSP 和进程堆栈指针 PSP。在线程模式下，由 CONTROL 寄存器控制处理器是否使用主堆栈或进程堆栈；而在处理模式下，处理器总是使用主堆栈。在处理模式下，处理器使用主堆栈指针 MSP ；在线程模式下，可以使用任一堆栈指针 MSP/PSP。

3.1.4　内核寄存器组

ARM Cortex-M4 微处理器内核寄存器组如图 3-4 所示。其中 R0 ～ R12 为通用寄存器，没有特定的功能，绝大多数指令都可以使用。R0 ～ R12 被分为两组，R0 ～ R7 为低组寄存器，R8 ～ R12 为高组寄存器。另外 R13、R14 和 R15 寄存器既有通用功能，又分别有以下特定功能：寄存器 R13 被用于堆栈指针 SP、寄存器 R14 是子程序链接寄存器 LR、寄存器 R15 为程序计数器 PC。另外还有特殊寄存器包括程序状态寄存器组 PSR、中断屏蔽寄存器组（PRIMASK、FAULTMASK、BASEPRI）和控制寄存器 CONTROL。

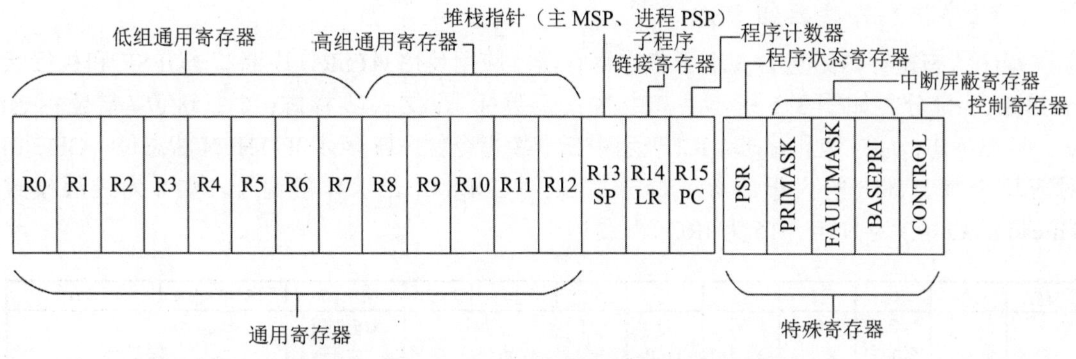

图 3-4　ARM Cortex-M4 微处理器内核寄存器组

1. 低组通用寄存器 R0 ～ R7

R0 ～ R7 能够被所有访问通用寄存器的指令访问，大小为 32 位，复位后初始值不定；在中断或者异常处理程序中需要对这几个寄存器的数据进行保存。大多数 16 位指令只能访问低组通用寄存器；少数 16 位指令可访问高组通用寄存器。

2. 高组通用寄存器 R8 ～ R12

R8 ～ R12 能够被所有 32 位通用寄存器指令访问，而不能被所有 16 位指令访问，大小为 32 位，复位后初始值不定。

3. 寄存器 R13（堆栈指针 SP）

系统初始化时需对所有模式的堆栈指针 SP 指针赋值，MCU 工作在不同模式下时，栈指针会自动切换；Cortex-M4 拥有两个堆栈指针，即主堆栈指针 MSP 与进程堆栈指针 PSP，但在任一时刻只能使用其中一个。指针的切换通过控制寄存器 CONTROL 的 bit[1] 实现。当直接使用 R13（或写作 SP）时，引用到的是当前正在使用的那一个，另一个必须用特殊的指令来访问（如 MRS、MSR 指令）。PSP 只能用于线程模式，常用于多任务系统。

4. 寄存器 R14（子程序链接寄存器 LR）

R14 用于调用子程序时保存调用返回地址、发生异常时保存异常返回地址寄存器。

当调用子程序或函数时，LR 用于保存返回地址。函数或子程序结束时，程序将 LR 中的地址赋给 PC 返回调用函数中。在调用子程序或函数时，LR 中的数值是自动更新的，如果此函数或子程序嵌套调用其他函数或子程序，则需要保存 LR 中的数值到堆栈中，否则 LR 中的数值会因函数调用而丢失。

5. 寄存器 R15（程序计数器 PC）

程序计数器 PC 保存当前程序运行的地址，复位时，处理器将复位向量的值载入 PC，该值位于地址 0x0000 0004。该值的 bit[0] 在复位时载入程序状态寄存器 EPSR 的 T 位（表示 Thumb 状态），并且必须为 1。

PC 既可以读出数据，也可以写入数据。由于 Cortex-M4 内部使用了指令 3 级流水线，因此读 PC 时返回的值是当前指令的地址加 4。向 PC 中写数据会引起跳转操作，但多数情况下，跳转和调用操作由专门的指令实现。因此不建议写数据到 PC 中，该操作有可能产生一个错误异常。

6. 程序状态寄存器组 PSR

程序状态寄存器组包含 3 个子状态寄存器：应用程序 APSR、中断状态 IPSR 和执行状态 EPSR，位分配如图 3-5 所示。其中 N：负数标志；Z：零标志；C：进位 / 借位标志；V：溢出标志；Q：饱和标志；ICI 表示中断继续指令位；IT 表示 IF-THEN 状态位；GE[3:0] 对应每个字节部分的大于或等于标志；ISR_NUM[8:0] 表示异常编号，如 0 为线程模式 Thread mode、2 为 NMI、16 为 IRQ0。

<table>
<tr><td>位</td><td>31</td><td>30</td><td>29</td><td>28</td><td>27</td><td>26:25</td><td>24</td><td>23:20</td><td>19:16</td><td>15:10</td><td>9</td><td>8:0</td></tr>
<tr><td>APSR</td><td>N
负标志</td><td>Z
零标志</td><td>C
进借位</td><td>V
溢出</td><td>Q
DSP
饱和</td><td colspan="3">保留</td><td>GE[3:0]
大于
或等于</td><td colspan="3">保留</td></tr>
<tr><td>IPSR</td><td colspan="11">保留</td><td>ISR_NUM[8:0]
异常编号</td></tr>
<tr><td>EPSR</td><td colspan="5">保留</td><td>ICI/IT</td><td>T
Thumb</td><td colspan="2">保留</td><td>ICI/IT</td><td colspan="2">保留</td></tr>
</table>

图 3-5　ARM Cortex-M4 程序状态寄存器组

程序状态寄存器使用寄存器名称作为 MSR 或 MRS 指令的参数来访问，既可以单独访问这些寄存器，也可以将任意两个或所有三个寄存器组合在一起访问。

（1）PSR=APSR+EPSR+IPSR；

（2）IEPSR=EPSR+IPSR；

（3）IAPSR=APSR+IPSR；

（4）EAPSR=APSR+EPSR。

7. 中断屏蔽寄存器组

中断屏蔽寄存器的 3 个寄存器 PRIMASK、FAULTMASK 和 BASEPRI 用来屏蔽具有优先级别的异常，且只能在特权级别下访问（若非特权级别下写入这些寄存器的值将被忽略，并返回“0”）。默认情况下，寄存器的值为“0”，即不开启屏蔽功能。中断屏蔽寄存器常用于嵌入式操作系统用于管理异常 / 中断处理。

（1）PRIMASK（priority mask register）的 bit[0]=1 时屏蔽所有可配置优先级的异常，该位为“0”无效。即置位时表示关闭所有可屏蔽的异常 / 中断，只剩下非屏蔽中断 NMI、硬件错误 HardFault 可以响应。

（2）FAULTMASK（fault mask register）的 bit[0]=1 时屏蔽除 NMI 之外的所有异常，该位为 0 无效。

（3）BASEPRI（base priority mask register）bit[7:0] 中某位置“1”表示定义异常处理的基本优先级，处理器不会处理任何优先级值大于或等于该基本优先级的异常，即关闭≥该优先级的异常处理，该位为 0 无效。

8. 控制寄存器 CONTROL

控制寄存器 CONTROL 用于定义特权级别、选择当前使用哪个堆栈指针、浮点状态。该寄存器只能在特权访问级别下修改，可以在特权 / 非特权模式下读取。

nPRIV（bit[0]）的含义：线程模式是否特权访问，“0”表示特权级，“1”表示非特权级。仅当在特权级下操作时才允许写该位。一旦进入了非特权级，唯一返回特权级的途径就是触发一个（软）中断，再由服务程序改写该位。这对于提供一个基本的安全使用模型是必不可少的。

SPSEL（bit[1]）的含义：堆栈指针选择，“0”表示主堆栈 MSP，“1”表示进程堆栈 PSP。在处理模式中，该位总是 0；在线程模式中则可以为 0 或 1；仅当处于特权级的线程模式下，此位才可写；其他场合下禁止写此位。改变处理器的模式也有其他的方式：在异常返回时，通过修改 LR 的 bit2 也能实现模式切换。

FPCA（bit[2]）的含义：浮点激活，“0”表示没有激活的浮点 FP 上下文，“1”表示有。处理器使用该位来决定在处理异常时是否保留浮点状态。该位只位于使用浮点处理单元 FPU 的 ARM Cortex-M4 处理器。

复位后，控制寄存器 CONTROL 的各位均为“0”，表示此时线程模式使用主堆栈 MSP，且为特权访问级别。然后，通过写入相应位来切换模式。

9. 浮点处理寄存器组

ARM Cortex-M4 处理器针对可选浮点处理单元 FPU，为浮点数据处理提供了额外的寄存器和浮点状态控制寄存器 FPSCR。FPU 中包含 32 个用于存储单精度浮点数的 32 位寄存器 S0 ～ S31，也可合并为 16 个用于存储双精度浮点数的 32 位寄存器 D0 ～ D15。例如，单精度 S1 和 S0 搭配在一起成为双精度 D0，S3 和 S2 搭配在一起成为 D1。Cortex-M4 处理器的 FPU 不支持双精度浮点计算，可以使用浮点指令来转换双精度数据。

3.1.5 异常和中断系统

ARM Cortex-M4 处理器支持中断和系统异常。异常改变了软件控制的正常流程。处理器和嵌套向量中断控制器 NVIC 对所有异常进行优先级排序和处理。处理器使用处理模式来处理除复位以外的所有异常。当异常发生时，典型的结果是迫使处理器从当前正在执行的程序转移到单独的异常处理程序中去。处理异常的程序代码通常称为异常处理程序，其是已编译程序映像的一部分。

1. ARM Cortex-M4 处理器异常和中断的种类

ARM Cortex-M4 处理器支持复位、不可屏蔽中断 NMI、硬件故障、存储管理故障、总线故障、使用故障、监管者调用、挂起服务、系统定时器 SysTick、中断请求 IRQ 等多种系统异常和外部中断。编号 1 ～ 15 是系统异常，编号 16 以上为中断输入，大多数异常和中断可配置优先级，少部分系统异常为固定优先级，如表 3-1 所示，其余中断向量可参见本书附录的附表 2。

表 3-1 ARM Cortex-M4 处理器系统异常与中断属性表（向量表）

位置	IRQ 号	异常名称	优先级	中断异常向量	触发条件
—	—	—	—	0x0000 0000	（取出主堆栈指针 MSP）
1	—	复位 Reset	-3 最高	0x0000 0004	上电或热复位时，异步（取出 PC）
2	-14	不可屏蔽中断 NMI	-2 次高	0x0000 0008	外设或软件触发，异步
3	-13	硬件故障 HardFault	-1	0x0000 000C	在异常处理过程中出现了错误或不能被其他异常机制管理
4	-12	存储管理故障 MemManage	可配置	0x0000 0010	MPU 内存保护的故障异常，同步
5	-11	总线故障 BusFault	可配置	0x0000 0014	总线上的取指 / 数据存储故障，精确时是同步，不精确时是异步
6	-10	使用故障 UsageFault	可配置	0x0000 0018	指令执行的故障，同步
7 ～ 10，12 ～ 13：保留					
11	-5	监管者调用 SVCall	可配置	0x0000 002C	利用 SVC 指令调用系统服务，同步
14	-2	挂起服务 PendSV	可配置	0x0000 0038	可挂起的系统服务请求，只能由软件来实现挂起，异步
15	-1	系统定时器 SysTick	可配置	0x0000 003C	系统时钟节拍到达零时，异步

续表 3-1

位置	IRQ 号	异常名称	优先级	中断异常向量	触发条件
16	0	中断请求 IRQ0	可配置	0x0000 0040	由外设信号或者软件请求，异步
16+*n*	*n*	外部中断 IRQn	可配置	0x0040+4*n*	*n*=1,2,…,239，由制造商决定具体使用外部中断源的个数

优先级由 3 ～ 8 位组成，具体大小由制造商给出，数值越小，优先级别越高。为了在有中断的系统中提高优先级控制，NVIC 支持优先级分组。这将每个中断优先级寄存器条目分为两个域：定义组优先级的上部字段、定义组内次优先级的较低字段。

异常的状态有未激活、挂起、激活、激活并挂起 4 种状态。

（1）未激活（inactive）。该异常既不是活动的，也不是挂起的。

（2）挂起（pending）。异常正在等待处理器处理。来自外设或软件的中断请求可以将相应中断的状态更改为挂起。

（3）激活（active）。处理器正在处理但尚未完成的异常。

（4）激活并挂起（active and pending）。处理器正在处理该异常，并且存在来自同一来源的挂起异常。

2. ARM Cortex-M4 处理器异常的响应

当 ARM Cortex-M4 内核响应了一个发生的异常后，对应的异常处理程序 EH（exception handler）就会执行。为了决定异常处理程序的入口地址，ARM Cortex-M4 使用了“向量表查表（vector table）机制”。每个异常处理程序都有一个确定的入口地址，该地址称为中断异常向量。中断异常向量表中指定了各异常中断及其处理程序的对应关系。在 ARM 体系中，异常中断向量表通常存放在存储器空间的低端地址。每个异常中断占据 4 个字节空间。系统复位时，向量表固定在地址 0x0000 0000，PC=0x0000 0004 内容。特权模式下，软件可以写入 VTOR 寄存器，将向量表起始地址重新定位到不同的存储器位置，范围为 0x0000 0080 至 0x3FFF FF80。

异常处理程序 EH 分为 3 种：中断服务程序 ISR、故障处理程序和系统处理程序。

（1）中断服务程序 ISR。处理 IRQ 中断异常的程序。

（2）故障处理程序。处理硬件故障、存储管理故障、总线故障、使用故障异常的程序。

（3）系统处理程序。处理不可屏蔽中断 NMI、挂起服务、监管者调用和系统定时器 SysTick 异常的程序。

异常发生时，线程模式程序产生断点进入异常响应阶段，CPU 在数据总线上进行“入栈（stacking）”环节，同时在指令总线上进行“向量抓取（vector fetch）”，根据向量表存储的异常处理程序 EH 入口地址向 CPU 的程序计数器 PC 寄存器赋值，从而将 CPU 跳转到相应的处理模式异常处理程序 EH 中。完成处理后，异常处理程序 EH 通过指令将 EXC_RETURN 转入 PC 寄存器，激发 CPU 根据 EXC_RETURN 低 5 位指示的运行模式执行 EH 退出操作，处理器“弹出堆栈（unstacking）”，并将处理器状态恢复到中断发生前的状态，PC 返回原程序位置，完成中断返回，如图 3-6 所示。

异常响应：当存在具有足够优先级的挂起异常，并且出现处理器处于线程模式、新异常的优先级高于正在处理的异常中任一情况时，会出现异常响应。

中断返回：在异常处理程序完成时，并且没有具有足够优先级的待处理异常、已完成的异常处理程序没有处理迟到的异常，这时可返回。当处理器处于处理模式并执行以下指令之一将 EXC_RETURN 返回值加载到 PC 时，会出现中断返回。

（1）加载 PC 的 LDM 或弹出指令；

（2）以 PC 为目的地的 LDR 指令；

（3）使用任何寄存器的 BX 指令。

堆栈操作：异常处理中有入栈保护和出栈恢复环节。进行入栈环节时，CPU 原来工作的主堆栈（main stack）或进程堆栈（process stack），数据就推入到该栈内。而当 CPU 进入异常处理程序 EH 时，工作模式自动转变为处理程序模式，使用主堆栈。若要再进入嵌套异常，入栈都会在主堆栈中进行。

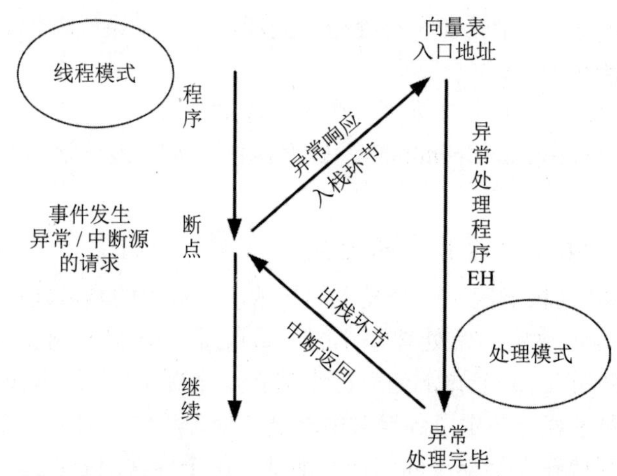

图 3-6　ARM Cortex-M4 异常 / 中断处理过程

ARM Cortex-M4 异常处理过程的技术如下。

（1）抢先 preemption 机制。当处理器正在执行一个异常处理程序时，如果一个异常的优先级高于正在处理的异常的优先级，那么其可以抢占该异常处理程序。当一个异常抢占另一个异常时，这些异常被称为嵌套异常。

（2）尾链 tail-chaining 机制。尾链机制加速了异常服务。在异常处理程序完成时，如果有一个满足异常条目要求的挂起异常，则跳过堆栈弹出，并将控制权转移给新的异常处理程序。

（3）迟到 late-arriving 机制。迟到机制加快了抢占速度。如果在先前异常的状态保存期间发生了更高优先级的异常，则处理器切换到处理更高优先级的异常，并启动该异常的向量提取。状态保存不受延迟到达的影响，因为对于两种异常，保存的状态是相同的。因此，状态保存不间断地继续。处理器可以接受迟到的异常，直到原始异常的异常处理程序的第一条指令进入处理器的执行阶段。从迟到异常的异常处理程序返回时，应用正常的尾链规则。

3.1.6　复位序列

根据上述 ARM Cortex-M4 的运行特性，处理器的复位序列是：内核复位后，取出地址

0x0000 0000 内容，获得主堆栈指针 MSP 的初始值；取出地址 0x0000 0004 获得程序计数器 PC 初始值（这个值是复位向量），最低位 LSB 必须是 1。然后从这个值所对应的 32 位地址处取指，继续运行程序，如图 3-7 所示，图中 PC 取值后等于 0x0800 065A，执行复位处理程序 Reset_Handler( ) 函数，然后跳转至系统初始化 SystemInit( ) 函数，之后进入 main 函数。

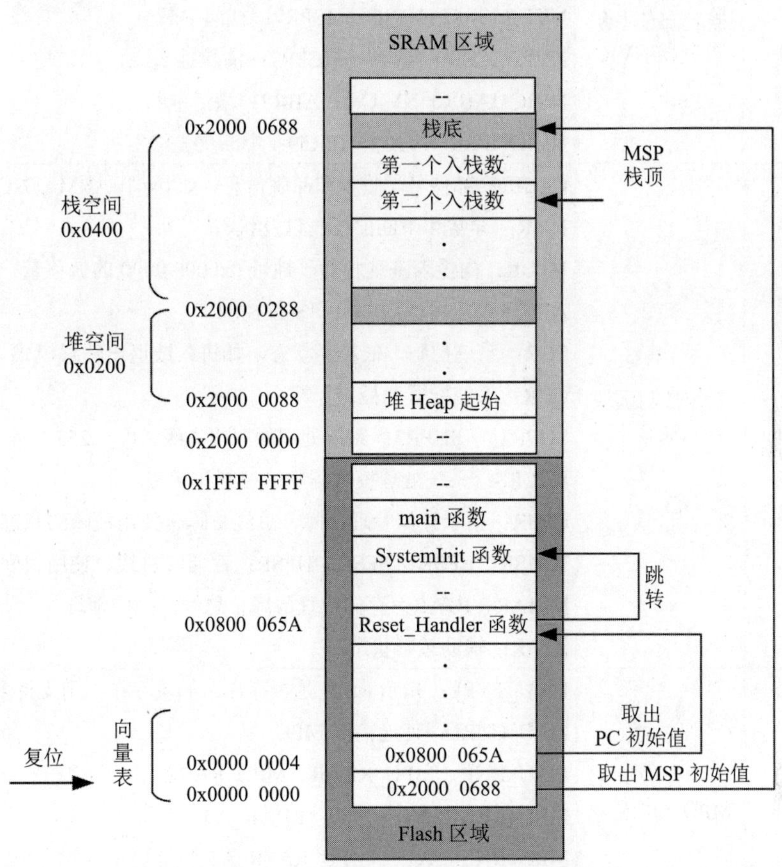

图 3-7　ARM Cortex-M4 的复位序列

3.1.7　内核组件特殊功能寄存器

ARM Cortex-M4 内核外设组件包括系统控制、系统定时器 SysTick、嵌套向量中断控制器 NVIC、内存保护单元 MPU、浮点单元 FPU 等部分，其地址映射图和特殊功能寄存器如表 3-2 所示，这些特殊功能寄存器用于管理微处理器系统的工作。

表 3-2　ARM Cortex-M4 内核组件地址映射和特殊功能寄存器

地址范围	内核组件	特殊功能寄存器
0xE000 E008 ～ 0xE000 E00F	系统控制区块	ACTLR：辅助控制
0xE000 E010 ～ 0xE000 E01F	系统定时器 SysTick	SYST_CSR：SysTick 的控制和状态 SYST_RVR：存放 SysTick 重载值，24 位 SYST_CVR：SysTick 运行的当前值，24 位 SYST_CALIB：SysTick 的校准值

续表 3-2

地址范围	内核组件	特殊功能寄存器
0xE000 E100 ～ 0xE000 E4EF	嵌套向量中断控制器 NVIC	NVIC_ISER0-NVIC ～ ISER7：使能中断 NVIC_ICER0-NVIC ～ ICER7：清除中断 NVIC_ISPR0-NVIC ～ ISPR7：挂起中断 NVIC_ICPR0-NVIC ～ ICPR7：清除挂起 NVIC_IABR0-NVIC ～ IABR7：激活中断 NVIC_IPR0-NVIC ～ IPR59：中断优先级
0xE000 ED00 ～ 0xE000 ED3F	系统控制区块 SCB	CPUID：部件号、版本和品牌信息，如 0x41=ARM，0xC24=Cortex-M4 ICSR：异常和中断的控制以及状态 VTOR：向量表基址相对于地址 0x0000 0000 的偏移量 AIRCR：应用程序中断和复位控制 SCR：系统控制，低功耗状态，如进入或退出睡眠模式 CCR：系统配置和控制 SHPR1 ～ SHPR3：系统处理程序优先级，0 ～ 255 SHCRS：系统处理模式程序的控制和状态 CFSR：指示存储管理故障、总线故障、使用故障的状态 MMSR、BFSR、UFSR、HFSR：存储、总线、使用、硬件故障的状态 MMAR、BFAR：存储管理故障、总线故障的地址 AFSR：辅助故障状态
0xE000 ED90 ～ 0xE000 EDB8	内存保护单元 MPU（可选）	MPU_TYPE：指示 MPU 是否存在，如果存在，则支持多少个区域 MPU_CTRL：使能控制 MPU MPU_RNR、MPU_RBAR、MPU_RASR MPU_RBAR_A1 ～ MPU_RBAR_A3 MPU_RASR_A1 ～ MPU_RASR_A3 MPU 存储区的位置、基址、属性和大小
0xE000 EF00 ～ 0xE000 EF03	软件中断 NVIC	STIR：软件中断
0xE000 EF30 ～ 0xE000 EF44	浮点单元 FPU	CPACR：指定协处理器的访问权限 FPCCR：浮点上下文控制，设置或返回 FPU 控制数据 FPCAR：保存异常堆栈帧上分配的未填充浮点寄存器空间的地址 FPSCR：浮点状态 FPDSCR：浮点缺省状态

3.2 ARM Cortex-M4 指令集

3.2.1 概述

指令集架构（instruction set architecture，ISA），又称指令集，指某型号计算机系统可以执行的所有指令的集合。Thumb-2 指令集是 ARMv7 架构的新技术，升级并替换了以前版本的 Thumb 指令集（16 位）和 ARM 指令集（32 位），提供了一些新的 16 位 Thumb 指令以改善代码运行效率和流程，还提供了新的 32 位 Thumb 指令以改善性能和代码大小。因此，Thumb-2 指令集是面向 ARMv7 架构的一种 16 位指令和 32 位指令并容兼收的混合长度指令集，确保高代码密度和低程序存储器容量。ARMv7-M 的规格书只实现 Thumb-2 的一个子集，而 ARM Cortex-M4 是基于 ARMv7-M 体系架构的，故 Cortex-M4 处理器支持 Thumb/Thumb-2 指令集，提供了 32 位架构下的高代码密度形式和卓越性能，如图 3-8 所示。

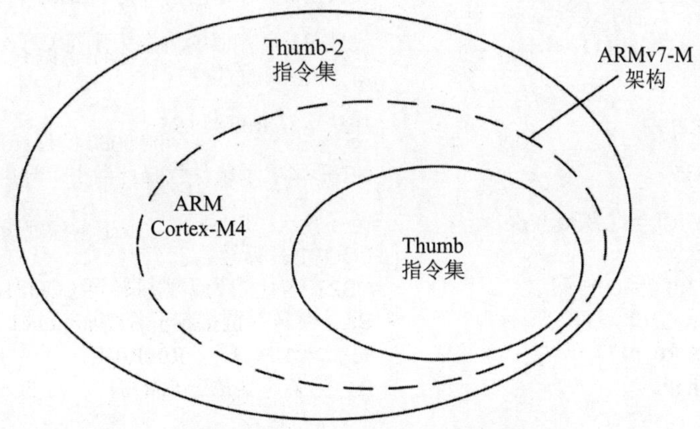

图 3-8 ARM Cortex-M4 指令集

Cortex-M4 Thumb/Thumb-2 指令集属于精简指令集 RISC，其主要特点如下。

（1）指令格式统一，种类少，寻址方式少，处理速度高。

（2）汇编语言编程时不需要分析这条指令是 32 位指令还是 16 位指令，由汇编器自动按照最简化的原则生成机器代码。

（3）支持“非对齐数据访问”，使得数据可以更有效地被装入内存。

（4）Cortex-M4 设计有多种高效信号处理功能，具有扩展的单周期乘法累加 MAC 指令、优化的单指令多数据 SIMD 算法指令、组合打包指令、饱和算法指令和可选的浮点单元（Cortex-M4F 额外增加了浮点运算指令集）。

（5）Cortex-M4 处理器的指令按功能分为存储器访问、一般数据处理、乘法与除法、饱和运算、位域、组合与拆分、逻辑运算、移位、分支与控制、浮点、存储器特权、异常相关、休眠模式相关以及其他指令。

3.2.2 指令格式

ARM 处理器指令采用助记符表示，其格式一般为：

{ 标号 }

操作码 { 可选后缀 } 操作数 1, 操作数 2, 操作数 3 {; 注释 }

其中，{ } 中的内容是可选的；操作码是指令的助记符，其前面必须有一个空格，通常用 Tab 键对齐，如 MOV 表示传送，ADD 表示算术加；{ 可选后缀 } 如表 3-3 所示，如 S 表示影响状态寄存器 APSR 的值（N、Z、C、V 标志位）：操作数跟在操作码后面，操作数的个数由指令决定；通常操作数 1 是目标操作数，指本条指令执行结果的存储地（如寄存器）；操作数 2、3 可以是寄存器、立即数或其他特定于指令的参数；立即数必须以 # 开头；标号和注释是可选的，可写可不写；标号必须顶格写，其作用是让汇编器计算程序转移的地址；注释以“；”开头；所有字符均为 ASCII 码。

指令格式举例

	语句	说明
例 1	MOV R0, #0x2022	设置 R0 寄存器的内容为 0x2022
例 2	MOVS R5, #'C'	设置 R5 寄存器的内容为字符 C（ASCII 码），并更新 APSR 标志位
例 3	ADD R0, R1, R2	加法运算 R0=R1+R2
例 4	MOVCC R2, #35	CC 后缀表示条件代码，当小于时执行 MOV R2, #35

例 5	MOV R0, #8 ; 赋值 8 次
	LOOP1
	    CBZ R0, LOOP1ext
	    BL myfunc1
	    SUBS R0, #1
	    B LOOP1
	LOOP1ext
		循环 8 次，R0=8
		LOOP1 是标号
		CBZ：若比较为零则跳转至 LOOP1ext
		BL：跳转并链接到子程序 myfunc1
		每循环 1 次减 1，R0=R0-1
		B：无条件跳转到 LOOP1

指令格式中的可选后缀如表 3-3 所示。

表 3-3 指令中后缀的含义

后缀	分类	含义
S	状态	影响状态寄存器 APSR 的 N、Z、C、V 标志位
EQ、NE CS 或 HS、CC 或 LO MI、PL VS、VC HI、LS GE、LT GT、LE	条件执行代码	是否相等 Z=1、Z=0 无符号数大于或相同则进位 C=1、无符号数小于 C=0 是否是负数 N=1、N=0 是否溢出 V=1、V=0 无符号数大于 C =1 且 Z=0；无符号数小于等于 C=0 或 Z=1 带符号数大于等于 N=V；带符号数小于 N!= V 带符号数大于 Z =0 且 N=V；带符号数小于等于 Z=1 且 N!=V
AL	默认	无条件指令，指令默认条件，总是
.N、.W	指令	指令为 16 位代码格式（Narrow）；32 位代码格式（Wide）
.32、.64、.F32、.F64、.F16	数据	32 位 /64 位单 / 双精度运算

指令中操作数的寻址方式最基本的几种有：立即数寻址、寄存器寻址、寄存器移位寻址等方式，其他寻址方式可参见各类指令，如加载 / 存储（load/store）类指令，分支和控制类指令。

指令操作数寻址方式举例		
	语句	说明
例 1	MOV R0, #0x2022	R0 为寄存器寻址，#0x2022 为立即数寻址
例 2	SUB R0, R1, R2	R0,R1,R2 都是寄存器寻址，其中 R0 为目标操作数
例 3	MOV R0,R2,LSL #3	LSL 为逻辑左移指令，表示 R2 的值左移 3 位后放入 R0
例 4	ANDS R1,R1,R2,LSL R3	R2 的值先左移（R3）位，然后与 R1 进行与操作，结果放入 R1

3.2.3 存储器访问指令

微处理器最基本的操作是在处理器内部存储器之间传送数据。Cortex-M4 处理器的数据传送类型包括寄存器与寄存器之间传送数据、寄存器与特殊寄存器（如控制寄存器、中断屏蔽寄存器 PRIMASK 等）之间传送数据、把一个立即数加载到寄存器。

加载 / 存储（load/store）类指令包括：LDR 指令用来读取存储器的值加载到 1 个或 2 个寄存器；STR 指令将 1 个或 2 个寄存器值存储到存储器中。使用立即数偏移量、索引前立即数偏移量或索引后立即数偏移量进行加载和存储。如表 3-4 所示为存储器访问指令一览表。

表 3-4 存储器访问类指令

指令（op 为 LDR 或 STR）	寻址方式	举例
op{type}{cond} Rt, [Rn {, #offset}]	立即数偏移	LDR R0, [R1, #0x23] ; 将 (R1+0x23) 存入 R0，[R1] 是基址，0x23 是偏移量
op{type}{cond} Rt, [Rn, #offset]!	前序偏移	LDR R0, [R1, #0x23]! ; 将 (R1+0x23) 存入 R0 后更新 R1=R1+0x23
op{type}{cond} Rt, [Rn], #offset	后序偏移	LDR R0, [R1], #6 ; 读取存储器 R1 给 R0，然后 R1 被更新为 R1+6 STRH R3, [R4], #0x14 ; 将半字 R3 存入 R4 后更新 R4=R4+0x14
opD{cond} Rt, Rt2, [Rn {, #offset}]	立即数偏移	LDRD R8, R9, [R3, #0x20] ; 将 (R3+0x20) 存入 R8，并且 (R3+0x20+4) 给 R9，双字操作
opD{cond} Rt, Rt2, [Rn, #offset]!	前序偏移	
opD{cond} Rt, Rt2, [Rn], #offset	后序偏移	
LDM、STM	多寄存器	多个寄存器的加载和存储，批量
LDREX、LDREX、CLREX	—	有关互斥访问的加载和存储
PUSH、POP	堆栈寻址	分别是入栈和出栈指令，如 PUSH {R2, LR}
ADR{cond} Rd, label	相对寻址	设置 Rd 等于标号的地址，如 ADR R0, myFa

注：指令中 type 有 B、SB、H、SH 以及缺省选项，B 表示无符号字节，SB 表示有符号字节，H 表示无符号半字，SH 表示有符号半字，缺省时为字；cond 表示后缀条件码，见表 3-3；Rt 为寄存器，Rn 为基于内存地址的寄存器，[Rn] 为寄存器间接寻址，Rd 表示目标寄存器；offset 指的是基于 Rn 的偏移量。如果省略 offset，地址就是 Rn 的内容；Rt2 指定为双字操作加载或存储的额外寄存器；label 表示标号。

3.2.4 通用数据处理指令

通用数据处理指令可分数据传送、加减运算、逻辑、移位、比较指令和半字 / 字节的无 / 有符号加减运算等类型，与早期版本的微处理器相比，计算能力提高了很多。

1. 数据传送指令 MOV、MVN、MOVT

数据传送指令用于在寄存器和存储器之间进行数据的双向传输。

MOV 指令可以完成从另一个寄存器、被移位的寄存器或将一个立即数加载到目的寄存器。MVN 指令是在传送之前，将被传送的对象先按位取反，再传送到目的寄存器。MOVT 表示高 16 位半字数据（即 bit[31:16]）的传递，不影响 bit[15:0]。成对使用 MOV 和 MOVT 指令能够生成一个 32 位数。

2. 移位指令 LSL、LSR、ASR、ROR、RRX

LSL 为逻辑左移，最低有效位用“0”填充；LSR 为逻辑右移，最高有效位用“0”填充；ASR 为算术右移，需要考虑数值的正、负号；ROR 循环右移；RRX 带扩展的循环右移 1 位，左端用进位标志位 C 来填充。算术、循环移位只有右移方向，包括 ASR、ROR 和 RRX。如果移位类指令中后缀 S 位被设置了，则进位标志位 C 包含到移位动作中。

3. 加减运算指令 ADD、ADC、SUB、SBC、RSB

ADD 完成加法运算；ADC 是带进位加法，ADD 的基础上再加上标志位 C 的值；SUB 减法运算；SBC 是带借位的减法，在 SUB 的基础上再减去标志位 C；RSB 为逆向减法，操作数顺序相反。

4. 逻辑运算指令 AND、ORR、EOR、BIC、ORN

AND 按位与，ORR 按位或，EOR 按位异或，BIC 按位清 0，ORN 按位或非。

5. 数据比较、测试指令 CMP、CMN、TST、TEQ

CMP 指令比较两个数；CMN 指令负向比较，把一个数和另一个数的二进制补码比较；TST 执行按位与操作后进行测试；TEQ 指令对两个数执行异或进行测试。这些比较指令能更新 APSR，但结果不会保存。

6. 反转指令 REV、REV16、REVSH、RBIT

对一个 32 位整数，REV 指令按按字节反转，REV16 指令按半字反转，REVSH 在 REV16 的结果上再带符号后扩展成 32 位数；RBIT 反转所有的位。RBIT 指令反转字数据中位的顺序，常在数据通信中用于串行位数据流的处理。

7.CLZ 和 SEL 指令

零计数指令 CLZ 指令计算前导零的数目。CLZ 指令返回操作数二进制编码中第一个 1 前 0 的个数。如果操作数为 0，则指令返回 32；如果操作数二进制编码第 31 位为 1，指令返回 0。字节选择指令 SEL 根据状态寄存器 APSR 中 GE 标志位的数值，从每个操作数中选择字节给目标寄存器。

8. 半字 / 字节的无符号运算指令（属于单指令多数据 SIMD 类）

1）UADD16 和 UADD8：无符号半字和无符号各字节相加。

2）UHADD16 和 UHADD8：无符号半字和无符号各字节相加后将结果减半。

3）USUB16 和 USUB8：无符号半字和无符号各字节相减。

4）UHSUB16 和 UHSUB8：无符号半字和无符号各字节相减后将结果减半。

5）UASX 和 USAX：无符号交换的半字加减和减加指令。

（1）UASX 执行步骤：①从第一个操作数的下半字中减去第二个操作数的上半字。②将减法的无符号结果写入目标寄存器的下半字。③将第一个操作数的上半字与第二个操作数的下半字相加。④将加法的无符号结果写入目标寄存器的上半字。

（2）USAX 执行步骤：①将第一个操作数的下半字与第二个操作数的上半字相加。②将加法的无符号结果写入目标寄存器的底部半字。③从第一个操作数的上半字中减去第二个操作数的下半字。④将减法运算的无符号结果写入目标寄存器的上半字。

6）UHASX 和 UHSAX：无符号交换的半字加减和减加，结果减半。

7）USAD8：无符号按字节计算差的绝对值之和。步骤：①从第一个操作数寄存器的每个字节中减去第二个操作数寄存器的相应字节。②将差值的绝对值相加。③将结果写入目标寄存器。

8）USADA8：在 USAD8 的基础上加上累加值。

9. 半字 / 字节的有符号运算指令（属于单指令多数据 SIMD 类）

1）SADD16 和 SADD8：带符号的半字和各字节相加。

2）SSUB16 和 SSUB8：带符号的半字和各字节相减。

3）SHADD16 和 SHADD8：带符号的半字和各字节相加后将结果减半。

4）SHSUB16 和 SHSUB8：带符号的半字和各字节相减后将结果减半。

5）SASX 和 SSAX：带符号交换的半字加减和减加指令。

6）SHASX 和 SHSAX：带符号交换的半字加减和减加，结果减半。

3.2.5 分支和控制指令

分支和控制指令用于程序流控制，包括无条件跳转、子程序调用、条件跳转、比较并条件跳转、条件执行（IF-THEN 指令）、表格跳转等类型，如表 3-5 所示。

表 3-5 分支和控制类指令

指令	描述	举例
B{cond} label	跳转到 label；无后缀 cond 时为无条件跳转，有后缀 cond 则是有条件跳转；使用 B.W 时的无条件跳转范围为 ±16MB；有条件时跳转范围为 ±1MB	B loopA BLE noget
BL{cond} label	带链接的跳转，用于调用子程序，返回地址被存储在子程序链接寄存器 LR 中	BL myfunc
BX{cond} Rm	间接跳转，Rm 是指示要转移到的地址的寄存器；Rm 中值的 bit[0] 必须为 1，但要转移到的地址是通过将 bit[0] 更改为 0 来创建的；如果 Rm 的 bit[0] 为 0，BX 和 BLX 指令会导致使用故障（UsageFault）异常	BX LR；子程序返回 BXNE R0
BLX{cond} Rm	带链接的间接跳转	BLX R0

续表 3-5

指令	描述	举例
CBZ Rn, label CBNZ Rn, label	CBZ 比较 Rn 为零则跳转到 label；CBNZ 为非零跳转；该指令不更新标志位；Rn 为 R0 ～ R7，跳转范围必须在指令后的 4 ～ 130 个字节内	CBZ R5, mytm
IT{x{y{z}}} cond	If-Then 语句；IT 指令语句中包含 IT 指令操作码并附加最多 3 个可选后缀 T(then) 以及 E(else)，后面是要检查的条件 cond	IT EQ ADDEQ R0, R0, R1
TBB [Rn, Rm] TBH [Rn, Rm, LSL #1]	表格跳转，按 TBB 字节、TBH 半字；Rn 中存放跳转表的基地址，Rm 则为跳转表偏移	TBB [R0, R1]

3.2.6 乘除、饱和、浮点和打包运算指令

ARM Cortex-M4 微处理器具有数字信号处理 DSP 功能，支持较为复杂的乘法、乘积累加（乘加）、乘减、除法、饱和以及浮点运算指令，运算结果有 32 位、64 位等。这些指令中的所有操作数、目的寄存器必须为通用寄存器，不能对操作数使用立即数或被移位的寄存器，同时，目的寄存器和操作数必须是不同的寄存器。乘加运算为单周期（MAC）指令。

1. 乘法、乘加和乘减运算指令

MUL、MLA 和 MLS 分别是乘法、乘加和乘减运算指令，使用 32 位操作数进行运算，产生 32 位结果。SDIV、UDIV 分别是带符号和无符号除法运算指令。

1）乘法 MUL 的扩展计算

（1）SMUL、SMULW：带符号乘法，SMUL 为半字相乘、SMULW 为字与半字相乘。

（2）UMULL、SMULL：无符号、带符号长型乘法。

（3）SMMUL：有符号最高有效字乘法。

2）乘加 MLA 的扩展计算

（1）SMLA、SMLAW：带符号乘加，SMLA 为半字相乘、SMLAW 为字与半字相乘。

（2）UMLAL、SMLAL：无符号、带符号长乘加。

（3）SMLAL、SMLALD：带符号长型乘加，SMLAL 为半字相乘、SMLALD 为双通道。

（4）UMAAL，UMLAL：可累加的无符号长型乘法。

（5）SMLAD：双通道 16 位带符号乘加（将两个操作数视为 4 个半字 16 位值）。

（6）SMMLA：带符号高位有效的字乘加。

（7）SMUAD：双通道带符号乘加和有符号双重乘减。

3）乘减 MLS 的扩展计算

（1）SMUSD、SMLSD、SMLSLD：双通道带符号乘减、长型乘减。

（2）SMMLS：带符号高位有效的字乘减。

2. 饱和运算的指令

在 ARMv7 中增强了对饱和运算的支持，具有单独的、更加灵活的、可以操作 32 位字和 16 位半字的饱和指令。饱和运算会影响程序状态寄存器 APSR 的 Q 标志位。

1）SSAT、USAT：带符号和无符号的饱和运算，可饱和到任一位的位置，饱和前可选移位。

2）SSAT16、USAT16：对于两个半字的带符号和无符号的饱和运算。

3）QADD、UQADD、QSUB、UQSUB：带符号和无符号的饱和加法和饱和减法。

4）QDADD、QDSUB：带符号的饱和双加和饱和双减。

5）QASX、UQASX、QSAX、UQSAX：带符号和无符号半字交叉位置的饱和加减和减加。

3. 浮点运算指令

浮点指令的助记符均以 V 字母开头，可分数据传送、运算、加载、存储、转换和比较等指令。浮点指令只能用于包含并启用浮点处理单元 FPU 组件的微处理器系统，包括如下指令。

（1）VADD、VSUB、VMUL、VDIV：浮点加法、减法、乘法、除法。

（2）VABS、VNEG、VSQRT：浮点绝对值、求反、平方根。

（3）VLMA、VLMS、VFMA、VFMS、VFNMA、VFNMS、VNMLA、VNMLS、VNMUL：有关浮点乘加、乘减运算。

（4）VCMP、VCMPE、VCVT、VCVTR、VCVTB、VCVTT：浮点比较和转换指令。

（5）VMOV、VLDR、VLDM、VMRS、VMSR、VPOP、VPUSH、VSTR、VSTM：数据传送、加载和存储指令。

4. 打包指令

ARM Cortex-M4 微处理器中对于 SIMD 单周期多数据可以进行组合打包、拆分和扩展处理，包括如下指令。

（1）PKHBT、PKHTB：低 16 位和高 16 位半字之间的组合。

（2）SXTB、UXTB：可选循环右移的 8 位数据带符号、无符号扩展为 32 位数据。

（3）SXTH、UXTH：可选循环右移的 16 位数据带符号、无符号扩展为 32 位数据。

（4）SXTB16、UXTB16：双 8 位带符号、无符号扩展为双 16 位数据。

（5）SXTAB、UXTAB、SXTAH、UXTAH、SXTAB16、UXTAB16：在上述指令的基础上执行加法运算。

3.2.7 位域指令

ARM Cortex-M4 处理器支持多种位域处理运算，为位操作提供了便利。位域指令如表 3-6 所示。

表 3-6 位域处理类指令

指令	描述	举例
BFC{cond} Rd, #lsb, #width	清除位域，清除 Rd 寄存器指定位域	BFC R4, #8, #12
BFI{cond} Rd, Rn, #lsb, #width	位域插入，将 Rm 寄存器的位域复制到 Rd 寄存器的任意位置上	BFI R9, R2, #8, #12
SBFX{cond} Rd, Rn, #lsb, #width	复制位域并带符号扩展到 32 位	SBFX R0, R1, #20, #4

续表 3-6

指令	描述	举例
UBFX{cond} Rd, Rn, #lsb, #width	复制位域并填充 0 扩展到 32 位	UBFX R8, R11, #9, #10
SXTB{cond} {Rd,} Rm {, ROR #n} SXTH{cond} {Rd,} Rm {, ROR #n}	带符号将 Rm 寄存器的值循环右移 n 位 SXTB 为字节 bit[7:0] 扩展为 32 位	SXTH R4, R6, ROR #16
UXTB{cond} {Rd}, Rm {, ROR #n} UXTH{cond} {Rd}, Rm {, ROR #n}	填充 0 将 Rm 寄存器的值循环右移 n 位 UXTH 为半字 bit[15:0] 扩展为 32 位	UXTB R3, R10

注：指令中 cond 为可选后缀条件；Rd 为目标寄存器；Rn 为源寄存器；Rm 为变换寄存器；lsb 为位域的最小位位置，范围为 0 ～ 31；width 表示位域的宽度，范围分 1 ～ (32-lsb)；#n 为 0、8、16、24 位。

3.2.8 其他指令

不能归属上述分类的其他指令，如表 3-7 所示。

表 3-7 其他指令

指令	描述
NOP{cond}	空操作。NOP 并不一定用于耗时，因为处理器可能会在该指令到达执行阶段之前将其从流水线中移除
BKPT #imm	设置软件断点，imm 为 0 ～ 255 数值；BKPT 指令使处理器进入调试状态；当到达特定地址的指令时，调试工具可以使用该指令来查看系统状态
CPSIE、CPSID iflags	清除、设置中断屏蔽寄存器状态，iflags=i 时为 PRIMASK，iflags=f 时为 FAULTMASK
ISB{cond}、DSB、DMB	Cortex-M 处理器支持三种存储器屏障指令：指令同步 ISB、数据同步 DSB、数据存储器，确保执行排序
MSR{cond} spec_reg, Rn	将通用寄存器 Rn 的内容移入指定的专用寄存器 spec_reg；MSR 中的寄存器访问操作取决于特权级别；特权软件可以访问所有特殊寄存器；非特权软件只能访问 APSR；在非特权软件中，对 PSR 中未分配或执行状态位的写入被忽略
MRS{cond} Rd, spec_reg	将特殊寄存器 spec_reg 的内容转移到通用寄存器 Rd；将 MRS 与 MSR 结合使用，作为更新 PSR 的"读 - 修改 - 写"序列的一部分，例如清除 Q 标志；在进程交换代码中，保存状态使用 MRS，恢复状态使用 MSR
SEV{cond}	发送事件，是一条提示指令，将一个事件发送给多处理器系统中的所有处理器；该指令还将本地事件寄存器设置为 1
SVC{cond} #imm	监管者调用 SVCall 指令，imm 为 0 ～ 255，操作系统服务调用
WFE{cond}	等待事件，是一条提示指令，如果事件寄存器为 0，触发条件为：异常，除非被异常屏蔽寄存器或当前优先级屏蔽；如果系统 CONTROL 寄存器中的 SEVONPEND 被置位，异常进入挂起状态；如果调试已启用，进入调试请求；多处理器系统中的外设或另一个处理器使用 SEV 指令发出的事件；如果事件寄存器为 1，WFE 将其清零并立即返回
WFI{cond}	等待中断，是一条提示指令，触发条件为：非屏蔽中断发生并被接受、被 PRIMASK 屏蔽的中断挂起、进入调试请求

注：指令中 cond 为可选后缀条件。

3.2.9 伪指令

伪指令是用于对汇编过程进行控制的指令，该类指令并不是可执行指令，没有机器代码，只用于汇编过程中为汇编程序提供汇编信息。伪指令在源程序中的作用是为完成汇编程序做各种准备工作，仅在汇编过程中起作用。ARM 汇编程序中，伪指令包括数据定义、符号定义、结构类、控制类以及其他类。

DCB 表示数据按字节存放在连续的存储单元中，如 mySTR DCB“This is my test”。

DCW、DCD、DCQ、DCFD、DCFS 分别表示按半字、字、双字、双精度浮点数和单精度浮点数存放数据。

GBLA、GBLL 和 GBLS 用于定义全局变量，分别表示数字变量、逻辑变量和字符串变量，并初始化分别为 0、假、空；LCLA、LCLL 和 LCLS 用于定义局部变量；SETA、SETL、SETS 用于对变量赋值；RLIST 为通用寄存器列表定义名称，使用该伪指令定义的名称可在 ARM 指令 LDM/STM 中使用。

汇编控制伪指令用于控制汇编程序的执行流程，常用的汇编控制伪指令包括以下几条：IF、ELSE、ENDIF 可以根据条件的成立与否决定是否执行某个指令序列；WHILE、WEND 表示根据条件的成立与否决定是否循环执行某个指令序列。

MACRO、MEND、MEXIT 可以将一段代码定义为一个整体，称为宏指令，然后就可以在程序中通过宏指令多次调用该段代码。

SPACE 表示分配一片连续的存储区域并初始化为 0。

MAP 表示定义一个结构化内存表的首地址；FIELD 表示定义一个结构化内存表的数据域。MAP 和 FIELD 经常联合使用，用来定义结构化的内存表。MAP 伪指令定义内存表的首地址，FIELD 伪指令定义内存表中的各个数据域，并可以为每个数据域指定一个标号供其他的指令引用。

AREA 用于定义一个代码段或数据段，可以设置多个属性；ALIGN 可通过添加填充字节的方式，使当前位置满足一定的对齐方式。

ENTRY 用于指定汇编程序的入口点。在一个完整的汇编程序中至少要有一个 ENTRY（也可以有多个，当有多个 ENTRY 时，程序的真正入口点由链接器指定），但在一个源文件里最多只能有一个 ENTRY（可以没有）。

END 用于通知编译器已经到了源程序的结尾。

EQU 用于为程序中的常量、标号等定义一个等效的字符名称，类似于 C 语言中的 #define。RN 伪指令用于给一个寄存器定义一个别名。采用这种方式可以方便程序员记忆该寄存器的功能。其中，名称为给寄存器定义的别名，表达式为寄存器的编码。ROUT 伪指令用于给一个局部变量定义作用范围。在程序中未使用该伪指令时，局部变量的作用范围为所在的 AREA，而使用 ROUT 后，局部变量的作用范围当前 ROUT 和下一个 ROUT 之间。

EXPORT 用于在程序中声明一个全局的标号，该标号可在其他的文件中引用；IMPORT 用于通知编译器要使用的标号在其他的源文件中定义，但要在当前源文件中引用，而且无论当前源文件是否引用该标号，该标号均会被加入当前源文件的符号表中。

GET 伪指令用于将一个源文件包含到当前的源文件中，并将被包含的源文件在当前位置进行汇编处理。可以使用 INCLUDE 代替 GET。INCBIN 伪指令用于将一个目标文件或数据文件包含到当前的源文件中，被包含的文件不做任何变动地存放在当前文件中，编译器从其后开始继续处理。

3.2.10 汇编语言操作符

ARM 汇编语言中各种表达式、运算符是由符号、数值、单目或多目操作符以及括号组成的，常见的操作符如表 3-8 所示。

表 3-8 ARM 汇编语言操作符

汇编操作符	对应 C 语言操作符	描述
+、-、*、/	+、-、*、/	算术：加、减、乘、除
:MOD	%	求余数
:SHL:、:SHR:、:ROL:、:ROR:	<<、>>	移位：左移、右移、循环左移、循环右移
:AND:、:OR:、:NOT:、:EOR:	&、|、～、^	位逻辑：与、或、非、异或
=、>、>=、<、<=、/=、<>	==、>、>=、<、<=、!=	关系运算
:LAND:、:LOR:、:LNOT:、:LEOR:	&&、||、!	逻辑规则：与、或、非、异或
:LEN:、:CHR:、:STR:	无直接对应	字符串长度、单字符、字符十六进制
:LEFT:、:RIGHT:	无直接对应	字符串的左端、右端个数
:CC:	无直接对应	连接两个字符串
:DEF:A	如果定义了 A，则为 {TRUE}，否则为 {FALSE}	
:SB_OFFSET_19_12: label	lable 标号，lable-SB 的 Bits[19:12] 位（SB 表示静态基址寄存器）	
:SB_OFFSET_11_0: label	lable 标号，lable-SB 的 Bits[11:0] 位	
?A	由定义符号 A 的行生成的可执行代码的字节数	
:BASE:A	A 是 PC 相关或寄存器的表达式，BASE 返回其寄存器编号	
:INDEX:A	A 是基于寄存器的表达式，INDEX 返回与基址寄存器的偏移量	

3.3 软件接口标准 CMSIS

3.3.1 CMSIS 概述

ARM 公司联手 NXP、Atmel、IAR、Keil 和 ST 等诸多微控制器芯片和软件工具厂商，将所有基于 ARM Cortex 内核的产品的软件接口标准化，制定了 CMSIS 标准，并于 2008 年 11 月首次公开。

CMSIS 即 cortex microcontroller softwarc interface standard，ARM Cortex 微控制器软件接口标准。CMSIS 最初是基于 ARM Cortex-M 处理器的独立于供应商的硬件抽象层，后来扩展到支持基于 ARM Cortex-A 的入门级处理器。

CMSIS 提供了处理器内核与外设、实时操作系统和中间件之间的通用接口。CMSIS 是在与各种芯片和软件供应商的密切合作下定义的，旨在支持来自多个供应商软件组件的组合。通过支持模板代码的重用和来自不同中间件供应商的兼容组件，CMSIS 简化了软件开发。软件供应商可以扩展 CMSIS，以包括厂商的外围设备定义和对这些外围设备的访问功能。CMSIS 是一套工具、API、框架和工作流程，定义了通用工具接口，并通过为处理器和外设提供简单的软件接口来实现一致的设备支持。

尤其对于初学者来说，CMSIS 封装微控制器所有可操作的寄存器形成了可直接访问的 C 语言函数，访问寄存器就非常直观、清楚，能够高效地理解嵌入式系统的原理及其应用。使用 CMSIS 有以下优点。

（1）CMSIS 缩短了学习曲线、开发成本和上市时间。开发人员可以通过各种易于使用的标准化软件界面更快地编写软件。

（2）一致的软件界面提高了软件的可移植性和可重用性。通用软件库和接口提供了一致的软件框架。

（3）CMSIS 为调试连接、调试外设视图、软件交付和器件支持提供接口，以缩短新微控制器部署的上市时间。

（4）CMSIS 独立于编译器，允许使用用户所选择的编译器，受到主流编译器的支持。

（5）CMSIS 用调试器的外围信息和 printf 风格输出的测量跟踪宏单元 ITM 通道增强了程序调试。

（6）CMSIS 以 CMSIS-Pack 格式交付，该格式支持快速软件交付、简化更新，并支持与开发工具的一致集成。

（7）CMSIS-Zone 将简化系统资源和分区，可以管理多个处理器、存储区和外围设备的配置。

（8）持续集成是当今大多数软件开发人员的普遍做法，CMSIS-Build 支持这些工作流程，并使连续测试和验证更加容易。

3.3.2 CMSIS 软件结构及层次

基于 CMSIS 标准的应用程序软件架构主要分为 3 层：用户应用层、CMSIS-Pack 层和微控制器硬件寄存器层，如图 3-9 所示。其中 CMSIS-Pack 又可以分为 CMSIS 内核层、操作系统与中间件接口层。另外，CMSIS 也提供支持调试的组件。

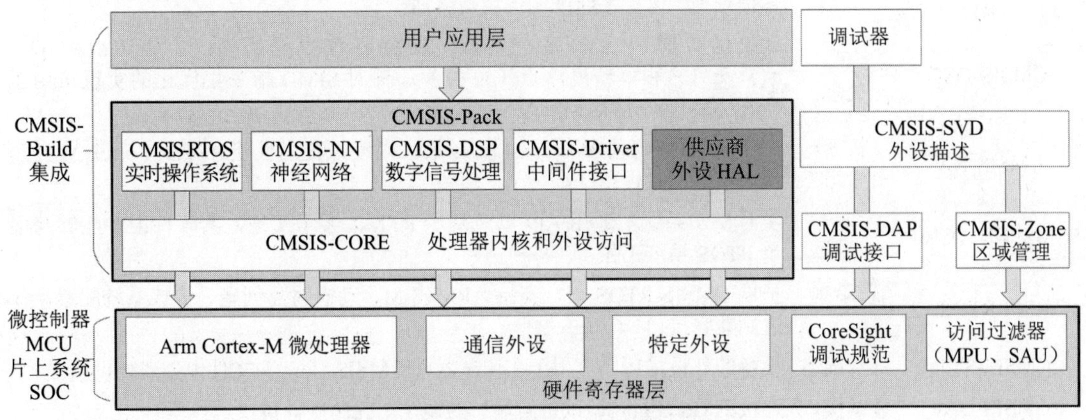

图 3-9 基于 CMSIS 标准的软件架构

（1）硬件寄存器层提供微控制器的硬件资源。

（2）应用层表达用户最终的功能。

（3）CMSIS 内核层对芯片硬件寄存器层进行了统一的实现，屏蔽了不同厂商对 Cortex-M 系列微处理器核内外设寄存器的不同定义。同时该层又向上层的操作系统、中间件和应用层提供接口。

（4）操作系统与中间件接口层包括 CMSIS 所含组件和供应商提供的兼容组件。CMSIS 集成的组件有实时操作系统 RTOS、神经网络 NN、信号处理 DSP、中间件接口及驱动等；微控制器供应商依据芯片外设提供硬件抽象组件。应用层可直接调用该层组件的接口函数。

（5）实施调试系统的层次可分为 4 层，包括调试器层、外设描述 SVD 层、调试接口 DAP 与区域管理 Zone 层以及 CoreSight 调试规范与访问过滤器保护措施（如内存保护单元 MPU、安全属性单元 SAU 等）。

（6）对于一些特定的软件或简单的应用程序，用户可以越过 CMSIS 标准，自行编写操作微控制器硬件寄存器的代码。

3.3.3 CMSIS 组件

针对 Cortex-M 的 CMSIS 组件如表 3-9 所示。CMSIS 采用 CMSIS-Pack 方式描述软件组件、器件参数和评估板支持的交付机制，包括 CMSIS-Core、CMSIS-Driver、CMSIS-DSP、CMSIS-NN、CMSIS-RTOS、CMSIS-SVD、CMSIS-DAP、CMSIS-Zone 等部分。CMSIS-Pack 简化了软件重用和产品生命周期管理 PLM。

从用户应用的层面来看，如图 3-9 所示，CMSIS-Build 集成了嵌入式系统的中上层，提供一组提高生产力的工具、软件框架和工作流程，例如持续集成工程 CI，以方便高效管理开发项目。

表 3-9　CMSIS 组件

组件名称	用途	描述
CMSIS-Core	内核	Cortex-M 处理器内核和外设的标准化 API。 包括用于 Cortex-M4/M7/M33/M35P 的 SIMD 指令的内部函数
CMSIS-Driver	驱动	中间件的通用外设驱动接口。将微控制器外设与中间件连接起来，例如实现通信堆栈、文件系统或图形用户界面
CMSIS-DSP	信号处理	DSP 函数库包含 60 多个函数，支持各种数据类型：定点（小数 q7、q15、q31）和单精度浮点（32 位）。针对 SIMD 指令集优化的实现可用于 Cortex-M4/M7/M33/M35P
CMSIS-NN	机器学习	一组高效的神经网络内核，旨在最大限度地提高性能并减少 Cortex-M 处理器内核的内存占用
CMSIS-RTOS v1	实时操作系统	实时操作系统的通用 API 以及基于 RTX 的参考实现，其软件组件能够跨多个 RTOS 系统工作
CMSIS-RTOS v2	实时操作系统	扩展 CMSIS-RTOS v1，支持 ARMv8-M、动态对象创建、多核系统配置、二进制兼容接口
CMSIS-SVD	外设描述	设备的外设描述，可用于在调试器或 CMSIS-Core 头文件中创建外设感知
CMSIS-DAP	调试接口	连接到 CoreSight 调试访问端口的调试单元的硬件接口
CMSIS-Zone	区域管理	定义描述系统资源并将这些资源划分到多个项目和执行区域的方法

3.3.4 CMSIS 文件结构

本书采用的版本是 CMSIS 5.8.0（2021 年 6 月发布），其文件结构如表 3-10 所示。

表 3-10 CMSIS-Core（Cortex-M 部分）文件结构

大类	小类	目录及其文件夹	描述
CMSIS	内核	CMSIS\Core\Include	Cortex-M 微处理器头文件，如 core_cm4.h, cmsis_compiler.h、cmsis_armcc.h 等
	内核	CMSIS\Core\Template	有关 ARMv8-M
	调试接口	CMSIS\DAP\Firmware	调试接口固件支持文件，如 DAP_config.h
	说明文件	CMSIS\Documentation	CMSIS 各部分的说明文件，由 index.html 打开
	驱动	CMSIS\Driver\Include CMSIS\\Driver\DriverTemplates	各种驱动的头文件和定义文件模板，如 Driver_USART.h、Driver_USART.c 等
	信号处理	CMSIS\DSP\Include CMSIS\DSP\Source	DSP 有关算法的头文件和定义文件，如 bayes_functions.h、BayesFunctions.c 等
	神经网络	CMSIS\NN\Include CMSIS\NN\Source	神经网络有关算法的头文件和定义文件，如 arm_nnfunctions.h、arm_nn_mult_q15.c 等
	实时操作系统 1	CMSIS\RTOS\RTX CMSIS\RTOS\Template	RTX4 操作系统的支撑文件
	实时操作系统 2	CMSIS\RTOS2\Include CMSIS\RTOS2\Source	RTOS v1 的扩展，如 RTX5 操作系统
	应用	CMSIS\Utilities	包括 CMSIS-SVD 在内的应用实例，如 ARM_Example.h
Device 器件	扩展模板	Device_Template_Vendor	基于 ARM Cortex-M 的器件芯片，供应商提供的扩展模板
	ARM 公司	例如 Device\ARM\ARMCM4	以 Cortex-M4 为内核 ARM 公司器件在 ARM、GCC、IAR 编译环境中的的分散加载文件、头文件、启动文件、源文件，如 ARMCM4_ac5.sct、system_ARMCM4.h、system_ARMCM4.c、startup_ARMCM4.s、startup_ARMCM4.c、ARMCM4.h 等

其中对一些文件的说明如下。

（1）core_cm4.h。包含了 Cortex-M4 内核寄存器的全局声明和定义、静态函数的定义，如 PSR、NVIC、SCB、ITM 相关寄存器的结构体和 SysTick 配置。

（2）cmsis_armcc.h。定义了适用于 Arm Compiler 5 编译器环境的汇编指令，如 NOP 指令定义为 #define __NOP __nop 以及 __WFI、__WFE、MSR、MRS、DSP 语句。

（3）ARMCM4.h。定义微处理器内核组件，如 MPU、NVIC、中断号 IRQn，如系统定时器中断号 SysTick_IRQn =–1。

（4）startup_ARMCM4.s、startup_ARMCM4.c。启动文件，声明了异常和中断处理函数，如定义了系统定时器中断处理句柄 SysTick_Handler 和声明了 void SysTick_Handler(void) __ attribute__ ((weak,alias("Default_Handler"))) 函数。

（5）system_ARMCM4.h、system_ARMCM4.c。主要定义了 SystemCoreClockUpdate( )、SystemInit( ) 函数。

3.3.5 CMSIS 的规范和工具链

1.CMSIS 的编程规范

为保证 CMSIS 支持的工具链在嵌入式软件开发过程中代码编写的安全性和健壮性，CMSIS 使用以下基本编码规则和约定。

（1）符合 ANSI C（C99）和 C++（C++03）规范。

（2）使用 <stdint.h> 中定义的 ANSI C 标准数据类型。

（3）变量和参数均有完整的数据类型。

（4）#define 常量的表达式用括号括起来。

（5）符合 MISRA C 2012，对于不符合 MISRA 标准的，编译器会提示错误或警告（注：MISRA C 是由汽车产业软件可靠性协会提出的 C 语言开发标准，其目的是在增进嵌入式系统的安全性及可移植性，针对 C++ 语言也有对应的标准 MISRA C++。目前最新有效的 C 语言规范版本是 MISRAC:2012）。

此外，CMSIS 建议对标识符和源文件注释风格采用以下约定：

（1）采用大写名称识别内核寄存器、外设寄存器和 CPU 指令。

（2）采用 CamelCase 法识别函数名和中断函数的名称（CamelCase，即驼峰命名法，依靠单词的大小写拼写复合词的做法）。

（3）命名空间采用前缀“_”符号避免与用户标识符的冲突，并能进行功能分组（如外设、RTOS 或 DSP 库）。

（4）使用 C 或 C++ 风格的注释，采用 Doxygen 方法进行函数注释，其能提供简单的功能概述、功能的详细描述、详细的参数说明、关于返回值的详细信息（注：Doxygen 是一个程序的文件产生工具，可将程序中的特定注释转换成为说明文件）。

2.CMSIS 的工具链

CMSIS 的各种组件使用市场上主流编译器进行了验证，ARM 提供的 CMSIS-Core 设备模板已经通过以下工具链的测试和验证。

（1）ARM 编译器 5.06 更新 7 版本（不适用于 Cortex-M23/33/35P/55、ARMv8-M、ARMv8.1-M）。

（2）ARM 编译器 6.16 版本。

（3）ARM 编译器 6.6.4 版本（不适用于 Cortex-M0/23/33/35P/55、ARMv8-M、ARMv8.1-M）。

（4）GNU Arm 嵌入式工具链 10-2020-q4-major (10.2.1 20201103) 版本。

（5）用于 ARM 8.20.1.14183 的 IAR ANSI C/C++ 编译器。

思考题与练习题

1. ARM Cortex-M4 的运行模式和特权级别有哪几种？其与中断系统的关系是什么？

2. ARM Cortex-M4 的内核寄存器组和特殊寄存器包括哪些？举例说明。

3. 简述异常、中断系统的概念和处理过程。

4. 总结 ARM Cortex-M4 指令集的分类、格式和特点。

5. 请列举 ARM Cortex-M4 微处理器所支持的数据类型。

6. 如何理解基于 CMSIS 的应用程序的层次划分？CMSIS 组件和文件有哪些？

7. 如何理解 ARM Cortex-M4 嵌入式系统应用程序的运行模式和异常事件处理过程？结合实际应用场景，举例说明。

第 4 章　STM/GD32F4xx 微控制器应用基础

本章以 ARM Cortex-M4 为内核的微控制器芯片 STM32F407（意法半导体 ST 公司）和 GD32F407（北京兆易创新科技集团股份有限公司）为例，阐述嵌入式微控制器的应用基础，包括芯片内部硬件组成、最小应用系统、开发环境和编程方法等内容。本章导学请扫数字资源 4-1 查看。

数字资源 4-1
第 4 章导学

4.1　STM/GD32F4xx 系列芯片概述

STM32F4xx 和 GD32F4xx 系列微控制器均以 ARM Cortex-M4 为内核，并在此基础上增加了存储器、ADC、DAC、USART（UART）、SPI、I²C、CAN、Ethernet、USB 等丰富的外设而制造出来的产品，在各行业有着广泛的应用。两种微控制器的使用手册目录请扫数字资源 4-2 和数字资源 4-3 查看。

数字资源 4-2
STM32F4xx
使用手册目录

数字资源 4-3
GD32F4xx
使用手册目录

4.1.1　命名规则

微控制器 STM32F4xx 产品中入门系列有 STM32F401、STM32F410、STM32F411、STM32F412、STM32F413/F423 型号，基础系列有 STM32F405/415、STM32F407/417、STM32F446 型号，高级系列有 STM32F427/437、STM32F429/439、STM32F469/479 型号。

微控制器 GD32F4xx 产品中有 GD32F403 入门型，GD32F405、GD32F407 基础型和 GD32F425/427、GD32F450、GD32F470 高级型。

在基本型的基础上，微控制器的命名规则中添加了闪存容量、封装形式、引脚数量和使用温度范围等代码，如图 4-1 所示。例如 GD32F40x 系列共有 5 种封装形式：LQFP64、LQFP100、BGA100、LQFP144 和 BGA176。

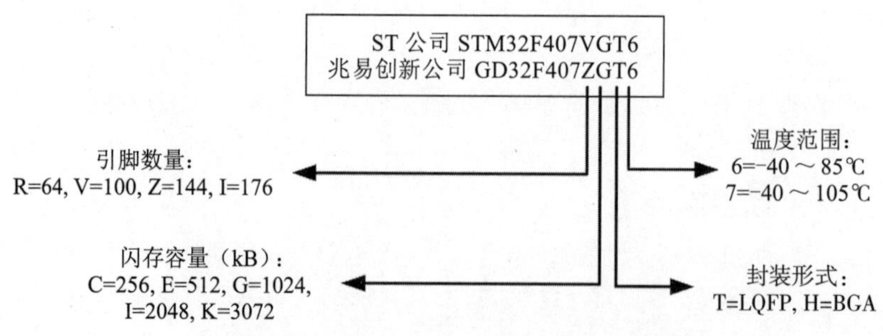

图 4-1　STM/GD32F4xx 系列芯片命名规则

4.1.2 产品特性

STM/GD32F4xx 系列微控制器芯片中 STM32F405/407、GD32F405/407 为互联型，具有较为丰富的串口、以太网等片上通信外设。其中 STM32F407 和 GD32F407 的特性有：

1）集成了 ARM Cortex-M4 带浮点单元 FPU、数字信号处理 DSP、存储器保护单元 MPU 功能的 32 位微处理器内核。

2）运行主频最高可达 168 MHz，运算能力 210DMIPS。

3）512 ～ 1 024 kB 程序存储闪存，192 kB 的 SRAM，最大 2 560 kB 数据存储闪存。

4）包含一个多条互联的 32 位高级高性能总线 AHB 组成的总线矩阵，其提供了 3 条 AHB-Lite 总线 AHB1 ～ AHB3，其中 AHB1 又包括 2 条高级外设总线 APB1 ～ APB2 总线。连接到这些总线的各种增强 I/O 和外设包括：

（1）3 个 12 位 ADC。

（2）2 个 12 位 DAC。

（3）8 个通用 16 位定时器、2 个 32 位通用定时器、2 个 16 位 PWM 高级定时器和 2 个 16 位基本定时器。

（4）1 个低功耗 RTC、2 个看门狗定时器。

（5）支持下载调试 SWJ-DP 接口，其包含了符合 IEEE 标准 JTAG 和串行 SW 两种。

（6）通信接口方面，3 个 SPI、3 个 I^2C、4 个 USART 与 2 个 UART、2 个 I^2S、2 个 CAN、1 个全速 USB FS、1 个高速 USB HS 以及 1 个 Ethernet。

（7）用于存储卡的安全数字输入 / 输出 SDIO 接口、用于数字摄像头的 CMOS 传感器接口 DCMI；对于 100 针引脚及以上封装，STM32F407 支持增强型灵活的静态存储器控制 FSMC/FMC 接口、GD32F407 支持扩展存储控制器 EXMC。

（8）STM32F407 还支持 32 位随机数发生器 RNG、自适应实时存储加速器 ART。

5）电源供电范围 1.8 ～ 3.6 V（GD32F407 为 2.6 ～ 3.6 V），典型值是 3.3 V，I/O 端口可容忍 5 V，工作温度范围为 −40 ～ +85℃（以 6 为后缀的型号）。

4.1.3 硬件组成框图

STM32F40x 和 GD32F40x 的内部组成框图分别如图 4-2 和图 4-3 所示，从图中看出，芯片内部在 ARM Cortex-M4 内核之外添加了丰富的组件，这些组件以总线矩阵为核心，以电压等级为区域，各个组件分别挂在相应的总线上和属于相应的电压域中。电压等级分为芯片电压 V_{DD}（典型值 3.3 V）、内核电压 V_{core}（1.2 V）、模拟组件用电压 V_{DDA}、备份电池电压 V_{BAT}。

STM32F40x 微控制器的 AHB 总线矩阵中有 8 条主总线和 7 条从总线；GD32F40x 中总线矩阵 AHB 分为 11 条主总线和 12 条从总线。

1.STM32F40x 的 8 条主总线

（1）ARM Cortex-M4 内核运行的 I-BUS、D-BUS 和 S-BUS 总线。

（2）DMA1 存储器 M 总线、DMA2 存储器 M 总线、DMA2 外设 P 总线。

（3）以太网 Ethernet 的 DMA 总线、USB OTG HS 的 DMA 总线。

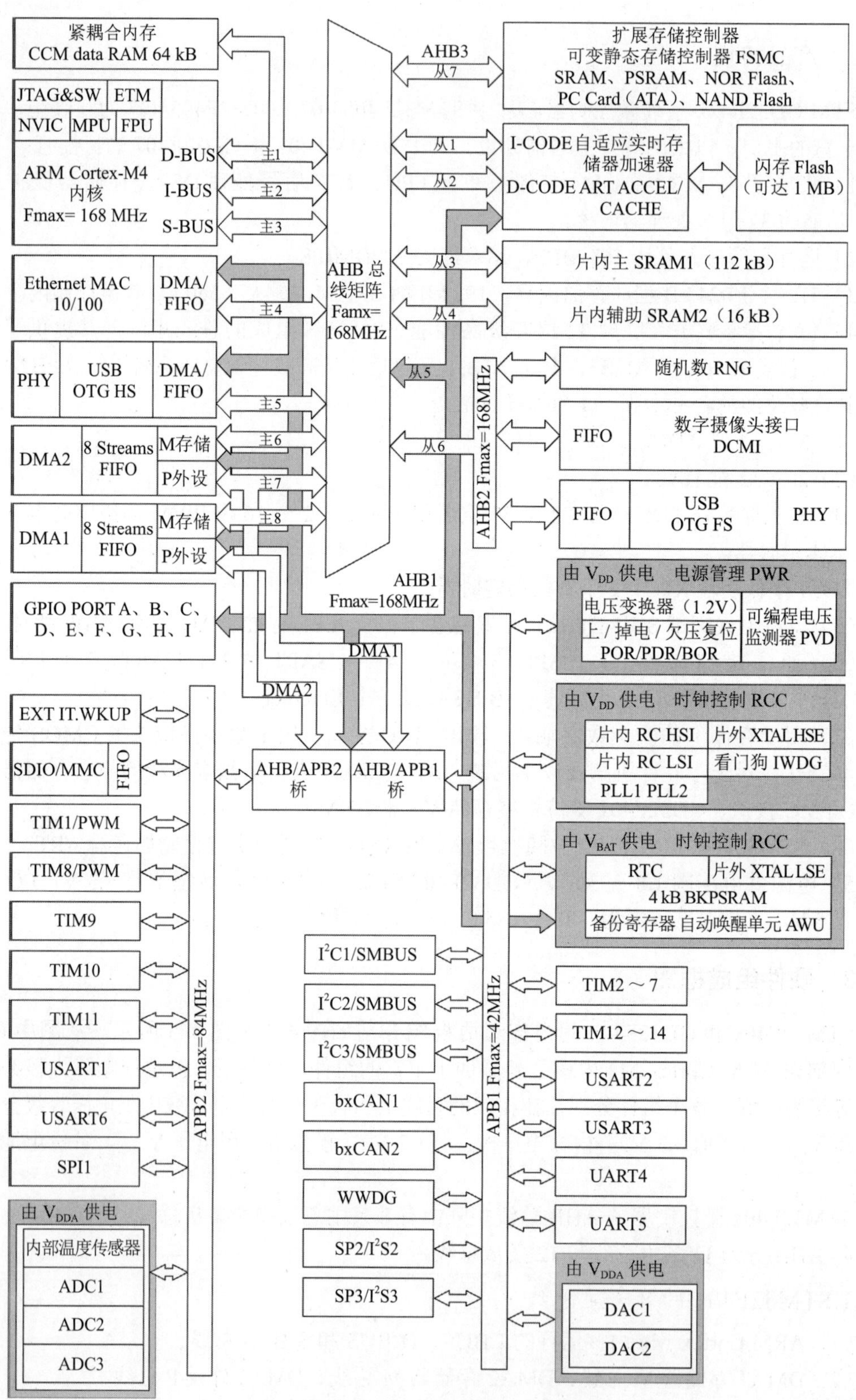

图 4–2　STM32F407 芯片内部组成框图

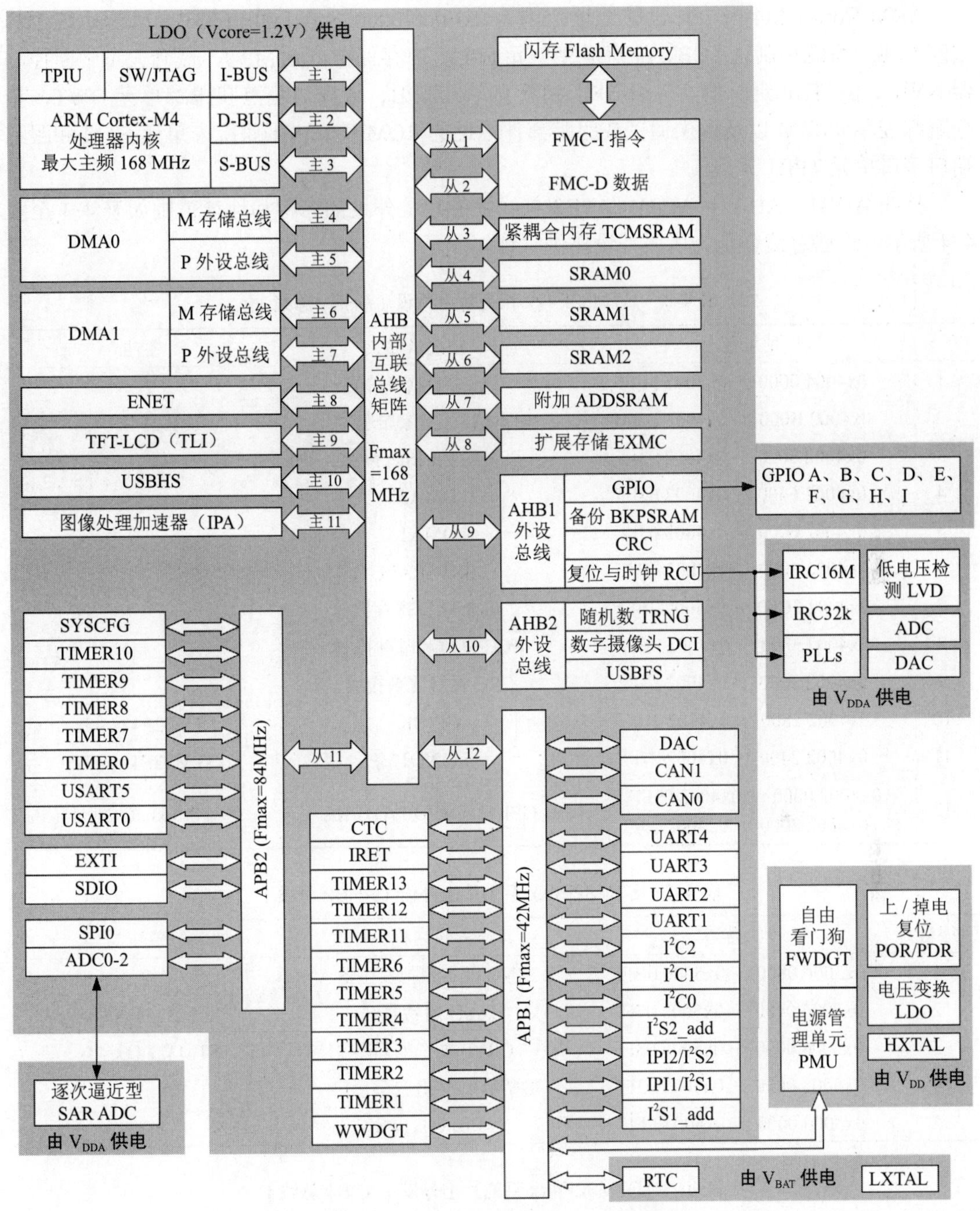

图 4-3　GD32F407 芯片内部组成框图

2 .STM32F40x 的 7 条从总线

（1）片内闪存的 I-CODE 和 D-CODE 总线。

（2）主 SRAM1 总线、辅助 SRAM2 总线。

（3）AHB1 总线（包含 AHB-APB 桥和 APB 外设）、AHB2 总线。

（4）AHB3 总线用于扩展的可变静态存储控制器 FSMC。

ARM Cortex-M4 内核外设的地址范围为 0xE000 0000 ～ 0xE00F FFFF，包含系统控制空间 SCS、系统控制块 SCB、浮点运算单元 FPU、内存保护单元 MPU、嵌套矢量中断控制器 NVIC、SysTick 定时器、Flash 补丁和断点单元 FPB、数据监测点和跟踪单元 DWT、指令跟踪宏单元 ITM 以及提供调试或跟踪部件地址的 ROM 表、内嵌跟踪宏单元 ETM 和跟踪端口接口单元 TPIU 等。

挂在 AHB1、AHB2、APB1、APB2 总线上的片上外设的名称和地址范围如表 4-1 至表 4-4 所示，这些总线分别为所属外设提供时钟。

表 4-1　STM32F4xx 系列片上外设（AHB1 总线）

序号	地址范围	外设名称	备注
1	0x4004 0000 ～ 0x4007 FFFF	USB OTG HS	
2	0x4002 B000 ～ 0x4002 BBFF	DMA2D 图像加速器	STM32F429/439
3	0x4002 8000 ～ 0x4002 93FF	以太网 Ethernet MAC	
4	0x4002 6400 ～ 0x4002 67FF	DMA2	
5	0x4002 6000 ～ 0x4002 63FF	DMA1	
6	0x4002 4000 ～ 0x4002 4FFF	BKPSRAM	
7	0x4002 3C00 ～ 0x4002 3FFF	Flash 接口寄存器	
8	0x4002 3800 ～ 0x4002 3BFF	RCC 复位和时钟控制	
9	0x4002 3000 ～ 0x4002 33FF	CRC 循环冗余校验	
10	0x4002 2800 ～ 0x4002 2BFF	GPIOK	STM32F42x/43x
11	0x4002 2400 ～ 0x4002 27FF	GPIOJ	STM32F42x/43x
12	0x4002 0000 ～ 0x4002 03FF 至 0x4002 2000 ～ 0x4002 23FF	GPIOA/B/C/D/E/F/G/H/I	每端口占 0x0400 地址范围

表 4-2　STM32F4xx 系列片上外设（AHB2 总线）

序号	地址范围	外设名称	备注
1	0x5006 0800 ～ 0x5006 0BFF	RNG 随机模拟发生器	
2	0x5006 0400 ～ 0x5006 07FF	HASH 哈希算法	STM32F41x/43x
3	0x5006 0000 ～ 0x5006 03FF	CRYP 加密处理器	STM32F41x/43x
4	0x5005 0000 ～ 0x5005 03FF	DCMI 数字摄像头接口	
5	0x5000 0000 ～ 0x5003 FFFF	USB OTG FS	

表 4-3　STM32F4xx 系列片上外设（APB1 总线）

序号	地址范围	外设名称	备注
1	0x4000 7C00 ～ 0x4000 7FFF	UART8	STM32F4x3
2	0x4000 7800 ～ 0x4000 7BFF	UART7	STM32F4x3
3	0x4000 7400 ～ 0x4000 77FF	DAC	
4	0x4000 7000 ～ 0x4000 73FF	PWR 电源管理	
5	0x4000 6800 ～ 0x4000 6BFF	CAN2	
6	0x4000 6400 ～ 0x4000 67FF	CAN1	

续表 4-3

序号	地址范围	外设名称	备注
7	0x4000 5C00 ~ 0x4000 5FFF	I^2C3	
8	0x4000 5800 ~ 0x4000 5BFF	I^2C2	
9	0x4000 5400 ~ 0x4000 57FF	I^2C1	
10	0x4000 5000 ~ 0x4000 53FF	UART5	
11	0x4000 4C00 ~ 0x4000 4FFF	UART4	
12	0x4000 4800 ~ 0x4000 4BFF	USART3	
13	0x4000 4400 ~ 0x4000 47FF	USART2	
14	0x4000 4000 ~ 0x4000 43FF	I^2S3ext	
15	0x4000 3C00 ~ 0x4000 3FFF	SPI3 / I^2S3	
16	0x4000 3800 ~ 0x4000 3BFF	SPI2 / I^2S2	
17	0x4000 3400 ~ 0x4000 37FF	I^2S2ext	
18	0x4000 3000 ~ 0x4000 33FF	IWDG	
19	0x4000 2C00 ~ 0x4000 2FFF	WWDG	
20	0x4000 2800 ~ 0x4000 2BFF	RTC & BKP 寄存器	
21	0x4000 0000 ~ 0x4000 03FF 至 0x4000 2000 ~ 0x4000 23FF	TIM2 ~ TIM7， TIM12 ~ TIM14	每 TIM 占 0x0400 地址范围

表 4-4 STM32F4xx 系列片上外设（APB2 总线）

序号	地址范围	外设名称	备注
1	0x4001 6800 ~ 0x4001 6BFF	LCD-TFT	STM32F4x9
2	0x4001 5800 ~ 0x4001 5BFF	SAI1 串行音频接口	STM32F42x/43x
3	0x4001 5400 ~ 0x4001 57FF	SPI6	STM32F42x/43x
4	0x4001 5000 ~ 0x4001 53FF	SPI5	STM32F42x/43x
5	0x4001 4800 ~ 0x4001 4BFF	TIM11	
6	0x4001 4400 ~ 0x4001 47FF	TIM10	
7	0x4001 4000 ~ 0x4001 43FF	TIM9	
8	0x4001 3C00 ~ 0x4001 3FFF	EXTI 外部中断 / 事件控制器	
9	0x4001 3800 ~ 0x4001 3BFF	SYSCFG 系统配置控制器	
10	0x4001 3400 ~ 0x4001 37FF	SPI4	STM32F42x/43x
11	0x4001 3000 ~ 0x4001 33FF	SPI1	
12	0x4001 2C00 ~ 0x4001 2FFF	SDIO	
13	0x4001 2000 ~ 0x4001 23FF	ADC1、ADC2、ADC3	
14	0x4001 1400 ~ 0x4001 17FF	USART6	
15	0x4001 1000 ~ 0x4001 13FF	USART1	
16	0x4001 0400 ~ 0x4001 07FF	TIM8	
17	0x4001 0000 ~ 0x4001 03FF	TIM1	

4.1.4 时钟体系

在 STM/GD32F40x 微控制器中，时钟源有高速、低速，片内、片外之分，并包含有 PLL 锁相环电路，图 4-4 所示的时钟树。若不使用某时钟源时，每个时钟源可以独立开启或关闭，以优化功耗。

（1）HSI 或 IRC16M。高速片内 16 MHz RC 振荡电路产生，可以直接用作系统时钟，也可以用作 PLL 输入。HSI 时钟源具有无外部元件、低成本、启动快的优势。但是，即使经过校准，频率也不如外部晶体振荡器或陶瓷谐振器精确。

（2）HSE 或 HXTAL。通过 OSC_IN 和 OSC_OUT 引脚接入高速外部晶体 / 陶瓷谐振器产生，输入频率为 4 ～ 26 MHz（GD32F407 为 4 ～ 32 MHz）。使用外部时钟谐振器和电容必须尽可能靠近芯片引脚，以便将输出失真和启动稳定时间降至最低。

（3）LSI 或 IRC32K。低速片内 32 kHz RC 振荡电路产生，用于驱动独立“看门狗”，以及用于从停止 / 待机模式自动唤醒的实时时钟 RTC。

（4）LSE 或 LXTAL。时钟由 32.768 kHz 低速外部晶体或陶瓷谐振器产生，引脚是 OSC32_IN 和 OSC32_OUT。LSE 的优势是为实时时钟 RTC 提供低功耗但高度精确的时钟源，用于时钟 / 日历或其他计时功能。

（5）PLL。由 HSE 或 HSI 振荡器提供时钟，STM32F407 有 2 个 PLL（主 PLL 和 PLLI2S），GD32F407 除此之外还具有 PLLSAI。

①主 PLL，输出用于产生高速系统时钟 SYSCLK（最高 168 MHz）和慢速 USB OTG FS（48 MHz）、随机模拟发生器 RNG（≤ 48 MHz）和安全数字输入输出 SDIO（≤ 48 MHz）的时钟。

② PLLI2S 专用于产生精确时钟，以便在 I^2S 接口上实现高质量音频性能。

③ PLLSAI 专门用来给 USB、SDIO 和其他组件提供 48MHz 的时钟。

（6）2 路微控制器时钟输出 MCO0/1 或 CK_OUT0/1 引脚，可由 4 种时钟产生输出。

（7）GD32F407 还在片内设置了 48 MHz RC 振荡器时钟源 IRC48M，与 PLLSAI 联合按二选一的方式，用于 USB 和 SDIO 的时钟。

（8）另外，USB OTG HS（60 MHz）、以太网 MAC 的时钟均由外部 PHY（端口物理层）元件提供。

从图 4-4 中可看出系统时钟 SYSCLK 的来源有 3 个：HSI、HSE 和主 PLL，可选其一。

STM/GD32F40x 的时钟控制器为多个时钟源提供了高度的灵活性，使内核和各组件以最优频率运行，并保证需要特定时钟的组件外设具有合适的频率。系统时钟 SYSCLK 和高级高性能总线 AHB 域的最大频率是 168 MHz；高速外设总线 APB2 域的最大允许频率为 84 MHz；低速外设总线 APB1 域的最大允许频率为 42 MHz。

在实施 STM/GD32Fxx 嵌入式应用时，使用到哪种组件外设，就需使能并配置该组件对应的时钟。例如使用 GPIO 时需由 RCC_AHB1ENR 寄存器使能 AHB1 时钟。

4.1.5 复位方式

STM/GD32F4xx 有多种复位方式，其内部原理如图 4-5 所示。图中外部复位来自引脚 NRST，内部复位方式由电源监测器、备份域复位、软件复位、看门狗复位、低功耗模式等

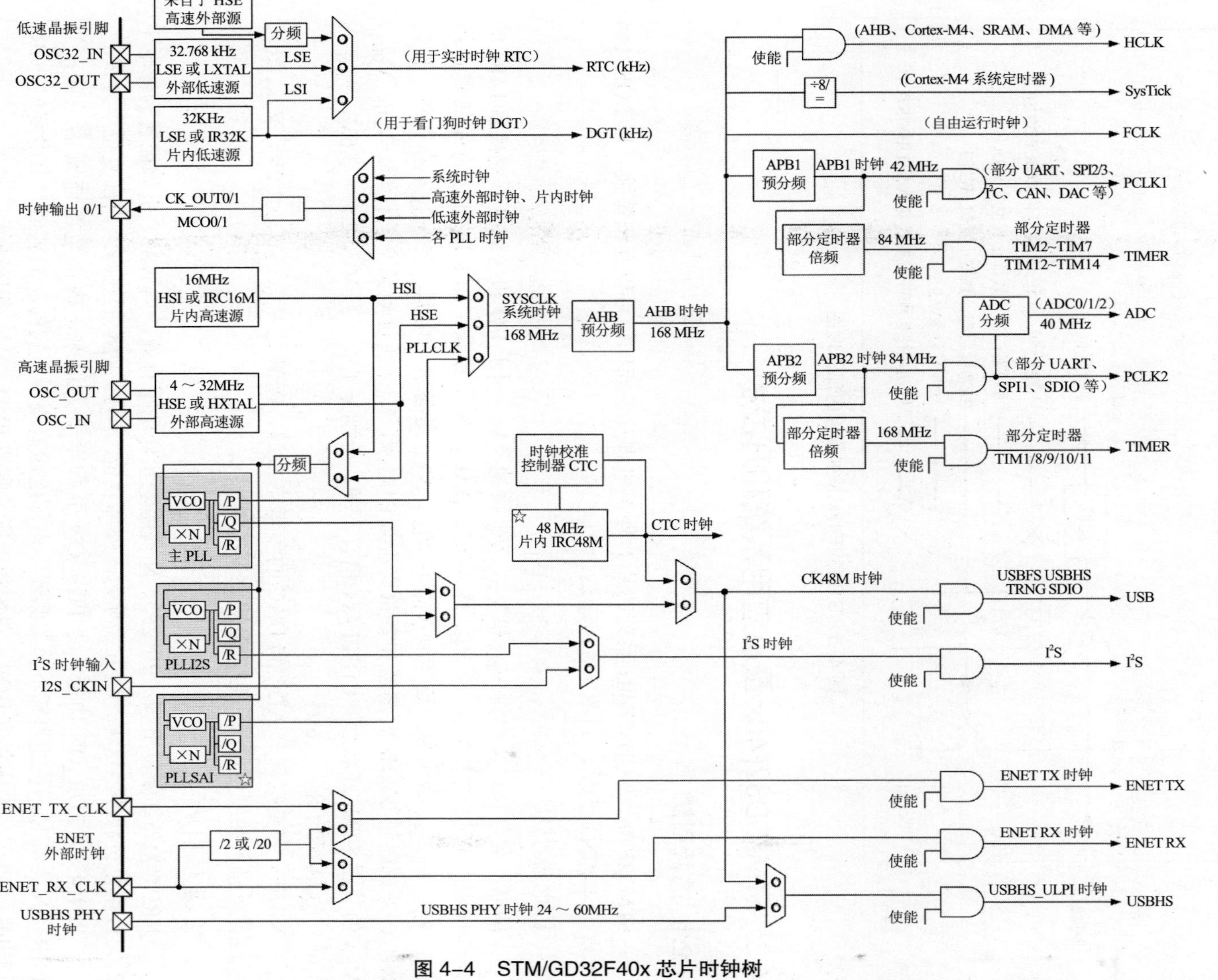

图 4-4　STM/GD32F40x 芯片时钟树

多种复位方式按“或”关系进行系统复位。脉冲发生器保证每个内部复位源的最小复位脉冲持续时间为 20 μs。在外部复位的情况下，当 NRST 引脚被置位为低电平时，产生复位脉冲。

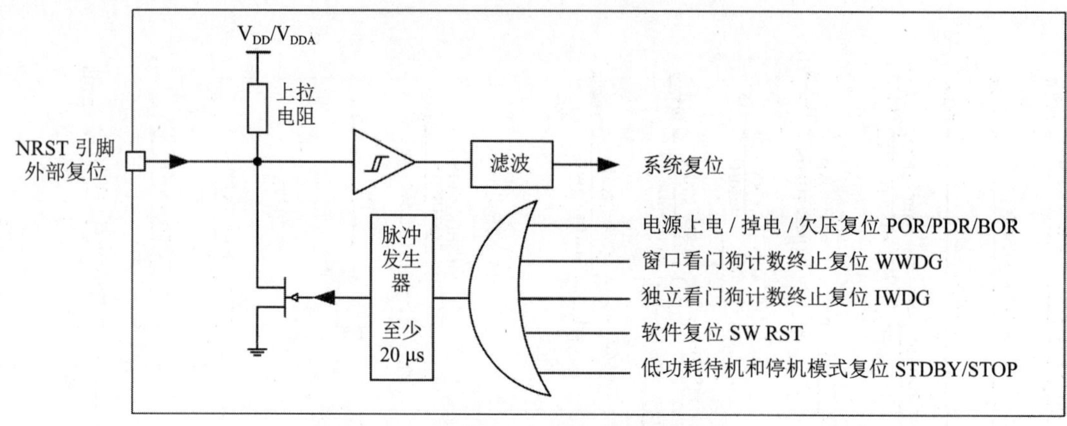

图 4-5 STM32F4xx 系列复位内部原理图

4.2 STM/GD32F40x 最小应用系统和开发板

4.2.1 芯片引脚

STM32F40x 和 GD32F40x 系列芯片的外部引脚几乎相同，可以互相替换，以 LQFP144 封装（144PIN）为例，如图 4-6 所示。

1. 电源引脚

供电部分包括：主电源 V_{DD} 和 V_{SS}，V_{SS} 接地，V_{DD} 用于 I/O 和内部电压变换器 LDO 的外部电源；模拟电源 V_{DDA} 和 V_{SSA} 是 ADC、DAC、复位模块、RCs 和 PLL 的外部模拟电源，V_{DDA} 和 V_{SSA} 必须分别连接到 V_{DD} 和 V_{SS}；V_{BAT} 是备份用电源，当 V_{DD} 不存在时，作为 RTC、外部时钟 32kHz 振荡器和备份寄存器的电源，V_{BAT} 通过电源开关打开。V_{DD}、V_{DDA}、V_{BAT} 的范围 STM32F4xx 和 GD32F4xx 稍有不同，分别是 1.8 ～ 3.6V 和 2.6 ～ 3.6V、V_{BAT} 为 1.65 ～ 3.6V 和 1.8 ～ 3.6V。

VREF+ 为模拟部分 ADC 和 DAC 的参考电压源，需满足 $V_{DDA}-V_{REF+}<1.2V$，V_{REF+} 既可以连接外部高精度电压源，也可连接到 V_{DDA}。

2. 复位引脚

NRST 为外部复位引脚（PIN25），N 前缀表示低电平有效。当 NRST 引脚被置为低电平时，产生复位脉冲，这种复位方式称为“外部复位”。与此对应的还有“内部复位”方式。

PIN143 为 PDR_ON 功能，当 PDR_ON 引脚电平为低时，内部电源监测器关闭；当 PDR_ON 为高时，使能内部电源监测器。内部电源监测器影响的功能包括：上电复位 POR、掉电复位 PDR、欠压复位 BOR、可编程电压监测器 PVD、V_{BAT} 备份功能。

3. 启动模式引脚

BOOT0 和 BOOT1（由 PB2 共享）为启动模式选择引脚。STM32F4xx 和 GD32F4xx 器件提供 3 种启动模式，可通过 BOOT0 和 BOOT1 引脚选择，如表 4-5 所示。芯片复位后，

名称	引脚	名称	引脚	引脚	名称	引脚	名称
PA3	37	PE2	1	108	VDD	144	VDD
VSS	38	PE3	2	107	VSS	143	PDR_ON
VDD	39	PE4	3	106*	NC	142	PE1
PA4	40	PE5	4	105	PA13	141	PE0
PA5	41	PE6	5	104	PA12	140	PB9
PA6	42	VBAT	6	103	PA11	139	PB8
PA7	43	PC13	7	102	PA10	138	BOOT0
PC4	44	PC14/OSC32_IN	8	101	PA9	137	PB7
PC5	45	PC15/OSC32_OUT	9	100	PA8	136	PB6
PB0	46	PF0	10	99	PC9	135	PB5
PB1	47	PF1	11	98	PC8	134	PB4
PB2	48	PF2	12	97	PC7	133	PB3
PF11	49	PF3	13	96	PC6	132	PG15
PF12	50	PF4	14	95	VDD	131	VDD
VSS	51	PF5	15	94	VSS	130	VSS
VDD	52	VSS	16	93	PG8	129	PG14
PF13	53	VDD	17	92	PG7	128	PG13
PF14	54	PF6	18	91	PG6	127	PG12
PF15	55	PF7	19	90	PG5	126	PG11
PG0	56	PF8	20	89	PG4	125	PG10
PG1	57	PF9	21	88	PG3	124	PG9
PE7	58	PF10	22	87	PG2	123	PD7
PE8	59	PH0/OSC_IN	23	86	PD15	122	PD6
PE9	60	PH1/OSC_OUT	24	85	PD14	121	VDD
VSS	61	NRST	25	84	VDD	120	VSS
VDD	62	PC0	26	83	VSS	119	PD5
PE10	63	PC1	27	82	PD13	118	PD4
PE11	64	PC2	28	81	PD12	117	PD3
PE12	65	PC3	29	80	PD11	116	PD2
PE13	66	VDD	30	79	PD10	115	PD1
PE14	67	VSSA	31	78	PD9	114	PD0
PE15	68	VREF+	32	77	PD8	113	PC12
PB10	69	VDDA	33	76	PB15	112	PC11
PB11	70	PA0	34	75	PB14	111	PC10
NC	71*	PA1	35	74	PB13	110	PA15
VDD	72	PA2	36	73	PB12	109	PA14

注1：PIN71对于GD32F407x为NC，而STM32F40xxx为VCAP_1。
注2：PIN106对于GD32F407x为NC，而STM32F40xxx为VCAP_2。

图4-6 STM/GD32F407ZGT6的LQFP144封装引脚

表4-5 STM32F4xx和GD32F4xx的启动模式

BOOT1	BOOT0	启动源	说明	地址范围
×	0	主Flash闪存	用户常用的方式	0x0800 0000～0x08FF FFFF
0	1	系统存储器	即ISP方式，在芯片内部一块特定的区域预置了一段Bootloader程序，借助Bootloader可从外部源将程序目标代码下载到主闪存中	0x1FFF 0000～0x1FFF 77FF
1	1	内置SRAM区	该模式一般用于程序调试，快速进行局部诊断	0x2000 0000～0x2001 BFFF

该 2 个引脚上的值在系统时钟 SYSCLK 的第 4 个上升沿锁存。用户可以在上电复位或系统复位后设置 BOOT0 和 BOOT1 引脚电平，以选择所需的启动源。一旦这 2 个引脚被采样后，则被释放，可以用于其他目的，例如当作 GPIO 使用。当器件退出待机模式时，也会对启动引脚进行重新采样。

采用系统存储器 Bootloader 启动方式时，STM32F4xx 可用的下载程序外部接口有 USART1（PA9/PA10 引脚）、USART3（PB10/PB11 或 PC10/PC11 引脚）、CAN2（PB5/PB13 引脚）、处于固件升级模式 DFU 的 USB OTG FS（PA11/PA12 引脚），而 GD32F4xx 有 USART0（PA9/PA10 引脚）、USART2（PB10/PB11 或 PC10/PC11 引脚）。

4. 调试引脚

用于下载调试的引脚有 PA15（JTDI）、PA14（JTCK/SWCLK）、PA13（JTMS/SWDIO）、PB4（JTRST）、PB3（JTDO），复位时芯片缺省为 5 针 JTAG 模式。用户也可以设置为 4 针 JTAG 接口，这时 PB4（NJTRST）则释放出来作为通用 I/O 口使用。如果采用 SW 模式，只需 PA14（SWCLK）、PA13（SWDIO）两针，这时 PA15、PB4、PB3 则可按通用 I/O 口功能使用。如果系统不进入 JTAG 和 SW 模式，则上述 5 个引脚都可以设置为通用 I/O 口。

5. 时钟源引脚

OSC_IN（PH0）和 OSC_OUT（PH1）为外部高速时钟源 HSE 的晶振元件接口引脚（PIN23 和 PIN24），STM32F4xx 系列输入频率范围为 4 ～ 26MHz，GD32F4xx 系列为 4 ～ 32MHz。作为 I/O 口使用时，OSC_IN 为 PH0，OSC_OUT 为 PH1。

PC14 和 PC15 分别为 OSC32_IN 和 OSC32_OUT 外部低速时钟源 LSE 的晶振元件接口引脚（PIN8 和 PIN9），输入频率典型值为 32.768kHz。

6. I/O 引脚

PA0 ～ PA15、PB0 ～ PB15、PC0 ～ PC15、PD0 ～ PD15、PF0 ～ PF15、PE0 ～ PE15、PG0 ～ PG15、PH0 ～ PH1 共 114 位 I/O 引脚，除了 PA4、PA5、设置为 ADC 和 DAC 模拟方式的接口、设置为 PC14/PC15/PH0/PH1 外部时钟元件的接口是容忍 3.3V 以外，其他 I/O 均能容忍 5V。这些 I/O 接口可以通过复用功能寄存器（alternate functions register，AFR）和重新映射（remap）设置更多的用途。例如，PA0 引脚的复用功能有：USART2_CTS、UART4_TX、ETH_MII_CRS、TIM2_CH1_ETR、TIM5_CH1、TIM8_ETR、EVENTOUT 以及附加功能 ADC123_IN0、WKUP。

4.2.2 最小系统

一个嵌入式应用的最小系统是指以微处理器（如微控制器 MCU）为核心、仅包含最必需元器件组成的硬件电路、能够运行基本软件的最简化系统。STM/GD32F4xx 系列最小系统的硬件组成主要包括电源供给、时钟、复位、启动选项和程序下载（调试）五部分，这些为主芯片完成基本的正常工作提供条件，如图 4-7 所示为一个典型的最小系统。

图 4-7 中 U2 为主芯片 GD32F407ZGT6 或 STM32F407ZGT6，U1 为电压变换器 RT9193-33GB，J1 为下载调试 SW 接口，J2 和 J3 为启动设置 BOOT0/1 跳线。T1 是输入电源接口，5V/500mA。FB 为磁珠，起到滤波、吸收高频信号干扰的作用。LED1 为电源指示灯。端口 PB0 接 LED2 作为工作指示灯，PB1 连接了 1 位按键。

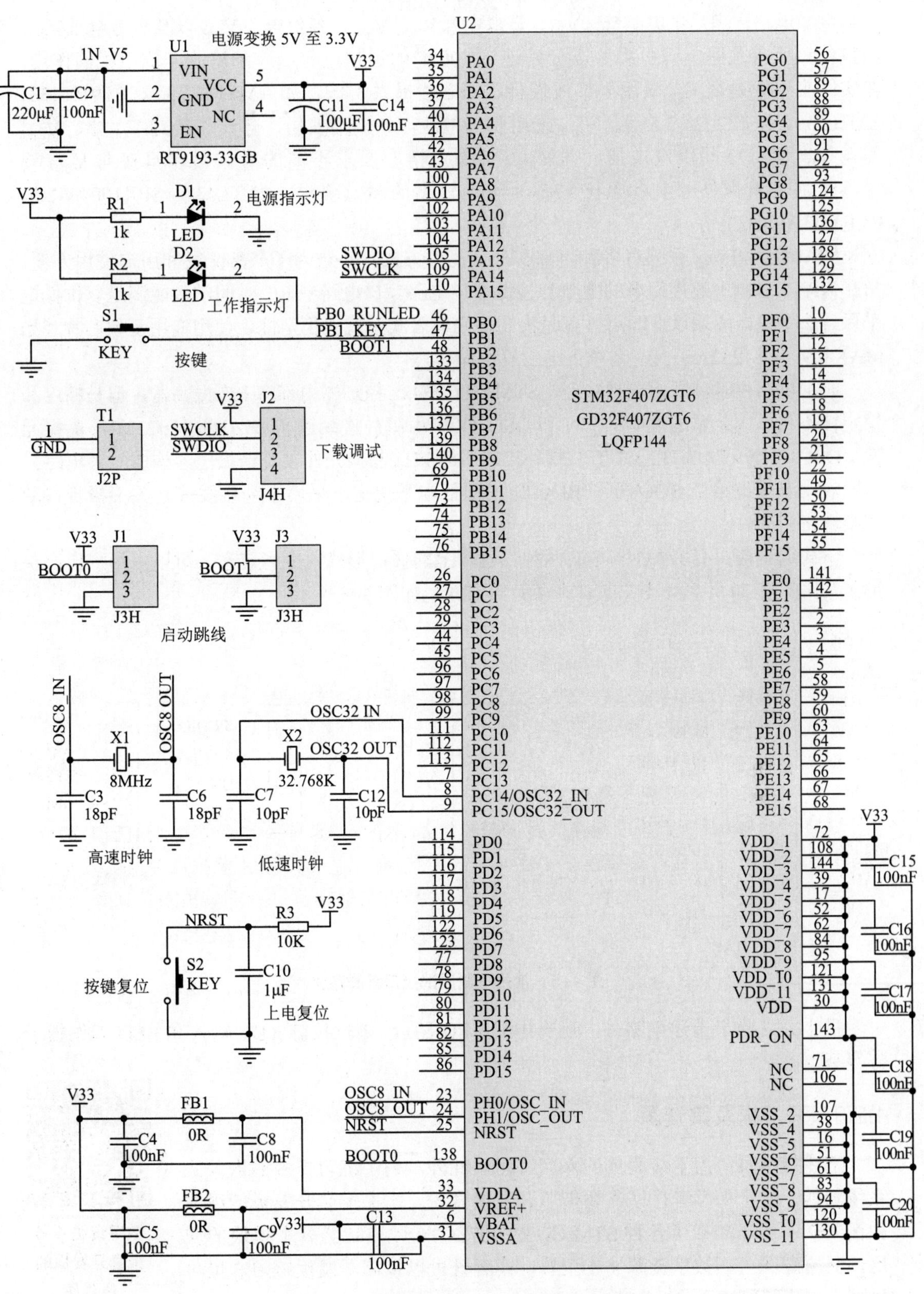

图 4-7 STM/GD32F4xx 系列典型最小系统

电源电路需满足主电源 V_{DD}/V_{SS}、模拟电源 V_{DDA}/V_{SSA}、备份电源 V_{BAT} 以及参考电压 V_{REF+} 的供给。所有这些电源引脚都需分别连接 100nF 的退耦电容，起到滤波、抗干扰的作用。在实际应用中通常 V_{DD} 采用外部线性稳压器芯片提供 3.3V，如 AMS1117-3.3、RT9193-33、ZXCL330、SGM2028-3.3 等。V_{BAT} 采用纽扣电池，如果不使用，建议连接到 V_{DD} 上。V_{DDA} 需与 V_{DD} 保持相同供电电压，而 V_{REF+} 引脚在精度要求不高的时候可以直接与 V_{DDA} 连接，否则需采用外部参考电压源芯片满足较高的测量要求，如 TL431、SPX1004N-2.5、REF3033AIDBZT 等。

STM/GD32F4xx 系列有多种内部和外部复位方式，不过为了产品开发和用户使用方便，常在 NRST 引脚上连接简单的上电和按键复位电路。该电路中 RC 时间常数能满足复位低电平保持 2 个机器周期以上即可。有时为了增强嵌入式系统的稳定性，使用专用复位芯片（如 MAX809、DS1233A）保证系统正确的复位操作。

时钟电路由时钟源的选择决定，STM/GD32F4xx 控制器内部有 RC 振荡器，但是精度和稳定性不高。因此常通过 OSC_IN 和 OSC_OUT 引脚外接高速 8MHz/16MHz/25MHz 晶振元件、OSC32_IN 和 OSC32_OUT 引脚外接 32.768 kHz 晶振元件以及谐振电容构成时钟电路。

启动选择电路由 BOOT0 和 BOOT1 的高低电平决定，采用手动跳线或开关三极管自动切换电路完成。

下载调试接口有 JTAG 和 SW 两种。物理上的接口形式（针脚定义）可以由用户自己决定，常用的有 20 针、10 针、5 针和 4 针等方式，如图 4-8 所示。

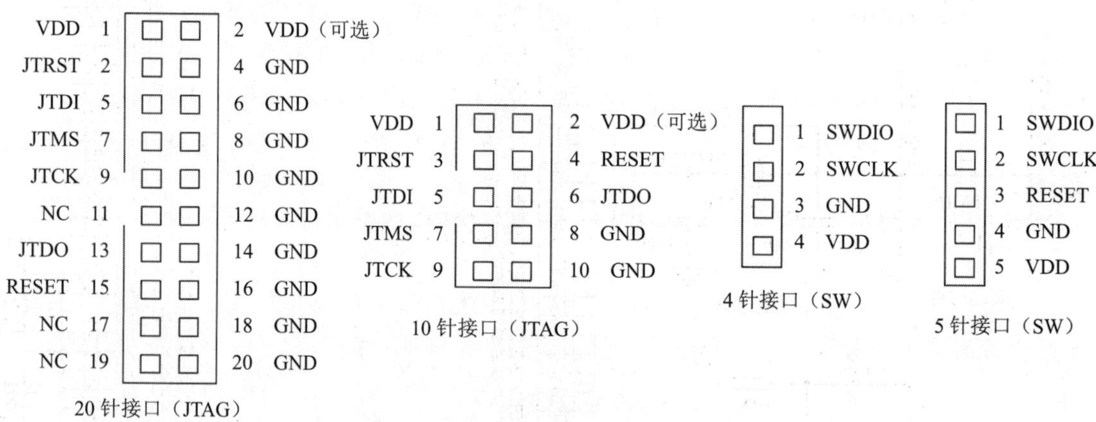

图 4-8 常用下载调试接口针脚定义

最小系统除了上述电路外，还有电源 LED 显示、1 位按键 KEY 输入和 LED 工作指示灯等基本电路。

4.2.3 开发板及其资源

上述最小系统用于最简单的入门练习。此外，为了练习更多的嵌入式系统功能，对于初学者往往需要借鉴开发板学习。本书配套开发板的组成如图 4-9 所示，涵括了各种 STM/GD32F407ZGT6 微控制器多个模块的应用，其原理图可扫数字资源 4-4 查看，读者既可以按此开发板练习，也可以基于市售其他的开发板学习。

数字资源 4-4 配套开发板的原理图

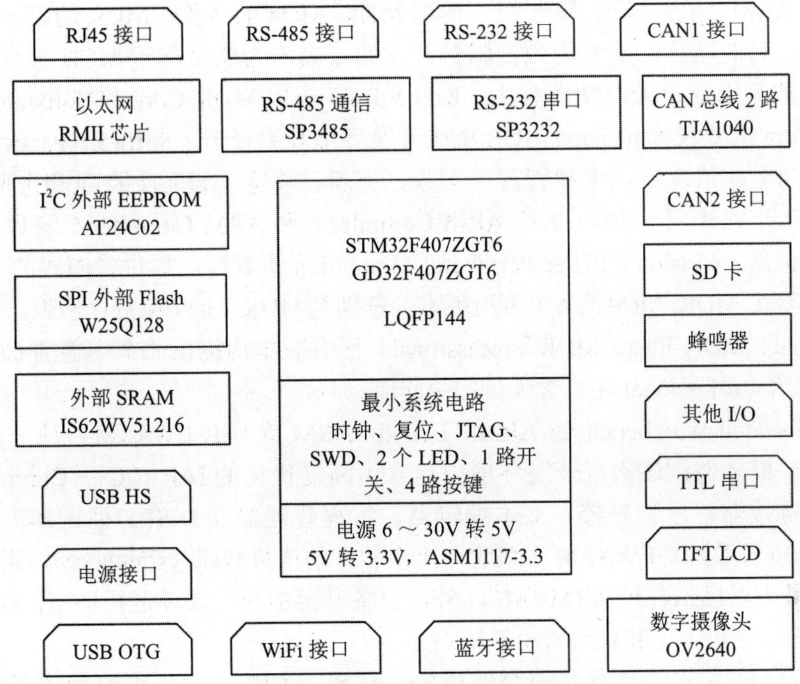

图 4-9　本书配套的开发板组成

开发板以 LQFP144 封装的 STM/GD32F407ZGT6 芯片为核心，包括电源、最小系统、外部 SRAM、外部 Flash、外部 EEPROM、以太网、RS-232 通信、RS-485 通信、CAN 通信、USB、TFT LCD 接口、蜂鸣器、SD 卡、数字摄像头接口等电路，资源丰富，接口多，可实现的功能较为充足。通过开发板预留的通用 I/O、TTL 串口接口还可以连接用户的电路，扩展出更多的应用。

外围可配套的资源还有：J-Link V9 或 CMSIS-DAP 下载器、4 位 LED 数码管、2.8 寸彩色并行接口 TFT LCD、I^{2}C 接口 OLED 屏、三色灯珠、LoRa 无线通信模块、H 桥驱动板及直流电机、步进电机、4 路继电器、物联网 4G 模块、GNSS 定位模块、数字摄像头、土壤参数传感器、拉压力传感器、超声波距离传感器、雨量传感器、旋转编码器以及电磁阀等。

读者在本开发板的基础上既可以练习本书所述基本原理对应的内容，也可以根据智能装备项目对嵌入式系统的需求进行初步开发。

4.3　STM/GD32F4xx 编程方法

4.3.1　编程平台概述

针对 STM32F4xx 和 GD32F4xx 系列微控制器芯片的编程，需建立在 ARM 公司的 CMSIS 固件库基础上，并借助于意法半导体 ST 公司或北京兆易创新科技集团股份有限公司提供的库文件，这样才能高效地完成嵌入式系统的软件开发。目前常见支持 ARM CMSIS 的集成开发环境 IDE 有 Keil MDK-ARM、IAR for ARM、GNU ARM、Hitool for ARM 等。

Keil 公司推出的 microcontroller development kit（MDK）原名 RealView MDK，也称

为 KEIL For ARM、μVision5，现在统一使用 MDK-ARM 的名称。MDK 的设备数据库中有很多半导体厂商的芯片，是专为微控制器开发的工具，为满足基于 MCU 进行嵌入式软件开发的工程师需求而设计，功能强大。Keil MDK5 分成 MDK Core 和 Software Packs 两部分。MDK Core 主要包含 μVision5 IDE 集成开发环境和编译器。Software Packs 则可以在不更换 MDK Core 的情况下，单独管理（下载、更新、移除）设备支持包和中间件更新包。μVision5 IDE 集成开发环境，支持 ARM Compiler 6 和 ARM Compiler 5 编译器、μVision Debugger 调试器、μVision CPU & Peripheral Simulation 仿真器，提供带源码的 Keil RTX 小型实时操作系统。MDK-ARM 有 4 个可用版本，分别是 MDK-Lite（免费评估版、32kB 限制）、MDK-Essential、MDK-Plus、MDK-Professional。所有版本均提供一个完善的 C/C++ 开发环境，其中 MDK-Professional 还包含大量的中间库。

IAR Embedded Workbench for ARM（IAR for ARM 或 IAR EWARM）是一款微处理器的集成开发环境软件，该集成开发环境中包含了高度优化的 IAR C/C++ Compiler 编译器、汇编工具、链接器、库管理器、文本编辑器、工程管理器和 C-SPY 调试器，支持 ARM、AVR、MSP430 等芯片。EWARM 中包含一个全软件的模拟程序（simulator），用户不需要任何硬件支持就可以模拟各种 ARM 内核、外部设备甚至中断的软件运行环境。IAR EWARM 具有入门容易、使用方便和代码紧凑等特点。

GNU ARM 嵌入式工具链是一个现成的、开源的 C/C++ 和汇编编程工具套件，也被称为 Sourcery G++ Lite。GNU ARM 嵌入式工具链面向 32 位 ARM Cortex-A、Cortex-M 和 Cortex-R 处理器系列，包括 GNU 编译器（GCC）、GNU Remote Debugger（GDB）、GNU make 命令行和 GNU 内核实用程序，用于 Windows、Linux 和 Mac OS 操作系统上的嵌入式软件开发。

总之，目前在 ARM 嵌入式系统开发中，Keil 的 MDK-ARM 和 IAR 的 EWARM 是较好的开发平台，而且 C/C++ 语言是应用最广泛的编程语言，并具有广泛的库函数、程序支持，在今后很长一段时间内，仍将在嵌入式系统应用领域中占重要地位。本书所介绍的实例均基于 Keil 的 MDK-ARM 开发平台，采用 C 语言编程。

4.3.2 开发平台与编程方法

本书所用的嵌入式系统软件开发平台是 Keil MDK-ARM，版本为 5.35，至 Keil 公司的官网可下载 MDK-ARM（试用版软件），并安装 Keil μVision5。构建嵌入式系统开发平台的方法可扫数字资源 4-5 查看。

数字资源 4–5
构建嵌入式系统开发平台的方法

本书所选用微控制器属于 STM32F4xx 系列和 GD32F4xx 系列，配套安装的 Pack 包是 Keil.STM32F4xx_DFP.2.16.0.pack 和 GigaDevice.GD32F4 xx_DFP.3.0.3.pack，标准外设库是 STM32F4xx_DSP_StdPeriph_Lib_V1.8.0 和 GD32F4xx_Firmware_Library_V2.1.4 版本。若采用硬件抽象库，图形化软件 STM32CubeMX 也需下载并安装。

本书规定：上述文件的安装目录均为缺省目录。如图 4-10 所示，Windows 操作系统下，Keil μVision5 运行程序目录为 C:\Keil_v5，支持各制造商处理器 Pack 支持包的目录为 C:\Keil_v5\Local\Arm\Packs。

Keil μVision5 安装成功后，需在线或离线更新 Pack 库，将所选用的微控制器对应的

Pack 文件加入，如图 4-11 和图 4-12 所示，本书是 STM32F4xx 系列和 GD32F4xx 系列。步骤是：从菜单 Project 进入 Manage，选中 Pack Installer... 开始更新。从图中还可以看到接口标准 CMSIS 5.8.0 也被安装了，目录为 C:\Keil_v5\Local\Arm\Packs\ARM\CMSIS\5.8.0\CMSIS。

Setup MDK-ARM V5.35

Folder Selection

Select the folder where SETUP will install files.

arm KEIL

Press 'Next' to install MDK-ARM to these folders. Press 'Browse' to select different folders for installation.

Destination Folders

Core: C:\Keil_v5 Browse ...

Pack: C:\Keil_v5\Local\Arm\Packs Browse ...

Update Installation: Create backup tool folder

Backup old core files to C:\Keil_v5\Backup.001

Keil MDK-ARM Setup

<< Back Next >> Cancel

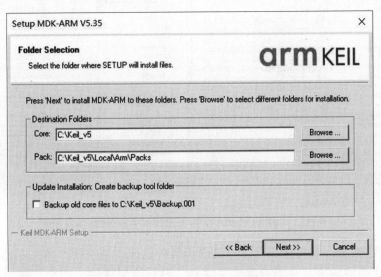

图 4-10 Keil MDK-ARM 的安装目录

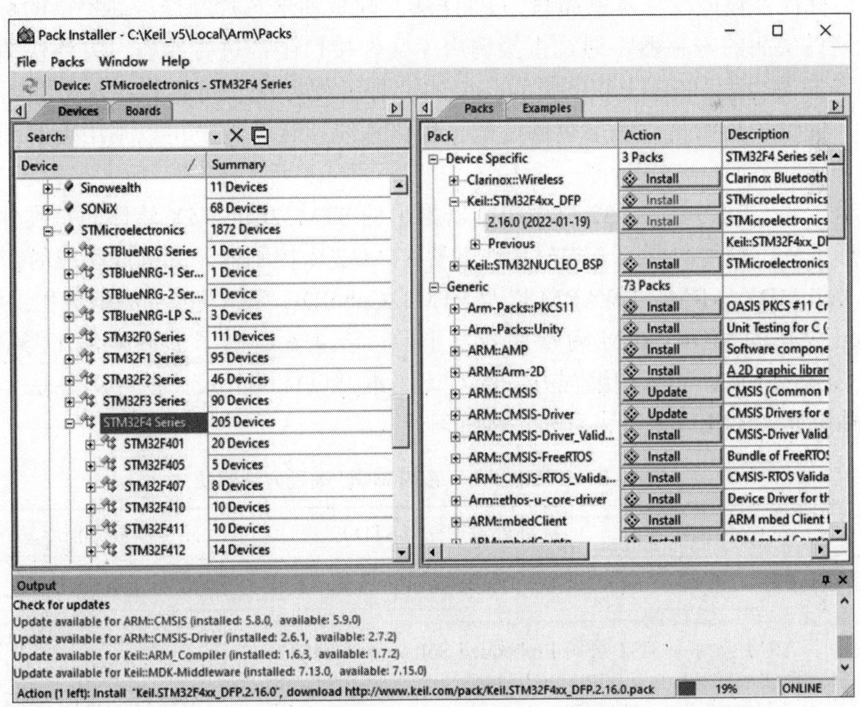

图 4-11 Keil MDK-ARM 中 STM32F407 系列的 Pack 安装

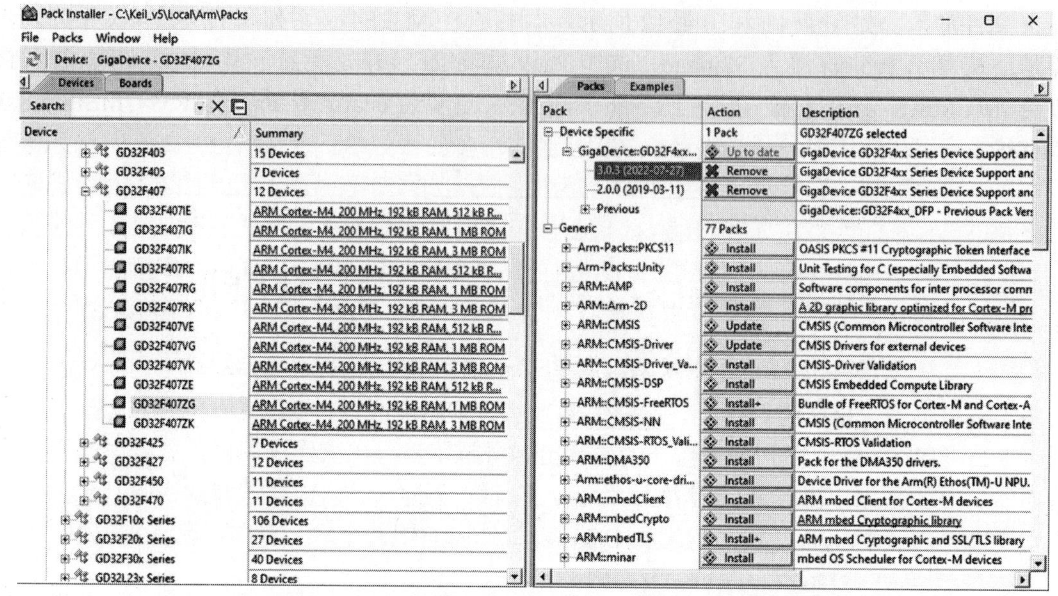

图 4-12 Keil MDK-ARM 中 GD32F407 系列的 Pack 安装

从编程方法来看，有基于寄存器、基于标准外设库、基于硬件抽象库之分。寄存器法是基于 CMSIS 提供的该芯片寄存器定义文件，自行组织软件工程架构的一种方法。该方法强调对芯片硬件各个部分工作原理的理解，以寄存器操作为主，偏向底层，对编程人员要求较高。标准外设库法（本书简写为 STD 法）则是基于芯片制造厂商提供的标准库，封装了内部硬件层面的寄存器，通过直接调用库文件接口函数进行操作，方便快捷。硬件抽象方法（本书简写为 HAL 法）是更为高层的一种编程方法，将硬件各项寄存器配置和操作抽象化，提供了初始化、底层驱动函数、操作系统，软件人员可以不用理解硬件的具体属性。

意法半导体 ST 公司针对 32 位微控制器推出的 STM32CubeMX 软件即是硬件抽象方法的一种图形工具，采用向导的方式分步地配置 STM32 微控制器，并生成相应的初始化 C 代码和符合 Keil MDK-ARM、EWARM 以及 STM32CubeIDE 等开发平台的框架化工程。

以 Keil 公司的 MDK-ARM 为软件开发平台，表 4-6 给出了面向意法半导体 ST 公司 STM32F4xx 系列 MCU 的 3 种编程方法的对比。本书以标准外设库法（STD 法）为主，并结合硬件抽象库（HAL）进行讲解和实例练习。

表 4-6 STM32F4xx 系列 MCU 编程方法对比

方法	寄存器法	标准外设库法（STD）	硬件抽象固件库法（HAL）
支撑库文件	stm32f4xx.h	STM32F4xx_DSP_StdPeriph_Lib_V1.8.0	STM32Cube HAL
官方来源	ARM 公司的 CMSIS 和 Keil、ST 公司提供	ST 公司 Embedded Software → MCU & MPU Embedded Software → STM32 Embedded Software → STM32 Standard Peripheral Libraries	ST 公司 Embedded Software → MCU & MPU Embedded Software → STM32 Embedded Software → STM32Cube MCU & MPU Packages

续表 4-6

方法	寄存器法	标准外设库法（STD）	硬件抽象固件库法（HAL）
编程工程模板	无模板，需自建	通过拷贝库文件组合而成，可采纳官网提供，也可自建	通过 STM32CubeMX 软件，由向导自动生成
启动文件	..\Libraries\CMSIS\Device\ST\STM32F4xx\Source\Templates\arm\startup_stm32f40_41xxx.s		startup_stm32f407xx.s
对硬件底层的理解程度	高	较高	较低
开发效率	较低	适中	基于框架开发，较快
初学难度	较难	适中	较为容易

基于标准库 STD 法编程时，需要自建工程模板，初学者可以借鉴厂商提供的模板（位于标准外设库的 Template 目录），也可以根据所需文件整理所得。针对 STM32F4xx 和 GD32F4xx 芯片进行应用编程时，本书整理的工程模板所含编程工程目录及其文件清单如表 4-7 所示。

表 4-7　编程工程目录及其文件清单

序号	类别	所在文件夹	包含文件名称	作用
1	启动文件	STM32F4xx_Startup	startup_stm32f40_41xxx.s	用于启动
2	内核有关（CMSIS）	STM32F4xx_Startup\include	core_cm4.h core_cmFunc.h core_cmInstr.h 等	定义编译器、CONTROL、状态寄存器等
3	片上外设库函数	STM32F4xx_StdPeriph_Driver\inc	misc.h stm32f4xx_adc.h stm32f4xx_gpio.h stm32f4xx_rcc.h stm32f4xx_syscfg.h 等	各外设的驱动函数 h 源文件
4		STM32F4xx_StdPeriph_Driver\src	misc.c stm32f4xx_adc.c stm32f4xx_gpio.c stm32f4xx_rcc.c stm32f4xx_syscfg.c 等	各外设的 c 头文件
5	芯片文件 Device 类	UserMain	stm32f4xx.h stm32f4xx_conf.h stm32f4xx_it.c stm32f4xx_it.h system_stm32f4xx.c system_stm32f4xx.h	芯片寄存器、配置、中断、系统及时钟初始化 SystemInit 等，必要时可以更改
6	main 函数文件	UserMain	Usermain.c Usermain.h	用户在此编写代码，添加文件

续表 4-7

序号	类别	所在文件夹	包含文件名称	作用
7	目录树 （STM32F4xx 和 GD32F4xx标准库）	├── STM32F4xx_Startup │ │ startup_stm32f40_41xxx.s │ └── Include │ core_cm4.h │ core_cmFunc.h │ core_cmInstr.h │ core_cmSimd.h 等 ├── STM32F4xx_StdPeriph_Driver │ │ Release_Notes.html │ ├── inc │ │ misc.h │ │ stm32f4xx_adc.h │ │ stm32f4xx_can.h 等 │ └── src │ misc.c │ stm32f4xx_adc.c │ stm32f4xx_can.c 等 └── UserMain stm32f4xx.h stm32f4xx_conf.h stm32f4xx_it.c stm32f4xx_it.h system_stm32f4xx.c system_stm32f4xx.h Usermain.c Usermain.h	├── GD32F4xx_Startup │ │ startup_gd32f407_427.s │ └── include │ core_cm4.h │ core_cm4_simd.h │ core_cmFunc.h │ core_cmInstr.h 等 ├── GD32F4xx_standard_peripheral │ ├── Include │ │ gd32f4xx_adc.h │ │ gd32f4xx_can.h │ │ gd32f4xx_crc.h 等 │ └── Source │ gd32f4xx_adc.c │ gd32f4xx_can.c │ gd32f4xx_crc.c 等 └── UserMain gd32f4xx.h gd32f4xx_it.c gd32f4xx_it.h gd32f4xx_libopt.h system_gd32f4xx.c system_gd32f4xx.h systick.c systick.h usermain.c usermain.h	

新建工程的步骤是：首先新建一个文件夹，并拷贝模板中的 STM32F4xx_Startup、STM32F4xx_StdPeriph_Driver、UserMain 这 3 个文件夹到该目录。然后在 Keil μVision 开发平台中新建工程（菜单 Project → New uVision Project），取名，存入 UserMain 文件夹，选定微控制器型号，如 STM32F407ZGT6。在空白的工程中，进行管理，依据系统功能添加所需标准库文件，形成 3 个组，菜单是 Project → Manage → Project Items，如图 4-13 所示。

（1）文件夹 STM32F4xx_Startup 中的 .s 文件对应工程管理的 Start 组。

（2）文件夹 STM32F4xx_StdPeriph_Driver 中的 C 文件对应工程管理的 Stdlib 组。

（3）文件夹 UserMain 中的 C 文件对应工程管理的 User 组。

然后对工程进行设置，菜单是 Project → Option for Target“Target 1”，其中 C/C++ 选项栏中需要填写使用标准库和型号类别，并在 Include Path 路径添加本工程模板中的 3 个文件夹目录（至少需添加这 3 个目录，若读者还有别的头文件目录，也需添加），如图 4-14 所示。

（1）针对 STM32F407ZGT6 型号填写 STM32F40_41xxx,USE_STDPERIPH_DRIVER。

（2）针对 GD32F407ZGT6 型号填写 USE_STDPERIPH_DRIVER,GD32F407,GD32F4xx。

同时在工程设置 Option 的 Target 选项栏中对编译器 ARM Compile 选择为 Use default compiler version 5 版本。如果有调试器，根据其种类和型号，在工程设置的 Debug 选项栏

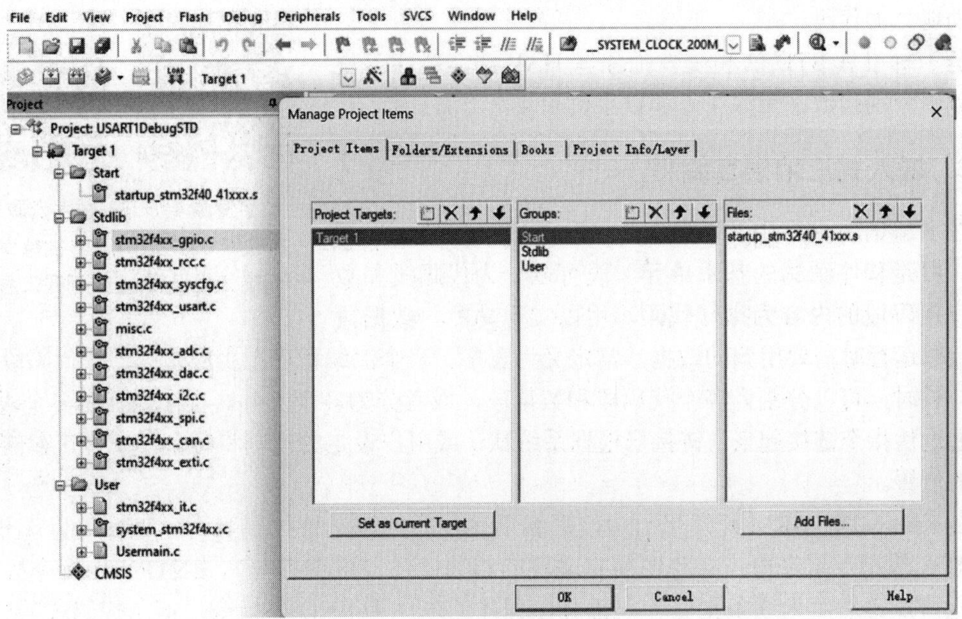

图 4–13 Keil μVision 中工程管理界面（Manage）

Options for Target 'Target 1'

Device | Target | Output | Listing | User | C/C++ | Asm | Linker | Debug | Utilities

Preprocessor Symbols

Define: STM32F40_41xxx,USE_STDPERIPH_DRIVER

Undefine:

Language / Code Generation

Execute-only Code | Strict ANSI C | Warnings: All Warnings

Optimization: Level 0 (-O0) | Enum Container always int | Thumb Mode

Optimize for Time | Plain Char is Signed | No Auto Includes

Split Load and Store Multiple | Read-Only Position Independent | C99 Mode

One ELF Section per Function | Read-Write Position Independent | GNU extensions

Include Paths: ..\STM32F4xx_Startup\Include;..\STM32F4xx_StdPeriph_Driver\inc;..\UserMain

Misc Controls:

Compiler control string: -c --cpu Cortex-M4.fp.sp -g -O0 --apcs=interwork --split_sections -I ../STM32F4xx_Startup/Include -I ../STM32F4xx_StdPeriph_Driver/inc -I ../UserMain

OK | Cancel | Defaults | Help

图 4–14 Keil μVision 中的工程设置界面（Options）

中选中该调试器的种类，并进行设置（Setting），包括下载接口 JTAG/SW、存储空间、勾选 Reset and Run 功能等。

经过上述步骤，按菜单 Project → Build Target 或 Rebuild all Target items 编译该工程，如果显示没有错误“0 Error(s)”，则表示该工程的框架已经搭好，各基本文件齐全。这时如果出现错误，则需找到并纠错，直到编译成功。在此工程框架上，后续的工作就是进一步根据任务功能添加代码。

基于标准库 STD 法和硬件抽象库 HAL 法，新建工程的视频请分别扫数字资源 4-6 和数字资源 4-7 查看。

数字资源 4-6
标准库 STD 法
新建工程视频

数字资源 4-7
硬件抽象库 HAL
法新建工程视频

4.3.3 嵌入式汇编语言编程

在汇编语言程序中，以段（或者称为区）为单位组织代码，段是程序结构的基本单元。段可以分为代码段和数据段，代码段的内容为执行代码，用以实现功能，数据段存放代码运行时需要用到的数据，常定义为表格。一个汇编程序至少应该有一个代码段。当程序较长时，可以分割为多个代码段和数据段，或者分为多个文件。程序编译时多个段 / 文件可通过伪指令链接起来。链接器根据系统默认或用户设定的规则将各个段安排在存储器中相应的位置。

在 Keil MDK-ARM 开发平台中，汇编语言程序的源文件扩展名为 .s 或 .asm。编程时，用 AREA 伪指令定义段，并说明所定义段的相关属性（可否读写）。ENTRY 伪指令标识程序的入口点，然后为逐条指令代码部分，程序的末尾为 END 伪指令，指示代码段的结束，表示编译器到此位置终止编译（即使后面有语句，也是无效的）。

例 1 展示了加法的编程。

汇编程序结构举例 1

```
        AREA ASMex_1, CODE, READONLY        ;代码段，ASMex_1
        EXPORT __main
        ENTRY
__main
        MOV R1, #0x325                      ;R1=0x325
        MOV R2, #0x341                      ;R2=0x341
        ADD R3, R2, R1                      ;R3=R2+R1
HERE
        B HERE                              ;程序停在此处
        END                                 ;程序汇编结束
```

例 2 展示了有数据段的编程。

汇编程序结构举例 2

```
        AREA ASMex_2, CODE, READONLY        ;代码段，ASMex_2，只读
        EXPORT __main
        ENTRY
__main
        LDR R1, =CHR1                       ;获得字符串 1 的地址放入 R1
```

```
                LDR R0, =CHR2                       ;获得字符串 2 的地址放入 R0
LOOP
                LDRB R2, [R1], #1                   ;从字符串 1 取出一个字节并增 1
                STRB R2, [R0], #1                   ;在字符串 2 存放一个字节并增 1
                CMP R2,#0                           ;是否到字符串 1 的末尾
                BNE LOOP                            ;循环
HERE            B HERE                              ;停在此处
                AREA MYSTR, DATA, READWRITE         ;数据段，可读写
CHR1            DCB "this is a string test",0
CHR2            DCB "test my string is at here",0
                END
```

读者可以尝试分析 STM32F407 芯片的启动文件 startup_stm32f407xx.s，通过汇编程序的实例理解第 3 章相关的内容。

C 语言中调用汇编语句能够提高程序执行效率，内联汇编的关键词是 __asm，示例有：

示例 1	__asm void INTX_DISABLE(void)
	{
	CPSID I
	BX LR
	}
		//关闭所有中断（但是不包括 fault 和 NMI 中断）

示例 2	__asm void INTX_ENABLE(void)
	{
	CPSIE I
	BX LR
	}
		//开启所有中断

示例 3	__asm void WFI_SET(void)
	{
	WFI;
	}
		//实现执行汇编指令 WFI

示例 4	__asm void SoftCtlDelay(uint64_t ul64Count)
	{
	SUBS R0, #1;
	BNE SoftCtlDelay;
	BX LR;
	}
		//按3 个系统时钟周期延时，时间约为 ul64Count*3*T_{SYSCLK}

4.3.4 嵌入式 C 语言编程

标准 C 语言用于嵌入式系统编程时，有些用法技巧经常用到，此处总结出来，以更好地理解硬件和软件的关系，加深对嵌入式 C 语言的认识。

1. 数据类型

针对 ARM Cortex-M 内核嵌入式系统的软件编程的 C 语言要符合 CMSIS 的规范，即使

用 <stdint.h> 中定义的 ANSI C 标准数据类型。其中一部分数据类型如表 4-8 所示。

表 4-8　嵌入式 C 语言中的数据类型

typedef 语句		类型	范围	说明
typedef signed char	int8_t;	int8_t	-128 ～ 127	stdint.h
typedef signed short int	int16_t;	int16_t	-32,768 ～ 32,767	stdint.h
typedef signed int	int32_t;	int32_t	-2,147,483,648 ～ 2,147,483,647	stdint.h
typedef signed __INT64	int64_t;	int64_t	-9,223,372,036,854,775,808 ～ 9,223,372,036,854,775,807	stdint.h
typedef unsigned char	uint8_t;	uint8_t	0 ～ 255	stdint.h
typedef unsigned short int	uint16_t;	uint16_t	0 ～ 65,535	stdint.h
typedef unsigned int	uint32_t;	uint32_t	0 ～ 4,294,967,295	stdint.h
typedef unsigned __INT64	uint64_t;	uint64_t	0 ～ 18,446,744,073,709,551,615	stdint.h
typedef signed int	intptr_t;	intptr_t	有符号整型指针	stdint.h
typedef unsigned int	uintptr_t;	uintptr_t	无符号整型指针	stdint.h
typedef float	float_t;	float_t	32 位，-2^{128} ～ $+2^{128}$，即 -3.40E+38 ～ +3.40E+38，单精度	math.h
typedef double	double_t;	double_t	64 位，-2^{1024} ～ $+2^{1024}$，即 -1.79E+308 ～ +1.79E+308，双精度	math.h

这些新类型定义屏蔽了在不同芯片平台时，出现的诸如 int 随字长的大小是 16 位，还是 32 位的差异。所以在我们编写程序中，都将使用新类型如 uint8_t、uint16_t 等。

2.define 宏定义

define 是 C 语言中的预处理命令，用于宏定义，可以提高源代码的可读性，为编程提供方便。

格式	#define 标识符 字符串	//“标识符”为所定义的宏名。“字符串”可以是常数、表达式、格式串等。
示例	#define GPIO_Pin_3 ((uint16_t)0x0008) #define LED0_Pin GPIO_Pin_3	//定义标识符 LED0_Pin 的值为 GPIO_Pin_3，即端口的 PIN3 引脚

用一个标识符（宏名）表示一个字符串，在编译时，如果在后面的代码中出现了该标识符，那么就全部替换成指定的字符串。宏名是便于记忆、理解的表达式。

宏定义必须写在函数之外，其作用域是 #define 开始，到源程序结束。也可以使用 #undef 取消该宏的定义。

3.typedef、enum、struct

typedef 用于为现有类型创建一个新的名字，或称为类型别名，用来简化变量的定义。在嵌入式编程中，typedef 常用于定义结构体的类型别名和枚举类型。

enum（枚举）的含义为连续的数一一枚举出来，定义一组连续数。使用 enum 定义的枚举值列表中，默认值是从 0 开始，然后依次按 1 递增；如果想要修改，则直接在其成员后面赋值即可，那么后面的值也在其新值基础之上累加 1。

struct（结构体）是由一批成员数据组合而成的结构型数据类型，并为这些成员分配存储空间。组成结构型数据的每个数据称为结构型数据的成员变量，每个成员变量可以具有不同类型。结构体变量可以采用指针、数组等形式。

<table>
<tr><td>格式</td><td>typedef enum
{
    元素 1= 0,
    元素 2
    ……
}myEnumEx;</td><td>//枚举类型

//元素列表

//枚举变量</td></tr>
<tr><td>示例</td><td>typedef enum
{
    GPIO_Low_Speed = 0x00,
    GPIO_Medium_Speed = 0x01,
    GPIO_Fast_Speed = 0x02,
    GPIO_High_Speed = 0x03
}GPIOSpeed_TypeDef;</td><td>//定义了 I/O 口上的速度</td></tr>
<tr><td>使用</td><td colspan="2">直接使用枚举变量和元素的名称</td></tr>
<tr><td>格式</td><td>typedef struct
{
    数据类型 1 成员 1;
    数据类型 2 成员 2;
    ……
} myStructEx, *p_myStructEx;</td><td>//结构体类型

//成员列表

//结构体变量列表（全局变量），可以是指针、数组等</td></tr>
<tr><td>示例</td><td>typedef struct
{
  uint32_t GPIO_Pin;
  GPIOMode_TypeDef GPIO_Mode;
  GPIOSpeed_TypeDef GPIO_Speed;
  GPIOOType_TypeDef GPIO_OType;
  GPIOPuPd_TypeDef GPIO_PuPd;
}GPIO_InitTypeDef;</td><td>//定义 GPIO_InitTypeDef 结构体，把 I/O 口的几个属性放在一个结构数据类型中，方便管理和使用</td></tr>
<tr><td>使用</td><td colspan="2">GPIO_InitTypeDef My_Init;
MyInit GPIO_Pin = GPIO_Pin_3;
MyInit GPIO_Speed= GPIO_High_Speed;</td></tr>
</table>

4. ifdef 条件编译

程序开发过程中，经常会遇到一种情况，当满足某条件时对一组语句进行编译，而当条件不满足时则编译另一组语句。这时采用 #ifdef 或 #ifndef 判断某个宏是否被定义或不被定义，称为条件编译命令。条件编译是进行代码静态编译的手段，可根据表达式的值或某个特定宏是否被定义来确定编译条件。

最常见的条件编译是防止重复包含头文件的宏，形式跟下面代码类似：

格式	#ifdef 标识符 程序段 1 #else 程序段 2 #endif	//当标识符已经被定义过，则对程序段 1 进行编译，否则编译程序段 2。其中 #else 部分也可以没有。 //必须有结束语句 #endif
示例 1	#ifndef __ABCD_H #define __ABCD_H ……// 其他语句 #endif	//如果没有定义 abcd.h，则定义 abcd.h 并编译该文件 //结束条件编译

示例 2	#define _DEBUG 1
	#ifdef _DEBUG
	……// 执行 debug 语句
	#endif
		//定义 _DEBUG 为 1，
		//如果定义了 _DEBUG 为真，则执行 debug 语句
		//结束条件编译

5.extern 变量申明

C 语言中 extern 可以置于变量或者函数前，以表示变量或者函数的定义在别的文件中，提示编译器遇到此变量和函数时在其他模块中寻找其定义。该变量或函数只能定义一次，但在别的不同文件使用该变量或函数时可以多次 extern 申明。

示例 1	uint32_t SystemCoreClock = 16000000; extern uint32_t SystemCoreClock;	//system_stm32f4xx.c 中首先定义该变量 //system_stm32f4xx.h 文件中使用该变量
示例 2	IMPORT SystemInit extern void SystemInit(void);	// startup_stm32f407xx.s 中定义该函数 //system_stm32f4xx.h 文件中使用该函数

6. 位操作

C 语言中位运算的操作符有 &（按位与）、|（按位或）、^（按位异或）、～（取反）、<<（左移）、>>（右移）等。在嵌入式编程中经常对字、半字或字节中的某位、某几位进行操作，通常采用或、与、反等逻辑运算符。例如，用“1”进行“或”运算则是置“1”；用“0”进行“与”运算则是清“0”；用“1”进行“与”运算则是保持原位数据不变。特别的，对于 ARM Cortex-M 存在位段区（Bitband），使得位操作更为方便。

设置寄存器、操作端口时，不改变其他位的状况下，只对某几位操作：

示例 1	uint32_t myTest=0;
	myTest &= 0xFFFF8FFF;
	myTest |= 0x00007000;
		
		//用 &（与）操作符进行清零操作
		//用 |（或）操作符设值，bit[14:12]=111

示例 2	uint32_t myTest=0; myTest |= (0x07 << 12);	 //采用移位的方法也可以，bit[14:12]=111
示例 3	uint32_t myTest=0; myTest &= ～ (0x01 << 14);	 //移位后取反，bit[14]=0

采用位段方法操作某I/O口，以下程序示例中位段别名区位于0x4200 0000 ～ 0x43FF FFFF，属于片上外设存储区域。

```
//以下语句获得 GPIO 的某 I/O 口对应的位段地址 BIT_ADDR
#define BBD(addr, bitnum) ((addr & 0xF0000000)+0x02000000+((addr &0xFFFFF)<<5)+(bitnum<<2))
#define MEM_ADDR(addr)  *((volatile unsigned long  *)(addr))
#define BIT_ADDR(addr, bitnum)   MEM_ADDR(BBD (addr, bitnum))
```

```
//由 BIT_ADDR 获得某位对应的位段地址，可用于 I/O 读写操作
```

```
        #define GPIOA_IDR_Addr          (GPIOA_BASE+16)         //0x40020010
        #define GPIOB_IDR_Addr          (GPIOB_BASE+16)         //0x40020410
        #define GPIOC_IDR_Addr          (GPIOC_BASE+16)         //0x40020810
        #define GPIOD_IDR_Addr          (GPIOD_BASE+16)         //0x40020C10

        #define GPIOA_ODR_Addr          (GPIOA_BASE+20)         //0x40020014
        #define GPIOB_ODR_Addr          (GPIOB_BASE+20)         //0x40020414
        #define GPIOC_ODR_Addr          (GPIOC_BASE+20)         //0x40020814
        #define GPIOD_ODR_Addr          (GPIOD_BASE+20)         //0x40020C14

示例    #define PAout(n)    BIT_ADDR(GPIOA_ODR_Addr, n)         //ODR 表示输出寄存
        #define PAin(n)     BIT_ADDR(GPIOA_IDR_Addr, n)         器，IDR 表示输入寄
        #define PBout(n)    BIT_ADDR(GPIOB_ODR_Addr, n)         存器
        #define PBin(n)     BIT_ADDR(GPIOB_IDR_Addr, n)         //n 取 0 ～ 15，某 I/O
        #define PCout(n)    BIT_ADDR(GPIOC_ODR_Addr, n)         口对应的输入 / 输出
        #define PCin(n)     BIT_ADDR(GPIOC_IDR_Addr, n)         寄存器的位段地址，
        #define PDout(n)    BIT_ADDR(GPIOD_ODR_Addr, n)         直接操作
        #define PDin(n)     BIT_ADDR(GPIOD_IDR_Addr, n)

        #define MYLED1  PAout(3)                                //A 口 PA.3 输出
        #define MYKEY1  PBin(5)                                 //B 口 PB.5 输入
```

以上介绍的是嵌入式C语言应用中一部分技巧，对学习嵌入式编程做一个铺垫，将来读者可在学习和实践中总结出更多的方法。

4.3.5 嵌入式系统编程步骤

针对STM32F4xx和GD32F4xx系列微控制器嵌入式系统应用，首先要确立硬件和软件是一体、相互依存的理念。软件是基于硬件的编程，没有硬件就谈不上软件。通常来说，编程思路是：首先要熟悉和掌握嵌入式微处理器芯片的体系结构、存储空间的分配、各功能模块具有相应的寄存器和相关的设置以及外围电路的功能特点。在此基础上，程序实现对嵌入式系统片内、片外资源的配置、管理和控制，结合软件框架，按硬件接口资源完成初始化、基本驱动函数、功能实现以及调试完善等步骤。最终硬件和软件结合起来才能推出一款完整的嵌入式系统。图4-15给出了嵌入式系统编程思路的各个环节。

硬件以最小系统电路板或市场上销售的开发板为基础进行学习，软件框架结构可按循环轮询系统、前后台系统和多任务系统（操作系统）分别进行实操。

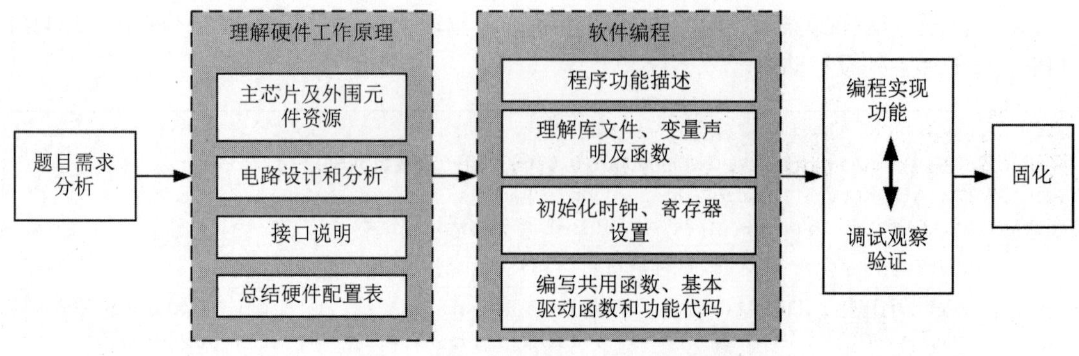

图 4–15 嵌入式系统应用编程的操作思路

思考题与练习题

1. STM32F4xx 和 GD32F4xx 系列微控制器的特性有哪些？举例说明这些特性在农业装备中的应用。

2. 依据 STM32F4xx 和 GD32F4xx 系列微控制器的内部结构，简述其组成。

3. STM32F40x 和 GD32F40x 系列微控制器的时钟源有哪些？说明 GPIO 使用哪个时钟信号？最高频率是多少？

4. STM32F40x 和 GD32F40x 系列 MCU 的最小系统包括哪些电路？基于该最小系统电路，如何编程实现当一个按键按下时 LED 闪烁，画出该程序的流程图。

5. 学习开发平台构建方法，安装 Keil MDK-ARM、更新 Pack 库、结合汇编语言、C 语言练习最小系统例子。

6. 如何开始嵌入式系统学习？

第 5 章　通用输入 / 输出（GPIO）

在嵌入式应用系统中，最普遍、简单、直观的外围设备（如按键、开关、发光二极管 LED、继电器等）是通过数字信号输入和输出（I/O）接口的高低电平来控制的。因此，学习开发嵌入式系统的第一个实例一般就来自于如何使用通用输入 / 输出（GPIO）接口。本章首先学习 STM/GD32F4xx 系列微控制器内置的 GPIO 原理和属性设置，然后通过实例学习 GPIO 接口的编程方法。本章导学请扫数字资源 5-1 查看。

数字资源 5-1
第 5 章导学

5.1　GPIO 端口结构与工作原理

5.1.1　GPIO 功能和特点

STM/GD32F4xx 系列的通用输入 / 输出 GPIO（general purpose input output）资源非常丰富，分为 A、B、…、J、K 等多组端口（port），每组至多有 16 个引脚。GPIO 引脚数随芯片封装形式的不同而不一样，如 LQFP144 的 STM32F407ZGT6 没有 Port I 端口，而 Port H 只有 PH0 和 PH1 两个引脚。为了便于辨识，每个引脚采用诸如 PA0、PA1、…、PA15，PF0、PF1、…、PF15 等形式表示，每个引脚对应一位（bit）或者一针（Pin），例如 PA 对应有全部 16 位，PA0 为端口 Port A 中第 0 位，PA3 对应第 3 位，PA15 对应第 15 位。

端口的每一位 I/O 均可以通过软件进行灵活的配置和操纵，包括输入 / 输出的方向、上拉 / 下拉电阻、推挽 / 开漏输出、引脚功能的复用（AF）和重映射、是否可申请中断等，如表 5-1 所示为 GPIO 引脚可以设置的功能。

表 5-1　STM/GD32F4xx 系列 GPIO 功能

功能类型	说明	内部电路类型	引脚处理电路	主要应用
GPIO 输入	通用数字输入	施密特触发器	上拉	用于默认高电平的数字信号输入
			下拉	用于默认低电平的数字信号输入
			浮空	用于不确定高低电平输入，可用来检测外部触发信号或通信接收信号
GPIO 输出	通用数字输出	推挽驱动	上拉	用于较大功率驱动的输出，如连接 LED、蜂鸣器等，内部上 / 下拉电阻 / 浮空的作用是微控制器没有输出时引脚的电平
			下拉	
			浮空	
		开漏驱动	上拉	用于电流型驱动的输出和“线与”输出，如连接不同电平器件，或者 I/O 引脚用作 I^2C 等总线通信
			下拉	
			浮空	

续表 5-1

功能类型	说明	内部电路类型	引脚处理电路	主要应用
AFIO 输入	复用数字输入	施密特触发器	上拉	用于片上外设功能，可设置内部上 / 下拉电阻 / 浮空，输入数据寄存器反映了引脚上的状态，如 I/O 引脚用作 USART 的接收端 RXD
			下拉	
			浮空	
AFIO 输出	复用数字输出	推挽驱动	上拉	用于片上外设功能，输出数据寄存器无效，例如 I/O 引脚用作 USART 的发送端 TXD，或者 SPI 的 MOSI、MISO、SCK
			下拉	
			浮空	
		开漏驱动	上拉	输出数据寄存器无效，用于片上外设功能，例如 I/O 引脚用作 I^2C 的 SCL、SDA
			下拉	
			浮空	
模拟	模拟量输入 / 输出	直接接入内部 ADC 或 DAC		用于外部模拟信号的输入，或者自引脚输出模拟信号，为电压信号

STM/GD32F4xx 系列微控制器的通用输入 / 输出 GPIO 接口具有以下特点。

（1）每个寄存器控制多达 16 个 I/O。

（2）高度灵活的多路切换技术允许将 I/O 引脚用作通用输入 / 输出 GPIO 接口或若干复用 AF 功能之一。

（3）复位期间和刚复位后，不激活复用 AF 功能，I/O 端口配置为输入浮空模式。

（4）能够在每 2 个时钟周期完成快速切换功能。

（5）输入时的电路状态：浮空、上拉、下拉、模拟，将数据输入到输入数据寄存器 IDR 或复用 AF 功能输入。

（6）输出时的电路状态："推挽 / 开漏 + 上拉 / 下拉"的组合，从输出数据寄存器 ODR 或复用 AF 功能 2 种方式输出数据。

（7）每个 GPIO 具有速度选择，时钟来源是 AHB1 总线，最大频率是 168 MHz。

（8）具有位设置和复位寄存器 BSRR，用于对 ODR 进行按位进行原子性质的写操作，即该操作必须被执行完毕，微处理器才能被允许处理其他事务，故不必担心在读和更改访问之间产生 IRQ 时会发生危险。

（9）提供锁定机制来冻结 GPIO 配置。

（10）具有模拟功能，模拟信号可输入给模 / 数转换 ADC 或经由数 / 模转换 DAC 输出。

（11）具有复用功能选择寄存器 AFRL 和 AFRH，每个输入 / 输出最多 16 个复用功能。

（12）每个 I/O 端口位都可以自由编程，然而 I/O 端口寄存器必须按 32 位字被访问（不允许半字或字节访问），微控制器规定对 I/O 的读 / 写操作必须被执行完毕后才能被允许处理其他事务。

（13）具有外部中断 / 事件，或软件中断 / 事件功能。

5.1.2 结构原理

STM/GD32F4xx 系列每个 GPIO 引脚的内部电路结构如图 5-1 所示，由引脚处理电路、读/写数据寄存器、输入模块、输出驱动器和复用功能5部分组成。图5-1中，数据流的方向“输入”即内核单元进行“读”操作，“输出”即内核单元进行“写”操作，“读/写”即“输入/输出”双向操作。

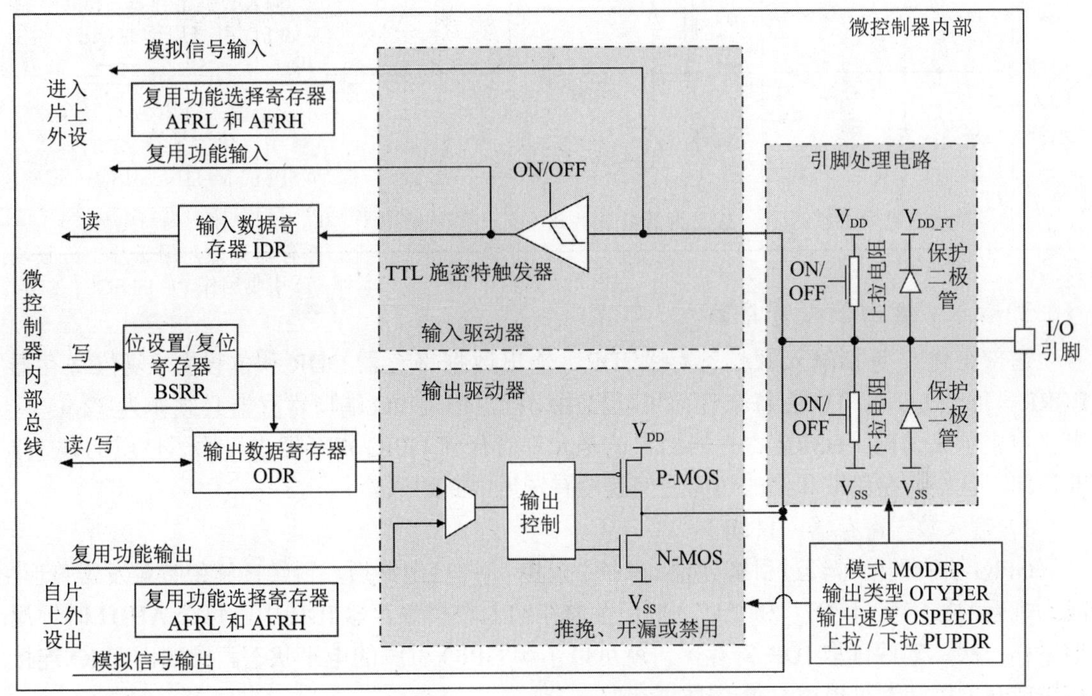

图5-1 一位 GPIO 电路内部结构

1. 引脚处理电路

微控制器在GPIO引脚处理方面既有二极管保护电路，也有可设置的上拉或下拉电阻。

STM32F4xx系列的GPIO引脚能兼容5V TTL电平，并通过引脚电路中的上、下两个二极管来防止引脚外部有过高或过低的电压输入。图5-1中V_{DD_FT}电压高于芯片供电电压V_{DD}。当引脚电压高于V_{DD_FT}时，上方的二极管导通；当引脚电压低于V_{SS}时，下方的二极管导通。因此，引脚端的电压过高或者过低（负电压），电流都不会引入芯片，从而保护芯片不被烧坏。但应注意，这个保护并不是无限制的，若电压过大，也会烧坏二极管，从而失去保护作用。

GPIO引脚内部具有弱上拉和下拉电阻电路。每位I/O的上拉、下拉电阻可以通过控制寄存器PUPDR相应位来打开或关闭（图5-1中的ON/OFF），这样每位端口具有上拉、下拉、浮空3种电路模式。打开上拉电阻，关闭下拉电阻，默认端口电压为上拉至高电平；关闭上拉电阻，打开下拉电阻，默认端口电压为下拉至低电平；同时关闭上拉电阻与下拉电阻，端口悬空，为浮空状态。

表5-2所示为I/O端口接按键输入时分别使能上拉和下拉电阻的应用举例，表中GND与V_{SS}直连。

表 5-2　GPIO 接按键的输入电路

应用	上拉		下拉	
按键输入示例	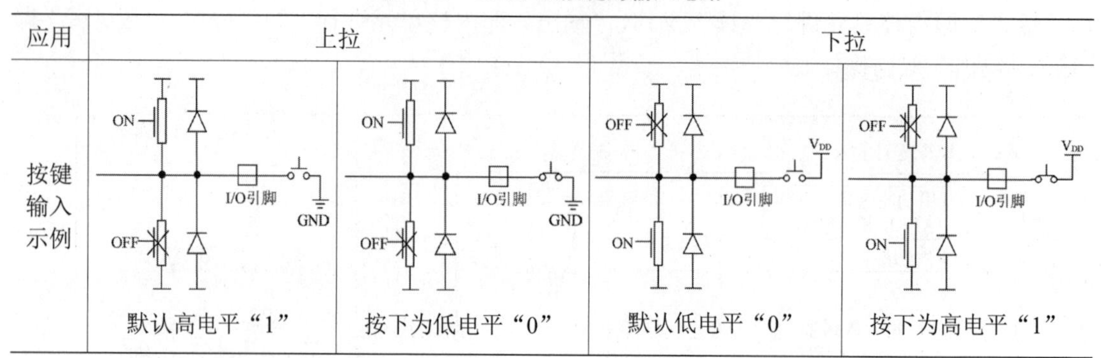			
	默认高电平“1”	按下为低电平“0”	默认低电平“0”	按下为高电平“1”

2. 输入 / 输出数据寄存器

这部分电路包括输入数据寄存器 IDR、输出数据寄存器 ODR 和位设置 / 复位寄存器 BSRR。每个 I/O 端口中的每个位都可以自由编程，但是 I/O 端口寄存器必须作为 32 位字、半字或字节来访问。BSRR 寄存器的目的是允许对任何 GPIO 寄存器进行原子性质的读 / 修改访问。这样，在读取和修改访问之间就没有发生中断的风险。

1）输入数据寄存器，只读

GPIO 引脚的信号经过引脚处理（保护 / 上拉 / 下拉）电路后，再经过施密特触发器整形，成为规整的数字信号“0”和“1”，然后存储在输入数据寄存器 IDR 中。每个 AHB1 时钟周期采样一次。软件读取 IDR 寄存器，就可以了解 GPIO 引脚的电平状态。比如，GPIO 连接按键或开关的状态可以由 IDR 的数据获取。

2）输出数据寄存器，读 / 写

软件写入 GPIO 输出数据寄存器 ODR 的数值经过输出驱动器电路输出到引脚上，不同的数值就对应引脚上的输出电平。比如，如果想让 GPIOx 某引脚输出高电平，则可编程使 GPIOx_ODR 该位置“1”（x=A,B,…，K）。

3）位设置 / 复位寄存器

位设置 / 复位寄存器 BSRR 是一个 32 位寄存器，允许应用程序设置和复位输出数据寄存器 ODR 中的每个位。位设置 / 复位寄存器的大小是 ODR 的 2 倍，即对于 ODR 中每个位 i（i=0 ～ 15），对应于 BSRR 中的 2 个控制位：BSRR[i] 和 BSRR[i+16]。给位 BSRR[i] 写入“1”时，设置相应的 ODR[i] 位，即“ODR[i]=1”。给位 BSRR[i+16] 写入“1”时，复位 ODR[i] 对应位，即“ODR[i]=0”。

将 BSRR 中的任意位写入“0”不会对 ODR 中的相应位产生任何影响。如果试图置位和复位 BSRR 中的某个位，置位操作优先。

使用 BSRR 寄存器来更改 ODR 中各个位的值是一种“一次性”效果，不会锁定 ODR 位。ODR 位始终可以直接访问。BSRR 寄存器提供了一种执行原子性质的逐位处理方法。在使用位操作方法编程 ODR 时，软件无须禁用中断，可以在单个原子操作 AHB1 写入中修改一个或多个位。

3. 复用功能输入 / 输出

GPIO 引脚处于复用（alternate-function，AF）状态，指的是该 GPIO 引脚直接用作外设功能的一部分。通过 AFRL 和 AFRH 两个复用功能寄存器来选择每个 I/O 引脚的复用功能，最多有 16 个（AF0 ～ AF15）。这意味着利用两个复用功能寄存器，可以在每个 GPIO 上复用多个可能的外设功能，应用程序可以为每个 I/O 选择任何一个可能的功能。一个 I/O 引脚可以作为多个不同片上外设的复用功能（引脚），一个片上外设的复用功能也可以有多个备用的复用引脚。STM32F4xx 系列微控制器的 I/O 引脚通过多路复用器连接到片上外设或模块，一个 I/O 引脚一次只允许连接一个外设的复用功能，从而避免多个外设与相同 I/O 引脚之间的共享冲突。如图 5-2 所示，每组 GPIO 都有一个多路复用器，控制每个 I/O 引脚的复用功能（AF0 ～ AF15），可通过低复用功能寄存器 AFRL 控制 0 ～ 7 引脚、高复用功能寄存器 AFRH 控制 8 ～ 15 引脚进行配置。复位后所有 I/O 连接到系统 SYS 的备用功能（AF0）上；片上外设的备用功能映射到 AF1 ～ AF13；Cortex-M4 处理器的 FPU 事件 EVENTOUT 映射到 AF15 上。

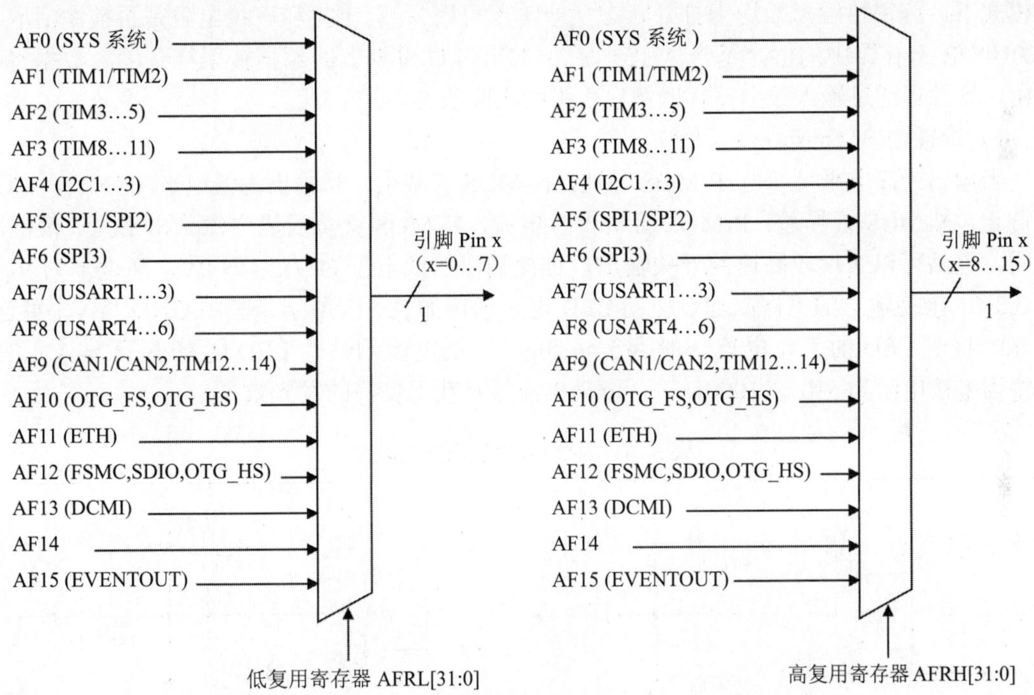

图 5-2 STM32F4xx 系列微控制器 I/O 引脚多路复用器和映射

当输入 / 输出端口被编程为复用（AF）功能时，如图 5-1 所示，输出时，输出驱动器可以配置为开漏或推挽模式，并由来自片上外设的信号驱动（发送使能和输出数值），这时输出数据寄存器无效；输入时，施密特触发器输入被激活，弱上拉和下拉电阻是否被激活取决于 PUPDR 寄存器中的值，每个 AHB1 时钟周期，引脚上的数据被采样到输入数据寄存器 IDR 中，对 IDR 的读访问可获得该引脚的状态。

4. 输入驱动器

STM32F4xx 系列微控制器的 GPIO 作为输入时有 2 种情况：

1）数字输入，用于通用数字输入或者复用 AF 功能输入

这时通过读输入数据寄存器 IDR 获得该引脚电平状态，如图 5-1 所示，引脚的数字信

号经过引脚处理电路、施密特触发器后进入输入数据寄存器。

2）模拟输入，用于模 / 数转换 ADC 输入通道

当 GPIO 引脚处于复用（AF）状态，被编程为模拟配置时，输出缓冲器被禁用，施密特触发器输入被禁用，施密特触发器的输出被强制为恒定值“0”，对输入数据寄存器的读访问获得值为“0”，如图 5-1 所示。同时，弱上拉和下拉电阻被禁用，这个时候即使在寄存器上配置了上拉或下拉模式，也不会影响模拟信号的输入 / 输出。值得注意的是，模拟配置的引脚并不能耐受 5V 电压，模拟信号直接与片内模 / 数转换 ADC 电路相连。

5. 输出驱动器

每位 GPIO 输出驱动电路模块有一对上下互补结构的 P-MOS 与 N-MOS 管，如图 5-1 所示。通过软件设置 I/O 接口作为输出时具有“推挽输出”和“开漏输出”两种模式，共分为通用推挽输出、通用开漏输出、复用推挽输出和复用开漏输出 4 种情况。GPIO 在 4 种输出模式下，施密特触发器均为打开状态（即输入可用），弱上拉和下拉电阻是否被激活取决于 PUPDR 寄存器中的值，每个 AHB1 时钟周期，I/O 引脚上的数据被采样到输入数据寄存器中，软件可通过输入数据寄存器读取引脚的实际状态。

1）推挽输出（push-pull，PP）

当输出为高电平“1”时，P-MOS 导通，N-MOS 管截止；当输出为低电平“0”时，P-MOS 管截止，N-MOS 管导通。P-MOS 管负责拉电流，N-MOS 管负责灌电流。由于拉、灌回路不同，电路可以实现较高速的开关输出，推挽输出的低电平为 V_{SS}，即 0V，高电平为 V_{DD}，即 3.3V。推挽输出的工作原理以驱动 LED 电路示例如表 5-3 所示，其中 GND 与 V_{SS} 直连。发光二极管 LED 的工作电流一般为 5 ～ 20mA，低电流的贴片 LED 能在小于 2mA 点亮，表中当串接电阻为 510 ～ 1000Ω 时，驱动电流足够获得良好的发光效果。

表 5-3　GPIO 推挽输出示例电路

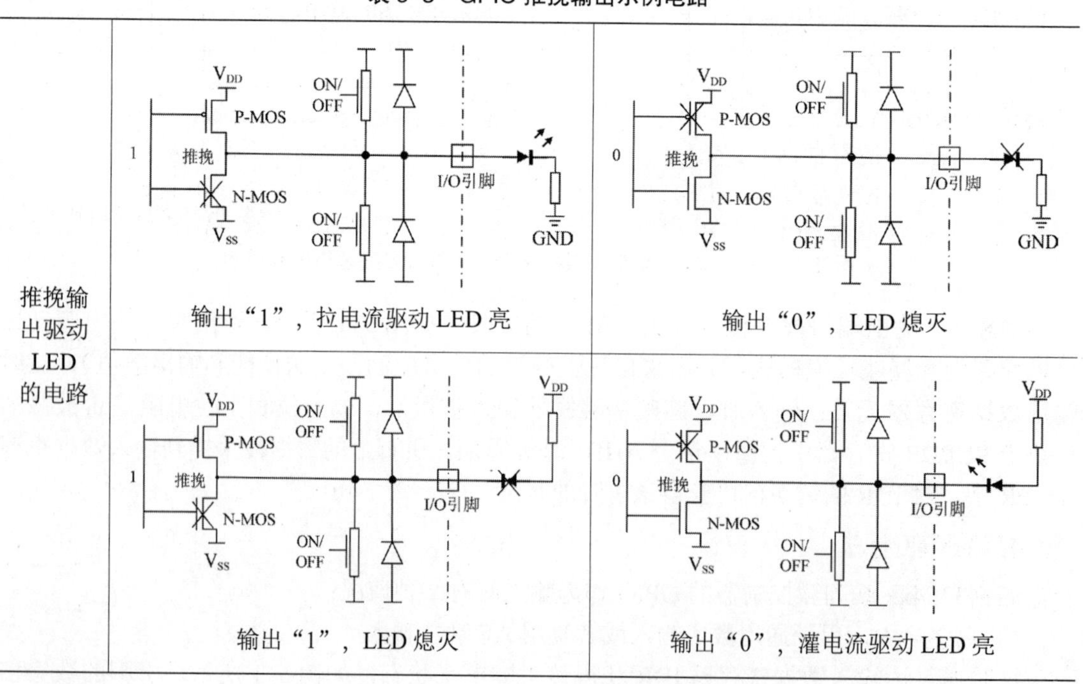

2）开漏输出（open-drain，OD）

开漏输出时上方的 P-MOS 管一直处于截止状态，即开路状态，使用时必须外接上拉电阻。因为当电路要输出高电平“1”时，N-MOS 管截止，而 P-MOS 管一直处于开路状态，这时电路的两个输出通道都关闭，呈现高阻态，无法输出高电平，只有外接了上拉电阻与电源，从外部取电，才能实现高电平的输出。当软件要输出低电平“0”时，N-MOS 管导通，可以实现灌电流，此时电路对外输出低电平。因此，开漏输出模式一般应用在外接不同的电平器件，如表 5-4 所示驱动 5V 继电器示例电路（注：该电路需加上隔离抗干扰器件为好）。

这种开漏结构还能实现“线与”功能，使得多个开漏结构的输出直接并联实现“与”运算，这时开漏输出模式应用于 I^2C、SMBus 等需要“线与”功能的通信总线电路中。

表 5-4 GPIO 开漏输出示例电路

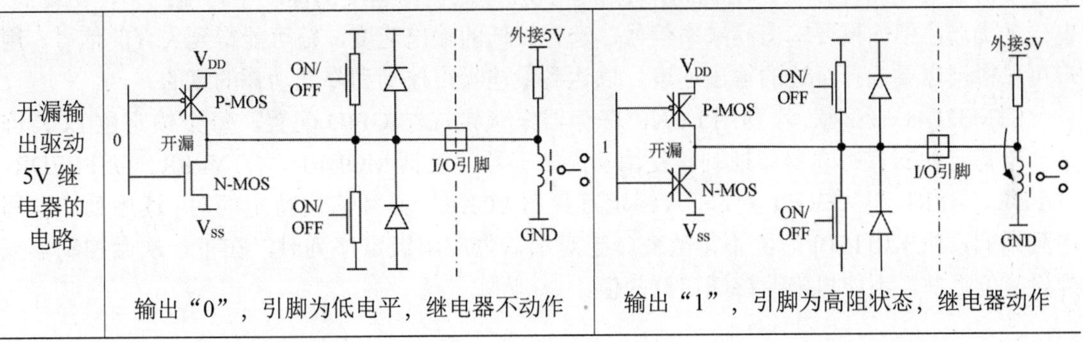

开漏输出驱动5V继电器的电路	输出“0”，引脚为低电平，继电器不动作	输出“1”，引脚为高阻状态，继电器动作

5.1.3 工作模式

根据 STM32F4xx 系列微控制器 GPIO 的硬件结构特征，GPIO 端口的每个位（引脚）可以由 4 个寄存器的组合分别配置成多种模式，如表 5-5 所示。在实际嵌入式应用时设置为哪种模式则需要根据设备电路需求来匹配。

（1）模式寄存器 MODER 中每个引脚 GPIO 对应 2 位 MODER[1:0]。

（2）输出类型寄存器 OTYPER 中每个引脚 GPIO 对应 1 位 OTYPER。

（3）上拉 / 下拉寄存器 PUPDR 中每个引脚 GPIO 对应 2 位 PUPDR[1:0]。

（4）速度寄存器 OSPEEDR 中每个引脚 GPIO 对应 2 位 OSPEEDR[1:0]。

表 5-5 设置 GPIO 的模式

MODER[1:0]	OTYPER	OSPEEDR[1:0]	PUPDR[1:0]
01—通用输出模式 10—复用模式 （可输入 / 输出）	0—推挽模式 1—开漏模式	00—低速 2MHz 01—中速 25MHz 10—高速 50MHz 11—超高速 100MHz	00—× 01—上拉 10—下拉 11—×
00—通用输入模式	×	×	00—浮空 01—上拉 10—下拉 11—×

续表 5-5

MODER[1:0]	OTYPER	OSPEEDR[1:0]	PUPDR[1:0]
11—模拟功能 （可输入 / 输出）	×	×	00—浮空 01—× 10—× 11—×

注：× 表示不可用。

I/O 引脚工作在输出模式下，需要设置其输出速度，即 I/O 口驱动电路的响应速度。STM32F4xx 的 I/O 引脚的输出速度有 4 种选择：2MHz、25MHz、50MHz、100MHz。高输出速度的驱动电路噪声大、功耗高、电磁干扰强，低输出速度的驱动电路噪声小、功耗低、电磁干扰弱，但如果要输出高频率信号，选择较低的输出速度，很可能得到失真的信号。用户可以根据需要选择合适的输出速度，以达到最佳噪声控制和降低功耗的目的。

STM32F4xx 系列芯片利用 LCKR 寄存器来锁定冻结 GPIO 配置。每个锁定位 LCK 冻结一个特定的配置寄存器（控制和复用功能寄存器，包括 MODER、OTYPER、OSPEEDR、PUPDR、AFRL 和 AFRH）。要写入锁定寄存器 LCKR，必须应用特定的写 / 读序列。在写序列期间，LCKR[15:0] 的值不得改变。当对端口位应用锁定序列时，在下一次微控制器或外设复位之前，不能再修改该端口位的值。

5.2 GPIO 端口寄存器

5.2.1 GPIO 寄存器一览表

从 STM32F4xx 系列微控制器内部结构可知，GPIO 挂在 AHB1 总线上，各端口的地址分布可在 stm32f4xx.h 文件中找到。例如 GPIOA 的地址范围是 0x4002 0000 ～ 0x4002 03FF，GPIOB 为 0x4002 0400 ～ 0x4002 07FF。

代码展示：

	语句（stm32f4xx.h）		注释
定义	#define PERIPH_BASE	((uint32_t)0x40000000)	//外设区首地址
	#define AHB1PERIPH_BASE	(PERIPH_BASE + 0x00020000)	//AHB1 区首地址
	#define GPIOA_BASE	(AHB1PERIPH_BASE + 0x0000)	//GPIOA 首地址
	#define GPIOB_BASE	(AHB1PERIPH_BASE + 0x0400)	//0x4002 0400
	#define GPIOC_BASE	(AHB1PERIPH_BASE + 0x0800)	//0x4002 0800
	#define GPIOD_BASE	(AHB1PERIPH_BASE + 0x0C00)	//0x4002 0C00
	#define GPIOE_BASE	(AHB1PERIPH_BASE + 0x1000)	//0x4002 1000
	#define GPIOF_BASE	(AHB1PERIPH_BASE + 0x1400)	//0x4002 1400
	#define GPIOG_BASE	(AHB1PERIPH_BASE + 0x1800)	//0x4002 1800
	#define GPIOH_BASE	(AHB1PERIPH_BASE + 0x1C00)	//0x4002 1C00
	#define GPIOI_BASE	(AHB1PERIPH_BASE + 0x2000)	//0x4002 2000

STM32F4xx 系列微控制器与通用输入 / 输出 GPIO 有关的寄存器在文件 stm32f4xx.h 中以结构体 GPIO_TypeDef 给出，并用指向该端口首地址的指针变量 GPIOA、GPIOB 等名称表示。

<table>
<tr><td colspan="3">代码展示：</td></tr>
<tr><td></td><td>语句（stm32f4xx.h）</td><td>注释</td></tr>
<tr><td>定义</td><td>typedef struct
{
__IO uint32_t MODER;
__IO uint32_t OTYPER;
__IO uint32_t OSPEEDR;
__IO uint32_t PUPDR;
__IO uint32_t IDR;
__IO uint32_t ODR;
__IO uint16_t BSRRL;
__IO uint16_t BSRRH;
__IO uint32_t LCKR;
__IO uint32_t AFR[2];
} GPIO_TypeDef;</td><td>//GPIO 寄存器结构体
//各寄存器名称
//设置通用 I/O、复用、模拟模式
//设置推挽、开漏输出模式
//设置低、中、高、超高速
//设置上拉、下拉、浮空模式
//数据寄存器：读入引脚外部输入状态
//数据寄存器：写出数据输出到引脚
//按位写数据输出引脚，L 低和 H 高字节

//锁定该 I/O 的设置
//字节 0，即 AFRL：设置 0 ～ 7 引脚 I/O 的复用功能
//字节 1，即 AFRH：设置 8 ～ 15 引脚 I/O 的复用功能</td></tr>
<tr><td>定义</td><td>#define GPIOA ((GPIO_TypeDef *) GPIOA_BASE)
#define GPIOB ((GPIO_TypeDef *) GPIOB_BASE)
#define GPIOC ((GPIO_TypeDef *) GPIOC_BASE)
……</td><td>//GPIOA 为结构体指针型变量，其余类推</td></tr>
<tr><td>示例1</td><td>GPIOA->MODER &= ～ (0x00000003);
GPIOA->MODER |= 0x00000001;</td><td>//设置 PA0 为通用输出模式 MODER[1:0]= “01”
//先清零 00，后置 01</td></tr>
<tr><td>示例2</td><td>GPIOA->MODER &= ～ (0x3 << 2 * 2 | 0x3<< 3 * 2);
GPIOA->MODER |= (0x2 << 2 * 2 | 0x2 << 3 * 2);</td><td>//同时设置 PA2 和 PA3 为复用模式 //MODER[1:0]= “10”
//先清零后置位</td></tr>
</table>

在上述寄存器 __IO uint32_t MODER 定义中出现了 __IO 类型。为了防止地址单元的内容变化而没有及时更新，在 CMSIS 的 core_cm4.h 文件中采用 volatile 关键字定义了 __IO，其意思是“易失的，易改变的”，向编译器指明变量的内容可能会由于其他程序的修改而变化，防止编译器优化掉。

<table>
<tr><td></td><td>语句（文件 core_cm4.h 中）</td><td>解释</td></tr>
<tr><td>定义</td><td>#define __I volatile
#define __O volatile
#define __IO volatile</td><td>//IO 接口为 volatile 属性
//__I 为输入，读
//__O 为输出，写
//__IO 为输入 / 输出，读 / 写</td></tr>
<tr><td>举例</td><td>__IO uint32_t IDR;
__IO uint32_t ODR;</td><td>//IDR、ODR 是一个具有硬件地址的寄存器</td></tr>
</table>

5.2.2 GPIO 寄存器介绍

1. 模式寄存器 GPIOx_MODER

复位时，GPIOA_MODER 的值为 0xA800 0000，GPIOB_MODER 的值为 0x0000 0280，其余为 0x0000 0000。GPIOA_MODER 寄存器各位的定义如图 5-3 所示，其余 GPIOx_MODER 类似（x=A,B,…,K，y= 0,1,…,15，以下相同）。GPIOx_MODER 寄存器的地址相对于该端口首地址的偏移量为 0x00。

寄存器	31	30	29	28	27	26	25	24	23	22	21	20	19	18	17	16	15	14	13	12	11	10	9	8	7	6	5	4	3	2	1	0
端口 A 模式寄存器 GPIOA_MODER 复位值 = 0xA800 0000	MODER15[1:0]		MODER14[1:0]		MODER13[1:0]		MODER12[1:0]		MODER11[1:0]		MODER10[1:0]		MODER9[1:0]		MODER8[1:0]		MODER7[1:0]		MODER6[1:0]		MODER5[1:0]		MODER4[1:0]		MODER3[1:0]		MODER2[1:0]		MODER1[1:0]		MODER0[1:0]	

图 5-3 GPIOx_MODER 寄存器位定义

其中，MODERy[1:0] 位由软件写入以配置 I/O 方向模式，在文件 stm32f4xx.h 中有对应的代码。

寄存器位解释：		
名称	位取值	对应 C 代码（stm32f4xx.h）
GPIOx_MODER	MODERy[1:0]= 00: 通用输入模式（复位状态） 01: 通用输出模式 10: 复用功能模式（由复用功能决定输入或输出） 11: 模拟模式	typedef enum { GPIO_Mode_IN = 0x00, GPIO_Mode_OUT = 0x01, GPIO_Mode_AF = 0x02, GPIO_Mode_AN = 0x03 }GPIOMode_TypeDef;

2. 输出类型寄存器 GPIOx_OTYPER

GPIOx_OTYPER 寄存器的地址偏移量为 0x04，复位值均为 0x0000 0000，其各位的定义如图 5-4 所示（以 GPIOB_OTYPER 为例）。

寄存器	31	30	29	28	27	26	25	24	23	22	21	20	19	18	17	16	15	14	13	12	11	10	9	8	7	6	5	4	3	2	1	0
输出类型寄存器 GPIOB_OTYPER 复位值 = 0x0000 0000	保留																OT15	OT14	OT13	OT12	OT11	OT10	OT9	OT8	OT7	OT6	OT5	OT4	OT3	OT2	OT1	OT0

图 5-4 GPIOx_OTYPER 寄存器位定义

其中，OTy 位由软件写入，用于配置 I/O 端口的输出类型，在文件 stm32f4xx.h 中有对应的代码。

寄存器位解释：		
名称	位取值	对应 C 代码（stm32f4xx.h）
GPIOx_OTYPER	OTy= 0: 输出推挽（复位状态） 1: 输出开漏	typedef enum { GPIO_OType_PP = 0x00, GPIO_OType_OD = 0x01 }GPIOOType_TypeDef;

3. 输出速度寄存器 GPIOx_OSPEEDR

GPIOx_OSPEEDR 寄存器的地址偏移量为 0x08，复位时，GPIOA 的值为 0x0C00 0000，GPIOB 的值为 0x0000 00C0，其余为 0x0000 0000，其各位的定义如图 5-5 所示。

寄存器	31	30	29	28	27	26	25	24	23	22	21	20	19	18	17	16	15	14	13	12	11	10	9	8	7	6	5	4	3	2	1	0
速度寄存器 GPIOB_OSPEEDR 复位值 = 0x0000 00C0	OSPEEDR15[1:0]		OSPEEDR14[1:0]		OSPEEDR13[1:0]		OSPEEDR12[1:0]		OSPEEDR11[1:0]		OSPEEDR10[1:0]		OSPEEDR9[1:0]		OSPEEDR8[1:0]		OSPEEDR7[1:0]		OSPEEDR6[1:0]		OSPEEDR5[1:0]		OSPEEDR4[1:0]		OSPEEDR3[1:0]		OSPEEDR2[1:0]		OSPEEDR1[1:0]		OSPEEDR0[1:0]	

图 5-5　GPIOx_OSPEEDR 寄存器位定义

其中，OSPEEDRy[1:0] 位由软件写入以配置 I/O 输出速度，在文件 stm32f4xx.h 中有对应的代码。

寄存器位解释：		
名称	位取值	对应 C 代码（stm32f4xx.h）
GPIOx_OSPEEDR	OSPEEDRy[1:0]= 00：低速 2MHz 01：中速 25MHz 10：高速 50MHz 11：超高速 100MHz	typedef enum { GPIO_Low_Speed = 0x00, GPIO_Medium_Speed = 0x01, GPIO_Fast_Speed = 0x02, GPIO_High_Speed = 0x03 }GPIOSpeed_TypeDef;

4. 上拉/下拉寄存器 GPIOx_PUPDR

GPIOx_PUPDR 寄存器的地址偏移量为 0x0C，复位时，GPIOA 的值为 0x6400 0000，GPIOB 的值为 0x0000 0100，其余为 0x0000 0000，其各位的定义如图 5-6 所示。

寄存器	31	30	29	28	27	26	25	24	23	22	21	20	19	18	17	16	15	14	13	12	11	10	9	8	7	6	5	4	3	2	1	0
上拉/下拉寄存器 GPIOB_PUPDR 复位值 = 0x0000 00C0	PUPDR15[1:0]		PUPDR14[1:0]		PUPDR13[1:0]		PUPDR12[1:0]		PUPDR11[1:0]		PUPDR10[1:0]		PUPDR9[1:0]		PUPDR8[1:0]		PUPDR7[1:0]		PUPDR6[1:0]		PUPDR5[1:0]		PUPDR4[1:0]		PUPDR3[1:0]		PUPDR2[1:0]		PUPDR1[1:0]		PUPDR0[1:0]	

图 5-6　GPIOx_PUPDR 寄存器位定义

其中，PUPDRy[1:0] 位由软件写入以配置 I/O 上拉或下拉电路，在文件 stm32f4xx.h 中有对应的代码。

寄存器位解释：		
名称	位取值	对应 C 代码（stm32f4xx.h）

GPIOx_PUPDR	PUPDRy[1:0]=
	
	00: 无上拉、下拉
	01: 上拉
	10: 下拉
	11: 保留
		typedef enum
		{
		  GPIO_PuPd_NOPULL = 0x00,
		  GPIO_PuPd_UP = 0x01,
		  GPIO_PuPd_DOWN = 0x02
		}GPIOPuPd_TypeDef;

5. 数据寄存器

数据寄存器包括 16 位输入数据寄存器 GPIOx_IDR、16 位输出数据寄存器 GPIOx_ODR 和 32 位位设置和复位寄存器 GPIOx_BSRR。

6. 锁定寄存器 GPIOx_LCKR

32 位端口配置锁定寄存器 GPIOx_LCKR 的地址偏移量为 0x1C，复位值均为 0x0000 0000，用来锁定对应端口的配置。当端口被锁定时，不能修改该端口的值，直到系统复位。LCKR[15:0] 针对该端口的每个引脚，“1”表示锁定。LCKR[16] 用于操作锁定的写入序列。

7. 复用功能寄存器

32 位端口复用功能寄存器 GPIOx_AFRL 和 GPIOx_AFRH 的地址偏移量分别是为 0x20 和 0x24，复位值均为 0x0000 0000，用来配置对应端口对应位（引脚）的复用功能。每个引脚由该寄存器的 4 位可配置出 2^4=16 种复用 AF 功能。

5.2.3 GPIO 功能的初始化

应用 STM32F4xx 系列微控制器的 GPIO 功能时，初始化的实现方法就是要正确设置各寄存器。如果采用标准库 STD 法，有关参数和函数的定义代码可在 stm32f4xx_gpio.c/.h 文件中找到；如果采用硬件抽象库 HAL 法，定义代码可在 stm32f4xx_hal_gpio.c/.h 文件中找到。两种方法思路一样，在此相关定义的基础上均可编写出初始化函数，如 void LED_Init(void) 和 void KEY_Init(void)。不同的是，对于 HAL 法，是通过界面设置，然后由 STM32CubeMX 软件自动生成代码，而 STD 法需要手动输入代码。

采用标准库 STD 法的 LED（输出）和按键（输入）初始化代码展示为：

代码展示：		
	语句	注释

定义	typedef struct
	{
	  uint32_t GPIO_Pin;
	  GPIOMode_TypeDef GPIO_Mode;
	  GPIOSpeed_TypeDef GPIO_Speed;
	  GPIOOType_TypeDef GPIO_OType;
	  GPIOPuPd_TypeDef GPIO_PuPd;
	}GPIO_InitTypeDef;
		//stm32f4xx_gpio.h
		
		//定义了端口初始化的结构体，包含了引脚号、模式、输出速度、输出类型、上拉 / 下拉 / 浮空

<table>
<tr><td>定义</td><td><pre>#define GPIO_Pin_0   ((uint16_t)0x0001)   //GPIO 端口的第 0 引脚
#define GPIO_Pin_1   ((uint16_t)0x0002)   //GPIO 端口的第 1 引脚
#define GPIO_Pin_2   ((uint16_t)0x0004)
……   //其他类推，共 0 ～ 15</pre></td></tr>
<tr><td>示例1</td><td><pre>void LED_Init(void)   //自定义的 LED 初始化函数
{   //设置 PB0 和 PB1
  GPIO_InitTypeDef GPIO_InitStructure;   //定义初始化变量
  RCC_AHB1PeriphClockCmd(RCC_AHB1Periph_GPIOB, ENABLE);   //使能 GPIOB 时钟，挂在
                                                             AHB1 总线上
  GPIO_InitStructure.GPIO_Pin = GPIO_Pin_0|GPIO_Pin_1;   //引脚号 0 和 1
  GPIO_InitStructure.GPIO_Mode = GPIO_Mode_OUT;   //通用输出模式
  GPIO_InitStructure.GPIO_OType = GPIO_OType_PP;   //推挽输出
  GPIO_InitStructure.GPIO_Speed = GPIO_High_Speed;   //超高速输出
  GPIO_InitStructure.GPIO_PuPd = GPIO_PuPd_UP;   //上拉
  GPIO_Init(GPIOB, &GPIO_InitStructure);

  GPIO_SetBits(GPIOB, GPIO_Pin_0|GPIO_Pin_1);   //初始状态，高电平 LED 熄灭
}</pre></td></tr>
<tr><td>示例2</td><td><pre>void KEY_Init(void)   //自定义按键的初始化函数
{   //PF6、PF7
  GPIO_InitTypeDef   GPIO_InitStructure;
  RCC_AHB1PeriphClockCmd(RCC_AHB1Periph_GPIOF, ENABLE);   //使能 GPIOF 时钟

  GPIO_InitStructure.GPIO_Pin = GPIO_Pin_6|GPIO_Pin_7;   //对应引脚 6、7
  GPIO_InitStructure.GPIO_Mode = GPIO_Mode_IN;   //普通输入模式
  GPIO_InitStructure.GPIO_PuPd = GPIO_PuPd_UP;   //上拉
  GPIO_Init(GPIOF, &GPIO_InitStructure);   //调用初始化
}</pre></td></tr>
</table>

初始化代码中 RCC_AHB1PeriphClockCmd( ) 函数提供了复位及时钟控制器 RCC 建立时钟体系中 AHB1 总线时钟的功能，GPIO 端口由 AHB1 总线提供时钟。该函数在 stm32f4xx_rcc.c/.h 文件中实现。GPIO_Init( ) 函数在 stm32f4xx_gpio.c/.h 文件中定义，其作用是根据初始化的语句形成寄存器的操作。

5.3 GPIO 端口编程方法

5.3.1 SysTick 计时使用方法

SysTick 系统定时器是 ARM Cortex-M 内核提供的功能，是一个内核外设。该定时器是一个 24 位的向下递减计数器，时钟来源于 AHB 总线 HCLK，不分频或 8 分频。SysTick 校准值固定为 18750，当 SysTick 时钟设置为 18.75MHz（HCLK/8，HCLK 设置为 150MHz 时），基准时基为 1ms。

SysTick 系统定时器有 4 个寄存器：控制及状态 CTRL、重装载数值寄存器 LOAD、当前数值寄存器 VAL、校准 CALIB，由 core_cm4.h 文件中的 SysTick_Type 结构体给出定义。当重装载数值寄存器的值递减到 0，系统定时器就产生一次中断，并且自动重载，将从 LOAD

寄存器中自动重装载定时初值。SysTick 控制及状态寄存器 CTRL 的地址为 0xE000 E010。SysTick 的中断号是 SysTick_IRQn，中断服务函数是 void SysTick_Handler(void)。

<table>
<tr><td colspan="3">代码展示：</td></tr>
<tr><td></td><td>语句（core_cm4.h）</td><td>注释</td></tr>
<tr><td>定义</td><td>#define SCS_BASE (0xE000E000UL)
#define SysTick_BASE (SCS_BASE + 0x0010UL)</td><td>//SCS 和 SysTick 寄存器的地址</td></tr>
<tr><td>定义</td><td>typedef struct
{
__IO uint32_t CTRL;
__IO uint32_t LOAD;
__IO uint32_t VAL;
__IO uint32_t CALIB;
}SysTick_Type</td><td>//SysTick 的 4 个寄存器</td></tr>
<tr><td>函数定义</td><td>__STATIC_INLINE uint32_t SysTick_Config(uint32_t ticks)
{
if ((ticks - 1UL) > SysTick_LOAD_RELOAD_Msk)
{ return (1UL); }
SysTick->LOAD = (uint32_t)(ticks - 1UL);
NVIC_SetPriority (SysTick_IRQn, (1UL << __NVIC_PRIO_BITS) - 1UL);
SysTick->VAL = 0UL;
SysTick->CTRL = SysTick_CTRL_CLKSOURCE_Msk |
SysTick_CTRL_TICKINT_Msk |
SysTick_CTRL_ENABLE_Msk;
return (0UL);
}</td><td>//SysTick 的配置函数
//最大值为 $2^{24}-1$，即 0x00FF FFFF
//重载值
//中断优先级，缺省为最低
//使能中断
//使能定时器</td></tr>
<tr><td>使用</td><td>RCC_GetClocksFreq(&RCC_Clocks);
SysTick_Config(RCC_Clocks.HCLK_Frequency / 1000);
// 说明：
假设 HCLK 为 168MHz，则定时初值为 168000-1，因此定时时基为 1ms。</td><td>//设置 SysTick 重载初值</td></tr>
</table>

STM32F40x 的高速系统时钟 SYSCLK 有 3 种时钟来源：内部 HSI、外部 HSE 和主 PLL。其中主 PLL 又由 HSE 或 HSI 振荡器提供时钟源，输出压控振荡器 VCO 倍频后的高速系统时钟。SYSCLK 数值大小由设置 RCC 相关寄存器的各项参数获得，具体实现可参考启动文件 startup_stm32f40_41xxx.s。从系统启动代码中可以看出，在进入 main 函数之前，系统调用了 void SystemInit(void) 函数。该函数实际上执行了 static void SetSysClock(void) 函数。这 2 个函数均在 system_stm32f4xx.c 中实现，在缺省情况下，首先使能 HSE 和 PLLON，配置主 PLL 成为系统时钟源。如果外部时钟 HSE 启动失败（如无外部晶振元件），系统会使用内部时钟默认配置，即 HCLK=SYSCLK/1=168MHz，PCLK2=HCLK/2=84MHz，PCLK1=HCLK/4=42MHz。

<table>
<tr><td colspan="3">代码展示：</td></tr>
<tr><td></td><td>语句（stm32f4xx.h 和 system_stm32f4xx.c）</td><td>注释</td></tr>
<tr><td>定义</td><td>#if !defined (HSE_VALUE)
  #define HSE_VALUE   ((uint32_t)25000000)</td><td>//HSE 由目标板上的晶振元件决定</td></tr>
<tr><td>定义</td><td>#if !defined (HSI_VALUE)
  #define HSI_VALUE   ((uint32_t)16000000)
#endif /* HSI_VALUE */</td><td>//片内 RC 时钟为 16MHz</td></tr>
<tr><td>定义</td><td>#define PLL_M   25
#define PLL_N   336
#define PLL_P   2
#define PLL_Q   7
说明:
压控频率 PLL_VCO=(HSE_VALUE 或 HSI_VALUE/PLL_M)*PLL_N
系统频率 SYSCLK = PLL_VCO / PLL_P</td><td>//主 PLL 参数
//M、N、P
//假设 HSE 为 25MHz，则 VCO 为 336MHz，SYSCLK 为 168MHz</td></tr>
</table>

当配置完成系统时钟后，执行 RCC_GetClocksFreq(&RCC_Clocks) 函数得到 RCC_Clocks 结构体中的各项时钟的数值（单位 Hz）：SYSCLK、HCLK、PCLK2、PCLK1。其中 RCC_Clocks 由 RCC_ClocksTypeDef 定义。

运用 SysTick 可以实现延时 Delay( )，由于采用中断方式，不占用 CPU 资源。另外，SysTick 也常用于操作系统的时钟节拍（滴答）。

<table>
<tr><td colspan="3">代码展示：</td></tr>
<tr><td></td><td>语句</td><td>注释</td></tr>
<tr><td>定义</td><td>typedef struct
{
  uint32_t SYSCLK_Frequency;
  uint32_t HCLK_Frequency;
  uint32_t PCLK1_Frequency;
  uint32_t PCLK2_Frequency;
}RCC_ClocksTypeDef;</td><td>//stm32f4xx_rcc.h
//定义时钟结构体</td></tr>
<tr><td>定义</td><td>static __IO uint32_t uwTimingDelay;
RCC_ClocksTypeDef RCC_Clocks;</td><td>//定义时钟计数变量
//时钟源结构体</td></tr>
<tr><td>函数</td><td>void Delay(__IO uint32_t nTime)
{
  uwTimingDelay = nTime;

  while(uwTimingDelay != 0);
}</td><td>//SysTick 延时函数
//放在用户文件中</td></tr>
<tr><td>函数</td><td>void TimingDelay_Decrement(void)
{
  if (uwTimingDelay != 0x00)
  {
    uwTimingDelay--;
  }
}</td><td>//时钟计数变量递减完成延时</td></tr>
</table>

函数	void SysTick_Handler(void)
	{
	  TimingDelay_Decrement();
	}
		//SysTick 的中断处理函数，放在文件 stm32f4xx_it.c 中

5.3.2 操作步骤

STM32F4xx 和 GD32F4xx 系列微控制器 GPIO 应用的区别在于寄存器的名称（地址）不同，操作步骤基本上是相似的，如图 5-7 所示。

（1）分析题目需求，根据本次任务的功能要求，设计硬件电路，规划所用的硬件接口，理解相关模块（GPIO）的工作原理。

（2）配置所选 PORT 端口的 I/O 线（即哪位 I/O 引脚）、使能该端口时钟以及设置各项参数（如工作模式），完成 GPIO 的初始化。这一步是建立在熟悉工作原理和相关寄存器基础上的。

（3）然后对 GPIO 进行读写操作（即输入 / 输出），完成规定的功能。

（4）若采用外部中断 / 事件线 EXTI 方式，则需使能 EXTI 功能，并设置好对应的内存地址（中断 / 事件处理矢量）。

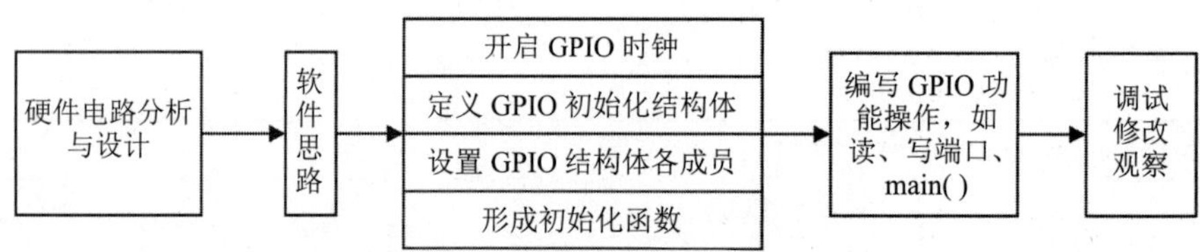

图 5-7　应用 GPIO 的操作步骤

本节将针对 STM32F407/GD32F407 芯片就 GPIO 功能分别采用标准外设库法（STD）和硬件抽象固件库法（HAL）进行实例练习。

5.3.3 库函数说明

采用标准库 STD 法时，需要先熟悉在 stm32f4xx_gpio.h 和 stm32f4xx_gpio.c 文件中定义的GPIO相关寄存器设置变量和标准库函数，其部分说明如表5-6所示。(表中x=A/B…I/J/K)

表 5-6　GPIO 标准库结构体和库函数（stm32f4xx_gpio.c/.h）

序号	数据变量 / 函数名称	使用说明
1	GPIO_InitTypeDef 结构体	设置工作模式、上拉 / 下拉 / 浮动、推挽 / 开漏、速度等
2	GPIO_Init ( ) 函数	初始化指定 GPIOx，入口参数为结构体 GPIO_InitStruct
	原型 void GPIO_Init(GPIO_TypeDef* GPIOx,GPIO_InitTypeDef* GPIO_InitStruct);	
3	GPIO_StructInit ( ) 函数	将 GPIO_InitStruct 结构体变量成员按默认值填充
	原型 void GPIO_StructInit(GPIO_InitTypeDef* GPIO_InitStruct);	
4	GPIO_DeInit ( ) 函数	将指定 GPIO 各项寄存器重置为默认值
	原型 void GPIO_DeInit(GPIO_TypeDef* GPIOx);	

续表 5-6

序号	数据变量/函数名称	使用说明
5	GPIO_SetBits ( ) 函数	对选定的 GPIO_Pin 管脚进行置位（输出高电平）
	原型 void GPIO_SetBits(GPIO_TypeDef* GPIOx,uint16_t GPIO_Pin);	
6	GPIO_ResetBits ( ) 函数	对选定的 GPIO_Pin 管脚进行复位（输出低电平）
	原型 void GPIO_ResetBits(GPIO_TypeDef* GPIOx,uint16_t GPIO_Pin);	
7	GPIO_ToggleBits ( ) 函数	翻转指定的 GPIO_Pin 口，如果当前 I/O 是高电平，则变为低电平；如果当前 I/O 是低电平，则变为高电平
	原型 void GPIO_ToggleBits(GPIO_TypeDef* GPIOx,uint16_t GPIO_Pin);	
8	GPIO_ReadInputDataBit ( ) 函数	读取指定的 GPIO_Pin 输入引脚的值
	原型 uint8_t GPIO_ReadInputDataBit(GPIO_TypeDef* GPIOx,uint16_t GPIO_Pin);	
9	GPIO_ReadOutputDataBit ( ) 函数	读取指定的 GPIO_Pin 输出引脚的值
	原型 uint8_t GPIO_ReadOutputDataBit(GPIO_TypeDef* GPIOx,uint16_t GPIO_Pin);	
10	GPIO_WriteBit ( ) 函数	对指定的 GPIO_Pin 引脚进行写入操作，BitVal 等于 Bit_RESET 或 Bit_SET
	原型 void GPIO_WriteBit(GPIO_TypeDef* GPIOx,uint16_t GPIO_Pin,BitAction BitVal);	
11	GPIO_ReadInputData ( ) 函数	读取指定的 GPIOx 端口输入数据，用于读取该端口所有引脚
	原型 uint16_t GPIO_ReadInputData(GPIO_TypeDef* GPIOx);	
12	GPIO_ReadOutputData ( ) 函数	读取指定的 GPIOx 端口输出数据，用于读取该端口所有引脚
	原型 uint16_t GPIO_ReadOutputData(GPIO_TypeDef* GPIOx);	
13	GPIO_Write ( ) 函数	对指定的 GPIOx 端口进行写入 PortVal 值，可多个引脚
	原型 void GPIO_Write(GPIO_TypeDef* GPIOx,uint16_t PortVal);	
14	GPIO_PinLockConfig ( ) 函数	锁定 GPIOx 端口引脚配置寄存器
	原型 void GPIO_PinLockConfig(GPIO_TypeDef* GPIOx,uint16_t GPIO_Pin);	
15	GPIO_PinAFConfig ( ) 函数	将 GPIOx 端口引脚配置成复用功能（GPIO_Mode_AF 模式）
	原型 void GPIO_PinAFConfig(GPIO_TypeDef* GPIOx,uint16_t GPIO_PinSource,uint8_t GPIO_AF);	

采用硬件抽象库法时，与标准库相似，文件 stm32f4xx_hal_gpio.h 和 stm32f4xx_hal_gpio.c 提供了 GPIO 有关的结构体、变量和库函数定义。

数字资源 5-2 例 5-1 标准库 STD 法

数字资源 5-3 例 5-1 硬件抽象库 HAL 法

5.3.4 GPIO 应用实例 1

分别采用标准库 STD 法和硬件抽象库 HAL 法完成例 5-1，读者可扫数字资源 5-2 和数字资源 5-3 查看工程实现、编程方法和代码说明。

例 5-1 设计电路并编程实现：按 1Hz 频率控制 PE3 引脚上的 LED2 呼吸灯（心跳指示灯）闪烁；端口 PB0 ～ PB7 上 8 个 LED 按移位点亮（即跑马灯、流水灯），循环显示。

硬件电路：如图 5-8 所示，STM32F407ZGT6 开发板上，GPIO E 端口 PE3 连接 LED2、

GPIO B 端口中 PB0 ～ PB7 连接 YLED0 ～ 7，阳极公共端接 3.3V。从图中分析，LED 是当 I/O 输出“0”时点亮，输出“1”时熄灭。GPIO 的属性设为通用输出、最大速度、上拉、推挽输出。

软件思路：定义心跳 LED 的名称为 LED2，定义 8 个 LED 的名称分别是 YLED0、YLED1、YLED2、YLED3、YLED4、YLED5、YLED6、YLED7。心跳指示灯的频率为 1Hz，跑马灯可按一定的频率顺序点亮。计时采用 SysTick 定时器延时获得。

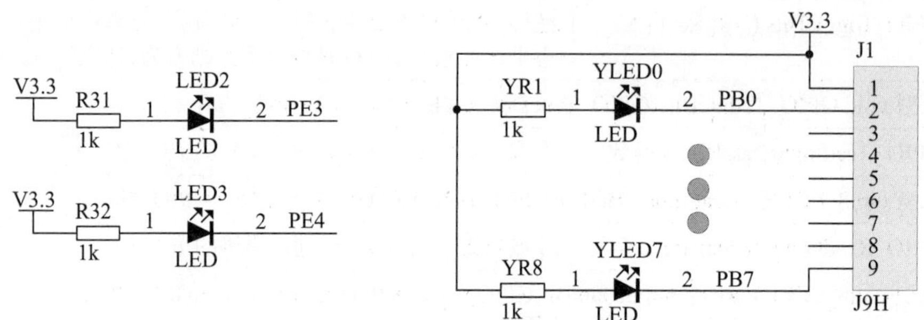

图 5-8　例 5-1 电路原理及接口

采用标准库 STD 法的流程是：首先依据模板新建工程，选定芯片型号，添加必要的库文件，分组管理这些文件；然后添加空白的 usermain.c 文件，在该文件中或新建 .c/.h 文件中编写本题目所需 GPIO 端口的初始化函数 void LED_Init(void) 和一些变量。最后在 usermain.c 文件修改 int main(void) 函数，按初始化系统时钟、初始化 GPIO 外设、编写题目规定的功能等几个步骤实现代码。编程完成后，进行调试、修改和观察。

管理工程时需加入的标准库文件至少有 startup_stm32f40_41xxx.s、stm32f4xx_rcc.c、stm32f4xx_gpio.c、stm32f4xx_syscfg.c 及其包含的头文件。程序的主要代码如下。

代码展示：		
	语句（usermain.c）	注释
定义	#define LED2_Pin　　GPIO_Pin_3 #define LED2_GPIO_Port　　GPIOE #define YLED0_Pin　　GPIO_Pin_0 #define YLED0_GPIO_Port　　GPIOB ……	//在 usermain.h 中定义了引脚名称，后续代码采用这些名称编程

定义	#include “usermain.h”
	static __IO uint32_t uwTimingDelay;
	RCC_ClocksTypeDef RCC_Clocks;
		//包含所有的头文件
		//定义时钟计数变量
		//时钟源

定义	uint16_t GPIO_PIN[]={YLED0_Pin,YLED1_Pin,YLED2_Pin,
	YLED3_Pin,YLED4_Pin,YLED5_Pin,YLED6_Pin,YLED7_Pin};
	uint16_t Number=0, Index=0;
		//定义流水灯的数组
		
		//定义两个变量

定义	static void Delay(__IO uint32_t nTime); void LED_Init(void);	

主函数	int main(void)
	{
	RCC_GetClocksFreq(&RCC_Clocks);
		//main 函数
		
		//初始化系统时钟

	代码	注释

主函数	<pre>SysTick_Config(RCC_Clocks.HCLK_Frequency / 100);
	
	LED_Init();
	
	while (1)
	{
	  Delay(10);
	
	  if(Index%5==0)
	    GPIO_ToggleBits(GPIOE, LED2_Pin);
	
	  GPIO_SetBits(GPIOB, YLED0_Pin|YLED1_Pin
	            |YLED2_Pin|YLED3_Pin|YLED4_Pin|YLED5_Pin
	            |YLED6_Pin|YLED7_Pin);
	  GPIO_ResetBits(GPIOB, GPIO_PIN[Number]);
	
	  Index++;
	  Number++;
	  if(Number==8)
	    Number=0;
	}
	}</pre>
		//SysTick 按 10ms 滴答
		
		//初始化 LED
		
		//while 无限循环
		
		//100ms
		
		//500ms 翻转 LED2
		
		//8 个 LED 熄灭
		
		//数组 GPIO_PIN
		//顺序点亮 Number 的 LED，实现跑马灯效果
		//100ms 计数次数加 1
		//顺序 Number 加 1

初始化函数	<pre>void LED_Init(void)
	{
	  GPIO_InitTypeDef GPIO_InitStructure;
	
	  RCC_AHB1PeriphClockCmd(RCC_AHB1Periph_GPIOB
	          |RCC_AHB1Periph_GPIOE, ENABLE);
	
	  GPIO_InitStructure.GPIO_Pin = GPIO_Pin_3|GPIO_Pin_4;
	  GPIO_InitStructure.GPIO_Mode = GPIO_Mode_OUT;
	  GPIO_InitStructure.GPIO_OType = GPIO_OType_PP;
	  GPIO_InitStructure.GPIO_Speed = GPIO_High_Speed;
	  GPIO_InitStructure.GPIO_PuPd = GPIO_PuPd_UP;
	  GPIO_Init(GPIOE, &GPIO_InitStructure);
	
	  GPIO_SetBits(GPIOE, GPIO_Pin_3|GPIO_Pin_4);
	
	  GPIO_InitStructure.GPIO_Pin = GPIO_Pin_0|GPIO_Pin_1
	          |GPIO_Pin_2|GPIO_Pin_3|GPIO_Pin_4|GPIO_Pin_5
	          |GPIO_Pin_6|GPIO_Pin_7;
	  GPIO_InitStructure.GPIO_Mode = GPIO_Mode_OUT;
	  GPIO_InitStructure.GPIO_OType = GPIO_OType_PP;
	  GPIO_InitStructure.GPIO_Speed = GPIO_High_Speed;
	  GPIO_InitStructure.GPIO_PuPd = GPIO_PuPd_UP;
	  GPIO_Init(GPIOB, &GPIO_InitStructure);
	
	  GPIO_SetBits(GPIOB, GPIO_Pin_0|GPIO_Pin_1|GPIO_Pin_2
	          |GPIO_Pin_3|GPIO_Pin_4|GPIO_Pin_5|GPIO_Pin_6
	          |GPIO_Pin_7);
	}</pre>
		
		//使能 GPIOB 和 E 时钟
		
		//PE3、PE4 初始化设置
		//普通输出模式
		//推挽输出
		//100MHz
		//上拉
		//初始化 GPIO
		
		//高电平 LED 熄灭
		
		//PB0～7 初始化设置

在上述代码中，调用 GPIO_ToggleBits ( ) 函数实现 LED 的电平翻转，GPIO_SetBits( ) 函数和 GPIO_ResetBits( ) 函数分别实现 I/O 端口输出高电平和低电平。

采用硬件抽象库 HAL 法的流程是：先运行 STM32CubeMX 软件，按题目要求完成系统时钟、GPIO 设置，生成 Keil MDK 工程。该工程已经具备了系统初始化的所有功能，读者在此基础上仅仅添加实现功能的代码，如本题的跑马灯按顺序点亮 LED。

打开 STM32CubeMX 软件（本书采用版本 V5.6.1），按例 5-1 硬件要求进行设置，如图 5-9 所示。图中可以看到，PE3 命名为 LED2，PE4 为 LED3，PB0 ～ PB7 为 YLED0 ～ 7，属性均为通用输出、最大速度、上拉、推挽输出。在 Clock Configuration 栏进行时钟设置，时钟源为外部晶振 HSE（取值 8MHz），SYSCLK 为 168MHz。在系统设置 System Core 中，使能 SysTick，采用 SW 调试接口。

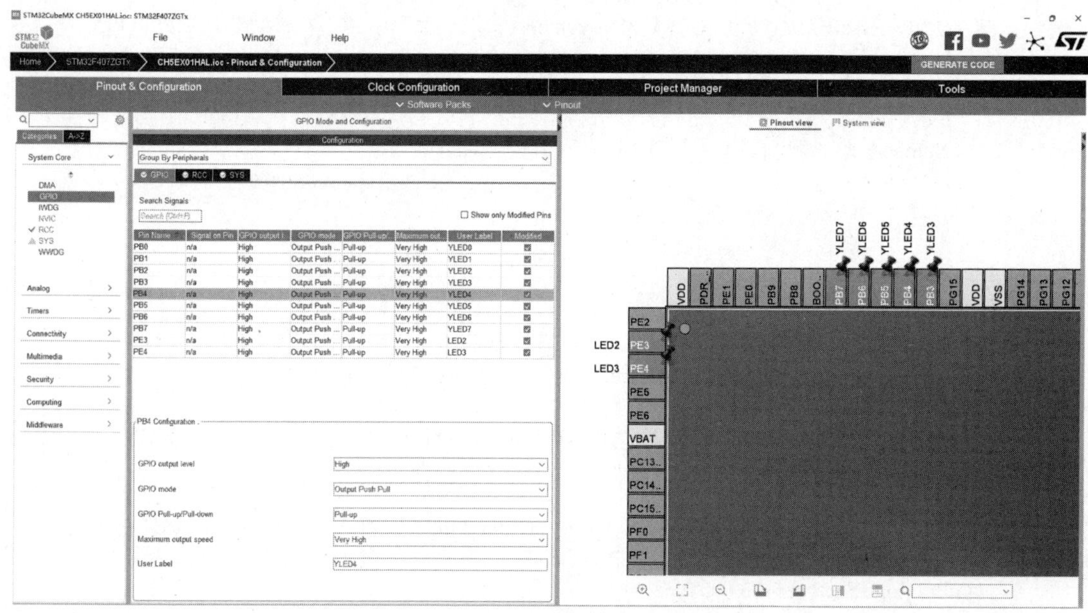

图 5-9 例 5-1 的 STM32CubeMX 设置

然后点击菜单“Generate Code”生成的 Keil MDK 工程文件，包含 Core、Drivers 和工程（名）3 个文件夹。打开文件夹和里面的文件可以看出，外设驱动库函数、系统时钟、GPIO 外设的初始化都已存在，读者在此框架上仅需添加实现功能的代码。

代码展示：		
	文件	注释
工程文件列表	名称 CH5EX01HAL Core Drivers .mxproject CH5EX01HAL.ioc CH5EX01HAL.pdf CH5EX01HAL.txt	• Core 目录中包含本次工程的用户文件，如 main.c/.h、gpio.c/.h、rtc.c/.h、stm32f4xx_hal_msp.c、stm32f4xx_it.c/.h、system_stm32f4xx.c、stm32f4xx_hal_conf.h，都可以由用户修改 • Drivers 目录中包含 STM32F4xx_HAL_Driver 库和 CMSIS 文件，共用文件 • CH5EX01HAL 工程文件，含有 MDK-ARM 目录，包含 .uvprojx 以及启动文件 startup_stm32f407xx.s • CH5EX01HAL.ioc 文件为 STM32CubeMX 文件 CH5EX01HAL.pdf 和 txt 文件是本次配置的说明

需要编程的代码主要体现在 main.c/.h、gpio.c/.h 中，其中延时采用了 SysTick 定时器中断编写的 HAL_Delay( ) 函数，默认按 1ms 计数延时。操作 GPIO 时，HAL_GPIO_TogglePin( ) 函数用于翻转所选输出引脚的电平，HAL_GPIO_WritePin( ) 函数用于向某引脚写入高电平或低电平。

代码展示：		
	文件（gpio.c/.h 和 main.c/.h）	注释
定义	#define LED2_Pin GPIO_PIN_3 #define LED2_GPIO_Port GPIOE #define YLED7_Pin GPIO_PIN_7 #define YLED7_GPIO_Port GPIOB ……	//main.h //自定义 I/O 口的名称

初始化函数	void MX_GPIO_Init(void)
	{
	GPIO_InitTypeDef GPIO_InitStruct = {0};
	__HAL_RCC_GPIOE_CLK_ENABLE();
	__HAL_RCC_GPIOC_CLK_ENABLE();
	__HAL_RCC_GPIOH_CLK_ENABLE();
	__HAL_RCC_GPIOB_CLK_ENABLE();
	__HAL_RCC_GPIOA_CLK_ENABLE();
	
	HAL_GPIO_WritePin(GPIOE, LED2_Pin|LED3_Pin,
	GPIO_PIN_SET);
	HAL_GPIO_WritePin(GPIOB, YLED0_Pin|YLED1_Pin
	|YLED2_Pin|YLED3_Pin|YLED4_Pin|YLED5_Pin
	|YLED6_Pin|YLED7_Pin, GPIO_PIN_RESET);
	
	GPIO_InitStruct.Pin = LED2_Pin|LED3_Pin;
	GPIO_InitStruct.Mode = GPIO_MODE_OUTPUT_PP;
	GPIO_InitStruct.Pull = GPIO_PULLUP;
	GPIO_InitStruct.Speed = GPIO_SPEED_FREQ_VERY_HIGH;
	HAL_GPIO_Init(GPIOE, &GPIO_InitStruct);
	
	GPIO_InitStruct.Pin = YLED0_Pin|YLED1_Pin|YLED2_Pin
	|YLED3_Pin|YLED4_Pin|YLED5_Pin|YLED6_Pin|YLED7_Pin;
	GPIO_InitStruct.Mode = GPIO_MODE_OUTPUT_PP;
	GPIO_InitStruct.Pull = GPIO_PULLUP;
	GPIO_InitStruct.Speed = GPIO_SPEED_FREQ_VERY_HIGH;
	HAL_GPIO_Init(GPIOB, &GPIO_InitStruct);
	}
		//初始化 LED 的函数，位于 gpio.c 文件
		//结构体变量
		//使能相应的 GPIO 时钟
		
		//缺省高电平
		
		//配置 PE3 和 PE4
		//推挽输出
		//上拉
		//超高速
		//调用写寄存器函数
		
		//配置 PB0 ~ PB7
		
		//同上相同配置

主函数	int main(void)
	{
	HAL_Init();
	SystemClock_Config();
	MX_GPIO_Init();
		//main.c
		
		//系统时钟初始化
		//SysTick 初始化
		//I/O 初始化

主函数

```
    while (1)                                                    //无限循环
    {
        HAL_Delay (500);                                         //延时 0.5s

        HAL_GPIO_TogglePin(GPIOE, LED2_Pin);                     //翻转 PE3

        HAL_GPIO_WritePin(GPIOB, YLED0_Pin|YLED1_Pin             //跑马灯
              |YLED2_Pin|YLED3_Pin|YLED4_Pin|YLED5_Pin           //GPIO_PIN_SET=1
              |YLED6_Pin|YLED7_Pin, GPIO_PIN_SET);               //GPIO_PIN_RESET=0
        HAL_GPIO_WritePin(GPIOB, GPIO_PIN[Number],               //数组 GPIO_PIN 决定
              GPIO_PIN_RESET);                                   点亮哪个 LED

        Number++;                                                //Number 为下次点亮
        if(Number==8)                                            LED 的顺序号
          Number=0;
    }}
```

5.3.5 GPIO 应用实例 2

分别采用标准库 STD 法和硬件抽象库 HAL 法完成例 5-2，读者可扫数字资源 5-4 和数字资源 5-5 查看工程实现、编程方法和代码说明。

数字资源 5-4
例 5-2 标准库
STD 法

数字资源 5-5
例 5-2 硬件抽象
库 HAL 法

例 5-2 设计电路并编程实现：通过 1 位按键控制 2 个 LED 亮灭。上电后 LED 熄灭；当按键第 1 次按下时 2 个 LED 点亮，第 2 次按下时其中 1 个 LED 亮，另 1 个 LED 灭，第 3 次交换点亮，第 4 次按下 2 个 LED 熄灭；周而复始。

硬件电路：如图 5-10 所示，STM32F407ZGT6 开发板上，GPIO E 端口 PE3 连接 LED2、PE4 连接 LED3、GPIO F 端口中 PF6，PF7 分别连接 S3 和 S4 按键。从图中可知，LED 是当 I/O 输出“0”时点亮，输出“1”时熄灭；按键常态为“1”，按下为“0”，低电平有效。GPIO 输出的属性设为通用输出、最大速度、上拉、推挽输出，输入的属性设为通用输入、上拉。

软件思路：分别定义两只 LED 的名称为 LED2、LED3，定义 2 个按键的名称分别是 KEY3、KEY4。采用查询的方式获得按键值，记录按键次数，再以此决定 LED 亮灭。

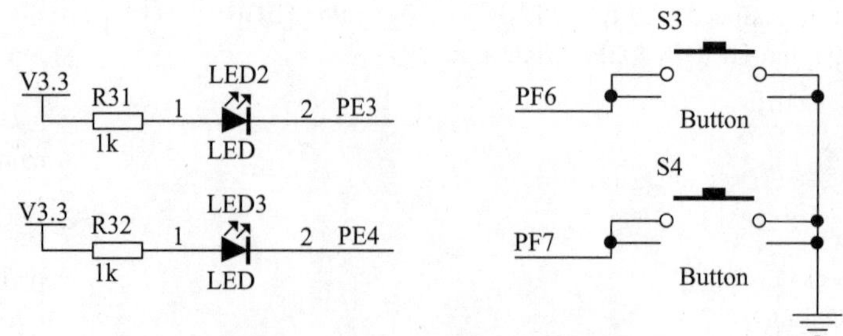

图 5-10　例 5-2 电路原理及接口

采用标准库STD法时，管理工程时需加入的驱动文件有startup_stm32f40_41xxx.s、stm32f4xx_gpio.c、stm32f4xx_rcc.c、stm32f4xx_syscfg.c及其包含的头文件。程序的主要代码如下。

代码展示：		
	语句（usermain.c）	注释
定义	uint8_t myKey3=0; uint8_t Index=0;	//定义变量
初始化函数	void LEDKEY_Init(void) { GPIO_InitTypeDef GPIO_InitStructure;	//自定义的LED和KEY对应IO初始化
	RCC_AHB1PeriphClockCmd(RCC_AHB1Periph_GPIOE |RCC_AHB1Periph_GPIOF, ENABLE);	//端口E和F的时钟
	GPIO_InitStructure.GPIO_Pin = GPIO_Pin_3 | GPIO_Pin_4;	//PE3、PE4初始化
	GPIO_InitStructure.GPIO_Mode = GPIO_Mode_OUT;	//普通数字输出
	GPIO_InitStructure.GPIO_OType = GPIO_OType_PP;	//推挽
	GPIO_InitStructure.GPIO_Speed = GPIO_High_Speed;	//超高速
	GPIO_InitStructure.GPIO_PuPd = GPIO_PuPd_UP;	//上拉
	GPIO_Init(GPIOE, &GPIO_InitStructure);	//调用寄存器操作
	GPIO_SetBits(GPIOE, GPIO_Pin_3 | GPIO_Pin_4);	//高电平LED熄灭
	GPIO_InitStructure.GPIO_Pin = GPIO_Pin_6|GPIO_Pin_7;	//PF6、PF7初始化设置
	GPIO_InitStructure.GPIO_Mode = GPIO_Mode_IN;	//普通数字输入
	GPIO_InitStructure.GPIO_PuPd = GPIO_PuPd_UP;	//上拉
	GPIO_Init(GPIOF, &GPIO_InitStructure); }	//寄存器操作
	int main(void) {	//main函数
	RCC_GetClocksFreq(&RCC_Clocks);	//时钟初始化
	SysTick_Config(RCC_Clocks.HCLK_Frequency / 1000);	//LED和按键初始化
	Delay(5); LEDKEY_Init();	
	while (1) {	//无限循环
	myKey3 = GPIO_ReadInputDataBit(GPIOF, GPIO_Pin_6);	//读取按键电平
	if(myKey3 == 0){	//查询方式
	Delay (5);	//延时5ms去抖
	myKey3 = GPIO_ReadInputDataBit(GPIOF, GPIO_Pin_6);	
	if(myKey3 == 0)	//确认按下，次数加1
	Index ++; }	
	if(Index%4 == 1) {	//2个LED全亮
	GPIO_WriteBit (GPIOE, GPIO_Pin_3, Bit_RESET); GPIO_WriteBit (GPIOE, GPIO_Pin_4, Bit_RESET);	

主函数

```
        Delay (200);
    }else if(Index%4 == 2) {                                   //其中 1 个 LED 亮
        GPIO_WriteBit (GPIOE, GPIO_Pin_3, Bit_RESET);
        GPIO_WriteBit (GPIOE, GPIO_Pin_4, Bit_SET);
        Delay (200);
    }else if(Index%4 == 3) {
        GPIO_WriteBit (GPIOE, GPIO_Pin_3, Bit_SET);
        GPIO_WriteBit (GPIOE, GPIO_Pin_4, Bit_RESET);
        Delay (200);
    }else{                                                     //全灭
        GPIO_WriteBit (GPIOE, GPIO_Pin_3, Bit_SET);
        GPIO_WriteBit (GPIOE, GPIO_Pin_4, Bit_SET);
        Delay (200);
    }
  }
}
```

采用硬件抽象库 HAL 法时，STM32CubeMX 设置的界面如图 5-11 所示，PE3、PE4 为输出，PF6、PF7 为输入。由向导生成工程后，在 gpio.c/.h 文件里有 LED 和按键的初始化函数 void MX_GPIO_Init(void)，可在 main.c 文件中直接调用。实现功能的代码主要体现 main 函数中，查询按键是否按下，并按条件分支对 LED 点亮或熄灭进行操作。

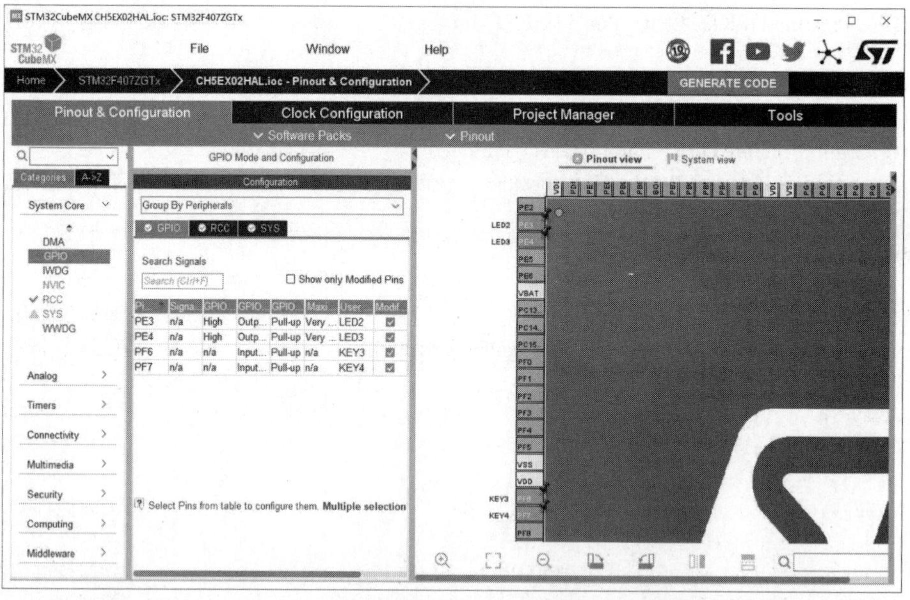

图 5-11　例 5-2 的 STM32CubeMX 设置

代码展示：

	语句（main.c）	注释
定义	uint8_t myKey3=0; uint8_t Index=0;	//定义变量

主函数

```
int main(void)                                                //main 函数
{
  HAL_Init();
  SystemClock_Config();                                       //时钟初始化

  MX_GPIO_Init();                                             //LED 和按键初始化

  while (1)                                                   //无限循环
  {
    myKey3 = HAL_GPIO_ReadPin (GPIOF, KEY3_Pin);              //读取按键电平
    if(myKey3 == 0){                                          //查询方式
      HAL_Delay (5);                                          //延时 5ms 去抖
      myKey3 = HAL_GPIO_ReadPin (GPIOF, KEY3_Pin);
      if(myKey3 == 0)                                         //确认按下，次数加 1
        Index ++;
    }
    if(Index%4 == 1) {                                        //2 个 LED 全亮
      HAL_GPIO_WritePin (GPIOE, LED2_Pin, GPIO_PIN_RESET);
      HAL_GPIO_WritePin (GPIOE, LED3_Pin, GPIO_PIN_RESET);
      HAL_Delay (200);
    }else if(Index%4 == 2) {                                  //其中 1 个 LED 亮
      HAL_GPIO_WritePin (GPIOE, LED2_Pin, GPIO_PIN_RESET);
      HAL_GPIO_WritePin (GPIOE, LED3_Pin, GPIO_PIN_SET);
      HAL_Delay (200);
   }else if(Index%4 == 3) {
      HAL_GPIO_WritePin (GPIOE, LED2_Pin, GPIO_PIN_SET);
      HAL_GPIO_WritePin (GPIOE, LED3_Pin, GPIO_PIN_RESET);
      HAL_Delay (200);
    }else{                                                    //全灭
      HAL_GPIO_WritePin (GPIOE, LED2_Pin, GPIO_PIN_SET);
      HAL_GPIO_WritePin (GPIOE, LED3_Pin, GPIO_PIN_SET);
      HAL_Delay (200);
    }
  }
}
```

初始化函数

```
void MX_GPIO_Init(void)                                       //初始化 LED 和按键的函数，位于 gpio.c 文件
{

  GPIO_InitTypeDef GPIO_InitStruct = {0};                     //结构体变量
  __HAL_RCC_GPIOE_CLK_ENABLE();                               //使能相应的 GPIO 时钟
  __HAL_RCC_GPIOF_CLK_ENABLE();
  __HAL_RCC_GPIOH_CLK_ENABLE();
  __HAL_RCC_GPIOA_CLK_ENABLE();

  HAL_GPIO_WritePin(GPIOE, LED2_Pin|LED3_Pin,                 //缺省高电平
    GPIO_PIN_SET);
  GPIO_InitStruct.Pin = LED2_Pin|LED3_Pin;                    //配置 PE3 和 PE4
  GPIO_InitStruct.Mode = GPIO_MODE_OUTPUT_PP;                 //推挽输出
  GPIO_InitStruct.Pull = GPIO_PULLUP;                         //上拉
  GPIO_InitStruct.Speed = GPIO_SPEED_FREQ_VERY_HIGH;          //超高速
```

```
      HAL_GPIO_Init(GPIOE, &GPIO_InitStruct);                    //调用写寄存器函数
初
始    GPIO_InitStruct.Pin = KEY3_Pin|KEY4_Pin;                   //配置 PF6 ～ PF7
化    GPIO_InitStruct.Mode = GPIO_MODE_INPUT;                    //通用数字输入
函    GPIO_InitStruct.Pull = GPIO_PULLUP;                        //上拉
数    HAL_GPIO_Init(GPIOF, &GPIO_InitStruct);                    //写寄存器
    }
```

5.4 外部中断/事件控制器（EXTI）

5.4.1 概述

STM32F40x 系列微控制器的 Cortex-M4 处理器内核集成了嵌套矢量中断控制器 NVIC，由 NVIC 管理着 82 个可屏蔽中断通道，提供 4 位中断优先级、低延迟异常和中断处理、电源管理控制和系统控制寄存器。STM32F40x 系列微控制器的所有 I/O 端口引脚都具有外部中断能力，外部中断/事件控制器（EXTI，external interrupt/event controller）属于 NVIC 的一部分。

外部中断/事件控制器 EXTI 由多达 23 个边沿检测器组成源，用于产生事件/中断请求，如表 5-7 所示，其中每个 GPIO 都可以被设置为输入线，占用 EXTI0 ～ EXTI15，还有另外 7 条用于特定的外设事件。每条输入线都可以独立配置，以选择类型（中断或事件）和相应的触发事件（上升沿或下降沿或两者兼有）。STM32F40x 系列微控制器的外部中断/事件控制器 EXTI 控制器的主要特点如下。

（1）可产生多达 23 个软件中断/事件请求。

（2）每条中断/事件线上的独立触发器和屏蔽。

（3）每条中断线均有专用的状态位，每一线可以独立设置中断屏蔽。

（4）检测外部信号中断/事件的脉冲宽度应低于 APB2 时钟周期（最大 84MHz）。

（5）中断挂起寄存器记录该线中断请求的状态。

表 5-7 STM32F40x 系列微控制器的 23 条中断/事件线

序号	中断/事件线	对应来源	备注
1 ～ 16	EXTI 线 0 ～ 15	用于 GPIO，对应 I/O 口的输入中断，采用可编程多路切换器，如 PA0 对应 EXTI0，PB15 对应 EXTI15	参见图 5-12
17	EXTI 线 16	可编程电压检测器（PVD）输出	
18	EXTI 线 17	实时时钟 RTC 闹钟报警事件	
19	EXTI 线 18	USB OTG FS 唤醒事件	
20	EXTI 线 19	以太网 ETH 唤醒事件	
21	EXTI 线 20	USB OTG HS（在 FS 中配置）唤醒事件	
22	EXTI 线 21	实时时钟 RTC 入侵和时间戳事件 TAMP_STAMP	
23	EXTI 线 22	实时时钟 RTC 唤醒事件	

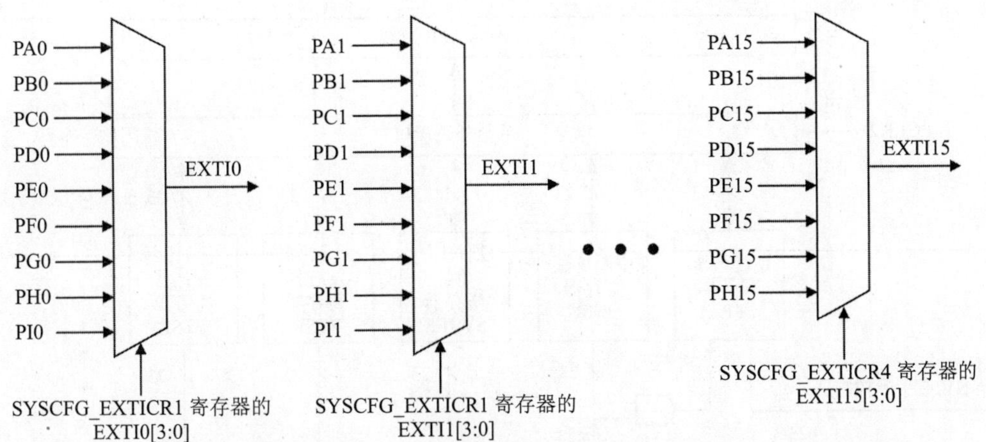

图 5-12 外部中断/事件 EXTI 中 GPIO 映射

5.4.2 EXTI 结构原理

STM32F40x 的外部中断/事件控制器 EXTI 的内部结构如图 5-13 所示，主要由外部输入线、产生中断/事件请求的边沿检测器和 APB 总线外设接口等部分组成。图 5-13 中，23 个边沿检测器用来连接 23 条外部中断/事件输入线（源），是 EXTI 的主体部分；CPU 通过 APB 总线外设模块接口访问各个功能模块。每个边沿检测器由边沿检测电路、控制寄存器、门电路和脉冲发生器等部分组成。如果使用 STM32F407 引脚 GPIO 的外部中断/事件映射功能，必须打开 APB2 总线上该引脚对应端口的时钟以及 AFIO 功能时钟，引脚必须配置为输入模式。

每条中断/事件线都对应有一个边沿检测器，可以实现输入信号的上升沿和下降沿检测。EXTI 可以实现对每条中断/事件线进行单独配置，可以单独配置为中断或者事件，以及触发事件的属性。

（1）上升沿触发，电平由低变为高时触发。

（2）下降沿触发，电平由高变为低时触发。

（3）上升或下降沿触发，电平变化一次触发一次。

（4）软件触发，配置屏蔽位并在软件中断寄存器 EXTI_SWIER 设置相应的请求位。

要产生中断，应配置并启用中断线路。这是通过用所需的边沿检测对 2 个触发寄存器 EXTI_RTSR、EXTI_FTSR 进行编程，并通过向中断屏蔽寄存器 EXTI_IMR 的相应位写入“1”来使能中断请求来实现的。当外部中断线上出现所选信号边沿时，会产生一个中断请求。对应于中断线路的挂起寄存器 EXTI_PR 位也被置位。该请求通过在挂起寄存器中写入“1”来复位，将清除该中断请求。NVIC 通过标志位响应中断，下一步运行中断服务函数 ISR，实现相应功能。

要生成事件，应该配置并启用事件线。这是通过用所需的边沿检测对两个触发寄存器进行编程，并通过向事件屏蔽寄存器的相应位写入“1”来使能事件请求来实现。当所选边沿出现在事件线上时，会产生一个事件脉冲，但对应的挂起寄存器位并未置位。事件脉冲信号可以给其他外设电路使用，比如定时器 TIM、模/数转换器 ADC 等。

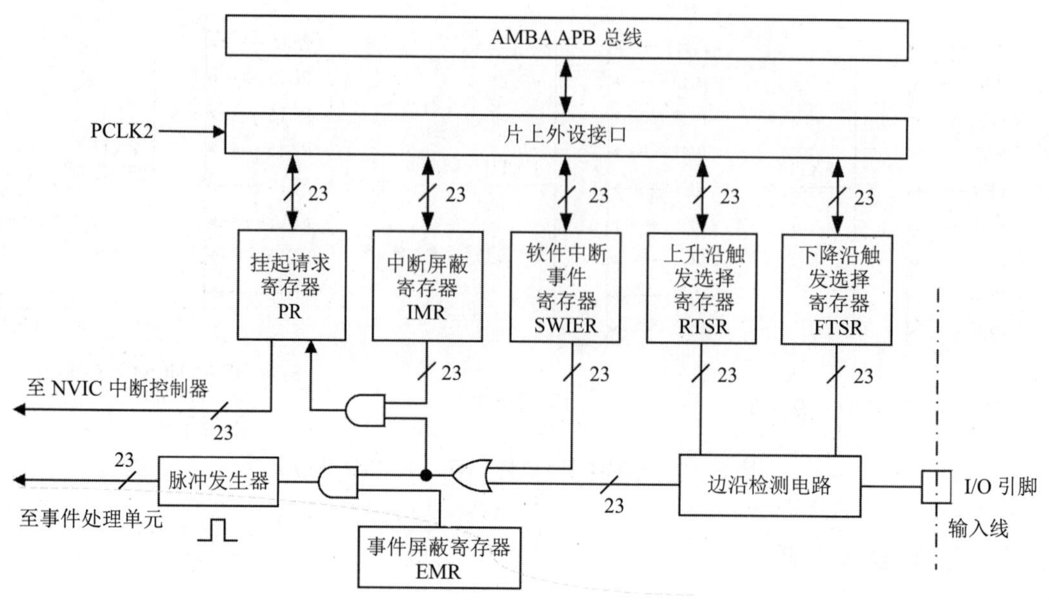

图 5-13 外部中断 / 事件 EXTI 的内部结构

软件也可以通过在软件中断 / 事件寄存器中写入“1”产生中断 / 事件请求。

5.4.3 中断优先级和向量表

ARM Cortex-M4 内核主要通过嵌套向量中断控制器 NVIC 管理复杂的中断 / 异常系统，NVIC 负责处理中断 / 异常的配置、优先级以及屏蔽，通过编程相应寄存器 ISER、ICER、IP 等完成。

代码展示：

	语句（core_cm4.h）	注释

定义	typedef struct
	{
	__IO uint32_t ISER[8];
	__IO uint32_t ICER[8];
	__IO uint32_t ISPR[8];
	__IO uint32_t ICPR[8];
	__IO uint32_t IABR[8];
	__IO uint8_t IP[240];
	__O uint32_t STIR;
	} NVIC_Type;
		
		//ISER，中断使能寄存器
		//ICER，中断清除寄存器（关闭中断）
		//ISPR，中断挂起使能寄存器
		//ICPR，中断挂起清除寄存器
		//IABR，中断激活位寄存器
		//IP，中断优先级寄存器，IP 为 8 位宽度一组，共 84 组：IP0 ～ IP80，写成 IPx。保留 81/82/ 83。
		//STIR，软件触发中断寄存器

对于 STM32F40x 系列，IPx[7:0] 寄存器只使用了高 4 位，低 4 位保留不使用（x=0 ～ 80）。使用这高 4 位用于设置响应优先级，形成 5 组优先级，每组分别由 1 个抢占优先级位和 1 个子优先级位组成，形成了具有 16 级可编程的中断优先级。应用程序使用哪组优先级，由系统控制块 SCB 中的中断及复位控制寄存器 AIRCR 的 PRIGROUP[10:8] 位设定，如表 5-8 所示。（注：抢占优先级—PreemptionPriority，子优先级—SubPriority）

表 5-8 STM32F40x 系列微控制器的中断优先级分组

PRIGROUP[10:8]	第几组	说明	抢占优先级位	子优先级位
000	0	所有高 4 位用于子优先级	无，0 位	IP[7:4]，4 位
001	1	抢占优先级占 1 位，子优先级占 3 位	IP[7]，1 位	IP[6:4]，3 位
010	2	抢占优先级占 2 位，子优先级占 2 位	IP[7:6]，2 位	IP[5:4]，2 位
011	3	抢占优先级占 3 位，子优先级占 1 位	IP[7:5]，3 位	IP[4]，1 位
100	4	所有高 4 位用于抢占优先级	IP[7:4]，4 位	无，0 位
101 ～ 111	STM32F40x 未使用			

例如，选择第 0 组，可以配置 0 ～ 15 等级的子优先级；选择第 2 组，可以配置 0 ～ 3 等级的抢占优先级和 0 ～ 3 等级的子优先级。分组与优先级无关，仅定义了优先级的配置格式，中断优先级取决于抢占优先级和子优先级的参数。第 4 组为系统缺省组。

使用时，抢占优先级的级别高于子优先级。数值越小所代表的优先级就越高，中断就会被优先响应。如果两个中断的抢占优先级和子优先级都是一样的话，则看哪个中断先发生就先执行，遵循排队机制。高优先级的抢占优先级是可以打断正在进行的低抢占优先级中断的，而抢占优先级相同的中断，高优先级的子优先级不可以打断低子优先级的中断。

STM32F40x 系列的中断/异常向量表（有关 EXTI 部分）如表 5-9 所示，其余 STM32F40x 和 GD32F40x 的中断向量参见本书附录的附表 2 所列，这些中断向量的 IRQ 号可以从 stm32f4xx.h 文件中枚举变量 typedef enum IRQn 中查到。

表 5-9 STM32F40x 系列微控制器的中断/异常向量表（EXTI 部分）

IRQ 号	中断/异常名称	优先级	向量	触发条件	中断处理函数
6	EXTI0	可配置	0x0000 0058	外部中断 0	EXTI0_IRQHandler
7	EXTI1	可配置	0x0000 005C	外部中断 1	EXTI1_IRQHandler
8	EXTI2	可配置	0x0000 0060	外部中断 2	EXTI2_IRQHandler
9	EXTI3	可配置	0x0000 0064	外部中断 3	EXTI3_IRQHandler
10	EXTI4	可配置	0x0000 0068	外部中断 4	EXTI4_IRQHandler
23	EXTI9_5	可配置	0x0000 009C	外部中断 5 ～ 9	EXTI9_5_IRQHandler
40	EXTI15_10	可配置	0x0000 00E0	外部中断 10 ～ 15	EXTI15_10_IRQHandler

STM32F40x 系列的外部中断 0 ～ 4 具有单独的中断服务函数，但是从 5 开始，是多个中断共用一个服务函数。void EXTI0_IRQHandler(void)、…、void EXTI4_IRQHandler(void) 依次是外部中断 0 ～ 4 的服务函数，void EXTI9_5_IRQHandler(void) 为外部中断 5 ～ 9 的共用中断服务函数，void EXTI15_10_IRQHandler(void) 是外部中断 10 ～ 15 的共用中断服务函数。这些中断服务函数的名字已经在 startup_stm32f40_41xx.s 文件里面定义，不能随意更改。

5.4.4 EXTI 寄存器和初始化

STM32F4xx 系列微控制器 GPIO 的外部中断/事件控制器 EXTI 相关寄存器如表 5-10 所示，其中 y=0,1,…,15；k=0,1,…,22，下同。应用时分为硬件中断、硬件事件和软件中断

3 种情况进行配置。

表 5-10　外部中断 / 事件控制器 EXTI 相关寄存器

寄存器	名称	用途	对应位
SYSCFG_EXTICR1	外部中断设置寄存器	I/O 0 ～ 3 线的外部中断设置	EXTIy[3:0]
SYSCFG_EXTICR2		I/O 4 ～ 7 线的外部中断设置	
SYSCFG_EXTICR3		I/O 8 ～ 11 线的外部中断设置	
SYSCFG_EXTICR4		I/O 12 ～ 15 线的外部中断设置	
AIRCR	应用程序中断及复位控制寄存器	位于系统控制块 SCB，设置中断优先级分组和级别	PRIGROUP[10:8]
EXTI_IMR	中断屏蔽寄存器	设置是否屏蔽 0 ～ 22 外部中断	MRk
EXTI_EMR	事件屏蔽寄存器	设置是否屏蔽 0 ～ 22 外部事件	MRk
EXTI_RTSR	上升沿触发选择寄存器	设置外部中断上升沿触发	TRk
EXTI_FTSR	下降沿触发选择寄存器	设置外部中断下降沿触发	TRk
EXTI_SWIER	软件中断 / 事件寄存器	设置外部中断软件触发	SWIERk
EXTI_PR	挂起寄存器	中断后的挂起状态	PRk

外部中断设置寄存器 SYSCFG_EXTICR1 ～ 4 的地址位于 APB2 外设区域，偏移 SYSCFG 的基地址（0x4001 0000）量为 0x08 ～ 0x14，复位值为 0x0000 0000。在标准外设库中，该寄存器是 SYSCFG_TypeDef 结构体中的 EXTICR[4] 成员，位于 stm32f4xx.h 文件中，其位定义 EXTIy[3:0] 用于选择 GPIO 端口 A/B，…，H/I。以 SYSCFG_EXTICR1 为例，如图 5-14 所示，示意了 EXTI0[3:0] ～ EXTI3[3:0] 位的定义，其余寄存器类似。其中 EXTI0[3:0] 对应中断线 EXTI0，其 4 位的取值表示 0000 选 PA0，0001 选 PB0，…，1000 选 PI0 引脚作为 EXTI0 输入。

寄存器	31	30	29	28	27	26	25	24	23	22	21	20	19	18	17	16	15	14	13	12	11	10	9	8	7	6	5	4	3	2	1	0
外部中断设置寄存器 SYSCFG_EXTICR1 复位值 = 0x0000 0000	保留																EXTI3[3:0]				EXTI2[3:0]				EXTI1[3:0]				EXTI0[3:0]			

图 5-14　SYSCFG_EXTICR1 寄存器位定义

寄存器解释:		
名称	语句（stm32f4xx.h）	解释

定义	typedef struct
	{
	  __IO uint32_t MEMRMP;
	  __IO uint32_t PMC;
	  __IO uint32_t EXTICR[4];
	  __IO uint32_t CMPCR;
	} SYSCFG_TypeDef;
		//系统控制寄存器
		
		//EXTICR[4] 外部中断设置寄存器

定义	void SYSCFG_EXTILineConfig(uint8_t EXTI_PortSourceGPIOx, uint8_t EXTI_PinSourcex)	//用于设置中断输入线
使用示例	SYSCFG_EXTILineConfig(EXTI_PortSourceGPIOF, EXTI_PinSource6);	//PF6 连接到中断线 EXTI6

选择中断优先级组别和级别需要通过应用程序中断及复位控制寄存器 AIRCR 来设置，位于标准外设库 misc.h 文件，或者硬件抽象库 core_cm4.h 和 stm32f4xx_hal_cortex.c 文件中。

寄存器解释:		
名称	语句（misc.h）	解释

定义	typedef struct
	{
	  __I uint32_t CPUID;
	  __IO uint32_t ICSR;
	  __IO uint32_t VTOR;
	  __IO uint32_t AIRCR;
	  __IO uint32_t SCR;
	  __IO uint32_t CCR;
	    ⋮
	  __IO uint32_t CPACR;
	} SCB_Type;
		//AIRCR 中断/复位控制寄存器
		//系统控制寄存器

定义	void NVIC_PriorityGroupConfig(uint32_t NVIC_PriorityGroup);	//设置中断优先组别
使用示例	NVIC_PriorityGroupConfig(NVIC_PriorityGroup_2);	//设置为分组 2

外部中断/事件控制器 EXTI 的寄存器由 EXTI_TypeDef 结构体中的 6 个成员组成，位于 stm32f4xx.h 文件中，其位定义 MRk、TRk、SWIERk、PRk 分别是 0 ～ 22 外部中断/事件输入线的使能/关闭、上升沿/下降沿触发、软件触发和挂起请求位的设置。如图 5-15 所示以 EXTI_PR 为例示意位定义，其余寄存器类似。

寄存器	31	30	29	28	27	26	25	24	23	22	21	20	19	18	17	16	15	14	13	12	11	10	9	8	7	6	5	4	3	2	1	0
挂起寄存器 EXTI_PR 复位值 = 0x0000 0000	保留									PR[22:0]																						

图 5-15 SYSCFG_PR 寄存器位定义

寄存器地址:			
名称	语句（stm32f4xx.h）		解释
定义	#define PERIPH_BASE #define APB2PERIPH_BASE #define EXTI_BASE #define EXTI	((uint32_t)0x40000000) (PERIPH_BASE+0x00010000) (APB2PERIPH_BASE+0x3C00) ((EXTI_TypeDef *) EXTI_BASE)	//EXTI 寄存器位于专用存储区 APB2，首地址为 0x4001 3C00

定义	typedef struct
	{
	  __IO uint32_t IMR;
	  __IO uint32_t EMR;
	  __IO uint32_t RTSR;
	  __IO uint32_t FTSR;
	  __IO uint32_t SWIER;
	  __IO uint32_t PR;
	} EXTI_TypeDef;
			//地址偏移量
			//IMR 为 0x00
			//EMR 为 0x04
			//RTSR 为 0x08
			//FTSR 为 0x0C
			//SWIER 为 0x10
			//PR 为 0x14

初始化外部中断 / 事件 EXTI 的步骤如下。

（1）配置 GPIO 引脚。为防止干扰，配置为输入上拉或下拉。如果选择浮空，则由外部电路加上拉下拉电阻。

（2）开启 SYSCFG 时钟、设置 IO 口中断映射。通过 stm32f4xx_rcc.c 文件中的 RCC_APB2PeriphClockCmd( ) 开启属于 APB2 总线上的 SYSCFG 时钟；通过配置 SYSCFG_EXTICR1/2/3/4 寄存器来配置中断线的连接，可采用 stm32f4xx_syscfg.c 文件中的 SYSCFG_EXTILineConfig( ) 函数。

（3）配置 EXTI_InitTypeDef。针对 IMR、RTSR、FTSR 寄存器，开启响应的中断线、设置触发条件（EXTI_InitTypeDef 位于标准库 stm32f4xx_exti.h 文件）。

（4）配置 NVIC_InitTypeDef。中断分组、优先级、使能中断（NVIC_InitTypeDef 位于标准库 misc.h 文件）。

（5）编写中断处理服务函数。

初始化解释：

名称	语句（stm32f4xx_exti.h 和 misc.h）	解释

定义	typedef struct
	{
	uint32_t EXTI_Line;
	EXTIMode_TypeDef EXTI_Mode;
	EXTITrigger_TypeDef EXTI_Trigger;
	FunctionalState EXTI_LineCmd;
	}EXTI_InitTypeDef;
		
		//EXTI 初始化结构体
		//线号
		//中断还是事件
		//触发方式
		//使能

定义	typedef struct
	{
	uint8_t NVIC_IRQChannel;
	uint8_t NVIC_IRQChannelPreemptionPriority;
	uint8_t NVIC_IRQChannelSubPriority;
	FunctionalState NVIC_IRQChannelCmd;
	} NVIC_InitTypeDef;
		
		//NVIC 初始化结构体
		//中断号
		//抢占优先级
		//子优先级
		//使能

初始化使用	RCC_APB2PeriphClockCmd(RCC_APB2Periph_SYSCFG, ENABLE);
	SYSCFG_EXTILineConfig(EXTI_PortSourceGPIOF, EXTI_PinSource6);
	
	NVIC_InitTypeDef NVIC_InitStructure;
	EXTI_InitTypeDef EXTI_InitStructure;
	
	NVIC_InitStructure.NVIC_IRQChannel = EXTI2_IRQn;
	EXTI_InitStructure.EXTI_Trigger = EXTI_Trigger_Falling;
		
		//SYSCFG 时钟使能、设置 PF6 中断线 6
		
		//设置中断参数

5.4.5 外部中断应用实例

分别采用标准库 STD 法和硬件抽象库 HAL 法完成例 5-3，读者可扫数字资源 5-6 和数字资源 5-7 查看工程实现、编程方法和代码说明。

数字资源 5-6 例 5-3 标准库 STD 法

数字资源 5-7 例 5-3 硬件抽象库 HAL 法

例 5-3 采用外部中断实现例 5-2。通过 1 位按键控制 2 个 LED 亮灭。上电后 LED 熄灭；当按键第 1 次按下时 2 个 LED 点亮，第 2 次按下时其中 1 个 LED 亮，另 1 个 LED 灭，第 3 次交换点亮，第 4 次按下 2 个 LED 熄灭。

硬件电路：同例 5-2。

软件思路：配置 PE3、PE4 为输出模式；配置 PF6 为外部中断 EXTI6 下降沿触发、上拉模式，中断优先级分组为第 2 组，并配置抢占优先级和子优先级分别为 1。EXTI6 对应的中断服务函数为 void EXTI9_5_IRQHandler(void)，需要实现按键计数。该计数由主文件 main 函数中的 while 循环进行判断并分支使用。

采用标准库法时，需加入工程的标准库文件有 startup_stm32f40_41xxx.s、misc.c/.h、stm32f4xx_gpio.c/.h、stm32f4xx_rcc.c/.h、stm32f4xx_syscfg.c/.h、stm32f4xx_exti.c/.h，请在管理工程中加入。程序的主要代码如下。

代码展示：		
	语句（usermain.c）	注释
定义	uint8_t Index=0;	//定义变量
初始化函数	void LEDKEY_Init(void) {	//自定义的 LED 和 KEY 对应 IO 初始化
	GPIO_InitTypeDef GPIO_InitStructure;	
	RCC_AHB1PeriphClockCmd(RCC_AHB1Periph_GPIOE |RCC_AHB1Periph_GPIOF, ENABLE);	//端口 E 和 F 的时钟
	GPIO_InitStructure.GPIO_Pin = GPIO_Pin_3 | GPIO_Pin_4;	//PE3、PE4 初始化
	GPIO_InitStructure.GPIO_Mode = GPIO_Mode_OUT;	//普通数字输出
	GPIO_InitStructure.GPIO_OType = GPIO_OType_PP;	//推挽
	GPIO_InitStructure.GPIO_Speed = GPIO_High_Speed;	//超高速
	GPIO_InitStructure.GPIO_PuPd = GPIO_PuPd_UP;	//上拉
	GPIO_Init(GPIOE, &GPIO_InitStructure);	//调用寄存器操作
	GPIO_SetBits(GPIOE, GPIO_Pin_3 | GPIO_Pin_4);	
	GPIO_InitStructure.GPIO_Pin = GPIO_Pin_6|GPIO_Pin_7;	//PF6、PF7 初始化设置
	GPIO_InitStructure.GPIO_Mode = GPIO_Mode_IN;	//普通数字输入
	GPIO_InitStructure.GPIO_PuPd = GPIO_PuPd_UP;	//上拉
	GPIO_Init(GPIOF, &GPIO_InitStructure);	//寄存器操作
	}	
初始化函数	void EXTIPF67_Init(void) {	//外部中断初始化程序，初始化 PF6/7 口为中断输入
	NVIC_InitTypeDef NVIC_InitStructure; EXTI_InitTypeDef EXTI_InitStructure;	
	RCC_APB2PeriphClockCmd(RCC_APB2Periph_SYSCFG, ENABLE);	//使能 SYSCFG 时钟
		//EXTI
	SYSCFG_EXTILineConfig(EXTI_PortSourceGPIOF, EXTI_PinSource6);	//PF6 连接中断线 6
	SYSCFG_EXTILineConfig(EXTI_PortSourceGPIOF, EXTI_PinSource7);	//PF7 连接中断线 7

初始化函数

```
    EXTI_InitStructure.EXTI_Line = EXTI_Line6 | EXTI_Line7;              //配置外部中断线 EXTI_Line6,7
    EXTI_InitStructure.EXTI_Mode = EXTI_Mode_Interrupt;                  //中断事件
    EXTI_InitStructure.EXTI_Trigger = EXTI_Trigger_Falling;              //下降沿触发
    EXTI_InitStructure.EXTI_LineCmd = ENABLE;                            //中断线使能
    EXTI_Init(&EXTI_InitStructure);                                      //配置寄存器

    NVIC_InitStructure.NVIC_IRQChannel = EXTI9_5_IRQn;                   //外部中断 5 ～ 9 共用中断号
    NVIC_InitStructure.NVIC_IRQChannelPreemptionPriority = 0x1;          //抢占优先级 1
    NVIC_InitStructure.NVIC_IRQChannelSubPriority = 0x1;                 //子优先级 1
    NVIC_InitStructure.NVIC_IRQChannelCmd = ENABLE;                      //使能外部中断通道
    NVIC_Init(&NVIC_InitStructure);
}
```

主函数

```
int main(void)                                                           //main 函数
{
    RCC_GetClocksFreq(&RCC_Clocks);                                      //时钟初始化
    SysTick_Config(RCC_Clocks.HCLK_Frequency / 100);
    NVIC_PriorityGroupConfig(NVIC_PriorityGroup_2);                      //设置系统中断优先级分组 2

    Delay(1);
    LEDKEY_Init();                                                       //LED 和按键初始化
    EXTIPF67_Init();

    while (1)                                                            //无限循环
    {                                                                    //由中断服务函数得到 Index 计数值
        if(Index%4 == 1) {
            GPIO_WriteBit (GPIOE, GPIO_Pin_3, Bit_RESET);                //2 个 LED 全亮
            GPIO_WriteBit (GPIOE, GPIO_Pin_4, Bit_RESET);
        }else if(Index%4 == 2) {
            GPIO_WriteBit (GPIOE, GPIO_Pin_3, Bit_RESET);                //其中 1 个 LED 亮
            GPIO_WriteBit (GPIOE, GPIO_Pin_4, Bit_SET);
        }else if(Index%4 == 3) {
            GPIO_WriteBit (GPIOE, GPIO_Pin_3, Bit_SET);
            GPIO_WriteBit (GPIOE, GPIO_Pin_4, Bit_RESET);
        }else{
            GPIO_WriteBit (GPIOE, GPIO_Pin_3, Bit_SET);                  //全灭
            GPIO_WriteBit (GPIOE, GPIO_Pin_4, Bit_SET);
        }
    }                                                                    //由于中断机制，程序中少了按键查询和延时函数
}
```

stm32f4xx_it.c 文件

定义

```
extern uint8_t Index;                                                    //全局外部变量
```

中断服务函数

```
void EXTI9_5_IRQHandler(void)                                            //中断处理函数
{
    if(EXTI_GetITStatus(EXTI_Line6) == SET)                              //当按键 KEY3 按下时 Index 计数 +1
        Index ++;
    EXTI_ClearITPendingBit(EXTI_Line6);                                  //清除 LINE6、7 上的中断标志位
    EXTI_ClearITPendingBit(EXTI_Line7);
}
```

采用硬件抽象库HAL法时，在STM32CubeMX中配置PF6为外部中断EXTI6下降沿触发、上拉模式，中断优先级为第2组，配置抢占优先级“1”和子优先级“1”，如图5-16和图5-17所示。LED和按键的初始化、外部中断设置函数均由STM32CubeMX生成，位于gpio.c文件。中断服务函数void EXTI9_5_IRQHandler(void)在stm32f4xx_it.c文件中，用于处理按键次数Index，而实现分支功能所需编写的代码在main.c文件中。在main.c中定义全局变量Index，在stm32f4xx_it.c文件用extern外部使用。

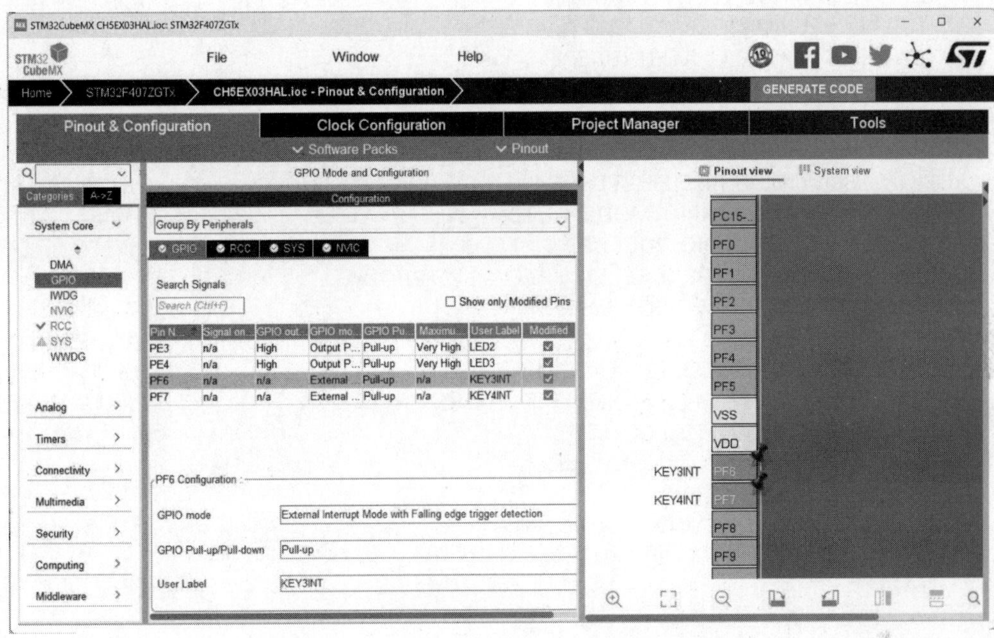

图5-16 例5-3的STM32CubeMX设置1

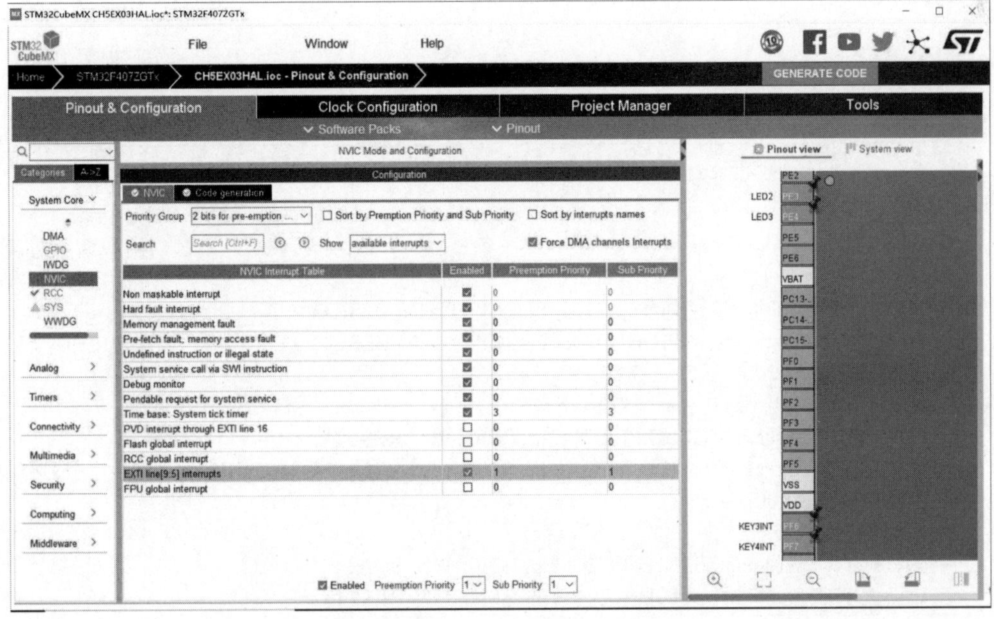

图5-17 例5-3的STM32CubeMX设置2

代码展示：		
	语句	注释
初始化函数	void MX_GPIO_Init(void)	//gpio.c
	{	//GPIO 初始化函数，由软件生成
	GPIO_InitTypeDef GPIO_InitStruct = {0};	
	__HAL_RCC_GPIOE_CLK_ENABLE();	
	__HAL_RCC_GPIOF_CLK_ENABLE();	//使能时钟
	__HAL_RCC_GPIOH_CLK_ENABLE();	
	__HAL_RCC_GPIOA_CLK_ENABLE();	
	HAL_GPIO_WritePin(GPIOE, LED2_Pin|LED3_Pin, GPIO_PIN_SET);	//上电初始状态为 1
	GPIO_InitStruct.Pin = LED2_Pin|LED3_Pin;	//PE3 和 PE4 为数字输出、推挽、上拉、超高速
	GPIO_InitStruct.Mode = GPIO_MODE_OUTPUT_PP;	
	GPIO_InitStruct.Pull = GPIO_PULLUP;	
	GPIO_InitStruct.Speed = GPIO_SPEED_FREQ_VERY_HIGH;	
	HAL_GPIO_Init(GPIOE, &GPIO_InitStruct);	//调用寄存器操作函数，初始化
	GPIO_InitStruct.Pin = KEY3INT_Pin|KEY4INT_Pin;	//PF6 和 PF7 的设置
	GPIO_InitStruct.Mode = GPIO_MODE_IT_FALLING;	//EXTI，下降沿触发，上拉
	GPIO_InitStruct.Pull = GPIO_PULLUP;	
	HAL_GPIO_Init(GPIOF, &GPIO_InitStruct);	
	HAL_NVIC_SetPriority(EXTI9_5_IRQn, 1, 1);	//优先级分组 1,1
	HAL_NVIC_EnableIRQ(EXTI9_5_IRQn);	
	}	
定义	uint8_t Index=0;	//定义变量
	int main(void)	//main.c
	{	
	HAL_Init();	//时钟初始化
	SystemClock_Config();	
	MX_GPIO_Init();	//LED 和按键初始化，包含外部中断设置
	while (1)	//无限循环
	{	//由中断服务函数得到 Index 计数值
	if(Index%4 == 1) {	
	HAL_GPIO_WritePin (GPIOE, LED2_Pin, GPIO_PIN_RESET);	
	HAL_GPIO_WritePin (GPIOE, LED3_Pin, GPIO_PIN_RESET);	//2 个 LED 全亮
	//HAL_Delay (200);	
	}else if(Index%4 == 2) {	
	HAL_GPIO_WritePin (GPIOE, LED2_Pin, GPIO_PIN_RESET);	
	HAL_GPIO_WritePin (GPIOE, LED3_Pin, GPIO_PIN_SET);	//其中 1 个 LED 亮
	//HAL_Delay (200);	
	}else if(Index%4 == 3) {	
	HAL_GPIO_WritePin (GPIOE, LED2_Pin, GPIO_PIN_SET);	
	HAL_GPIO_WritePin (GPIOE, LED3_Pin, GPIO_PIN_RESET);	

主函数	//HAL_Delay (200);
	}else{
	HAL_GPIO_WritePin (GPIOE, LED2_Pin, GPIO_PIN_SET);
	HAL_GPIO_WritePin (GPIOE, LED3_Pin, GPIO_PIN_SET);
	//HAL_Delay (200);
	}
	}
	}
		//全灭
		//由于中断，可以去掉 HAL_Delay (200) 延时函数

stm32f4xx_it.c 文件		
定义	extern uint8_t Index;	//全局外部变量

中断服务函数	void EXTI9_5_IRQHandler(void)
	{
	if(__HAL_GPIO_EXTI_GET_IT(KEY3INT_Pin) != RESET)
	Index ++;
	/* USER CODE BEGIN EXTI9_5_IRQn 0 */
	
	/* USER CODE END EXTI9_5_IRQn 0 */
	HAL_GPIO_EXTI_IRQHandler(KEY3INT_Pin);
	HAL_GPIO_EXTI_IRQHandler(KEY4INT_Pin);
	}
		//中断处理函数
		
		//当按键 KEY3 按下时 Index 计数 +1
		
		//清除中断标志位

思考题与练习题

1. 简述 STM32F4xx 微控制器 GPIO 的结构组成，并说明有哪几种功能模式。

2. 如何设置 STM32F407 芯片 GPIO 的模式，试编写让 PA3 用于普通数字输出、低速、推挽输出的初始化程序。

3. 试完成 STM32F407 芯片的 PD0 ～ 15 连接 16 个 LED 实现跑马灯的硬件电路设计和软件编写。

4. 简述外部中断 / 事件控制器 EXTI 中的中断部分的工作过程，并以按键输入中断为例进行说明。

5. 已知 STM32F407 的 PB4 ～ PB7 连接 4 个霍尔行程开关，PF0 ～ 3 连接 4 个继电器，每个继电器对应一个行程开关，即当行程开关触发时，对应继电器执行动作，当行程开关未触发时，继电器恢复常态。试完成硬件电路设计和采用中断方式的软件编写。（编程仿真时可以用 LED 代替继电器、霍尔行程开关用按键代替）

6. 结合工作原理（内部结构图），分别总结应用 GPIO 端口和 EXTI 外部中断所用到的寄存器。

注：上述编程可任选用硬件抽象库 HAL 法或标准库 STD 法，读者可以比较此两种方法。

第 6 章　定时器（TIM）

定时器与通用输入 / 输出 GPIO 一样，也是微控制器必备的片上外设。STM/GD32F4xx 系列的定时器（TIM）不仅具有基本的计数 / 延时功能，还具有输入捕捉、输出比较和 PWM 输出等高级功能。在农业装备嵌入式系统开发中，充分发挥定时器的功能可显著地提高外设驱动的编程效率和 CPU 利用率，增强系统的实时性。本章导学请扫数字资源 6-1 查看。

数字资源 6-1
第 6 章导学

6.1　定时器工作原理和分类

6.1.1　定时器的种类

STM32F4xx 系列和 GD32F4xx 系列微控制器内部集成了多种可编程定时器 TIM（Timer），功能强大，根据复杂度和应用场景可分为高级定时器、通用定时器、基本定时器 3 种类型，以及专门用于防止程序发生死循环或程序跑飞的 2 种“看门狗”定时器。STM/GD32F40x 系列内部拥有 14 个定时器，其中包括 2 个高级定时器、10 个通用定时器和 2 个基本定时器，而通用定时器从功能上又可以细分为 3 类，如表 6-1 所示。

表 6-1　STM/GD32F4xx 微控制器的定时器主要类型及特性

类型	STM32F40x	GD32F40x	特点描述
高级定时器（挂在 APB2 总线上）	TIM1 和 TIM8	TIMER0 和 TIMER7	16 位自动重载可编程计数器，向上 / 向下 / 中心对齐计数模式，多种触发方式，具有输入捕捉、输出比较、边沿 / 中心对齐 PWM、带死区插入的互补输出、单脉冲模式输出、断路输入、增量（正交）编码器输入、霍尔传感器输入、外部信号计数、重复计数器等，支持 DMA 请求、多个定时器互联、多种中断 / 事件，各 4 路 I/O 通道
通用定时器（TIM9/10/11 挂在 APB2，其余在 APB1 总线上）	TIM2 ～ TIM5	TIMER1 ～ TIMER4	16/32 位自动重装载向上 / 向下 / 中心对齐可编程计数器，与上相比缺少死区、断路输入、重复计数器等功能
	TIM9 和 TIM12	TIMER8 和 TIMER11	16 位自动重装载向上可编程计数器，与上相比缺少增量（正交）编码器输入、霍尔传感器输入、DMA 请求等功能，只支持边沿对齐 PWM，各 2 路 I/O 通道

续表 6-1

类型	STM32F40x	GD32F40x	特点描述
通用定时器（TIM9/10/11 挂在 APB2，其余在 APB1 总线上）	TIM10/11/13/14	TIMER9/10/12/13	16 位自动重装载向上可编程计数器，与上相比缺少外部信号计数等功能，只有软件触发，不支持定时器互联，各 1 路 I/O 通道
基本定时器（挂在 APB1 总线上）	TIM6 和 TIM7	TIMER5 和 TIMER6	16 位自动重装载向上可编程计数器，支持 DMA 请求，用于提供时间基准、为数模转换器 DAC 提供时钟，支持溢出中断，没有 I/O 通道

除上述定时器外，STM32F4xx 和 GD32F4xx 微控制器内部还有 2 个特殊的定时器，即独立“看门狗”IWDG（或称为 FWDGT）和窗口“看门狗”WWDG（或称为 WDGT），均可用于检测并解决由软件错误导致的故障。独立“看门狗”IWDG 由其专用低速时钟 LSI 驱动，即便在主时钟发生故障时，仍然可保持其工作状态。窗口“看门狗”WWDG 时钟由 APB1 时钟经预分频后提供，通过可配置的时间窗口来检测应用程序非正常的过迟或过早的操作。IWDG 适合应用于那些需要“看门狗”作为一个在主程序之外，能够完全独立工作，并且对时间精度要求较低的场合。WWDG 适合那些要求“看门狗”在精确计时窗口内起作用的应用程序。

6.1.2 时基单元工作原理

各类可编程定时器的工作原理本质上均是对时钟源信号的计数，核心是时基单元。此处“可编程”的含义是指计数重装值和时钟源预分频数可以根据软件编程改变大小，从而满足各种长度的定时 / 计数的要求。

ARM Cortex-M4 内核时基单元由时钟源、控制器、计数器、计数寄存器 CNT、预分频寄存器 PSC、自动重载寄存器 ARR 以及高级定时器下的重复计数寄存器 RCR 等组成，如图 6-1 所示。其中带阴影标记的为影子寄存器，包括 ARR 自动重载寄存器、PSC 预分频器寄存器以及比较模式下的 CCR 捕捉 / 比较寄存器，用于备份存放定时 / 计数参数，供内部硬件使用，用户无法操作。这样的处理便于时基单元实现连续、同步的工作。控制器实现定时器基本功能，包括复位、使能、向上 / 向下、计数等。触发控制器用来针对片上外设输出触发信号 TRGO，比如为其他定时器提供时钟和触发 DAC 数模转换 /ADC 模数转换。计数时的更新事件用 UEV 或 U 表示。图中的专用寄存器可通过软件进行读写，即使在计数器运行时也可执行读写操作。

计数 / 定时的工作原理是：由定时时钟源得到基础波形 CK_PSC，然后进行 PSC 分频后得到计数波形 CK_CNT，并以此计数，计数模式可以是向上递增、向下递减或向上 / 向下（中心对齐）方式，计数结果写入 CNT 寄存器中。如果设置为向上增长方式，则从 0 开始计数，达到重载值 ARR 便产生溢出，此值即为单次的计数次数 / 定时时间。若需更多的计数 / 定时，则可自动重载 ARR 再次计数，重复多次获得。如图 6-2 所示为预分频数 PSC=3 时计数器 CK_CNT 是 CK_PSC 经过（3+1）分频而得。当 CNT 向上计数到 ARR（99+1）时产生上溢事件（更新事件 UEV）。如果继续使能，ARR 自动重载，CNT 又从 0 开始计数。

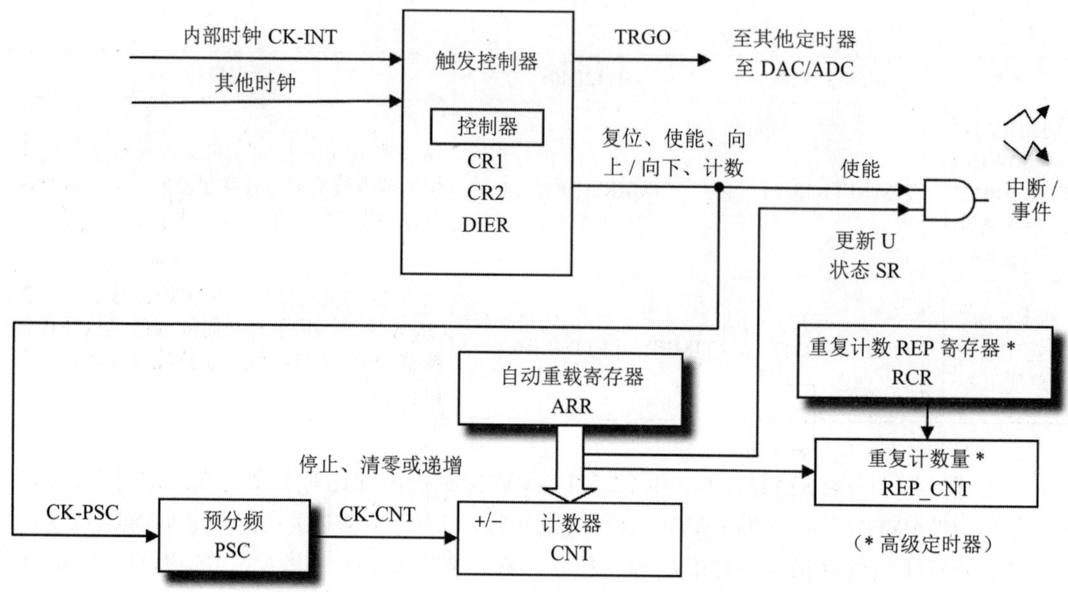

图 6-1　STM32F4xx 定时器时基单元内部结构

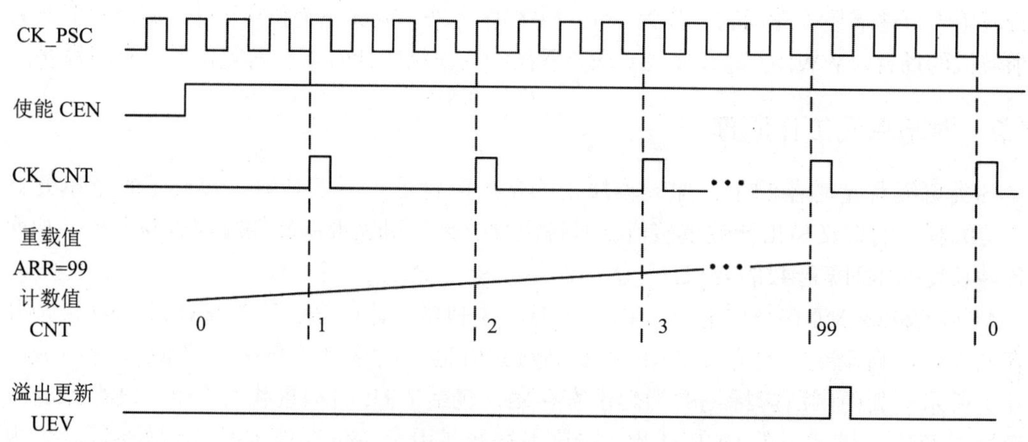

图 6-2　时基单元工作时序（PSC[15:0]=3，ARR=99）

6.1.3　基本定时器定时原理

基本定时器 TIM6 和 TIM7（GD32F4xx 为 TIMER5 和 TIMER6）的内部结构最为简单，其核心是时基单元，主要由内部时钟定时时钟源、控制器、16 位计数器、预分频器及自动重装寄存器组成，如图 6-3 所示（图中 x=6 或 7）。触发控制器为数模转换器 DAC 提供时钟。

基本定时器的定时时钟 TIMx_CLK，即内部时钟 CK_INT，来自 APB1 总线，具体流程是：由 AHB 时钟 SYSCLK 经过预分频系数转至 APB1 时钟（STM32F40x 最大为 42MHz），然后再经过“若 APB1 预分频系数等于 1，则频率不变，否则频率乘以 2”的倍频规则，得到 TIMxCLK 时钟，即：TIMxCLK=CK_INT=CK_PSC=APB1 或 APB1×2。

CK_PSC 再经过 PSC 预分频器得到 CK_CNT，用来驱动计数器计数。PSC 是一个 16 位的

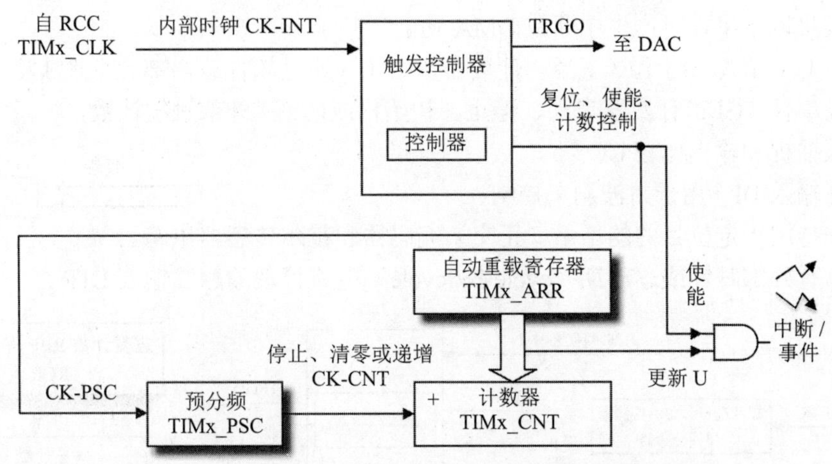

图 6–3 STM32F4xx 的基本定时器内部结构（TIM6/TIM7）

预分频器，可以对定时器时钟 TIMxCLK 进行 1 ～ 65536 的分频。即：CK_CNT=CK_INT/(PSC+1)。

基本定时器的计数方式为向上增长模式，计数数值存放在计数器 CNT 中，其是一个 16 位的计数器，最大计数值为 65535。当计数达到自动重装载寄存器的时候产生更新事件，并清零从头开始计数。自动重载寄存器 ARR 是一个 16 位的寄存器，预装载了计数器能计数的最大数值。当计数到这个值的时候，如果使能中断，定时器就产生溢出中断。

CNT 从 0 加到重载值 ARR 的单次定时时间为 T_1=(PSC+1)×(ARR+1) / f_{CK_PSC}，并产生上溢事件。当需要定时更长的时间，则溢出 N 次，定时时间为 $T_N=N\times T_1$。

例如：已知 SYSCLK=168MHz，AHB 时钟 =168MHz，APB1 时钟 =42MHz，则得到定时器时钟 CK_INT=42MHz×2 倍 =84MHz，f_{CK_PSC} 为 84MHz。选用定时器 TIM6 来定时，如果设置分频数 TIM6_PSC=999，重载值 TIM6_ARR=8399，则单次定时 T_1=（999+1）×（8 399+1） / 84 000 000=0.1 (s)=100 (ms)。这时若需定时 1 s，则溢出次数 N=10。

另外可算出 16 位定时器的单次最长定时时间为 65 536×65 536/84 000 000=51.13 (s)。

6.1.4 高级定时器结构与特性

高级定时器 TIM1 和 TIM8 的内部结构图如图 6–4 所示，包括时钟源、控制器、时基单元、输入捕捉、输出比较、断路输入等模块，功能复杂，其特性有如下。

（1）时基单元。4 种时钟源，控制器，16 位向上、向下、中心对齐自动重载计数器 ARR，16 位可编程预分频器 PSC（范围 1 ～ 65536）以及重复计数寄存器 RCR。

（2）控制器中的触发控制器可输出 TRGO 信号触发其他片上外设；从模式控制器控制计数器复位、使能、向上递增 / 向下递减、计数；编码器接口专门针对编码器计数而设计。

（3）多达 4 路独立通道 TIMx_CHy 用于（x=1 或 8，y=1 ～ 4）输入捕捉、输出比较、产生 PWM（边沿和中心对齐模式）、单脉冲模式输出。

（4）具有用外部信号控制定时器，并将几个定时器互连的同步电路。

（5）带可编程死区时间 DTG 的互补输出。

（6）重复计数器，仅在给定数量的计数器周期后更新定时器寄存器。

（7）发生以下事件时产生中断或 DMA 功能。

①更新 U：计数器上溢 / 下溢、计数器初始化（通过软件或内部 / 外部触发）。

②触发事件 TGI：计数器启动、停止、初始化或内部 / 外部触发计数。

③输入捕捉和输出比较 CC。

④断路输入 BI（用于封波刹车控制）。

（8）支持用于定位目的的增量（正交）编码器和霍尔传感器电路。

（9）具有外部时钟或逐周期（cycle-by-cycle）电流管理的触发输入 ETR。

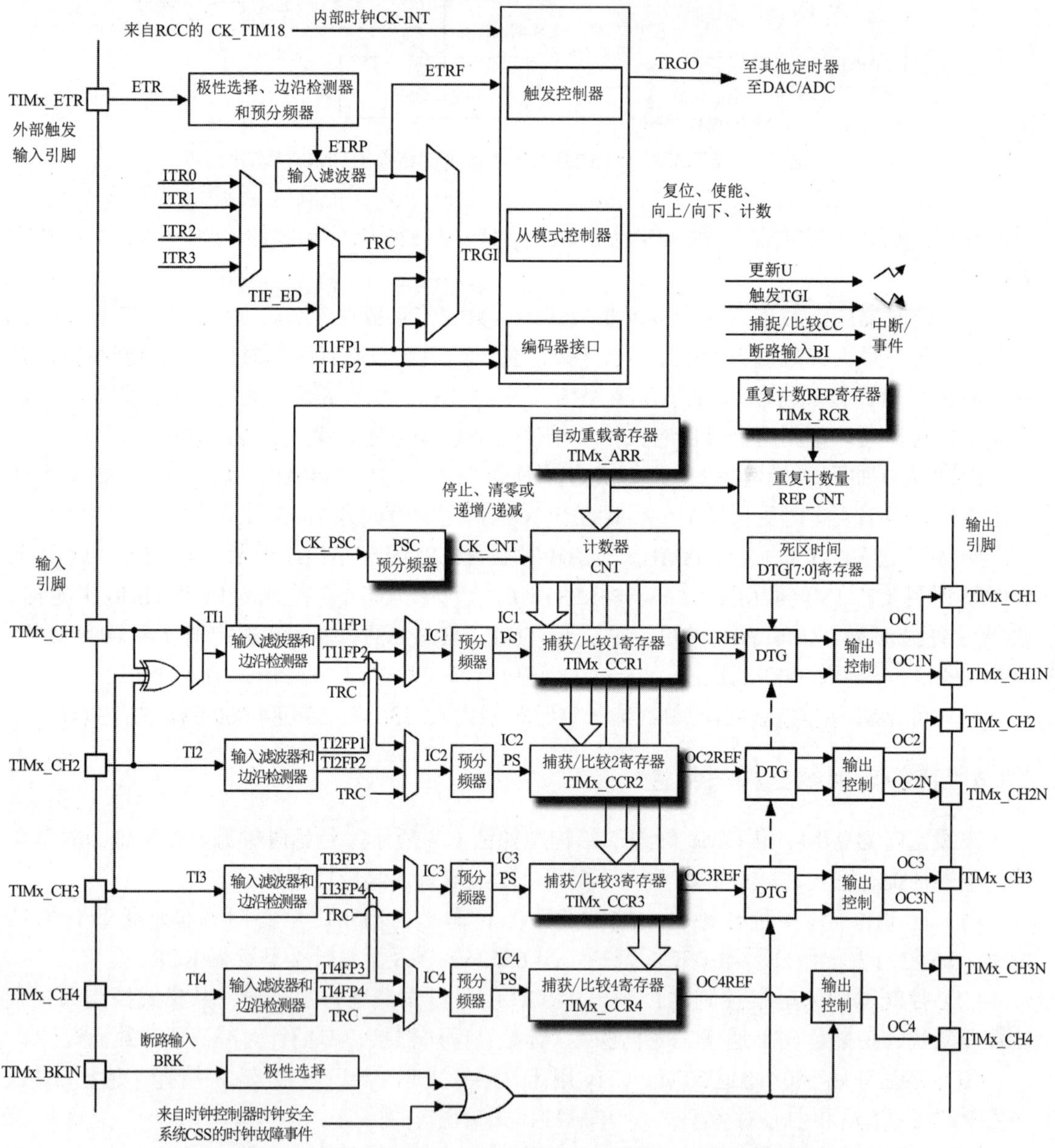

图 6-4　STM32F4xx 的高级定时器内部结构（TIM1/TIM8）

6.1.5 通用定时器特性

通用定时器在时基单元的基础上增加了 1 路、2 路或 4 路 I/O 接口，具有测量输入信号的脉冲长度（输入捕捉）或产生输出波形（输出比较、PWM）等功能。通用定时器又分为 3 小类，功能按 TIM10/11/13/14、TIM9/12、TIM2 ～ 5 依次增加，可根据嵌入式系统需求灵活选用。

1. 通用定时器 TIM10、TIM11、TIM13 以及 TIM14 的特性

（1）时基单元：2 种时钟源，控制器，16 位自动重载向上计数器，16 位可编程预分频器（范围 1 ～ 65536）。

（2）1 路独立通道 TIMx_CH1 用于（x=10、11、13、14）。输入捕捉、输出比较、产生 PWM（边沿对齐模式）、单脉冲模式输出。

（3）发生以下事件时产生中断。

①更新 U：计数器溢出，计数器初始化（通过编程软件）；

②输入捕捉和输出比较 CC。

2. 通用定时器 TIM9 和 TIM12 的特性

（1）时基单元。2 种时钟源，控制器，16 位自动重载向上计数器，16 位可编程预分频器（范围 1 ～ 65536）。

（2）多达 2 个独立通道 TIMx_CHy 用于（x=9 或 12，y=1 ～ 2）输入捕捉、输出比较、产生 PWM（边沿对齐模式）、单脉冲模式输出。

（3）具有用外部信号控制定时器，并将几个定时器互连的同步电路。

（4）发生以下事件时产生中断。

①更新 U：计数器溢出、计数器初始化（通过软件或内部触发）；

②触发事件 TGI（计数器启动、停止、初始化或内部触发计数）；

③输入捕捉和输出比较 CC。

3. 通用定时器 TIM2 ~ TIM5 的特性

（1）时基单元：3 种时钟源，控制器，16 位（TIM3 和 TIM4）或 32 位（TIM2 和 TIM5）向上、向下、中心对齐自动重载计数器，16 位可编程预分频器（范围 1 ～ 65536）。

（2）多达 4 路独立通道 TIMx_CHy 用于（x=2 ～ 5，y=1 ～ 4）输入捕捉、输出比较、产生 PWM（边沿和中心对齐模式）、单脉冲模式输出。

（3）具有用外部信号控制定时器，并将几个定时器互连的同步电路。

（4）发生以下事件时产生中断或 DMA 功能。

①更新 U：计数器上溢 / 下溢、计数器初始化（通过软件或内部 / 外部触发）；

②触发事件 TGI：计数器启动、停止、初始化或内部 / 外部触发计数；

③输入捕捉和输出比较 CC。

（5）支持用于定位目的的增量（正交）编码器和霍尔传感器电路。

（6）具有外部时钟或逐周期电流管理的触发输入 ETR。

6.2 定时器功能描述

参考图 6-4 所示高级定时器的内部结构图，下面分别介绍 STM/GD32F4xx 系列处理器内置定时器的各个功能（其中 x=1,2,…,14 为定时器，y=1 ～ 4 为通道号）。

6.2.1 计数时钟源

定时器的定时时钟 TIMx_CLK 至多有 4 种时钟源，依据不同的定时器类型而不同。

（1）内部时钟 CK_INT，来自 APB1 总线。

（2）外部时钟模式 1，外部引脚 TI1/2/3/4 输入。

（3）外部时钟模式 2，外部触发输入 ETR。

（4）内部触发输入 ITRy。

STM/GD32F40x 系列微控制器的内部时钟 CK_INT 由 APB1 总线提供，最高等于 42MHz 或 84MHz，一般情况下，我们都是使用内部时钟。在定时器寄存器设置中，如果从模式控制寄存器 SMCR 禁用从模式控制器（SMS[2:0]= “000”），则控制寄存器 CR1 的 CEN、DIR 位和事件产生寄存器 EGR 的 UG 位是实际控制位，并且只能通过软件更改（UG 除外，其会自动清零）。一旦 CEN 位写入 “1”，预分频器就由内部时钟 CK_INT 计时，得到计数波形 CK_CNT。其工作时序如图 6-5 所示。

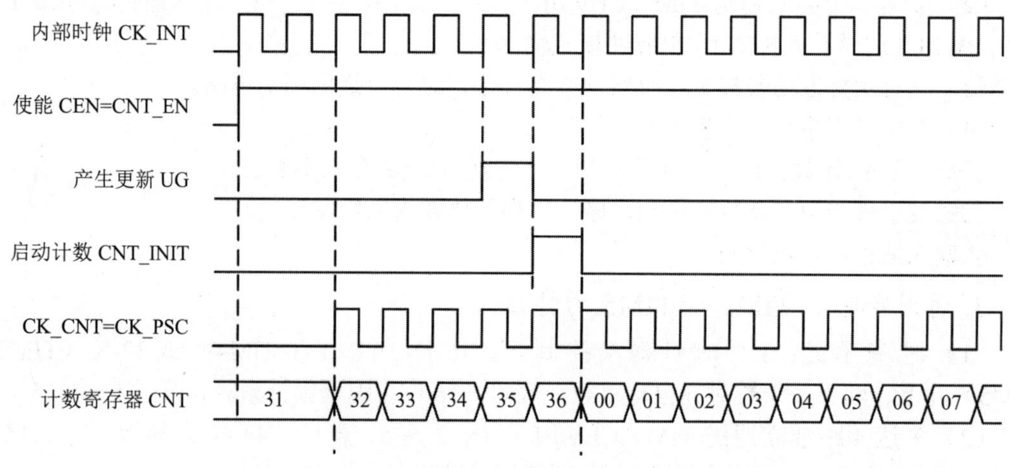

图 6-5 内部时钟源时序（PSC[15:0]=0，ARR=36）

当使用外部时钟模式 1 的时候，时钟信号来自定时器的输入通道，分别为 TI1/2/3/4，即 TIMx_CH1/2/3/4，由捕捉 / 比较模式寄存器 CCMR1/2 的位 CCyS[1:0] 配置，其中 CCMR1 控制 TI1/2，CCMR2 控制 TI3/4。当从模式控制寄存器 SMCR 寄存器中的 SMS [2:0]= “111” 时，选择外部时钟模式 1，通过某通道外部引脚输入。计数器可以在选定输入的每个上升沿或下降沿计数。例如 TI2 通道作为时钟输入，并在上升沿计数，如图 6-6 所示。当 TI2 出现上升沿时，计数器计数一次，触发器中断标志位 TIF 置 “1”，表示中断挂起。TI2 上升沿和计数器实际时钟之间的延迟是由 TI2 输入端的同步电路造成的。TIF 位由软件清 “0”。

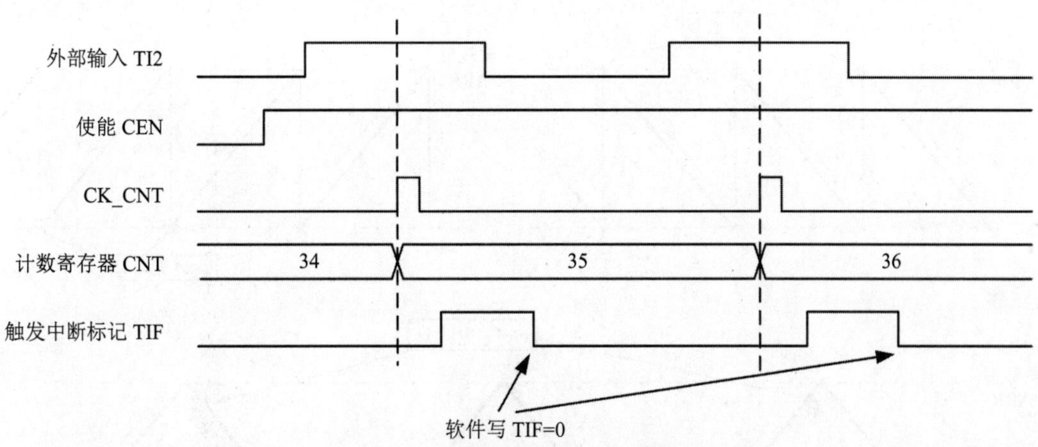

图 6-6 外部时钟模式 1 时钟源时序

当使用外部时钟模式 2 的时候，时钟信号来自定时器的特定输入通道 TIMx_ETR，适合定时器 TIM1 ～ 4、TIM8，并且各定时器只有 1 路 ETR 输入。外部时钟输入模式 2 通过在 SMCR 寄存器中写入 ECE=1 来选择。计数器可以在外部触发输入 ETR 的每个上升沿或下降沿计数。

内部触发输入时钟源 ITR1/2/3/4 是将一个定时器用作另一个定时器的预分频器，例如，用户可以将定时器 1 配置为定时器 2 的预分频器。从硬件设置上把高级控制定时器和通用定时器在内部连接在一起，这样就可以实现定时器同步或级联。主模式的定时器可以对从模式定时器执行复位、启动、停止或提供时钟。高级控制定时器和部分通用定时器（TIM2 ～ TIM5）可以设置为主模式或从模式，TIM9 和 TIM10 可设置为从模式。

6.2.2 计数器模式

16 位（TIM2/5 为 32 位）计数器 CNT 有 3 种计数模式：向上递增、向下递减、向上 / 向下（中心对齐），可产生上溢或下溢。若将各定时器的事件产生控制寄存器 EGR 的事件产生 UG 位置“1”（通过软件或使用从模式控制器）时，也可以产生更新事件 U。

向上计数模式：在该模式下，计数器从 0 开始计数，每来一个 CK_CNT 脉冲计数器就增加 1，向上递增计数到自动重载值（ARR 寄存器的内容），然后计数器产生上溢事件，并重新从 0 开始计数，每次计数器上溢时产生更新事件，如图 6-7（a）所示。

向下计数模式：在该模式下，计数器从自动重载值（ARR 寄存器的内容）开始向下递减计数到 0，然后生成计数器下溢事件并重新从自动重载值开始计数，每次发生计数器下溢时会生成更新事件，如图 6-7（b）所示。

向上 / 向下计数（中心对齐模式）：在该模式下，计数器从 0 开始计数到自动重载值 ARR 减 1，生成计数器上溢事件；然后从自动重载值开始向下计数到 1 并生成计数器下溢事件。之后从 0 开始重新计数。在这个模式下无法写入方向位（控制寄存器 CR1 中的 DIR 位），而是由硬件更新并指示当前计数器方向，如图 6-7（c）所示。

计数器向上计数或中心对齐模式时，复位后计数器从 0 开始计数；向下计数模式时，复位后计数器从 ARR 值开始计数。

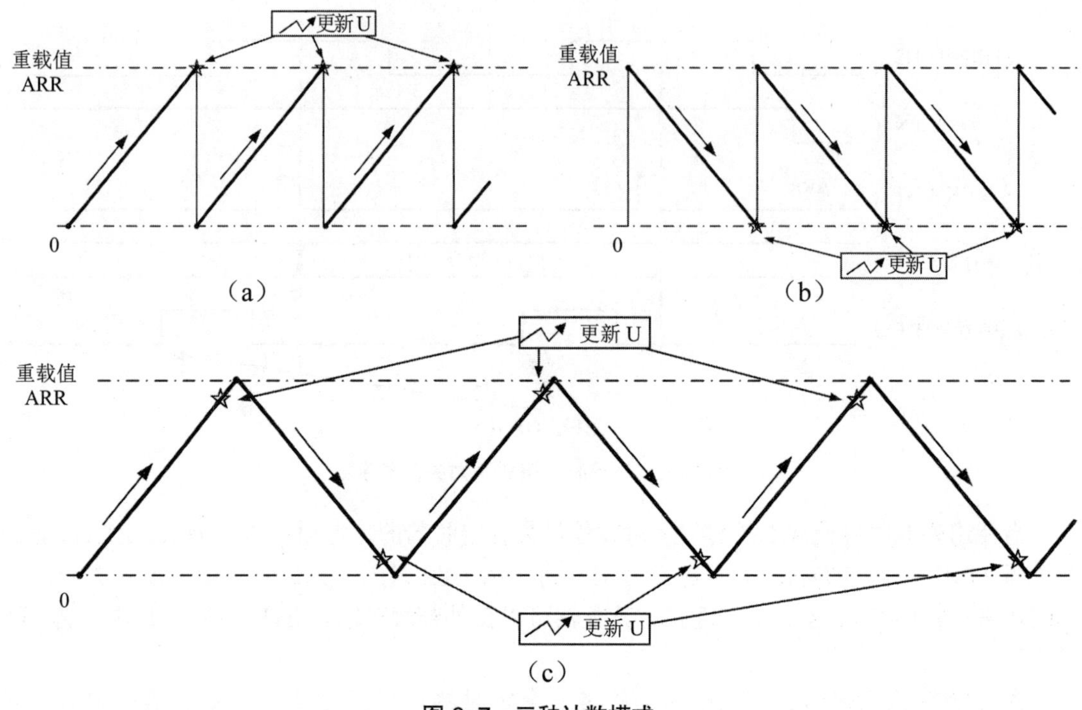

图 6-7　三种计数模式

重复计数器 REP：如果使能重复计数器寄存器 TIMx_RCR，即 REP[7:0]=N（N 不等于 0），每当发生 N+1 个计数器上溢或下溢，数据就将从预装载寄存器转移到影子寄存器。重复计数器在向上计数模式下的每个计数器上溢、向下计数模式下的每个计数器下溢、中心对齐模式下每个计数器上溢和计数器下溢时向下计数，直到重复计数器内容为 0 时才会生成更新事件 UEV。当更新事件由软件（通过将 TIMx_EGR 寄存器的 UG 位置"1"）或硬件（通过从模式控制器）生成时，无论重复计数器的值为多少，更新事件都将立即发生，并且在重复计数器中重新装载 TIMx_RCR 寄存器的内容。

6.2.3　输入捕捉模式

输入捕捉模式可以用来测量输入波形的脉冲宽度、周期（频率）、占空比，也可以用于捕获外部事件的沿跳变、信号检测、边沿计数等。如果寄存器设定允许输入捕捉中断 /DMA 传输，则系统内核会自动产生一次该中断或 DMA。

输入捕捉的工作原理以测量脉宽为例来说明，如图 6-8 所示。当捕获到输入信号的跳变沿时，把计数器 CNT 的值锁存到捕获寄存器 CCR 中，把前后两次跳变沿捕获到的 CCR 寄存器中的值相减，就可以算出两次跳变沿的宽度，即得脉宽、周期或者频率。如果捕获的脉宽的时间长度超过捕获定时器的周期，就会发生溢出，这时需要做额外的处理，如多次溢出计次法。输入捕捉可以对输入的信号的上升沿、下降沿或者双边沿进行捕获，由寄存器设定。图 6-8 中，为了测量输入波形的高电平宽度，需设定上升沿和下降沿捕捉，并设定定时器工作在向上计数模式。计数器 CNT 运行后，t_1 时刻捕捉到上升沿，对应的 CNT 值存入 CCR 中，得到 CCRt_1 值。此后立即清零 CNT，并从 0 开始计数，在 t_2 时刻捕捉到下降沿，对应的 CNT 值存入 CCR 中，得到 CCRt_2 值。根据定时器的计数频率（周期 T_S）即可算出

$t_1 \sim t_2$ 的时间，从而得到高电平脉宽。在 $t_1 \sim t_2$ 之间，可能产生 N 次定时器溢出，则 CNT 计数的次数 $T_C=N\times ARR+CCRt_2$。这样，高电平持续时间 $t_2 \sim t_1$ 长度 $T=T_C\times T_S$。

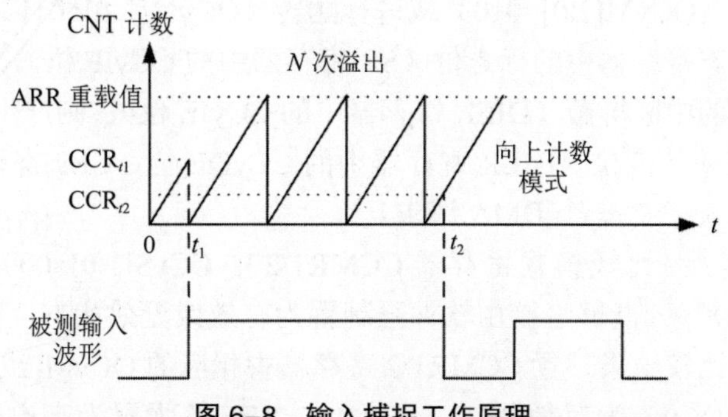

图 6–8 输入捕捉工作原理

在输入捕捉模式下，当检测到 ICy 信号上相应的边沿后，计数器的当前值被锁存到捕捉 / 比较寄存器（TIMx_CCRy）中。当捕捉事件发生时，相应的 CCyIF 标志（位于 TIMx_SR 寄存器）被置“1”，如果开放了中断或者 DMA 操作，则将产生中断或者 DMA 操作。如果捕捉事件发生时 CCyIF 标志已经为高，那么重复捕捉标志 CCyOF（位于 TIMx_SR 寄存器）被置“1”。写 CCyIF=0 可清除 CCyIF，或读取存储在 TIMx_CCRy 寄存器中的捕捉数据也可清除 CCyIF。写 CCyOF=0 可清除 CCyOF。

PWM 输入模式是输入捕捉模式的一个特例，需要占用两个捕捉寄存器，除下列区别外，操作与输入捕捉模式相同。

（1）两个 ICy 信号被映射同一个 TIy 输入，即一个输入通道 TIy 会占用两个捕捉通道 ICy，一个定时器在使用 PWM 输入的时候最多只能使用两个输入通道 TIx。

（2）这两个 ICy 信号为边沿有效，但是极性相反，当规定好触发输入信号的极性（上升沿还是下降沿），则另一路由硬件自动配置为反相极性。

其中一个 TIyFP 信号被作为触发输入信号，对应 PWM 波形的周期，另一路则对应 PWM 占空比。而从模式控制器被配置成复位模式（配置寄存器 TIMx_SMCR 的位 SMS[2:0] 来实现），即当我们启动触发信号开始进行捕获的时候，同时把计数器 CNT 复位清零。

从应用上来说，用 PWM 输入模式测量脉宽和周期更容易，但是需要占用两个捕捉寄存器。

6.2.4 输出比较模式

输出比较就是通过定时器的外部引脚对外输出控制信号，输出比较模式总共有 8 种，由捕捉 / 比较模式寄存器 CCMR1/2 的位 OCyM[2:0] 配置，分别是 000 冻结输出、001 将通道 y 设置为匹配时输出有效电平、010 将通道 y 设置为匹配时输出无效电平、011 翻转、100 强制输出无效电平、101 强制输出有效电平、110 产生 PWM1 和 111 产生 PWM2 模式。输出比较的输出引脚对应于 OCy 分别为 TIMx_CH1/2/3/4，其中 TIMx_CH1/2/3 通道还有互补的输出通道 TIMx_CH1N/2N/3N。

用来控制一个输出波形或者指示何时给定的时间到时。当计数器与捕捉 / 比较寄存器的内容相同时，输出比较功能的操作如下。

（1）将输出比较模式（捕捉 / 比较模式寄存器 CCMR1/2 中的 OCyM[2:0] 位）和输出极

性（捕捉 / 比较使能寄存器 CCER 中的 CCyP 位）定义的值输出到对应的引脚 OCy 上，比较匹配时输出引脚可以保持其电平（OCyM[2:0]=000）、被设置成有效电平（OCyM[2:0]=001）、被设置成无有效电平（OCyM[2:0]=010）或进行翻转（OCyM[2:0]=011）。

（2）设置中断状态寄存器中的标志位（SR 寄存器中的 CCyIF 位）。

（3）若设置相应的中断屏蔽（DIER 寄存器中的 CCyIE 位），则产生一个中断。

（4）若设置相应的使能位（DIER 寄存器中的 CCyDE 位，CR2 寄存器中的 CCDS 位选择 DMA 请求功能），则产生一个 DMA 请求。

在输出模式（捕捉 / 比较模式寄存器 CCMR1/2 中 CCyS[1:0]=00）下，输出比较信号（OCyREF 和相应的 OCy）能够直接由软件强制置为有效或无效状态，而不依赖于输出比较寄存器和计数器间的比较结果。置 CCMR1/2 寄存器中相应的 OCyM[2:0]=101 即可强置输出比较信号（OCyREF/OCy）为有效状态，这样 OCxREF 被强置为高电平（OCxREF 始终为高电平有效），同时 OCy 得到 CCyP 极性位相反的值。

输出 PWM 是输出比较模式中最常用的应用。在 CCMR1/2 寄存器中的 OCyM[2:0] 位写入 110（PWM 模式 1）或 111（PWM 模式 2），能够独立地设置每个 OCy 输出引脚产生一路 PWM。

6.2.5 输出 PWM 功能

PWM（Pulse Width Modulation，脉冲宽度调制，简称脉宽调制），实际上指的是脉宽（即占空比）可调的连续方波信号。占空比定义为在一个脉冲周期内，高电平的时间与整个周期时间的比例，单位是 %（范围 0 ～ 100%）。PWM 技术广泛应用在从测量、通信到功率控制与变换的许多领域中。PWM 波形在一定的频率下，通过一个积分器（低通滤波器），调整不同的占空比即可得到不同大小的平均电压，以模拟电压方式输出。因此原理，PWM 可实现数字模拟信号转换（D/A），调节 PWM 数字波形参数，就可调节输出的电压或电流，从而实现对电机、LED 等的控制。

STM/GD32F40x 系列微控制器的 PWM 输出有 2 种模式：PWM1 和 PWM2，两者的区别就是输出电平的极性相反。STM32F40x 的定时器除基本定时器 TIM6 和 TIM7 以外的定时器都可以用来产生 PWM 输出。其中高级定时器 TIM1 和 TIM8 可以同时产生多达 7 路的 PWM 输出，而且具有互补、断路输入和死区功能；通用定时器 TIM2 ～ TIM5、TIM9/12、TIM10/11/13/14 能分别产生 4、2、1 路 PWM 输出。

PWM 工作原理如图 6-9 所示，假定定时器工作在 PWM 模式 2，向上计数，当 CNT<CCRy 时通道 CHy 输出低电平“0”；当 CNT ≥ CCRy 时 CHy 输出高电平“1”。当 CNT 达到 ARR 值的时候，归零重新向上计数，依次循环。这样 PWM 输出波形的频率由自动重装寄存器 ARR 的值决定，占空比由比较寄存器 CCR 的值决定。

因此，脉冲宽度调制 PWM 模式实际上是使用了定时器比较的功能，可以产生一个由 TIMx_ARR 寄存器确定频率（TIMx_CLK/[(ARR+1)(PSC+1)]）、由 TIMx_CCRy 寄存器确定占空比 [CCR/(ARR+1)×100%] 或者 [(ARR−CCR)/(ARR+1)×100%] 的信号。在使用时，须设置 TIMx_CCMR1/2 寄存器 OCyPE 位，以使能相应的预装载寄存器，最后还要设置 TIMx_CR1 寄存器的 ARPE 位使能自动重装载的预装载寄存器（在向上计数或中心对称模式中）。因为仅当发生一个更新事件的时候，预装载寄存器才能被传送到影子寄存器，因此，在计

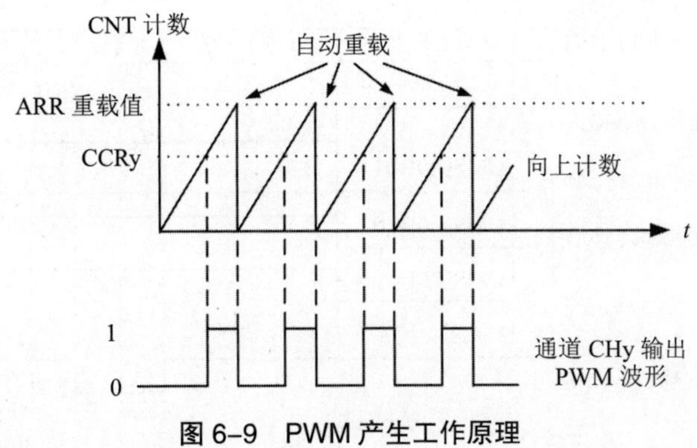

图 6-9 PWM 产生工作原理

数器开始计数之前必须通过设置 TIMx_EGR 寄存器中的 UG 位来初始化所有的寄存器。

PWM 模式按计数器 CNT 计数的方向不同分为边沿对齐模式和中心对齐模式，由控制寄存器 CR1 中 CMS[1:0] 位选定。CMS[1:0]=00 时设定边沿对齐模式，其他值时为中心对齐模式。

在边沿对齐模式下，计数器 CNT 只工作在一种计数模式，向上或者向下模式。以 PWM1 模式、CNT 向上计数为例，在图 6-10 中，ARR=8，CCRy=4，CNT 从 0 开始计数。当 CNT<CCRy 的值时，OCyREF 为有效的高电平“1”；当 CNT ≥ CCRy 时，OCyREF 为无效的低电平“0”，这时计数器与比较值匹配，比较中断寄存器 CCyIF 置位（该标志由软件清 0）；当 CNT ＞ ARR 时，CNT 重新计数，OCyREF 变回“1”。特殊的，如果 CCRy=ARR 时 OCyREF 为单脉冲；如果 CCRy ＞ ARR 时 OCyREF 保持为高电平“1”；如果 CCRy=0 时 OCyREF 保持为低电平“0”。如果计数模式为向下方式则 OCyREF 波形反相。

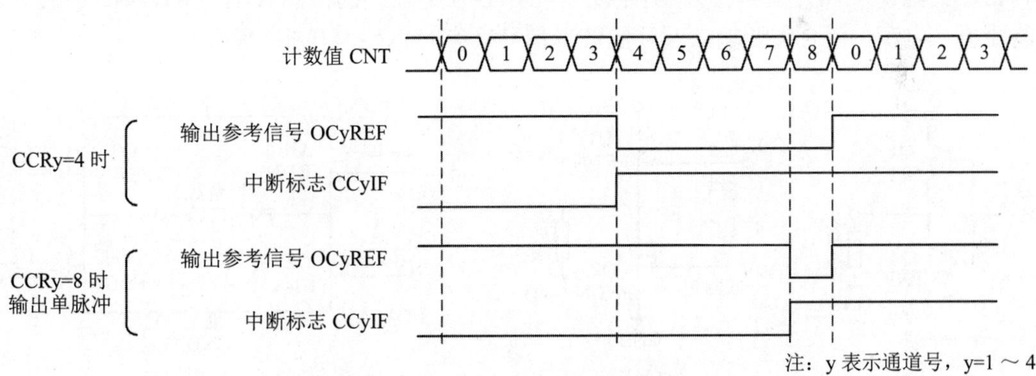

图 6-10 PWM1 边沿对齐模式时序（ARR=8）

在中心对齐模式下，计数器 CNT 工作在向上 / 向下模式下。图 6-11 所示是 PWM1 模式的中心对齐波形，ARR=8，CCRy=4。第一阶段计数器 CNT 工作在向上模式下，从 0 开始计数，当 CNT<CCRy 的值时，OCyREF 为有效的高电平“1”，当 CNT ≥ CCRy 时，OCyREF 为无效的低电平“0”。第二阶段计数器 CNT 工作在向下模式，从 ARR 的值开始递减，当 CNT ＞ CCR 时，OCyREF 为“0”，当 CNT ≤ CCR 且 CNT ＞ 0 时，OCyREF 为“1”。这样就呈现出中心对齐的形状。中断标志位 CCyIF 依据 3 种中心对齐模式不同而在向下计数、向上计数或双向时置位。

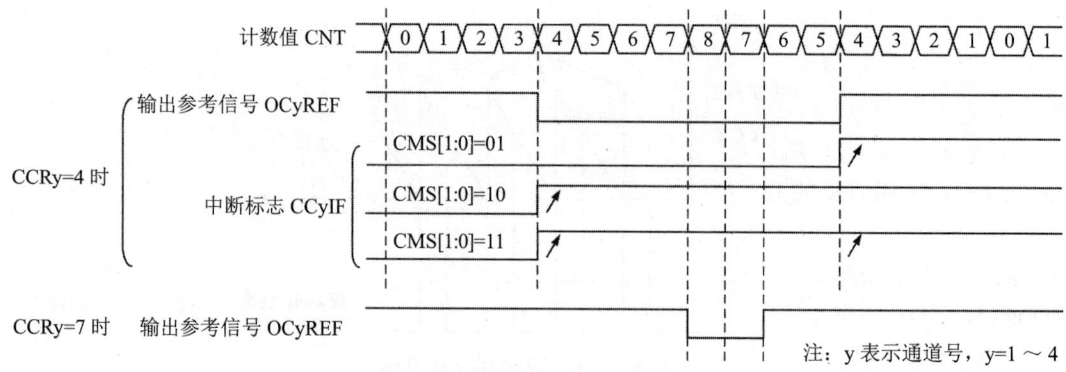

图 6-11　PWM1 中心对齐模式时序（ARR=8）

6.2.6　互补输出、死区插入和断路功能

高级控制定时器（TIM1 和 TIM8）管理通道 1 ～ 3 带互补输出（通道 4 无互补输出），每个通道有两路互补信号，每路输出可以独立选择输出极性（主输出 OCy 或互补输出 OCyN），并通过死区发生器管理输出的关断与接通瞬间。用户必须根据与输出相连接的器件及其特性（电平转换器的固有延迟、开关器件产生的延迟）来调整死区时间。

互补输出电路可采用互补性功率管［图 6-12（a）］和相同功率管互补波形信号［图 6-12（b）］电路实现。通过波形信号的高低电平（0/1）控制功率管交替导通和截止动作，从而驱动线圈、阻抗等负载元件工作。功率管有晶体管、MOSFET 或 IGBT 等几种。图中图 6-12（a）和图 6-12（b）称为半桥驱动电路，图 6-12（c）为全桥驱动电路或 H 桥结构；图 6-12（a）需要有正、负电源（$+V_{CC}$、$-V_{CC}$），两个功率元件必须是互补的；图 6-12（b）和图 6-12（c）只需要单一电源，而且需要输入互补的波形信号（有时也称为互补 PWM）。

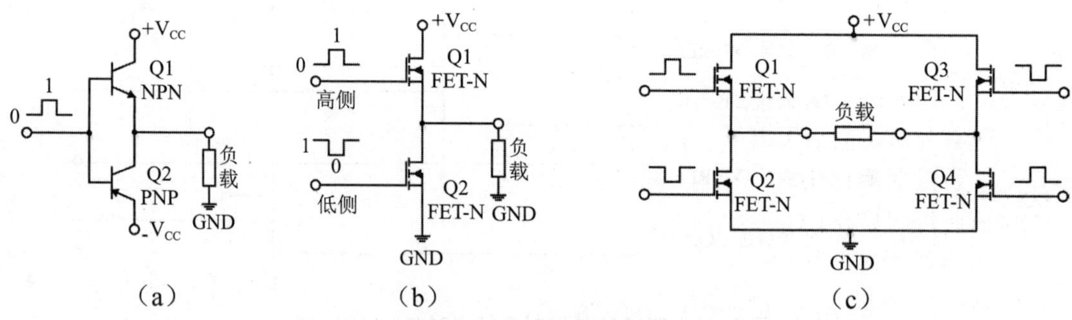

图 6-12　互补驱动电路

在互补 PWM 信号控制下，从逻辑上来讲，各臂上的功率管不可能同时导通，但考虑到功率元件实际的参数不一定完全相同、导通和断开速度不一样，在这段时间内，功率元件究竟是处于导通状态还是断开状态是不确定的，因此导致了上、下桥臂在导通和关断的瞬间有可能产生导通的现象，导致功率元件的损坏。为避免这种现象，需要在上、下桥臂的导通控制上加死区时间，使之在任何情况下都不能同时导通。如图 6-13 为带死区插入的互补输出。

使用时，通过对捕捉 / 比较使能寄存器 CCER 寄存器中的 CCyP 和 CCyNP 位执行写操作为每个输出独立选择输出极性，即主输出 OCx 或互补 OCxN 的极性。经过极性选择的信号是否由 OCy 引脚输出到外部引脚 CHy/CHyN 则由寄存器 CCER 的位 CyE/CyNE 配置。通过设置 CCyE 和 CCyNE 位以及 MOE 位（如果断路存在）启用死区插入。断路/死区寄存器 BDTR 的 DTG[7:0] 位用于控制所有通道的死区产生，并根据参考波形 OCyREF，产生带死区的 2 路互补输出 OCy 和 OCyN。

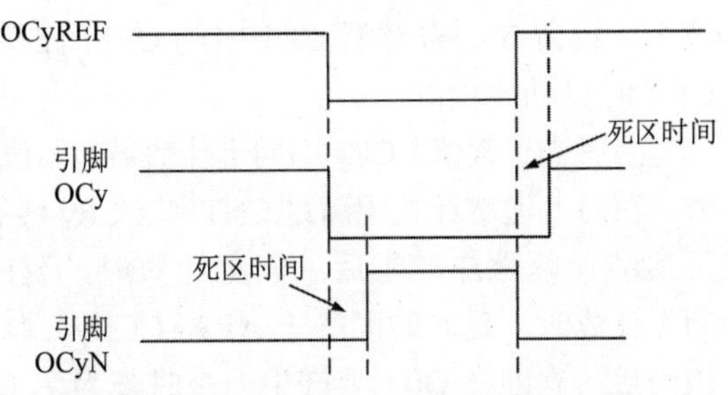

图 6-13　互补输出死区插入波形示意图

断路功能 BRK 也即刹车功能，用于 PWM 输出的封波处理，可以将定时器输出信号置于复位状态或者一个已知状态，从而达到超载、过热保护等目的。使能断路功能时，根据相关控制位状态修改输出信号电平。但是，在任何情况下，OCy 和 OCyN 输出都不能同时为有效电平，这与电机控制常用的 H 桥电路结构有关，请参考图 6-12。

系统复位启动都默认关闭断路功能，将断路 / 死区寄存器 BDTR 的 BKE 位置“1”，则使能断路功能。断路输入源可以是断路输入引脚 TIMx_BKIN，也可以是时钟安全系统 CSS 从复位时钟控制器产生的时钟故障事件，两者为“或”的运算关系。可通过 BDTR 寄存器的 BKP 位设置断路输入引脚的有效电平，设置为“1”时输入 BRK 为高电平有效，否则低电平有效，也可以采用软件方式通过 EGR 寄存器的 BG 位产生断路输入信号。

如果使能断路功能，则断路 / 死区寄存器 BDTR 的 MOE、OSSI 和 OSSR 三位会共同影响输出的信号。由设定电平后产生断路时，将有以下效果。

（1）寄存器 BDTR 中主输出模式使能 MOE 位被异步清零，输出处于无效、空闲或复位状态（由 OSSI 位选择）。

（2）根据相关控制位状态控制输出通道引脚电平。一旦 MOE=0，每个输出通道就由 CR2 控制寄存器的 OISy 位设置的电平驱动。如果 OSSI=0，则定时器释放使能输出，否则使能输出保持高电平。

（3）当使能通道互补输出时，会根据情况自动控制输出通道电平。输出首先被异步置于复位、无效状态（取决于极性）；如果定时器时钟仍然存在，则死区时间发生器被重新激活，以便在死区时间后以 OISy 和 OISyN 位中设置的电平驱动输出；由于 MOE 上的重新同步，死区持续时间比平时稍长（约 2 个 CK_TIM 时钟周期）；如果 OSSI=0，则定时器释放使能输出，否则只要 CCyE 或 CCyNE 位之一为高电平，使能输出就会保持或变为高电平。

（4）将状态寄存器 SR 中的 BIF 位置“1”，如果使能寄存器 DIER 的 BIE 位置“1”，就会产生中断；如果 DIER 寄存器中的 BDE 位置“1”，则可以发送 DMA 请求。

（5）如果断路 / 死区寄存器 BDTR 中的自动输出使能 AOE 位置“1”，则 MOE 位会在发生下一个更新 UEV 事件时自动再次置“1”。这种情况用于预设程序调节驱动。否则，MOE 保持为低，直到其再次被写入“1”。这种情况用于断电保护。

6.2.7　单脉冲输出模式

单脉冲模式（OPM）允许计数器响应一个激励，并在一个程序可控的延时之后产生一个脉宽可编程的脉冲。

使用时，可以通过从模式控制器启动计数器，在输出比较模式或者 PWM 模式下产生波形。设置控制寄存器 CR1 中的 OPM 位将选择单脉冲模式，而计数器在下一次更新事件 UEV 时自动停止。

只有当比较值 CCRy 不同于计数器初始值 CNT 时，才能正确产生脉冲。当定时器等待触发时，在向上递增计数中满足 CNT ＜ CCRy ≤ ARR 且 0 ＜ CCRy；向下计数满足 CNT ＞ CCRy 可启动。单脉冲产生后，向上计数时，延时时间等于 CCRy，脉冲宽度等于 ARR−CCRy；向下计数时，延时时间等于 ARR−CCRy，脉冲宽度等于 CCRy。在 TI2 输入引脚上检测到正边沿后，立即在 OC1 上产生一个时长为 T_2 的正脉冲，并延迟 T_1，如图 6-14 所示。

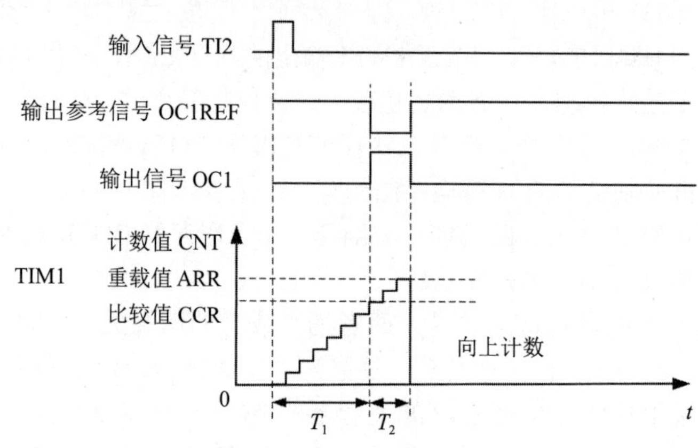

图 6-14　单脉冲模式输出波形

6.2.8　编码器输入接口

STM/GD32F4xx 微控制器的高级定时器和部分通用定时器具有增量（正交）编码器接口，方便转速、角度、位移等参数的测量。

编码器的种类很多，其中旋转式光电编码器用光电方法，将转角和位移转换为各种代码形式的数字脉冲。在旋转轴安装有透光扇区的编码盘，光源照射时，码盘的另一侧按透光区和非透光区由光敏感元件接收到不同的电信号，旋转起来就形成了脉冲波形。旋转式光电编码器按编码方式可分为增量式和绝对式两种。

增量式编码器也可以叫正交编码器，其对应输出有 A/B/Z 三相脉冲信号。其中 A 为增量脉冲，B 为辨向脉冲，Z 为零位脉冲。信号 A 和 B 的相位差 90°，若 A 相超前于 B 相，对应旋转轴正转；若 B 相超前于 A 相，轴反转。每当轴旋转一周产生一个 Z 相脉冲信号，Z 信号常用于轴机械原点定位、过零校正参考（触发计数器复位）。编码器输出的 TTL 电平 A/B/Z 信号可以直接与 MCU 连接而不需要外部接口逻辑。对于带有 A/A、B/B 差动输出的编码器，使用比较器将差动信号转换到数字信号，这样可以增加抗噪声干扰能力。

通常将增量式编码器的信号线接在 TIM1_CH1 和 TIM1_CH2 两个通道上，对应 TI1 和 TI2 输入，选择编码器接口模式的方法如下。

（1）若计数器只在 TI2 的边沿计数，则置从模式控制寄存器 SMCR 的 SMS[2:0]=001。

（2）若只在 TI1 边沿计数，则置 SMS[2:0]=010。

（3）若计数器同时在 TI1 和 TI2 边沿计数，则置 SMS[2:0]=011。

（4）通过设置捕捉 / 比较使能寄存器 CCER 中的 CC1P 和 CC2P 位，可选择 TI1 和 TI2

极性；如果需要，还可以对输入滤波器编程。TI1FP1 和 TI2FP2 是 TI1 和 TI2 通过输入滤波器和极性控制后的信号；如果没有滤波和变相，则 TI1FP1、TI2FP2 分别与 TI1、TI2 相同。

如果计数器已经启动（控制寄存器 CR1 中的 CEN=1），则计数器由滤波后的信号 TI1FP1 或 TI2FP2 上的有效跳变驱动。根据两个输入信号的跳变顺序，产生计数脉冲和方向信号。依据两个输入信号的跳变顺序，计数器向上或向下计数，同时硬件对 CR1 寄存器的 DIR 位进行相应的设置。不管计数器是依靠 TI1 计数、还是依靠 TI2 计数或者同时依靠 TI1 和 TI2 计数，在任一输入端（TI1 或者 TI2）的跳变都会重新计算 DIR 位。如果计数器在 TI1 和 TI2 边沿上计数，当 TI1 相位比 TI2 提前，计数器值增加，反之则减小。软件可以通过读取当前计数器的值得到编码器的旋转情况。编码器接口模式相当于使用了一个带有方向选择的外部时钟，计数方向与编码器旋转的方向对应，计数器依照增量编码器的速度和方向被自动地修改，计数大小为 0 ～ ARR 重载值，因此计数器的内容始终指示着编码器的位置。编码器脉冲计数的工作原理如图 6-15 所示，图中给出了同时在 TI1 和 TI2 边沿计数操作的例子，显示了计数信号的产生和方向控制。该图还显示了如何补偿输入抖动，这种情况可能由编码器传感器位于其中一个开关点附近而引起。

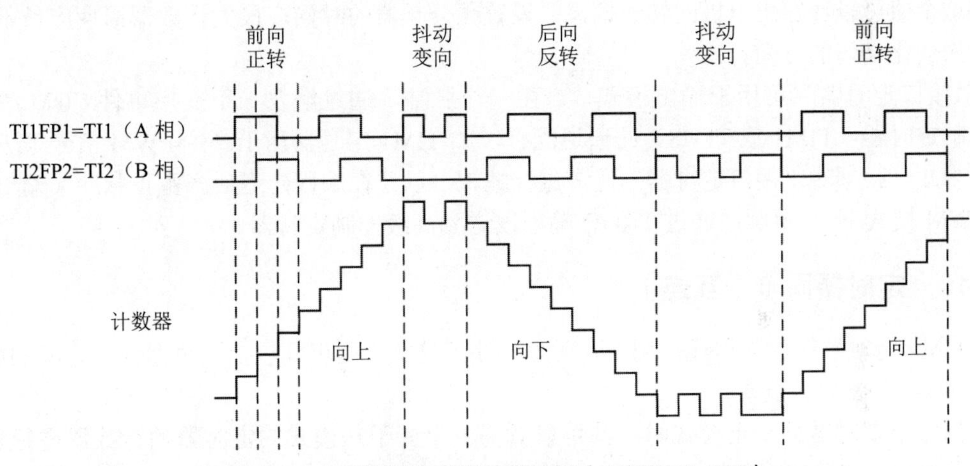

图 6-15　编码器输出信号计数示例（SMS[2:0]=011）

6.2.9　霍尔传感器输入接口

霍尔传感器是利用半导体霍尔元件的霍尔效应实现磁电转换的一种传感器。通过霍尔元件，将许多非电、非磁的物理量，例如力、力矩、压力、应力、位移、速度、加速度、角度、角速度、转数、转速以及工作状态发生变化的时间等，转变成电量来进行检测。霍尔传感器具有灵敏度高、线性度好、频带宽、稳定性好、体积小、寿命长和耐高温等特性，对电源稳定性要求低，不怕灰尘、油污、水汽及盐雾等的污染或腐蚀，广泛应用于涉及测量和控制技术的工业、消费、农业、军事等各个领域。

霍尔传感器分为线型霍尔传感器和开关型霍尔传感器两种。线型霍尔传感器由霍尔元件、线性放大器和射极跟随器组成，输出模拟量；开关型霍尔传感器由稳压器、霍尔元件、差分放大器，斯密特触发器和输出级组成，输出数字量。

STM/GD32F4xx 微控制器的高级定时器和部分通用定时器具有霍尔传感器输入接口，主要作用是配合 PWM 输出能够更好地控制电机。霍尔传感器被安装在同电机一起旋转的圆盘上，检测转子的位置，输出脉冲信号。

对于 STM32F4xx 微控制器，可通过一个高级控制定时器（TIM1 或 TIM8）生成电机驱动 PWM 信号，一个通用定时器 TIMx（TIM2、TIM3、TIM4 或 TIM5）实现与霍尔传感器的连接。这些通用定时器称为“接口定时器”，由 3 个定时器输入引脚（TIMx_CH1、TIMx_CH2 和 TIMx_CH3）通过异或门连接到 TI1 输入通道（通过将控制寄存器 TIMx_CR2 中的 TI1S 位置 1 来选择），并由“接口定时器”进行捕捉。TIMx_CH1、TIMx_CH2 和 TIMx_CH3 引脚接收到的霍尔信号，经过输入异或（XOR）功能，传到输入通道 TI1。

信号从 TI1 的经过输入滤波器和边沿检测器后产生脉冲信号 TI1F_ED，经过选择器后作为 TRC 输入，再将 TRC 作为输入捕获通道 IC1 的输入信号。得到的 IC1PS 就是计数器的捕获触发信号（脉冲），决定什么时候将计数器的值传进输入捕获寄存器。整个过程就是映射过程。

配置内部时钟分频后作为计数器时钟，从模式控制器为复位模式，从机输入为 TI1F_ED。每当 3 个输入之一变化时，计数器重新从 0 开始计数，计数到下一个变化开始为止。这就产生了一个由霍尔输入的任何变化触发的时基。在“接口定时器”上，捕获 / 比较通道 1 配置为捕获模式，捕获信号为 TRC。这个计数器值 CNT 就反映了两个霍尔状态之间的时间间隔，通过这个值可以计算出电机的转速信息。设置预分频器的时候，最大计数器周期应长于传感器两次变化之间的时间。

“接口定时器”可用于输出模式，产生一个脉冲，通过触发一个交换事件 COM 改变高级控制定时器（TIM1 或 TIM8）的通道配置，如 TIM1 定时器用于产生 PWM 信号来驱动电机。为此，必须对“接口定时器”通道进行编程，以便在编程延迟后产生正脉冲（输出比较或 PWM 模式下）。该脉冲通过 TRGO 输出发送到高级控制定时器。

6.2.10 定时器同步（互连）

TIMx 定时器在内部相连，用于定时器同步或连接。同步既包括定时器内部之间的同步，也指 TIMx 外部触发同步。

当一个定时器处于主模式时，其可以对另一个处于从模式的定时器的计数器进行复位、启动、停止或提供时钟等操作。在主定时器接收事件之前，必须启用从定时器的时钟，并且在主定时器接收触发信号时，不得动态改变从定时器的时钟。图 6-16 显示了触发源选择和主模式选择时定时器的互连示例，主模式 TIM1 作为从模式 TIM2 的预分频器。设置 TIM1_CR2 寄存器中 MMS[2:0]=010，则每次产生更新事件时，TRGO1 都会输出一个上升沿，并连接到 TIM2。设置 TIM2 为从模式，使用 ITR0 作为内部触发器，即 TIM2_SMCR 寄存器中的 TS[2:0]=000，SMS[2:0]=111。互连定时器有以下几种情况。

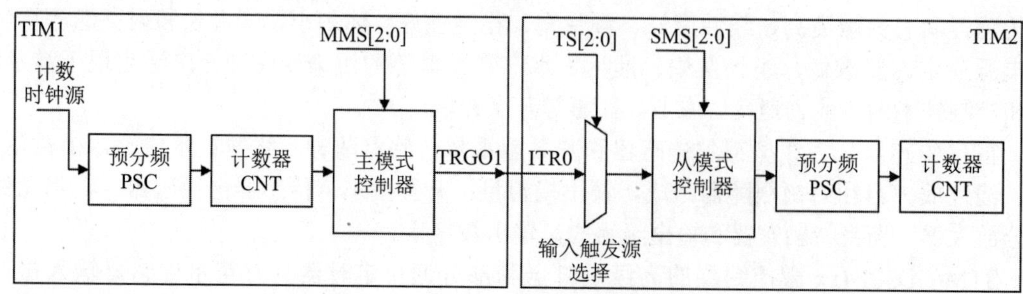

图 6-16　主 / 从模式定时器互连示例

（1）将一个定时器用作另一个定时器的预分频器。

（2）使用一个定时器使能另一个定时器。

（3）使用一个定时器启动另一个定时器。

（4）响应外部触发同步启动2个定时器。

TIMx定时器能够在从模式处于复位模式、门控模式和触发模式等几种模式下与一个外部触发同步。

（1）从模式为复位模式时，在发生一个触发输入事件时，计数器和其预分频器能够重新被初始化；同时，如果控制寄存器CR1的URS位为低，还产生一个更新事件UEV；然后所有的预装载寄存器（ARR，CCRy）都被更新。

（2）从模式为门控模式时，计数器的使能依赖于选中的输入端的电平。

（3）从模式为触发模式时，计数器的使能依赖于选中的输入端上的事件。

（4）从模式为外部时钟模式2+触发模式时，外部时钟模式2可以与另一种从模式（外部时钟模式1和编码器模式除外）一起使用。这时，ETR信号被用作外部时钟的输入，在复位模式、门控模式或触发模式时可以选择另一个输入作为触发输入。

6.3 定时器寄存器及初始化

本节以STM32F4xx系列微控制器高级定时器TIM1/TIM8所用的寄存器为例进行介绍，通用定时器和基本定时器类似，只是删减了部分功能。

6.3.1 定时器寄存器一览表

由STM32F4xx系列微控制器内部结构可知，定时器TIM1、TIM8～TIM11挂在APB2总线上，TIM2～TIM7、TIM12～TIM14挂在APB1总线上，各定时器寄存器的地址分布可在文件中stm32f4xx.h找到。

代码展示：		
	语句（stm32f4xx.h）	注释
定义	#define PERIPH_BASE ((uint32_t)0x40000000) #define APB1PERIPH_BASE PERIPH_BASE #define APB2PERIPH_BASE (PERIPH_BASE + 0x00010000) #define AHB1PERIPH_BASE (PERIPH_BASE + 0x00020000) #define AHB2PERIPH_BASE (PERIPH_BASE + 0x10000000)	//片上外设首地址 //APB1和APB2的首地址
定义	#define TIM2_BASE (APB1PERIPH_BASE + 0x0000) #define TIM3_BASE (APB1PERIPH_BASE + 0x0400) #define TIM4_BASE (APB1PERIPH_BASE + 0x0800) #define TIM5_BASE (APB1PERIPH_BASE + 0x0C00) #define TIM6_BASE (APB1PERIPH_BASE + 0x1000) #define TIM7_BASE (APB1PERIPH_BASE + 0x1400) #define TIM12_BASE (APB1PERIPH_BASE + 0x1800) #define TIM13_BASE (APB1PERIPH_BASE + 0x1C00) #define TIM14_BASE (APB1PERIPH_BASE + 0x2000)	//TIM2……的首地址

定义	#define TIM1_BASE (APB2PERIPH_BASE + 0x0000) #define TIM8_BASE (APB2PERIPH_BASE + 0x0400) #define TIM9_BASE (APB2PERIPH_BASE + 0x4000) #define TIM10_BASE (APB2PERIPH_BASE + 0x4400) #define TIM11_BASE (APB2PERIPH_BASE + 0x4800)	//TIM1……的首地址
定义	#define TIM1 ((TIM_TypeDef *) TIM1_BASE) #define TIM2 ((TIM_TypeDef *) TIM2_BASE) ……	//TIM1 为寄存器结构体的指针变量，其余类推

STM32F4xx 系列微控制器与定时器 TIMx 有关的寄存器在文件 stm32f4xx.h 中以结构体 TIM_TypeDef 给出，并用指向该定时器首地址的指针变量 TIM1、TIM2、…名称表示。

代码展示：		
	语句（stm32f4xx.h）	注释

定义	typedef struct
	{
	__IO uint16_t CR1;
	__IO uint16_t CR2;
	__IO uint16_t SMCR;
	__IO uint16_t DIER;
	__IO uint16_t SR;
	__IO uint16_t EGR;
	__IO uint16_t CCMR1;
	__IO uint16_t CCMR2;
	__IO uint16_t CCER;
	__IO uint32_t CNT;
	__IO uint16_t PSC;
	__IO uint32_t ARR;
	__IO uint16_t RCR;
	__IO uint32_t CCR1;
	__IO uint32_t CCR2;
	__IO uint32_t CCR3;
	__IO uint32_t CCR4;
	__IO uint16_t BDTR;
	__IO uint16_t DCR;
	__IO uint16_t DMAR;
	__IO uint16_t OR;
	} TIM_TypeDef;
		//TIMx 各寄存器的结构体，x=1 ～ 14
		//寄存器，名称，地址偏移量
		//TIMx_CR1，定时器控制寄存器 1，0x00
		//TIMx_CR2，定时器控制寄存器 2，0x04
		//TIMx_SMCR，从模式控制寄存器，0x08
		//TIMx_DIER，中断 /DMA 使能寄存器，0x0C
		//TIMx_SR，定时器状态寄存器，0x10
		//TIMx_EGR，事件产生寄存器，0x14
		//TIMx_CCMR1，捕捉 / 比较模式寄存器 1，0x18
		//TIMx_CCMR2，捕捉 / 比较模式寄存器 2，0x1C
		//TIMx_CCER，捕捉 / 比较使能寄存器，0x20
		//TIMx_CNT，计数寄存器，0x24
		//TIMx_PSC，预分频器寄存器，0x28
		//TIMx_ARR，自动重载寄存器，0x2C
		//TIMx_RCR，重复计数器，0x30
		//TIMx_CCR1/2/3/4，捕捉 / 比较寄存器，0x34+4n(n=1, 2, 3, 4)
		
		//TIMx_BDTR，断路和死区寄存器，0x44
		//TIMx_DCR，DMA 控制寄存器，0x48
		//TIMx_DMAR，DMA 传输地址，0x4C
		//TIMx_OR，定时器选项寄存器，0x50

使用	TIM1->ARR = 8399; TIM4->CR1 |= TIM_CR1_CEN;	//TIM1 定时器的自动重载 ARR 值等于 8399 //TIM4 寄存器 CR1 的 CEN 位置 1，使能定时器

6.3.2 定时器控制寄存器

定时器控制寄存器包括用于设置定时器各种模式的相关参数的 TIMx_CR1 和 TIMx_CR2，以及从模式控制寄存器 TIMx_SMCR。（x=1,2,⋯,14，y=1 ～ 4）

1. 定时器控制寄存器 TIMx_CR1（图 6-17）

CKD[1:0] 为时钟分频因子。数字滤波器 ETR、TIy 使用的采样频率 f_{DTS} 与定时器时钟 CK_INT 频率之间倍数，00 表示相等，$t_{DTS}=t_{CK\_INT}$；01 表示 2 倍，$t_{DTS}=2t_{CK\_INT}$；10 表示 4 倍，$t_{DTS}=4t_{CK\_INT}$。

寄存器	31	30	29	28	27	26	25	24	23	22	21	20	19	18	17	16	15	14	13	12	11	10	9	8	7	6	5	4	3	2	1	0
控制寄存器 1 TIMx_CR1 复位值 = 0x0000 0000	保留																						CKD[1:0]		ARPE	CMS[1:0]		DIR	OPM	URS	UDIS	CEN

图 6–17　定时器控制寄存器 TIMx_CR1

ARPE 为自动重装载预装载允许位，“1”有效。

CMS[1:0] 选择中心对齐模式。00 表示边沿对齐模式，计数器依据方向位 DIR 向上或向下计数；01、10、11 分别表示中心对齐模式 1、2、3，计数器交替地向上和向下计数。

DIR 表示计数方向。“0”为计数器向上计数（向上），“1”为计数器向下计数（向下）。当计数器配置为中心对齐模式或编码器模式时，该位为只读。

OPM 表示单脉冲模式。“0”表示在发生更新事件时，计数器不停止；“1”表示在发生下一次更新事件（清除 CEN 位）时，计数器停止。

URS 表示更新请求源，软件通过该位选择更新 UEV 事件的源。“0”表示如果使能更新中断或 DMA 请求，则计数器溢出 / 下溢、设置更新产生 UG 位、从模式控制器产生的更新会产生；“1”表示如果使能了更新中断或 DMA 请求，则只有计数器溢出 / 下溢才产生更新中断或 DMA 请求。

UDIS 表示禁止更新，软件通过该位允许 / 禁止更新 UEV 事件的产生，“0”允许 UEV；“1”禁止 UEV。

CEN 表示使能计数器，“1”为使能。在软件设置了 CEN 位后，外部时钟、门控模式和编码器模式才能工作。触发模式可以自动地通过硬件设置 CEN 位。在单脉冲模式下，当发生更新事件时，CEN 被自动清除。

2. 定时器控制寄存器 TIMx_CR2（图 6–18）

寄存器	31	30	29	28	27	26	25	24	23	22	21	20	19	18	17	16	15	14	13	12	11	10	9	8	7	6	5	4	3	2	1	0
控制寄存器 2 TIMx_CR2 复位值 = 0x0000 0000	保留																	OIS4	OIS3N	OIS3	OIS2N	OIS2	OIS1N	OIS1	TI1S	MMS[2:0]			CCDS	CCUS	保留	CCPC

图 6–18　定时器控制寄存器 TIMx_CR2

位 [14:8]OISy、OISyN（即 OIS4、OIS3N、OIS3、OIS2N、OIS2、OIS1N、OIS1）分别对应于 OCy、OCyN，当主输出使能位 MOE=0 时设定输出的空闲状态。在死区时间后 OCyN 设定为“1”或“0”，在执行 OCyN 输出操作后 OCy 设定为“1”或“0”。（注：MOE 在断路与死区寄存器 TIMx_BDTR 中。）

TI1S 位是定时器输入 TI1 选择。“0”表示 TIMx_CH1 引脚连到 TI1 输入，“1”表示 TIMx_CH1、TIMx_CH2 和 TIMx_CH3 引脚经异或后连到 TI1 输入。

MMS[2:0] 是主模式选择，用于选择在主模式下传送至从定时器的同步信息 TRGO 方式。

（1）000。复位时，事件产生寄存器 TIMx_EGR 的事件产生 UG 位被用于触发输出 TRGO。

（2）001。使能时，计数器使能信号 CNT_EN 被用于作为触发输出 TRGO，在同一时间启动多个定时器或控制在一段时间内使能从定时器。

（3）010。更新时，更新事件被选为触发输入 TRGO。

（4）011。比较脉冲，在发生一次捕捉或一次比较成功时，捕捉比较中断标志 CC1IF 置 1 时（即使其已经为高），触发输出送出一个正脉冲 TRGO。

（5）100 ～ 111。比较方式，输出比较 1 ～ 4 参考值 OC1REF、OC2REF、OC3REF、OC4REF 信号被用于作为触发输出 TRGO。

CCDS 表示捕捉 / 比较的 DMA 选择。“0”为当发生捕捉 / 比较 CCx 事件时，送出 CCx 的 DMA 请求；“1”为当发生更新事件时，送出 CCx 的 DMA 请求。

CCUS 和 CCPC 位分别表示捕捉 / 比较控制更新选择和捕捉 / 比较预载控制，两者仅作用于具有互补输出的通道。

3. 从模式控制寄存器 TIMx_SMCR（图 6-19）

寄存器	31	30	29	28	27	26	25	24	23	22	21	20	19	18	17	16	15	14	13	12	11	10	9	8	7	6	5	4	3	2	1	0
从模式控制寄存器 TIMx_SMCR 复位值 = 0x0000 0000	保留																ETP	ECE	ETPS[1:0]		ETF[3:0]				MSM	TS[2:0]			保留	SMS[2:0]		

图 6-19 从模式控制寄存器 TIMx_SMCR

ETP 表示外部触发信号 ETR 的极性。“0”为 ETR 的高电平或上升沿有效；“1”为 ETR 的反相低电平或下降沿有效。

ECE 为外部时钟使能位，该位启用外部时钟模式 2，“1”有效，计数器由外部触发输入 ETRF 信号上的任意有效边沿驱动。设置 ECE 位与选择外部时钟模式 1 并将 TRGI 连到 ETRF（设置 SMS=111 和 TS=111）具有相同功效。复位模式、门控模式和触发模式 3 种从模式可以与外部时钟模式 2 同时使用，这时 TRGI 不能连到 ETRF（触发选择 TS[2:0] 位不能是 111）。外部时钟模式 1 和外部时钟模式 2 同时被使能时，外部时钟的输入是 ETRF。

ETPS[1:0] 表示外部触发预分频。外部触发信号 ETRP 的频率必须最多是 CK_INT 频率的 1/4。当输入较快的外部时钟时，可以使用预分频降低 ETRP 的频率。00 为关闭预分频；01、10、11 分别为 ETRP 频率除以 2、4、8。

ETF[3:0] 表示外部触发滤波器设置，定义了采样 ETRP 信号的频率和数字滤波带宽。实际上，数字滤波器是一个事件计数器，记录到 N 个连续事件后会产生一个输出的跳变。0000 为无滤波器，采样频率 f_{DTS}；0001 ～ 0011 为采样频率 $f_{SAMPLING}=f_{CK\_INT}$，$N=2$、4、8；0100 ～ 0101 为采样频率 $f_{SAMPLING}=f_{CK\_INT}/2$，$N=6$、8；0110 ～ 0111 为采样频率 $f_{SAMPLING}=f_{CK\_INT}/4$，$N=6$、8；1000 ～ 1001 为采样频率 $f_{SAMPLING}=f_{CK\_INT}/8$，$N=6$、8；1010 ～ 1100 为采样频率 $f_{SAMPLING}=f_{CK\_INT}/16$，$N=5$、6、8；1101 ～ 1111 为采样频率 $f_{SAMPLING}=f_{CK\_INT}/32$，$N=5$、6、8。

MSM 表示主 / 从模式，“0”无作用，“1”为触发输入 TRGI 上的事件被延迟了，以允许在当前定时器通过 TRGO 与从定时器同步。这对要求把几个定时器同步到一个单一的外部事件时是非常实用。

TS[2:0] 表示触发选择，用于同步计数器的触发输入。000 为内部触发 0，ITR0；001 为内部触发 1，ITR1；010 为内部触发 2，ITR2；011 为内部触发 3，ITR3；100 为 TI1 的边沿检测器，TI1F_ED；101 为滤波后的定时器输入 1，TI1FP1；110 为滤波后的定时器输入 2，TI2FP2；111 为外部触发输入 ETRF。改变这些设置位只能在未用到（如 SMS=000）时被修改，以避免在改变时产生错误的边沿检测。内部触发输入源的连接关系如表 6-2 所示。

表 6-2 定时器内部触发输入源连接关系

从定时器	ITR0（TS[2:0]=000）	ITR1（TS[2:0]=001）	ITR2（TS[2:0]=010）	ITR3（TS[2:0]=011）
TIM1	TIM5_TRGO	TIM2_TRGO	TIM3_TRGO	TIM4_TRGO
TIM8	TIM1_TRGO	TIM2_TRGO	TIM4_TRGO	TIM5_TRGO

SMS[2:0] 表示从模式选择，当选择了外部信号，触发信号 TRGI 的有效边沿与选中的外部输入极性相关。

（1）000 为关闭从模式，这时如果使能位 CEN=1，则预分频器直接由内部时钟驱动。

（2）001 为编码器模式 1，这时根据 TI1FP2 的电平，计数器在 TI2FP1 的边沿向上 / 下计数。

（3）010 为编码器模式 2，这时根据 TI2FP1 的电平，计数器在 TI1FP2 的边沿向上 / 下计数。

（4）011 为编码器模式 3，这时根据另一个信号的输入电平，计数器在 TI1FP1 和 TI2FP2 的边沿向上 / 下计数。

（5）100 为复位模式，这时选中的触发输入 TRGI 的上升沿重新初始化计数器，并且产生一个更新寄存器的信号。

（6）101 为门控模式，这时当触发输入 TRGI 为高时，计数器的时钟开启，一旦触发输入变为低，则计数器停止（但不复位），计数器的启动和停止都是受控的。

（7）110 为触发模式，这时计数器在触发输入 TRGI 的上升沿启动（但不复位），只有计数器的启动是受控的。

（8）111 为外部时钟模式 1，这时选中的触发输入 TRGI 的上升沿驱动计数器。注：如果 TI1F_ED 被选为触发输入（TS=100）时，不要使用门控模式。

6.3.3 定时器状态、中断和事件寄存器

TIMx_DIER 为中断 /DMA 使能寄存器，TIMx_SR 为定时器状态寄存器，TIMx_EGR 为事件产生寄存器。

1. 中断 /DMA 使能寄存器 TIMx_DIER（图 6-20）

寄存器	31	30	29	28	27	26	25	24	23	22	21	20	19	18	17	16	15	14	13	12	11	10	9	8	7	6	5	4	3	2	1	0
DMA/ 中断使能寄存器 TIMx_DIER 复位值 = 0x0000 0000	保留																	TDE	CCMDE	CC4DE	CC3DE	CC2DE	CC1DE	UDE	BIE	TIE	COMIE	CC4IE	CC3IE	CC2IE	CC1IE	UIE

图 6-20 中断 /DMA 使能寄存器 TIMx_DIER

中断 /DMA 使能寄存器 TIMx_DIER 的每位设置均是“1”有效，TDE 允许触发 DMA 请求；CCyDE 允许捕捉 / 比较 1～4 的 DMA 请求；UDE 允许更新的 DMA 请求；TIE 使能触发中断；

CCyIE 允许捕捉 / 比较 1 ～ 4 中断；UIE 允许更新中断。

2. 定时器状态寄存器 TIMx_SR（图 6-21）

寄存器	31	30	29	28	27	26	25	24	23	22	21	20	19	18	17	16	15	14	13	12	11	10	9	8	7	6	5	4	3	2	1	0
状态寄存器 TIMx_SR 复位值 = 0x0000 0000	保留																			CC4OF	CC3OF	CC2OF	CC1OF	保留	BIF	TIF	COMIF	CC4IF	CC3IF	CC2IF	CC1IF	UIF

图 6-21　定时器状态寄存器 TIMx_SR

CCyOF 为捕捉 / 比较 1 ～ 4 重复捕捉（overcapture）标志，“0”表示无重复捕捉产生；“1”表示当计数器的值被捕捉到 TIMx_CCR1 ～ 4 寄存器时，CCyIF 的状态为“1”。仅当相应的通道被配置为输入捕捉时，该标志可由硬件置“1”。写“0”可清除该位。

BIF 断路中断标志位。一旦断路输入有效，由硬件对该位置“1”。如果断路输入无效，则该位可由软件清“0”。

TIF 触发器中断标志位，“0”表示无触发事件，“1”表示触发器中断挂起，等待响应。当发生触发事件（当从模式控制器处于除门控模式外的其他模式时，在 TRGI 输入端检测到有效边沿，或门控模式下的任一边沿）时由硬件对该位置“1”。该位由软件清“0”。

COMIF 交换中断标志位。该标志由硬件在交换 COM 事件时置“1”（当捕捉 / 比较控制位 CCyE、CCyNE、OCyM 已更新时）。该位由软件清“0”。

CCyIF 捕捉 / 比较 1 ～ 4 中断标志。如果通道 CCy 配置为输出模式，当计数器与比较值匹配时，该标志由硬件置“1”，但中心对齐模式除外。该位由软件清 0，“0”表示不匹配；“1”表示计数器 TIMx_CNT 的内容与捕捉 / 比较寄存器 TIMx_CCRy 寄存器的内容相匹配。当 TIMx_CCRy 的内容大于自动重载 TIMx_ARR 的内容时，CCyIF 位在计数器溢出（向上计数和向上 / 向下计数模式）或下溢（向下计数模式）时变为高电平。如果通道 CCy 配置为输入模式，“0”表示无输入捕捉产生，“1”表示计数器值已被捕捉至 TIMx_CCRy，在 ICy 上检测到与所选极性相同的边沿。该位由硬件置“1”，软件清“0”，或通过读 TIMx_CCR1 清“0”。

UIF 为更新中断标志位，“0”表示无更新事件，“1”表示更新中断挂起等待响应。当寄存器被更新时，该位由硬件置“1”，软件清“0”。若 TIMx_CR1 寄存器的 UDIS=0、URS=0，当 TIMx_EGR 寄存器的 UG=1 时产生更新事件（软件对计数器 CNT 重新初始化）；若 TIMx_CR1 寄存器的 UDIS=0、URS=0，当计数器 CNT 被触发事件重新初始化时产生更新事件。

3. 定时器事件产生寄存器 TIMx_EGR（图 6-22）

寄存器	31	30	29	28	27	26	25	24	23	22	21	20	19	18	17	16	15	14	13	12	11	10	9	8	7	6	5	4	3	2	1	0
事件产生寄存器 TIMx_EGR 复位值 = 0x0000 0000	保留																								BG	TG	COMG	CC4G	CC3G	CC2G	CC1G	UG

图 6-22　定时器事件产生寄存器 TIMx_EGR

事件产生寄存器 TIMx_EGR 各位“1”有效。

BG 产生断路事件，该位置“1”时，主输出使能 MOE 位被清除，断路中断 BIF 标志被置位。若 BG 使能，则可产生相关的中断或 DMA 传输。

TG 产生触发事件，通过软件置“1”产生事件（TIMx_SR 寄存器的 TIF=1），由硬件自动清 0。若 TG 使能，则可产生相应的中断和 DMA 传输。

COMG 产生捕捉 / 比较事件，通过软件置“1”产生事件（当捕捉 / 比较预载控制位 CCPC=1，允许更新 CCyE、CCyNE、OCyM 位），由硬件自动清“0”。该位只对拥有互补输出的通道有效。

CCyG 产生捕捉 / 比较 1 ～ 4 事件，通过软件置“1”产生事件（在通道 CCy 上产生一个捕捉 / 比较事件），由硬件自动清“0”。若通道 CCy 配置为输出，设置 CCyIF=1，若开启对应的中断和 DMA，则产生相应的中断和 DMA。若通道 CCy 配置为输入，当前的计数器值被捕捉至 TIMx_CCRy 寄存器；设置 CCyIF=1，若开启对应的中断和 DMA，则产生相应的中断和 DMA。若 CCyIF 已经为“1”，则设置 CCyOF=1。

UG 产生更新事件，通过软件置“1”产生事件，由硬件自动清“0”。重新初始化计数器，并产生一个更新事件。注意预分频器的计数器也被清 0，但是预分频系数不变。若在中心对称模式下或 DIR=0 向上计数时，计数器被清“0”；若 DIR=1 向下计数，则计数器取自动重载寄存器 TIMx_ARR 的值。

6.3.4 定时器捕捉 / 比较寄存器

TIMx_CCMR1、TIMx_CCMR2 和 TIMx_CCER 为捕捉 / 比较模式寄存器 1、2 以及捕捉 / 比较使能寄存器，设置内容随输出比较和输入捕捉功能而不同。

1. 捕捉 / 比较模式寄存器 TIMx_CCMR（图 6-23）

<table>
<tr><th>寄存器</th><th>31</th><th>30</th><th>29</th><th>28</th><th>27</th><th>26</th><th>25</th><th>24</th><th>23</th><th>22</th><th>21</th><th>20</th><th>19</th><th>18</th><th>17</th><th>16</th><th>15</th><th>14</th><th>13</th><th>12</th><th>11</th><th>10</th><th>9</th><th>8</th><th>7</th><th>6</th><th>5</th><th>4</th><th>3</th><th>2</th><th>1</th><th>0</th></tr>
<tr><td>捕捉 / 比较模式寄存器 1
TIMx_CCMR1
输出比较模式</td><td colspan="16">保留</td><td>OC2CE</td><td colspan="3">OC2M [2:0]</td><td>OC2PE</td><td>OC2FE</td><td colspan="2">CC2S [1:0]</td><td>OC1CE</td><td colspan="3">OC1M [2:0]</td><td>OC1PE</td><td>OC1FE</td><td colspan="2">CC1S [1:0]</td></tr>
<tr><td>捕捉 / 比较模式寄存器 2
TIMx_CCMR2
输出比较模式</td><td colspan="16">保留</td><td>OC4CE</td><td colspan="3">OC4M [2:0]</td><td>OC4PE</td><td>OC4FE</td><td colspan="2">CC4S [1:0]</td><td>OC3CE</td><td colspan="3">OC3M [2:0]</td><td>OC3PE</td><td>OC3FE</td><td colspan="2">CC3S [1:0]</td></tr>
<tr><td>TIMx_CCMR1
输入捕捉模式</td><td colspan="16">保留</td><td colspan="4">IC2F[3:0]</td><td colspan="2">IC2 PSC [1:0]</td><td colspan="2">CC2S [1:0]</td><td colspan="4">IC1F[3:0]</td><td colspan="2">IC1 PSC [1:0]</td><td colspan="2">CC1 S [1:0]</td></tr>
<tr><td>TIMx_CCMR2
输入捕捉模式</td><td colspan="16">保留</td><td colspan="4">IC4F[3:0]</td><td colspan="2">IC4 PSC [1:0]</td><td colspan="2">CC4S [1:0]</td><td colspan="4">IC3F[3:0]</td><td colspan="2">IC3 PSC [1:0]</td><td colspan="2">CC3 S [1:0]</td></tr>
</table>

图 6-23 捕捉 / 比较模式寄存器 TIMx_CCMR

1）输出比较模式时

OCyCE、OCyM[2:0]、OCyPE、OCyFE、CCyS[1:0]（y=1 ～ 4）分别对应输出比较 1 ～ 4 通道，内容相似。以通道 1 为例来说明。

（1）OC1CE。输出比较 1 的清零使能，“0”表示输出参考信号 OC1REF 不受 ETRF 输入的影响，“1”表示一旦检测到 ETRF 输入高电平，置 OC1REF=0。

（2）OC1M[2:0]。输出比较 1 的模式，定义了输出参考信号 OC1REF 的行为，并以此得到 OC1、OC1N 的值。OC1REF 是高电平有效，而 OC1、OC1N 的有效电平取决于 CC1P、CC1NP 位。

① 000 表示冻结。输出比较寄存器 TIMx_CCR1 与计数器 TIMx_CNT 间的比较对 OC1REF 不起作用。该模式常用于产生时间基准。

② 001 表示匹配时设置通道 1 为有效电平。当计数器 TIMx_CNT 的值与捕捉 / 比较寄存器 TIMx_CCR1 相同（匹配）时，OC1REF 被强制拉高。

③ 010 表示匹配时设置通道 1 为无效电平。当计数器 TIMx_CNT 的值与捕捉 / 比较寄存器 TIMx_CCR1 相同（匹配）时，OC1REF 被强制拉低。

④ 011 表示翻转。当 TIMx_CCR1=TIMx_CNT 时，翻转 OC1REF 的电平。

⑤ 100 表示强制为无效电平，OC1REF 被强制拉低。

⑥ 101 表示强制为有效电平，OC1REF 被强制拉高。

⑦ 110 表示 PWM 模式 1。在向上计数时，一旦 TIMx_CNT<TIMx_CCR1 时通道 1 为有效电平，否则为无效电平；在向下计数时，一旦 TIMx_CNT>TIMx_CCR1 时通道 1 为无效电平，否则为有效电平。

⑧ 111 表示 PWM 模式 2。在向上计数时，一旦 TIMx_CNT<TIMx_CCR1 时通道 1 为无效电平，否则为有效电平；在向下计数时，一旦 TIMx_CNT>TIMx_CCR1 时通道 1 为有效电平，否则为无效电平。

一旦断路与死区寄存器 BDTR 寄存器中的 LOCK[1:0] 级别设为 3，并且该通道配置成输出 CC1S=00 时，OC1M[2:0] 位不能被修改。在 PWM 模式 1 或 PWM 模式 2 中，只有当比较结果改变或在输出比较模式中从冻结模式切换到 PWM 模式时，OC1REF 电平才改变。

（3）OC1PE：输出比较 1 的预装载使能。“0”表示禁止 CCR1 寄存器的预装载功能，可随时写入 CCR1 寄存器，并且新写入的数值立即起作用；“1”表示开启 CCR1 寄存器的预装载功能，读写操作仅对预装载寄存器操作，TIMx_CCR1 的预装载值在更新事件到来时被加载至当前寄存器中。一旦 LOCK 级别设为 3 并且 CC1S=00，该位不能被修改。仅在单脉冲模式下（TIMx_CR1 寄存器的 OPM=1），可以在未确认预装载寄存器情况下使用 PWM 模式，否则其动作不确定。

（4）OC1FE。输出比较 1 的快速使能，用于加快 CC 输出对触发输入事件的响应。“0”表示 CC1 根据计数器 CNT 与预装载值 CCR1 的值正常操作，即使在触发器处于打开状态。当触发器的输入出现有效边沿时，激活 CC1 输出的最小延时为 5 个时钟周期。“1”表示触发输入上的有效边沿相当于 CC1 输出上的比较匹配。其后 OC 被设置为与比较结果无关的比较电平。采样触发输入和激活 CC1 输出的延迟减少到 3 个时钟周期。OC1FE 仅在通道配置为 PWM1 或 PWM2 模式时起作用。

（5）CC1S[1:0]。捕捉 / 比较 1 的选择，定义通道的输入 / 输出方向、输入引脚。

① 00 表示 CC1 通道被配置为输出。

② 01 表示 CC1 通道被配置为输入，IC1 映射在 TI1 上。

③ 10 表示 CC1 通道被配置为输入，IC1 映射在 TI2 上。

④ 11 表示 CC1 通道被配置为输入，IC1 映射在 TRC 上。11 模式仅工作在内部触发器输入被选中时（由从模式控制寄存器 TIMx_SMCR 的 TS 位选择）。

CC1S[1:0] 仅在通道关闭时（捕捉 / 比较使能寄存器 TIMx_CCER 寄存器的 CC2E=0）才是可写的。

2）输入捕捉模式

ICyF[3:0]、ICyPSC[1:0]（y=1 ～ 4）分别对应输入捕捉 1 ～ 4 通道，内容相似。以通道 1 为例说明。

IC1F[3:0] 为输入捕捉 1 的滤波器，定义 TI1 输入的采样频率及数字滤波器带宽。数字滤波器由一个事件计数器组成，记录到 N 个连续事件后会产生一个输出的跳变。0000 为无滤波器，采样频率 f_{DTS}；0001 ～ 0011 为采样频率 $f_{SAMPLING}=f_{CK\_INT}$，$N=2$、4、8；0100 ～ 0101 为采样频率 $f_{SAMPLING}=f_{CK\_INT}/2$，$N$=6、8；0110 ～ 0111 为采样频率 $f_{SAMPLING}=f_{CK\_INT}/4$，N=6、8；1000 ～ 1001 为采样频率 $f_{SAMPLING}=f_{CK\_INT}/8$，$N$=6、8；1010 ～ 1100 为采样频率 $f_{SAMPLING}=f_{CK\_INT}/16$，$N$=5、6、8；1101 ～ 1111 为采样频率 $f_{SAMPLING}=f_{CK\_INT}/32$，$N$=5、6、8。

IC1PSC[1:0] 为输入 / 捕捉 1 的预分频器，定义 CC1 输入 IC1 的预分频系数，一旦 TIMx_CCER 寄存器中 CC1E=0，则预分频器复位。00 表示无预分频器，捕捉输入口上检测到的每一个边沿都触发一次捕捉；01 表示每 2 个事件触发一次捕捉；10 表示每 4 个事件触发一次捕捉；11 表示每 8 个事件触发一次捕捉。

2.TIMx_CCER 捕捉 / 比较使能寄存器（图 6-24）

寄存器	31	30	29	28	27	26	25	24	23	22	21	20	19	18	17	16	15	14	13	12	11	10	9	8	7	6	5	4	3	2	1	0
捕捉 / 比较使能寄存器 TIMx_CCER 复位值 = 0x0000 0000	保留																CC4NP	保留	CC4P	CC4E	CC3NP	CC3NE	CC3P	CC3E	CC2NP	CC2NE	CC2P	CC2E	CC1NP	CC1NE	CC1P	CC1E

图 6-24　TIMx_CCER 捕捉 / 比较使能寄存器

捕捉 / 比较使能寄存器中，CCyNP 表示捕捉 / 比较 1 ～ 4 互补输出的极性；CCyNE 表示捕捉 / 比较 1 ～ 4 互补输出使能；CCyP 表示捕捉 / 比较 1 ～ 4 输出极性；CCyE 表示捕捉 / 比较 1 ～ 4 输出使能。

以通道 1 为例：

1）CC1NP 设置捕捉 / 比较 1 互补输出的极性

（1）当 CC1 通道配置为输出时 CC1NP=0 为 OC1N 高电平有效；CC1NP=1 为 OC1N 低电平有效。

（2）当 CC1 通道配置为输入时，CC1NP 位与 CC1P 一起用来定义 TI1FP1 和 TI2FP1 的极性。

在具有互补输出的通道上，该位是预加载的。如果 TIMx_CR2 寄存器中的 CCPC 位置 1，则只有在发生交换事件（COM）时，CC1NP 有效位才会从预载位获取新值。注意一旦 LOCK 锁定级别是 2 或 3 且 CC1[1:0]=00 时，该位不可写。

2）CC1NE 设置捕捉 / 比较 1 互补输出使能

（1）CC1NE=0 为关闭。OC1N 未激活。OC1N 电平则是 MOE、OSSI、OSSR、OIS1、OIS1N 和 CC1E 位的函数。

（2）CC1NE=1 为使能。OC1N 信号根据 MOE、OSSI、OSSR、OIS1、OIS1N 和 CC1E 位在相应的输出引脚上输出。

在具有互补输出的通道上，CC1NE 位是预加载的。如果 TIMx_CR2 寄存器中的 CCPC 位置“1”，则只有在发生交换事件（COM）时，CC1NE 有效位才会从预载位获取新值。

3）CC1P 设置捕捉 / 比较 1 输出极性

CC1 通道配置为输出时 CC1P=0 为 OC1 高电平有效 CC1P=1 为 OC1 低电平有效。

CC1 通道配置为输入时，由 CC1NP/CC1P 位为触发或捕捉操作选择 TI1FP1 和 TI2FP1 的有效极性。

（1）00 表示不反相 / 上升沿。该电路对 TIxFP1 上升沿敏感（复位、外部时钟或触发模式下的捕捉或触发操作），TIxFP1 不反相（门控模式或编码器模式下的触发操作）。

（2）01 表示反相 / 下降沿。该电路对 TIxFP1 下降沿敏感（复位、外部时钟或触发模式下的捕捉或触发操作），TIxFP1 反相（门控模式或编码器模式下的触发操作）。

（3）10 保留，不使用此配置。

（4）11 表示不反相 / 双沿。该电路对 TIxFP1 的上升沿和下降沿都敏感（复位、外部时钟或触发模式下的捕捉或触发操作），TIxFP1 不反相（门控模式下的触发操作）。此配置不得用于编码器模式。

在具有互补输出的通道上，该位是预加载的。如果 TIMx_CR2 寄存器中的 CCPC 位置“1”，则只有在产生交换事件（COM）时，CCyP 有效位才会从预载位获取新值。一旦 LOCK 锁定级别为 2 或 3，该位就不可写。

4）CC1E 设置捕捉 / 比较 1 输出使能

当 CC1 通道配置为输出时：

（1）CC1E=0 为关闭。OC1 未激活，OC1 的电平则是 MOE、OSSI、OSSR、OIS1、OIS1N 和 CC1NE 位的函数。

（2）CC1E=1 为使能。例如根据 MOE、OSSI、OSSR、OIS1、OIS1N 和 CC1NE 位，在相应的输出引脚上输出 OC1 信号。

当 CC1 通道配置为输入时，该位决定是否可以将计数器值捕捉到输入捕捉 / 比较寄存器 TIMx_CCR1 中。“0”表示禁用捕捉，“1”表示捕捉使能。

在具有互补输出的通道上，CC1E 位被预加载。如果 TIMx_CR2 寄存器中的 CCPC 位置“1”，则只有在发生换向事件时，CC1E 有效位才会从预载位中获取新值。

6.3.5 影子寄存器和计数寄存器

影子寄存器包括自动重载寄存器 TIMx_ARR、预分频器寄存器 TIMx_PSC 以及比较模式下的捕捉 / 比较寄存器 TIMx_CCR1/2/3/4。计数寄存器包括计数 TIMx_CNT、重复计数器 TIMx_RCR。以上数据寄存器除了 TIMx_RCR 只有 REP[7:0] 低 8 位以外，均是低 16 位 [15:0]，如 CNT[15:0]、PSC[15:0]、CCRy[15:0]，有效范围 0 ～ 65535。这些寄存器均可读可写，复位值都是 0x0000 0000。

6.3.6 定时器死区 / 断路寄存器

死区 / 断路寄存器 TIMx_BDTR 如图 6-25 所示，在 LOCK[1:0]=1 时不能修改 AOE、BKP、BKF ；在 LOCK[1:0]=2 时不能修改 OSSR、OSSI 位；在 LOCK[1:0]=1/2/3 时不能修改 DTG[7:0]。

MOE 主输出使能位和 AOE 自动输出使能位相互关联，只有当通道设置为输出时才能起作用。当断路输入有效时，MOE 位会被硬件异步清“0”，由软件置“1”或者自动由

寄存器	31	30	29	28	27	26	25	24	23	22	21	20	19	18	17	16	15	14	13	12	11	10	9	8	7	6	5	4	3	2	1	0
死区 / 断路寄存器 TIMx_BDTR 复位值 = 0x0000 0000	保留																MOE	AOE	BKP	BKE	OSSR	OSSI	LOCK [1:0]		DT[7:0]							

图 6-25 定时器死区 / 断路寄存器 TIMx_BDTR

AOE 位决定。MOE=0 表示禁止 OCy 和 OCyN 输出或强制为空闲状态；MOE=1 表示设置相应的使能位（即 TIMx_CCER 的 CCyE、CCyNE），则开启 OCy 和 OCyN 输出。AOE=0 表示 MOE 位只能被软件置“1”；AOE=1 表示 MOE 被软件置“1”或者当断路信号无效后被更新事件自动置“1”。

BKP 表示断路输入极性，“0”为低电平有效；“1”为高电平有效。

BKE 为断路使能，“1”有效，即启用断路输入和时钟安全系统（CSS）时钟故障事件功能。

OSSR、OSSI 分别表示运行模式、空闲模式下无效状态时的设置。当 MOE=1，并且 TIM 通道为互补输出时 OSSR 有效，OSSR=0 表示禁止 OCy/OCyN 输出，OSSR=1 表示当 CCyE 或 CCyEN=1 时，首先开启 OC/OCN 并输出无效电平，然后 OC/OCN 使能输出信号等于 1。当 MOE=0，并且通道是输出时，OSSI 有效，OSSI=0 表示禁止 OC/OCN 输出（OC 和 OCN 的使能信号等于 0），OSSI=1 表示当 CCyE 或 CCyEN=1 时，OC/OCN 首先输出其空闲电平，然后 OCy/OCyN 使能输出信号等于 1。

LOCK[1:0] 锁定设置。00 为不锁定；01/10/11 分别表示锁定级别 1/2/3。

DTG[7:0] 死区时间产生器设置。

6.3.7 定时器寄存器的初始化

应用 STM32F4xx 系列微控制器的定时器 TIM 功能时，初始化实现方法就是要正确设置定时时基、输入和输出等各项寄存器参数。如果采用标准库 STD 法，有关参数和函数的定义代码可在 stm32f4xx_tim.c/.h 文件中找到，需要自行输入代码；如果采用硬件抽象库 HAL 法，定义代码可在 stm32f4xx_hal_tim.c/.h 文件中找到，由 STM32CubeMX 软件通过界面设置后自动生成代码。两种方法编程的初始化函数，其思路是一样的。

对于运用定时时基的基本定时功能，采用 STD 法，就是对 TIM_TimeBaseInitTypeDef 结构体中的重载值 ARR、预分频数 PSC、计数方向和时钟分频因子 CKD 等参数进行初始化。如果需要开定时中断，则对 NVIC 中 NVIC_InitTypeDef 结构体初始化，使能 TIM 中断，确定中断号、向量表。此处代码展示的是 TIM2 时基参数，并允许定时中断的初始化过程。

代码展示：

	语句	注释

定义	typedef struct
	{
	  uint16_t TIM_Prescaler;
	  uint16_t TIM_CounterMode;
	  uint32_t TIM_Period;
	  uint16_t TIM_ClockDivision;
	  uint8_t TIM_RepetitionCounter;
	} TIM_TimeBaseInitTypeDef;
		//stm32f4xx_tim.h
		
		//预分频 PSC 大小
		//计数模式，如向上计数
		//自动重载值 ARR
		//采样频率分频因子 CKD
		//重复计数值 RCR，适合 TIM1/8

定义	#define TIM_CounterMode_Up ((uint16_t)0x0000) #define TIM_CounterMode_Down ((uint16_t)0x0010) #define TIM_CounterMode_CenterAligned1 ((uint16_t)0x0020) #define TIM_CounterMode_CenterAligned2 ((uint16_t)0x0040) #define TIM_CounterMode_CenterAligned3 ((uint16_t)0x0060)	//定义计数模式
定义	#define TIM_CKD_DIV1 ((uint16_t)0x0000) #define TIM_CKD_DIV2 ((uint16_t)0x0100) #define TIM_CKD_DIV4 ((uint16_t)0x0200)	//定义 CKD 值

自编初始化函数	//入口参数为 ARR 和 PSC
	void TIM2_Init(uint16_t reloadARR, uint16_t PSCnum)
	{
	TIM_TimeBaseInitTypeDef TIM_TimeBaseInitStructure;
	NVIC_InitTypeDef NVIC_InitStructure;
	
	RCC_APB1PeriphClockCmd(RCC_APB1Periph_TIM2,ENABLE);
	
	TIM_TimeBaseInitStructure.TIM_Period = reloadARR;
	TIM_TimeBaseInitStructure.TIM_Prescaler = PSCnum;
	TIM_TimeBaseInitStructure.TIM_CounterMode=TIM_CounterMode_Up;
	TIM_TimeBaseInitStructure.TIM_ClockDivision=TIM_CKD_DIV1;
	
	TIM_ARRPreloadConfig(TIM2, ENABLE);
	TIM_TimeBaseInit(TIM2,&TIM_TimeBaseInitStructure);
	
	TIM_ITConfig(TIM2,TIM_IT_Update,ENABLE);
	TIM_Cmd(TIM2,ENABLE);
	
	NVIC_InitStructure.NVIC_IRQChannel=TIM2_IRQn;
	NVIC_InitStructure.NVIC_IRQChannelPreemptionPriority=0x01;
	NVIC_InitStructure.NVIC_IRQChannelSubPriority=0x03;
	NVIC_InitStructure.NVIC_IRQChannelCmd=ENABLE;
	NVIC_Init(&NVIC_InitStructure);
	}
		
		//位于用户文件中
		
		//定义基本初始化结构体
		变量
		
		//使能 TIM2 时钟
		
		//自动重装载值 ARR
		//预分频 PSC 大小
		//向上计数模式
		//采样分频 CKD=1
		
		//自动重载使能
		//调用写寄存器函数
		
		//允许 TIM2 中断
		//使能 TIM2，CEN 位
		
		//TIM2 中断号 28
		//抢占优先级 1
		//子优先级 3

设置	NVIC_PriorityGroupConfig(NVIC_PriorityGroup_2);	在 main 主函数中添加设置中断第 2 组

中断服务函数	void TIM2_IRQHandler(void)
	{
	if(TIM_GetITStatus(TIM2,TIM_IT_Update)==SET)
	{
	//这里放自己的功能代码……
	}
	TIM_ClearITPendingBit(TIM2,TIM_IT_Update);
	}
		//stm32f4xx_it.c
		
		//溢出中断
		
		//清除中断标志位

输出比较模式的初始化除了设置基本参数 TIM_TimeBaseInitTypeDef 以外，还需对输出结构体 TIM_OCInitTypeDef 各项参数进行设定。此处为 TIM5 使用通道 CH1 作为 PWM1 输出模式时的初始化代码展示。

代码展示：

	语句	注释

定义	typedef struct
	{
	  uint16_t TIM_OCMode;
	  uint16_t TIM_OutputState;
	  uint16_t TIM_OutputNState;
	  uint32_t TIM_Pulse;
	  uint16_t TIM_OCPolarity;
	  uint16_t TIM_OCNPolarity;
	  uint16_t TIM_OCIdleState;
	  uint16_t TIM_OCNIdleState;
	} TIM_OCInitTypeDef;
		//stm32f4xx_tim.h
		
		//输出模式
		//比较输出使能
		//互补输出使能
		//占空比数
		//比较输出极性和互补输出极性
		
		//空闲状态

定义	#define TIM_OutputState_Disable ((uint16_t)0x0000) #define TIM_OutputState_Enable ((uint16_t)0x0001) #define TIM_OutputNState_Disable ((uint16_t)0x0000) #define TIM_OutputNState_Enable ((uint16_t)0x0004)	//定义比较输出和互补输出状态（关闭或使能）
定义	#define TIM_CCx_Enable ((uint16_t)0x0001) #define TIM_CCx_Disable ((uint16_t)0x0000) #define TIM_CCxN_Enable ((uint16_t)0x0004) #define TIM_CCxN_Disable ((uint16_t)0x0000)	//定义比较输出和互补输出的关闭或使能
定义	#define TIM_OCPolarity_High ((uint16_t)0x0000) #define TIM_OCPolarity_Low ((uint16_t)0x0002) #define TIM_OCNPolarity_High ((uint16_t)0x0000) #define TIM_OCNPolarity_Low ((uint16_t)0x0008)	//定义比较输出和互补输出的极性
定义	#define TIM_OCIdleState_Set ((uint16_t)0x0100) #define TIM_OCIdleState_Reset ((uint16_t)0x0000) #define TIM_OCNIdleState_Set ((uint16_t)0x0200) #define TIM_OCNIdleState_Reset ((uint16_t)0x0000)	//定义比较输出和互补输出的空闲状态

自编初始化函数	//入口参数为 ARR 和 PSC
	void TIM5_PWM_Init(uint32_t reloadARR, uint32_t PSCnum)
	{
	  GPIO_InitTypeDef GPIO_InitStructure;
	  TIM_TimeBaseInitTypeDef TIM_TimeBaseStructure;
	  TIM_OCInitTypeDef TIM_OCInitStructure;
	
	  RCC_APB1PeriphClockCmd(RCC_APB1Periph_TIM5,ENABLE);
	  RCC_AHB1PeriphClockCmd(RCC_AHB1Periph_GPIOA, ENABLE);
	
	  GPIO_PinAFConfig(GPIOA,GPIO_PinSource0,GPIO_AF_TIM5);
	
	  GPIO_InitStructure.GPIO_Pin = GPIO_Pin_0;
	  GPIO_InitStructure.GPIO_Mode = GPIO_Mode_AF;
	  GPIO_InitStructure.GPIO_Speed = GPIO_Speed_100MHz;
	  GPIO_InitStructure.GPIO_OType = GPIO_OType_PP;
		//用户文件中
		
		//定义 GPIO 结构体
		//定义基本初始化结构体变量
		
		//TIM5 时钟使能
		//使能 PA 时钟
		
		//PA0 复用
		
		//GPIOA0，PA0 输出
		//复用功能
		//速度 100MHz
		//推挽输出

自编初始化函数	GPIO_InitStructure.GPIO_PuPd = GPIO_PuPd_UP;	//上拉
	GPIO_Init(GPIOA,&GPIO_InitStructure);	//初始化
	TIM_TimeBaseStructure.TIM_Prescaler= PSCnum;	//预分频 PSC 大小
	TIM_TimeBaseStructure.TIM_CounterMode=TIM_CounterMode_Up;	//向上计数模式
	TIM_TimeBaseStructure.TIM_Period= reloadARR;	//自动重装载值 ARR
	TIM_TimeBaseStructure.TIM_ClockDivision=TIM_CKD_DIV1;	//采样分频 CKD=1
	TIM_TimeBaseInit(TIM5,&TIM_TimeBaseStructure);	//调用写寄存器函数
	TIM_OCInitStructure.TIM_OCMode = TIM_OCMode_PWM1;	//初始化 TIM5 CH1 为 PWM1 模式
	TIM_OCInitStructure.TIM_OutputState = TIM_OutputState_Enable;	//比较输出使能
	TIM_OCInitStructure.TIM_OCPolarity = TIM_OCPolarity_Low;	//比较输出极性低
	TIM_OC1Init(TIM5, &TIM_OCInitStructure);	
	TIM_OC1PreloadConfig(TIM5, TIM_OCPreload_Enable);	//OC1 上的 CCR1 预装载使能
	TIM_ARRPreloadConfig(TIM5,ENABLE);	//自动重载使能
	TIM_Cmd(TIM5, ENABLE);	//使能 TIM5
	}	
使用	TIM_SetCompare1(TIM5, 占空比大小);	//main.c
	//使用该函数通过变化占空比大小调节 PWM 波形	//对应 OC1 通道

输入捕捉模式的初始化除了设置基本参数 TIM_TimeBaseInitTypeDef 以外，还需对输入功能 TIM_ICInitTypeDef 结构体和捕获中断 NVIC_InitTypeDef 结构体进行设定，具体代码详见本章测量频率实例。

代码展示：

	语句	注释
定义	typedef struct	//stm32f4xx_tim.h
	{	
	uint16_t TIM_Channel;	//输入通道
	uint16_t TIM_ICPolarity;	//输入信号的有效边沿
	uint16_t TIM_ICSelection;	//输入选项
	uint16_t TIM_ICPrescaler;	//预分频数
	uint16_t TIM_ICFilter;	//设置滤波器
	} TIM_ICInitTypeDef;	

6.4 定时器应用

STM/GD32F40x 系列微控制器内部集成了 14 个定时器，功能多，本节从基本定时、输出比较和输入捕捉 3 个方面进行示例讲解，初步掌握定时器的应用。

6.4.1 定时器引脚分配

应用定时器 TIM 时，由于 STM/GD32F4xx 系列的定时器功能比较复杂，故依据题目要求，首先要分析定时器的功能，是基本定时、还是输入捕捉或输出比较。然后进行初始化编程，初始化也是根据定时器不同模式而不一样，基本思路是使能时钟、GPIO 端口复用功能初始化、基本定时功能初始化、输入或输出功能初始化以及中断 /DMA 初始化等几个步骤。最后在 main 函数和中断服务程序编写实现题目功能的代码。

STM32F407ZGT6 定时器 TIM1 ～ 14 中除了基本定时器 TIM6 和 TIM7 没有输入捕获 / 输出比较通道以外，其他定时器均有对应的引脚，如表 6-3 所示。使用定时器功能时，这些 GPIO 引脚均需要设置为复用模式 AF。

表 6-3 STM32F407ZGT6 定时器功能对应引脚分配

定时器	通道 1 CH1	通道 2 CH2	通道 3 CH3	通道 4 CH4	外部 触发 ETR	断路 输入 BKIN	所属 总线
TIM1	PA8/PE9 互补通道： PA7/PB13/PE8	PA9/PE11 互补通道： PB0/PB14/PE10	PA10/PE13 互补通道： PB1/PB15/PE12	PA11/ PE14	PA12/ PE7	PA6/ PB12/ PE15	APB2
TIM8	PC6 互补 PA5/PA7	PC7 互补 PB0/PB14	PC8 互补 PB1/PB15	PC9	PA0	PA6	APB2
TIM2	PA0/PA5/PA15	PA1/PB3	PA2/PB10	PA3/PB11	PA0	—	APB1
TIM3	PA6/PB4/PC6	PA7/PB5/PC7	PB0/PC8	PB1/PC9	PD2	—	APB1
TIM4	PB6/PD12	PB7/PD13	PB8/PD14	PB9/PD15	PE0	—	APB1
TIM5	PA0	PA1	PA2	PA3	—	—	APB1
TIM9	PA2/PE5	PA3/PE6	—	—	—	—	APB2
TIM10	PB8	PF6	—	—	—	—	APB2
TIM11	PB9	PF7	—	—	—	—	APB2
TIM12	PB14	PB15	—	—	—	—	APB1
TIM13	PA6/PF8	—	—	—	—	—	APB1
TIM14	PA7/PF9	—	—	—	—	—	APB1

6.4.2 定时器库函数介绍

在标准库 stm32f4xx_tim.h 和 stm32f4xx_tim.c 文件中定义了定时器 TIM 的相关寄存器设置变量和标准库函数，其部分说明如表 6-4 所示（表中 x=1,2,…,14）。

表 6-4 TIM 标准库结构体和库函数（stm32f4xx_tim.c/.h）

序号	数据变量 / 函数名称	使用说明
1	TIM_TimeBaseInitTypeDef 结构体	设置定时器基本参数：重载值 ARR、分频值 PSC、计数模式等
2	TIM_OCInitTypeDef 结构体	设置定时器输出比较参数：输出模式、占空比、输出比较 / 互补输出的使能、极性、空闲状态等
3	TIM_ICInitTypeDef 结构体	设置定时器输入捕捉参数：通道、极性、分频、滤波器等
4	TIM_BDTRInitTypeDef 结构体	设置定时器死区 / 断路参数：运行模式、空闲模式下无效状态、死区时间、断路使能以及输入极性等

续表 6-4

<table>
<tr><th>序号</th><th>数据变量 / 函数名称</th><th>使用说明</th></tr>
<tr><td rowspan="2">5</td><td>TIM_TimeBaseInit ( ) 函数</td><td>定时时基的初始化，设置基本参数</td></tr>
<tr><td colspan="2">void TIM_TimeBaseInit(TIM_TypeDef* TIMx,TIM_TimeBaseInitTypeDef* TIM_TimeBaseInitStruct);</td></tr>
<tr><td rowspan="2">6</td><td>TIM_TimeBaseStructInit ( ) 函数</td><td>将定时时基的结构体变量成员按默认值填充</td></tr>
<tr><td colspan="2">void TIM_TimeBaseStructInit(TIM_TimeBaseInitTypeDef* TIM_TimeBaseInitStruct);</td></tr>
<tr><td rowspan="2">7</td><td>TIM_DeInit ( ) 函数</td><td>将指定 TIMx 寄存器重置为默认值</td></tr>
<tr><td colspan="2">void TIM_DeInit(TIM_TypeDef* TIMx);</td></tr>
<tr><td rowspan="2">8</td><td>TIM_Cmd ( ) 函数</td><td>使能或者关闭指定 TIMx 外设，ENABLE 或 DISABLE</td></tr>
<tr><td colspan="2">void TIM_Cmd(TIM_TypeDef* TIMx,FunctionalState NewState);</td></tr>
<tr><td rowspan="2">9</td><td>Config、Set 和 Get 类函数</td><td>各种参数的设置或获得</td></tr>
<tr><td colspan="2">void TIM_PrescalerConfig(TIM_TypeDef* TIMx,uint16_t Prescaler,uint16_t TIM_PSCReloadMode);
void TIM_CounterModeConfig(TIM_TypeDef* TIMx,uint16_t TIM_CounterMode);
void TIM_SetCounter(TIM_TypeDef* TIMx,uint32_t Counter);
void TIM_SetAutoreload(TIM_TypeDef* TIMx,uint32_t Autoreload);
uint32_t TIM_GetCounter(TIM_TypeDef* TIMx);
uint16_t TIM_GetPrescaler(TIM_TypeDef* TIMx);
void TIM_UpdateDisableConfig(TIM_TypeDef* TIMx,FunctionalState NewState);
void TIM_UpdateRequestConfig(TIM_TypeDef* TIMx,uint16_t TIM_UpdateSource);
void TIM_ARRPreloadConfig(TIM_TypeDef* TIMx,FunctionalState NewState);
void TIM_SelectOnePulseMode(TIM_TypeDef* TIMx,uint16_t TIM_OPMode);
void TIM_SetClockDivision(TIM_TypeDef* TIMx,uint16_t TIM_CKD);</td></tr>
<tr><td rowspan="2">10</td><td>TIM_OC1Init ( ) 函数</td><td>输出比较的初始化，设置基本参数，分为 4 路：OC1/2/3/4</td></tr>
<tr><td colspan="2">void TIM_OC1Init(TIM_TypeDef* TIMx,TIM_OCInitTypeDef* TIM_OCInitStruct);
// 类似函数有 4 个</td></tr>
<tr><td rowspan="2">11</td><td>TIM_OCStructInit ( ) 函数</td><td>将输出比较的结构体变量成员按默认值填充</td></tr>
<tr><td colspan="2">void TIM_OCStructInit(TIM_OCInitTypeDef* TIM_OCInitStruct);</td></tr>
<tr><td rowspan="2">12</td><td>TIM_SelectOCxM ( ) 函数</td><td>设置输出比较的通道号、模式</td></tr>
<tr><td colspan="2">void TIM_SelectOCxM(TIM_TypeDef* TIMx,uint16_t TIM_Channel,uint16_t TIM_OCMode);</td></tr>
<tr><td rowspan="3">13</td><td>TIM_CCxCmd ( ) 和 N 函数</td><td>是否使能输出比较 TIM_CCxCmd 和互补输出 TIM_CCxNCmd</td></tr>
<tr><td colspan="2">void TIM_CCxCmd(TIM_TypeDef* TIMx,uint16_t TIM_Channel,uint16_t TIM_CCx);</td></tr>
<tr><td colspan="2">void TIM_CCxNCmd(TIM_TypeDef* TIMx,uint16_t TIM_Channel,uint16_t TIM_CCxN);</td></tr>
<tr><td rowspan="2">14</td><td>TIM_SetCompare1 ( ) 函数</td><td>设置输出比较的 CCR1 值（占空比），CCR1/2/3/4 通道</td></tr>
<tr><td colspan="2">void TIM_SetCompare1(TIM_TypeDef* TIMx,uint32_t Compare1);
TIM_SetCompare1/2/3/4 共有 4 个</td></tr>
</table>

续表 6-4

序号	数据变量 / 函数名称	使用说明
15	OC 的各种 config( ) 函数	输出比较 OC 的配置、极性，分别有 4 路：OC1/2/3/4

	void TIM_ForcedOC1Config(TIM_TypeDef* TIMx,uint16_t TIM_ForcedAction);
	void TIM_OC1PreloadConfig(TIM_TypeDef* TIMx,uint16_t TIM_OCPreload);
	void TIM_OC1FastConfig(TIM_TypeDef* TIMx,uint16_t TIM_OCFast);
	void TIM_ClearOC1Ref(TIM_TypeDef* TIMx,uint16_t TIM_OCClear);
	void TIM_OC1PolarityConfig(TIM_TypeDef* TIMx,uint16_t TIM_OCPolarity);
	void TIM_OC1NPolarityConfig(TIM_TypeDef* TIMx,uint16_t TIM_OCNPolarity);	

16	TIM_ICInit ( ) 函数	输入捕捉的初始化
	void TIM_ICInit(TIM_TypeDef* TIMx,TIM_ICInitTypeDef* TIM_ICInitStruct);	
17	TIM_ICStructInit ( ) 函数	将输入捕捉的结构体变量成员按默认值填充
	void TIM_ICStructInit(TIM_ICInitTypeDef* TIM_ICInitStruct);	
18	TIM_PWMIConfig ( ) 函数	配置 TIM 外设，以测量外部 PWM 输入信号
	void TIM_PWMIConfig(TIM_TypeDef* TIMx,TIM_ICInitTypeDef* TIM_ICInitStruct);	
19	TIM_SetIC1Prescaler ( ) 函数	设置输入捕捉 IC1/2/3/4 的分频
	void TIM_SetIC1Prescaler(TIM_TypeDef* TIMx,uint16_t TIM_ICPSC); // 类似的函数有 4 个	
20	TIM_GetCapture1 ( ) 函数	获取 IC1/2/3/4 的输入捕捉大小 CCR1/2/3/4
	uint32_t TIM_GetCapture1(TIM_TypeDef* TIMx); // 类似的函数有 4 个	
21	高级定时器 TIM1/8 相关函数	设置死区、断路等功能

	void TIM_BDTRConfig(TIM_TypeDef* TIMx,TIM_BDTRInitTypeDef *TIM_BDTRInitStruct);
	void TIM_BDTRStructInit(TIM_BDTRInitTypeDef* TIM_BDTRInitStruct);
	void TIM_CtrlPWMOutputs(TIM_TypeDef* TIMx,FunctionalState NewState);
	void TIM_SelectCOM(TIM_TypeDef* TIMx,FunctionalState NewState);
	void TIM_CCPreloadControl(TIM_TypeDef* TIMx,FunctionalState NewState);	

22	TIM_ITConfig ( ) 函数	设置定时器中断 DIER
	void TIM_ITConfig(TIM_TypeDef* TIMx,uint16_t TIM_IT,FunctionalState NewState);	
23	中断有关的函数	获取中断 / 事件标志位，清除标志位

	FlagStatus TIM_GetFlagStatus(TIM_TypeDef* TIMx,uint16_t TIM_FLAG);
	void TIM_ClearFlag(TIM_TypeDef* TIMx,uint16_t TIM_FLAG);
	ITStatus TIM_GetITStatus(TIM_TypeDef* TIMx,uint16_t TIM_IT);
	void TIM_ClearITPendingBit(TIM_TypeDef* TIMx,uint16_t TIM_IT);	

硬件抽象库提供定时器 TIM 有关的库函数和变量定义，与标准库相似，详细代码请参考文件 stm32f4xx_hal_tim.h 和 stm32f4xx_hal_tim.c。

6.4.3 定时器应用实例——定时中断

分别采用标准库 STD 法和硬件抽象库 HAL 法完成例 6-1，读者可扫数字资源 6-2 和数字资源 6-3 查看工程实现、编程方法和代码说明。

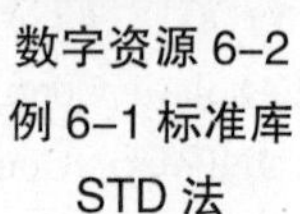

数字资源 6-2 例 6-1 标准库 STD 法

数字资源 6-3 例 6-1 硬件抽象库 HAL 法

例 6-1 设计电路并编程实现：分别以 1Hz、10Hz 和 50Hz 的频率控制 PE3、PE4 引脚上的 LED 工作指示灯闪烁和 PE2 引脚上的蜂鸣器鸣叫。要求采用定时器中断的方法（可以采用两个定时器）。

硬件电路：设计如图 6-26 所示，STM32F407ZGT6 开发板上，GPIO E 端口 PE3 连接 LED2、PE4 连接 LED3，PE2 连接三极管电路以驱动蜂鸣器。LED 是当 I/O 输出“0”时点亮，输出“1”是熄灭。蜂鸣器是高电平时鸣叫。通用数字 I/O 的属性设为通用输出、最大速度、上拉、推挽输出。

软件思路：定义 LED 名称分别为 LED2、LED3，蜂鸣器名称为 BEEP。采用 SysTick 定时器控制 1Hz 工作指示灯 LED2（呼吸灯）。SysTick 为 1ms 时基，因此需要 1000 次中断。采用基本定时器 TIM6 控制 10Hz 指示灯 LED3 和 50Hz 蜂鸣器。按 50Hz，即 20ms 定时，已知初始参数 CK_INT=CK_PSC=84MHz，则设置分频数 TIM6_PSC=199，重载值 TIM6_ARR=8399，则单次定时 T_1=（199+1）×（8399+1）/ 84 000 000=20ms。20ms 中断 5 次可得到 10Hz 时间。

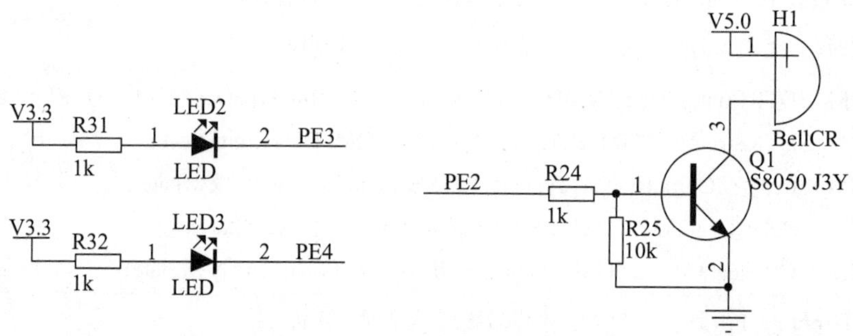

图 6-26 例 6-1 电路原理及接口

采用标准库法的流程是：首先依据模板新建工程，选定芯片型号，添加必要的库文件，分组管理这些文件；然后添加空白的 usermain.c 文件，在该文件中或新建 .c/.h 文件中编写本题目所需的初始化函数 void LED_Init(void)、void TIM6_Init(void) 和一些变量，并在文件 stm32f4xx_it.c 的 void SysTick_Handler(void) 和 TIM6_DAC_IRQHandler 定时中断服务函数添加 LED 闪烁和蜂鸣器鸣叫代码。最后在 usermain.c 文件修改 int main(void) 函数，按初始化系统时钟、初始化 GPIO、初始化 TIM6、开中断然后无限循环中等中断等几个步骤去实现代码。编程完成后，进行调试、修改和观察。

管理工程时需加入的标准库文件至少包括 startup_stm32f40_41xxx.s、stm32f4xx_rcc.c、stm32f4xx_gpio.c、stm32f4xx_syscfg.c、misc.c、stm32f4xx_tim.c 及其包含的头文件。程序的主要代码如下。

代码展示：		
	语句（usermain.c）	注释
定义	#include “usermain.h”	//包含所有的头文件
定义	void LEDBEEP_Init(void); void TIM6_Init(uint16_t reloadARR,uint16_t PSCnum);	//定义两个函数

主函数	int main(void)
	{
	RCC_GetClocksFreq(&RCC_Clocks);
	SysTick_Config(RCC_Clocks.HCLK_Frequency / 1000);
	NVIC_PriorityGroupConfig(NVIC_PriorityGroup_2);
	Delay(5);
	LEDBEEP_Init();
	TIM6_Init(8399,199);
	
	while (1)
	{
	
	}
	}
		//main 函数
		
		//初始化系统时钟
		//SysTick 按 1ms
		//设置系统中断优先级分组 2
		
		//初始化 LED 和蜂鸣器
		//初始化 TIM6，开中断
		
		//while 无限循环
		//等中断，在中断服务程序实现功能

初始化函数	void LEDBEEP_Init(void)
	{
	GPIO_InitTypeDef GPIO_InitStructure;
	
	RCC_AHB1PeriphClockCmd(RCC_AHB1Periph_GPIOE, ENABLE);
	
	GPIO_InitStructure.GPIO_Pin=GPIO_Pin_2 | GPIO_Pin_3 | GPIO_Pin_4;
	GPIO_InitStructure.GPIO_Mode = GPIO_Mode_OUT;
	GPIO_InitStructure.GPIO_OType = GPIO_OType_PP;
	GPIO_InitStructure.GPIO_Speed = GPIO_Speed_100MHz;
	GPIO_InitStructure.GPIO_PuPd = GPIO_PuPd_UP;
	GPIO_Init(GPIOE, &GPIO_InitStructure);
	
	GPIO_SetBits(GPIOE, GPIO_Pin_3 | GPIO_Pin_4);
	GPIO_ResetBits(GPIOE, GPIO_Pin_2);
	}
		//LED-BEEP 对应 IO 初始化
		
		//使能 GPIOE 时钟
		
		//PE3、PE4 的 LED，PE2 的 BEEP 蜂鸣器初始化设置
		//普通输出模式
		//推挽输出
		//100MHz 超高速
		//上拉
		//调用初始化 GPIO
		
		//高电平 LED 熄灭
		//低电平 BEEP 不响

初始化函数	void TIM6_Init(uint16_t reloadARR,uint16_t PSCnum)
	{
	TIM_TimeBaseInitTypeDef TIM_TimeBaseInitStructure;
	NVIC_InitTypeDef NVIC_InitStructure;
	
	RCC_APB1PeriphClockCmd(RCC_APB1Periph_TIM6,ENABLE);
	
	TIM_TimeBaseInitStructure.TIM_Period = reloadARR;
	TIM_TimeBaseInitStructure.TIM_Prescaler = PSCnum;
		//TIM6 的初始化
		
		//定时时基结构体
		
		//使能 TIM6 时钟
		
		//自动重装载值
		//定时器分频

初始化函数

```
    TIM_TimeBaseInitStructure.TIM_CounterMode =                     //向上计数模式
            TIM_CounterMode_Up;
    TIM_TimeBaseInitStructure.TIM_ClockDivision = TIM_CKD_DIV1;
    TIM_ARRPreloadConfig(TIM6,ENABLE);                              //自动重载

    TIM_TimeBaseInit(TIM6,&TIM_TimeBaseInitStructure);              //初始化 TIM6

    TIM_ITConfig(TIM6,TIM_IT_Update,ENABLE);                        //允许定时器 6 更新中断
    TIM_Cmd(TIM6,ENABLE);                                           //使能定时器 6

    NVIC_InitStructure.NVIC_IRQChannel=TIM6_DAC_IRQn;               //定时器 6 中断号
    NVIC_InitStructure.NVIC_IRQChannelPreemptionPriority=0x02;      //抢占优先级 2
    NVIC_InitStructure.NVIC_IRQChannelSubPriority=0x00;             //子优先级 0
    NVIC_InitStructure.NVIC_IRQChannelCmd=ENABLE;
    NVIC_Init(&NVIC_InitStructure);
}
```

定义

```
extern uint16_t IndexLED2;                                          //stm32f4xx_it.c
extern uint16_t IndexBEEP;
```

中断服务程序

```
void SysTick_Handler(void)                                          //stm32f4xx_it.c
{                                                                   //该函数为 SysTick 中断，
  TimingDelay_Decrement();                                          按 1ms 时基

  IndexLED2 ++;
  if (IndexLED2 == 1000){                                           //计数 1000 次翻转 LED2
      GPIO_ToggleBits(GPIOE, GPIO_Pin_3);                           的电平
      IndexLED2 = 0;
  }
}
```

中断服务程序

```
void TIM6_DAC_IRQHandler(void)                                      //该函数是 TIM6 中断服务
{                                                                   程序，按设定值中断
   if(TIM_GetITStatus(TIM6,TIM_IT_Update)==SET)                     //溢出中断
   {
     IndexBEEP ++;
     GPIO_ToggleBits(GPIOE, GPIO_Pin_2);                            //蜂鸣器 BEEP 按 50Hz 翻
                                                                    转电平
     if(IndexBEEP==5){
        GPIO_ToggleBits(GPIOE, GPIO_Pin_4);                         //LED3 按 10Hz 翻转电平
        IndexBEEP = 0;
     }
   }
   TIM_ClearITPendingBit(TIM6,TIM_IT_Update);                       //清除中断标志位
}
```

采用硬件抽象库 HAL 法的流程是：先运行 STM32CubeMX 软件，按题目要求完成系统时钟、GPIO 设置、TIM6 定时参数设置和允许中断，生成 Keil MDK 工程。TIM6 的参数如图 6-27 和图 6-28 所示，PSC=199，ARR=8399，自动重载。TIM6 中断优先级设为第 2 组，抢占优先级 2，子优先级 0。在 main 函数中需要启动 TIM6，添加 HAL_TIM_Base_Start_IT(&htim6) 语句。在中断文件 stm32f4xx_it.c 里的定时服务函数 void TIM6_DAC_

IRQHandler(void) 中填写 LED 和蜂鸣器翻转的代码。

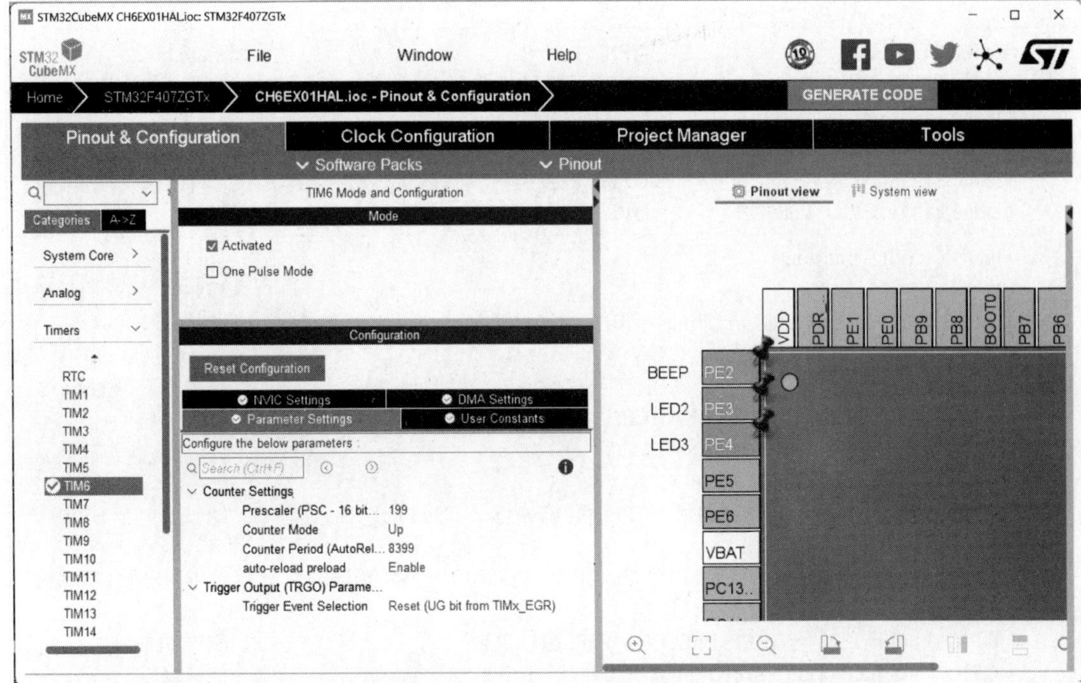

图 6–27 例 6–1 的 STM32CubeMX 设置 1

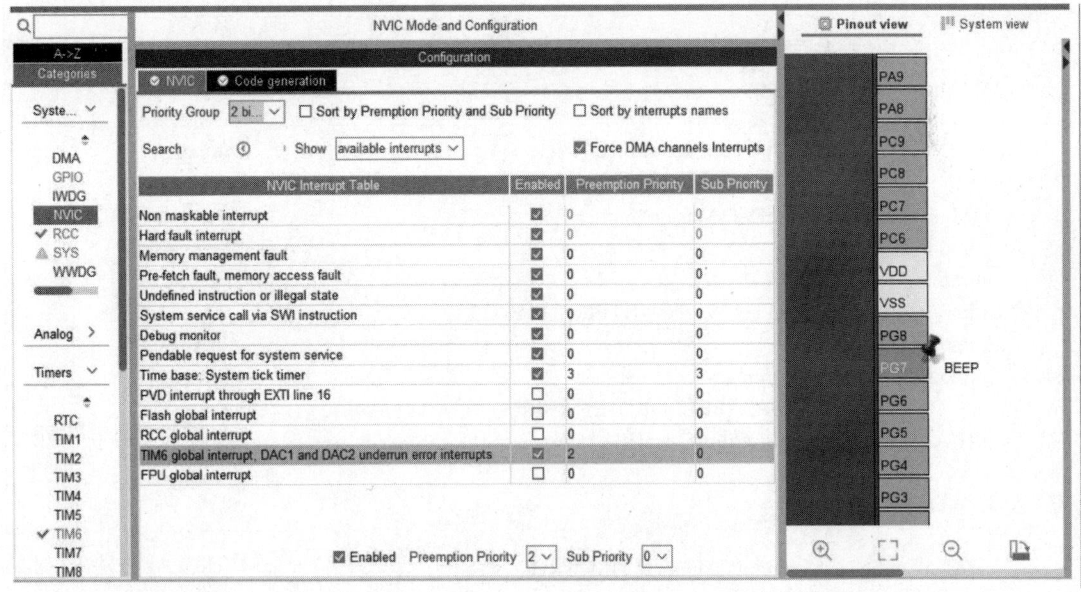

图 6–28 例 6–1 的 STM32CubeMX 设置 2

基于硬件抽象库法的主要程序代码展示如下。

代码展示：

	语句	注释
定义	#define BEEP_Pin GPIO_PIN_2 #define BEEP_GPIO_Port GPIOE #define LED2_Pin GPIO_PIN_3 #define LED2_GPIO_Port GPIOE #define LED3_Pin GPIO_PIN_4 #define LED3_GPIO_Port GPIOE	//main.h //自定义 I/O 口的名称，方便查找

初始化函数	void MX_GPIO_Init(void)
	{
	GPIO_InitTypeDef GPIO_InitStruct = {0};
	
	__HAL_RCC_GPIOE_CLK_ENABLE();
	__HAL_RCC_GPIOH_CLK_ENABLE();
	__HAL_RCC_GPIOA_CLK_ENABLE();
	
	HAL_GPIO_WritePin(GPIOE, BEEP_Pin, GPIO_PIN_RESET);
	
	HAL_GPIO_WritePin(GPIOE, LED2_Pin|LED3_Pin, GPIO_PIN_SET);
	
	GPIO_InitStruct.Pin = BEEP_Pin|LED2_Pin|LED3_Pin;
	GPIO_InitStruct.Mode = GPIO_MODE_OUTPUT_PP;
	GPIO_InitStruct.Pull = GPIO_PULLUP;
	GPIO_InitStruct.Speed = GPIO_SPEED_FREQ_VERY_HIGH;
	HAL_GPIO_Init(GPIOE, &GPIO_InitStruct);
	}
		//gpio.c
		//初始化 LED 的函数
		//结构体变量
		
		//使能相应的 GPIOE 时钟
		
		//缺省低电平 BEEP 不响
		
		//缺省高电平 LED 熄灭
		
		//配置 PE2/3/4
		//推挽输出
		//上拉
		//超高速
		//调用写寄存器初始化函数

定义	TIM_HandleTypeDef htim6;	//tim.c

初始化函数	void MX_TIM6_Init(void)
	{
	TIM_MasterConfigTypeDef sMasterConfig = {0};
	htim6.Instance = TIM6;
	htim6.Init.Prescaler = 199;
	htim6.Init.CounterMode = TIM_COUNTERMODE_UP;
	htim6.Init.Period = 8399;
	htim6.Init.AutoReloadPreload =
	TIM_AUTORELOAD_PRELOAD_ENABLE;
	if (HAL_TIM_Base_Init(&htim6) != HAL_OK)
	{
	Error_Handler();
	}
	sMasterConfig.MasterOutputTrigger = TIM_TRGO_RESET;
	sMasterConfig.MasterSlaveMode =
	TIM_MASTERSLAVEMODE_DISABLE;
	if (HAL_TIMEx_MasterConfigSynchronization(&htim6,
	&sMasterConfig) != HAL_OK)
	{
		//tim.c
		
		//设置结构体
		
		//参数 PSC=199
		//向上计数
		//ARR=8399
		//自动重载
		
		//调用时基初始化函数
		
		//TRGO 触发输出在本例没有用到

	代码	注释

	`Error_Handler();`
	`}`
	`}`	

初始化函数	`void HAL_TIM_Base_MspInit(TIM_HandleTypeDef* tim_baseHandle)`
	`{`
	`if(tim_baseHandle->Instance==TIM6)`
	`{`
	`__HAL_RCC_TIM6_CLK_ENABLE();`
	`HAL_NVIC_SetPriority(TIM6_DAC_IRQn, 2, 0);`
	`HAL_NVIC_EnableIRQ(TIM6_DAC_IRQn);`
	`}`
	`}`
		//基本定时器初始化函数
		//使能定时器 TIM6
		//设置中断优先级，
		//使能中断

定义	`uint16_t IndexLED2=0;` `uint16_t IndexBEEP=0;`	//main.c

主函数	`int main(void)`
	`{`
	`HAL_Init();`
	`SystemClock_Config();`
	`MX_GPIO_Init();`
	`MX_TIM6_Init();`
	`IndexLED2=0;`
	`IndexBEEP=0;`
	`HAL_TIM_Base_Start_IT(&htim6);`
	`while (1)`
	`{`
	`}`
	`}`
		//main.c
		//初始化 HAL 库
		//系统时钟初始化
		//I/O 初始化
		//启动 TIM6 并开中断
		//全局变量
		//无限循环
		//无限循环中等中断在中断服务程序实现功能

定义	`extern uint16_t IndexLED2;` `extern uint16_t IndexBEEP;`	//stm32f4xx_it.c

中断服务函数	`void SysTick_Handler(void)`
	`{`
	`HAL_IncTick();`
	`IndexLED2 ++;`
	`if(IndexLED2 == 1000){`
	`HAL_GPIO_TogglePin(GPIOE, LED2_Pin);`
	`IndexLED2 = 0;`
	`}`
	`}`
	`void TIM6_DAC_IRQHandler(void)`
	`{`
		//stm32f4xx_it.c
		//该函数为 SysTick 中断，按 1ms 时基
		// 计数 1000 次翻转 LED2 的电平
		//该函数是 TIM6 中断服务程序，按设定值中断

中断服务函数	IndexBEEP ++;
	HAL_GPIO_TogglePin(GPIOE, BEEP_Pin);
	
	if(IndexBEEP==5){
	HAL_GPIO_TogglePin(GPIOE, LED3_Pin);
	IndexBEEP = 0;
	}
	
	HAL_TIM_IRQHandler(&htim6);
	}
		//蜂鸣器按 50Hz 翻转电平
		
		//LED3 按 10Hz 翻转电平
		
		//调用系统定时处理

6.4.4 定时器应用实例——PWM 输出

分别采用标准库 STD 法和硬件抽象库 HAL 法完成例 6-2，读者可扫数字资源 6-4 和数字资源 6-5 查看工程实现、编程方法和代码说明。

数字资源 6-4
例 6-2 标准库
STD 法

数字资源 6-5
例 6-2 硬件抽
象库 HAL 法

例 6-2 设计电路并编程实现：选用 STM32F407 芯片的 3 路 GPIO 引脚连接三色灯珠的红 R、绿 G、蓝 B 端，要求通过输出 3 路 PWM 波形分别调节 RGB 分量，实现颜色变化。（本题不考虑红、绿、蓝三种颜色的组合比例，只实现颜色变化即可）

硬件电路：设计如图 6-29 所示，STM32F407ZGT6 开发板上，GPIO D 端口 PD13/14/15 外接三色灯珠的 R/G/B 端，共阳极接 3.3V。三色灯珠，也称为全彩 LED，其主要工作原理是：由红、绿、蓝三基色混色实现颜色的变化，采用输出波形的脉宽调制，即调节每色 LED 灯导通的占空比，在扫描速度很快的情况下，利用人眼的视觉惰性能展现颜色渐变的效果。设置通用数字 I/O 的属性为通用输出、最大速度、上拉、推挽输出。

软件思路：PD13/14/15 对应为定时器 TIM4 的 CH2/3/4 通道。采用通用定时器 TIM4 输出 PWM 波形，时基参数为内部时钟源 CK_INT=CK_PSC=84MHz，分频数 TIM4_PSC=99，重载值 TIM4_ARR=419，则单次定时 T_1=（99+1）×（419+1）/84 000 000=0.5(ms)。即 PWM 的频率为 2kHz。

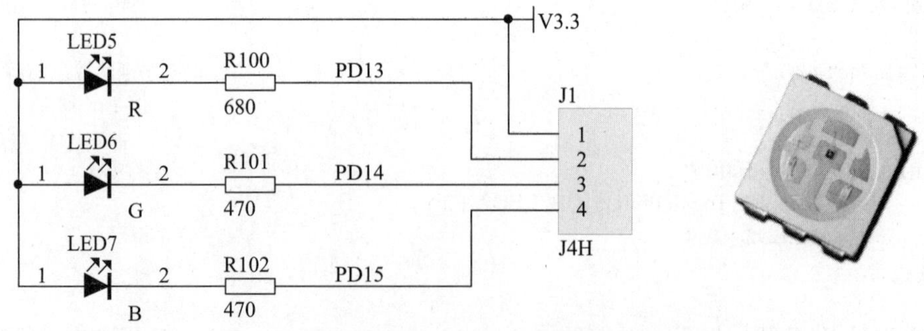

图 6-29 例 6-2 电路原理及接口图、实物照片

采用标准库法时，首先要初始化 TIM4 用于输出比较产生 3 路 PWM 的函数。然后在

usermain.c 文件修改 int main(void) 函数，调用各初始化函数，并改变占空比更新 PWM 波形。管理工程时需加入的标准库文件至少包括 startup_stm32f40_41xxx.s、stm32f4xx_gpio.c、stm32f4xx_rcc.c、stm32f4xx_syscfg.c、stm32f4xx_tim.c 及其包含的头文件。

代码展示：

	文件（usermain.c）	注释
定义	void TIM4_PWM_D234_Init(uint32_t reloadARR,uint32_t PSCnum);	//自定义函数
初始化函数	void TIM4_PWM_D234_Init(uint32_t reloadARR,uint32_t PSCnum)	//设置 PD13/PD14/PD15，OC 通道 CH2/3/4 为 PWM 输出
	{	
	GPIO_InitTypeDef GPIO_InitStructure;	
	TIM_TimeBaseInitTypeDef TIM_TimeBaseStructure;	
	TIM_OCInitTypeDef TIM_OCInitStructure;	
	RCC_APB1PeriphClockCmd(RCC_APB1Periph_TIM4,ENABLE);	//TIM4 时钟使能
	RCC_AHB1PeriphClockCmd(RCC_AHB1Periph_GPIOD, ENABLE);	//使能 PORTD 时钟
	GPIO_PinAFConfig(GPIOD,GPIO_PinSource13,GPIO_AF_TIM4);	//PD13/14/15 复用为定时器 4 输出
	GPIO_PinAFConfig(GPIOD,GPIO_PinSource14,GPIO_AF_TIM4);	
	GPIO_PinAFConfig(GPIOD,GPIO_PinSource15,GPIO_AF_TIM4);	
	GPIO_InitStructure.GPIO_Pin = GPIO_Pin_13|GPIO_Pin_14 |GPIO_Pin_15;	//GPIOD13/14/15
	GPIO_InitStructure.GPIO_Mode = GPIO_Mode_AF;	//复用功能
	GPIO_InitStructure.GPIO_Speed = GPIO_Speed_100MHz;	//速度 100MHz
	GPIO_InitStructure.GPIO_OType = GPIO_OType_PP;	//推挽复用输出
	GPIO_InitStructure.GPIO_PuPd = GPIO_PuPd_UP;	//上拉
	GPIO_Init(GPIOD, &GPIO_InitStructure);	//初始化 PD
	TIM_TimeBaseStructure.TIM_Prescaler = PSCnum;	//定时器分频
	TIM_TimeBaseStructure.TIM_CounterMode = TIM_CounterMode_Up;	//向上计数模式
	TIM_TimeBaseStructure.TIM_Period = reloadARR;	//自动重装载值
	TIM_TimeBaseStructure.TIM_ClockDivision=TIM_CKD_DIV1;	//DTS 时间分割系数 CKD=1
	TIM_TimeBaseInit(TIM4, &TIM_TimeBaseStructure);	//初始化定时器
	TIM_OCInitStructure.TIM_OCMode = TIM_OCMode_PWM1;	//选择输出模式 PWM1
	TIM_OCInitStructure.TIM_OutputState = TIM_OutputState_Enable;	//比较输出使能
	TIM_OCInitStructure.TIM_Pulse = 0;	//占空比
	TIM_OCInitStructure.TIM_OCPolarity = TIM_OCPolarity_Low;	//输出极性低
	TIM_OC2Init(TIM4, &TIM_OCInitStructure);	//初始化 OC CH2/3/4
	TIM_OC3Init(TIM4, &TIM_OCInitStructure);	
	TIM_OC4Init(TIM4, &TIM_OCInitStructure);	
	TIM_OC2PreloadConfig(TIM4, TIM_OCPreload_Enable);	//使能 TIM4 在 CCR2/3/4 的预装载寄存器
	TIM_OC3PreloadConfig(TIM4, TIM_OCPreload_Enable);	
	TIM_OC4PreloadConfig(TIM4, TIM_OCPreload_Enable);	

初始化函数	TIM_ARRPreloadConfig(TIM4, ENABLE); //使能自动重载
	
	  TIM_Cmd(TIM4, ENABLE); //使能 TIM4
	}

定义	#define PWMMAX 410 //定义参数 #define ARRMAX 419 //定义变量 #define PSCMAX 99 uint32_t myPWMt=0;

函数	int main(void) //main 函数
	{
	  RCC_GetClocksFreq(&RCC_Clocks);
	  SysTick_Config(RCC_Clocks.HCLK_Frequency / 1000); //系统时钟
	
	  Delay(5);
	  TIM4_PWM_D234_Init(ARRMAX, PSCMAX); //调用初始化函数
	  TIM_SetCompare2(TIM4,0); //占空比初始值
	  TIM_SetCompare3(TIM4,PWMMAX);
	  TIM_SetCompare4(TIM4,0);
	
	  while (1)
	  {
	    TIM_SetCompare2(TIM4,myPWMt);
	    TIM_SetCompare3(TIM4,PWMMAX-myPWMt); //改变占空比
	    TIM_SetCompare4(TIM4,myPWMt);
	    myPWMt+=50;
	    if(myPWMt>(PWMMAX-50)) //观察灯珠显示颜色
	      myPWMt=0;
	    Delay(1000);
	  }
	}

采用硬件抽象库HAL法时：运行STM32CubeMX软件，如图6-30和图6-31所示，GPIO设置PE3为LED，通用输出、推挽、上拉、高速。TIM6用于工作指示灯，参数设置PSC=4999，ARR=8399，自动重载。TIM6中断优先级设为第2组，抢占优先级2，子优先级0。TIM4用于产生PWM波形，参数设置PSC=19，ARR=8399，自动重载。配置TIM4的CH2、CH3、CH4通道为PWM1模式、使能，并设置占空比初值分别是4200、200、8200。

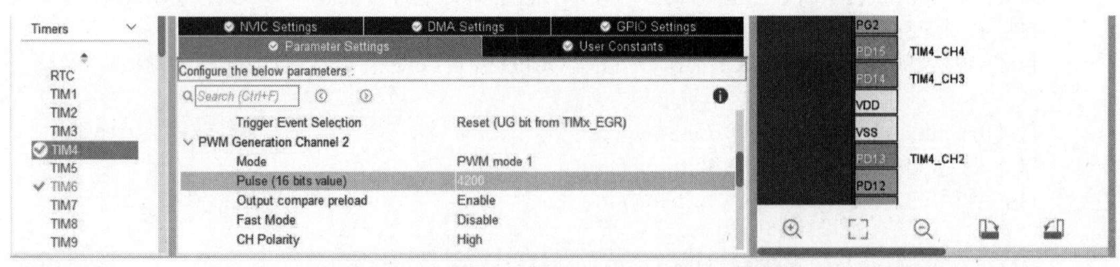

图6-30　例6-2的STM32CubeMX设置1

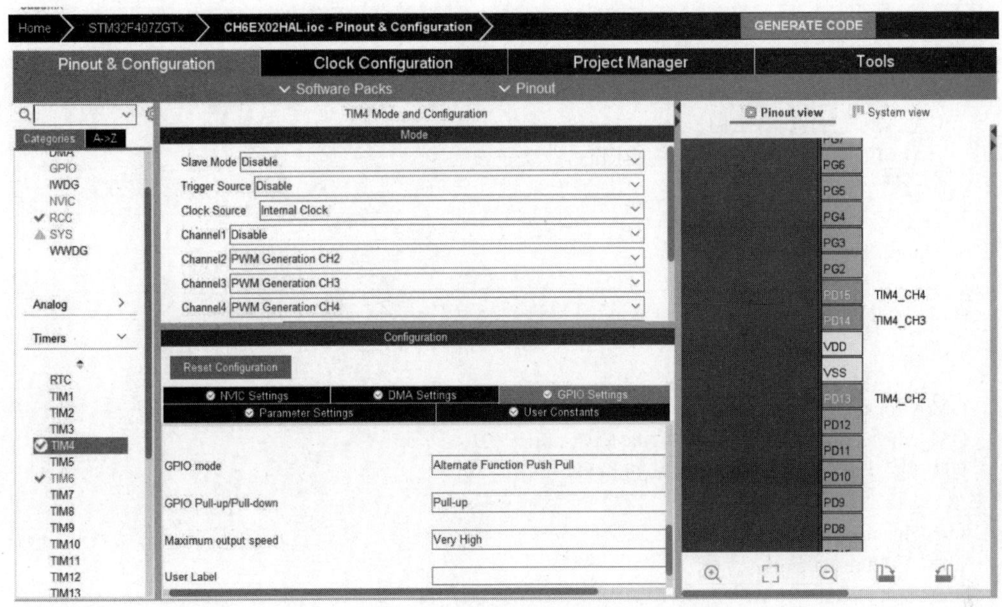

图 6-31　例 6-2 的 STM32CubeMX 设置 2

硬件抽象库法的主要代码体现在 main.c、gpio.c 和 tim.c 文件。

代码展示：

	语句	注释

定义	`int main(void)`
	`{`
	`  HAL_Init();`
	`  SystemClock_Config();`
	`  MX_GPIO_Init();`
	`  MX_TIM4_Init();`
	`  HAL_TIM_PWM_Start(&htim4, TIM_CHANNEL_2);`
	`  HAL_TIM_PWM_Start(&htim4, TIM_CHANNEL_3);`
	`  HAL_TIM_PWM_Start(&htim4, TIM_CHANNEL_4);`
	`  while (1)`
	`  {`
	`    HAL_Delay(200);`
	`    myPWMt+=200;`
	`    if(myPWMt>3000)`
	`      myPWMt=0;`
	
	`    __HAL_TIM_SET_COMPARE(&htim4, TIM_CHANNEL_2, 4200-myPWMt);`
	`    __HAL_TIM_SET_COMPARE(&htim4, TIM_CHANNEL_3, 300+myPWMt);`
	`    __HAL_TIM_SET_COMPARE(&htim4, TIM_CHANNEL_4, 8200-myPWMt*2);`
	`  }`
	`}`
		//main.c
		
		//系统时钟
		//GPIO 初始化空
		//TIM4 的初始化
		//TIM4 的 PWM 启动三路
		
		//设置 3 路不同的占空比值

	代码	注释

初始化函数	void MX_GPIO_Init(void)
	{
	  __HAL_RCC_GPIOH_CLK_ENABLE();
	  __HAL_RCC_GPIOD_CLK_ENABLE();
	  __HAL_RCC_GPIOA_CLK_ENABLE();
	}
		//gpio.c
		//GPIO 的初始化，使能时钟，其他为空

定义	TIM_HandleTypeDef htim4;	//tim.c

初始化函数	void MX_TIM4_Init(void)
	{
	
	  TIM_ClockConfigTypeDef sClockSourceConfig = {0};
	  TIM_MasterConfigTypeDef sMasterConfig = {0};
	  TIM_OC_InitTypeDef sConfigOC = {0};
	
	  htim4.Instance = TIM4;
	  htim4.Init.Prescaler = 19;
	  htim4.Init.CounterMode = TIM_COUNTERMODE_UP;
	  htim4.Init.Period = 8399;
	  htim4.Init.ClockDivision = TIM_CLOCKDIVISION_DIV1;
	  htim4.Init.AutoReloadPreload =
	        TIM_AUTORELOAD_PRELOAD_ENABLE;
	  if (HAL_TIM_Base_Init(&htim4) != HAL_OK)
	  {
	    Error_Handler();
	  }
	  sClockSourceConfig.ClockSource =
	        TIM_CLOCKSOURCE_INTERNAL;
	  if (HAL_TIM_ConfigClockSource(&htim4, &sClockSourceConfig)
	  != HAL_OK)
	  {
	    Error_Handler();
	  }
	  if (HAL_TIM_PWM_Init(&htim4) != HAL_OK)
	  {
	    Error_Handler();
	  }
	  sMasterConfig.MasterOutputTrigger = TIM_TRGO_RESET;
	  sMasterConfig.MasterSlaveMode =
	        TIM_MASTERSLAVEMODE_DISABLE;
	  if (HAL_TIMEx_MasterConfigSynchronization(&htim4,
	        &sMasterConfig) != HAL_OK)
	  {
	    Error_Handler();
	  }
	
	  sConfigOC.OCMode = TIM_OCMODE_PWM1;
	  sConfigOC.Pulse = 4200;
	  sConfigOC.OCPolarity = TIM_OCPOLARITY_LOW;
		//tim.c
		//初始化 TIM4 的函数
		
		//结构体变量
		
		//定时时基初始化
		
		//内部时钟源
		
		//PWM 初始化
		
		//没有用到 TRGO 和互连
		
		//输出对比的初始化：模式 PWM1
		//占空比 4200/ 8400
		//输出极性低

```
  sConfigOC.OCFastMode = TIM_OCFAST_DISABLE;
  if (HAL_TIM_PWM_ConfigChannel(&htim4, &sConfigOC,             //通道 CH2 调用 PWM 配置函数
            TIM_CHANNEL_2) != HAL_OK)
  {
    Error_Handler();
  }
  sConfigOC.Pulse = 200;                                        //通道 CH3 占空比 200/8400
  if (HAL_TIM_PWM_ConfigChannel(&htim4, &sConfigOC,             //调用 PWM 配置函数
         TIM_CHANNEL_3) != HAL_OK)
  {
    Error_Handler();
  }
  sConfigOC.Pulse = 8200;                                       //通道 CH4 占空比 8200/8400
  if (HAL_TIM_PWM_ConfigChannel(&htim4, &sConfigOC,             //调用 PWM 配置函数
         TIM_CHANNEL_4) != HAL_OK)
  {
    Error_Handler();
  }
  HAL_TIM_MspPostInit(&htim4);                                  //调用写寄存器函数
}
初始化函数
void HAL_TIM_Base_MspInit(TIM_HandleTypeDef* tim_baseHandle)    //使能 TIM4 时钟的初始化函数
{

  if(tim_baseHandle->Instance==TIM4)
  {
    __HAL_RCC_TIM4_CLK_ENABLE();
  }
}
void HAL_TIM_MspPostInit(TIM_HandleTypeDef* timHandle)          //TIM4 GPIO 配置的初始化函数
{                                                               PD13 对应于
                                                                TIM4_CH2 通道；
  GPIO_InitTypeDef GPIO_InitStruct = {0};                       PD14 对应于
  if(timHandle->Instance==TIM4)                                 TIM4_CH3 通道；
  {                                                             PD15 对应于
    __HAL_RCC_GPIOD_CLK_ENABLE();                               TIM4_CH4 通道
    GPIO_InitStruct.Pin = GPIO_PIN_13|GPIO_PIN_14|GPIO_PIN_15;
    GPIO_InitStruct.Mode = GPIO_MODE_AF_PP;                     //复用推挽输出
    GPIO_InitStruct.Pull = GPIO_PULLUP;                         //上拉
    GPIO_InitStruct.Speed = GPIO_SPEED_FREQ_VERY_HIGH;          //最高速度
    GPIO_InitStruct.Alternate = GPIO_AF2_TIM4;                  //复用到 TIM4
    HAL_GPIO_Init(GPIOD, &GPIO_InitStruct);
  }
}
```

6.4.5 定时器应用实例——测量频率

分别采用标准库 STD 法和硬件抽象库 HAL 法完成例 6-3，读者可扫数字资源 6-6 和数字资源 6-7 查看工程实现、编程方法和代码说明。

数字资源 6-6
例 6-3 标准库
STD 法

数字资源 6-7
例 6-3 硬件抽
象库 HAL 法

例 6-3 设计电路并编程实现：选用 STM32F407 芯片的 PA0 引脚测量输入波形的频率。采取 PD15 输出 PWM 波形，连接 PD15 和 PA0，改变 PWM 波形占空比和频率，观察测得值是否正确。并思考如何测量高电平的宽度？

硬件电路：将 STM32F407ZGT6 开发板上的 GPIO A 端口的 PA0 与 GPIO D 端口 PD15 连接起来。为观察方便，通过串口 USART1 外连 USB-TTL 模块，将测量值传输到电脑上，通过串口调试助手显示出来。电路接口如图 6-32 所示。

软件思路：PD15 为 TIM4 的 CH4，设置为 PWM1 模式，初始参数内部时钟源 CK_INT=CK_PSC=84MHz，分频数 TIM4_PSC=19，重载值 TIM4_ARR=839，则单次定时 T_1=（19+1）×（839+1）/84 000 000=0.2（ms）。即 PWM 的频率为 5kHz，占空比若数取为 210，按 PWM1 模式则占比 75%。TIM5 的分频数 TIM5_PSC=83，重载值 TIM5_ARR=4 294 967 295，则捕捉频率为 1MHz。（注：TIM2 和 TIM5 是 32 位的定时器，ARR、CCR 和 CNT 寄存器是 32 位。另外，USART1 串口发送数据也可以采用 printf( ) 重定义函数，参见第 8.3.4 节。）

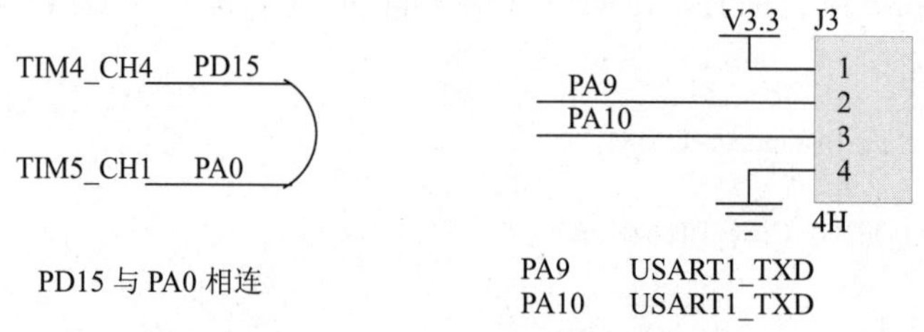

图 6-32 例 6-3 电路原理及接口

采用标准库法时，首先要自定义初始化 TIM4 用于通道 CH4 输出 1 路 PWM、TIM5 用于通道 CH1 的输入捕捉以及 USART1 串口的函数。然后在 usermain.c 文件添加中断服务函数 void TIM5_IRQHandler(void)，得到两次上升沿捕捉计数值。在主函数 int main(void) 按序调用各初始化函数，并在 while 循环中通过中断返回的计数值计算出频率和周期，并由串口发送出去。

代码展示：		
	文件（usermain.c）	注释

定义	void TIM4_PWM_Init(uint32_t ARRdata, uint32_t PSCdata);
	void TIM5_CAP_CH1_Init(uint32_t ARRdata, uint16_t PSCdata);
	void uart1DEBUG_init(uint32_t boundRate);
		//自定义初始化函数

初始化函数	void TIM5_CAP_CH1_Init(uint32_t ARRdata, uint16_t PSCdata) { GPIO_InitTypeDef GPIO_InitStructure; TIM_TimeBaseInitTypeDef TIM_TimeBaseStructure; NVIC_InitTypeDef NVIC_InitStructure; TIM_ICInitTypeDef TIM5_ICInitStructure;	//定时器 5 通道 1 输入捕获配置 //ARRdata：自动重装值，PSCdata：时钟预分频数

初始化函数	RCC_APB1PeriphClockCmd(RCC_APB1Periph_TIM5,ENABLE); //TIM5 时钟使能，PORTA
	RCC_AHB1PeriphClockCmd(RCC_AHB1Periph_GPIOA, ENABLE);
	
	GPIO_InitStructure.GPIO_Pin = GPIO_Pin_0; //GPIOA0
	GPIO_InitStructure.GPIO_Mode = GPIO_Mode_AF; //复用功能
	GPIO_InitStructure.GPIO_Speed = GPIO_Speed_100MHz; //速度 100MHz
	GPIO_InitStructure.GPIO_OType = GPIO_OType_PP; //推挽复用输出
	GPIO_InitStructure.GPIO_PuPd = GPIO_PuPd_DOWN; //下拉
	GPIO_Init(GPIOA,&GPIO_InitStructure); //初始化 PA0
	
	GPIO_PinAFConfig(GPIOA,GPIO_PinSource0,GPIO_AF_TIM5); //PA0 复用位
	
	TIM_TimeBaseStructure.TIM_Prescaler=PSCdata; //定时器分频
	TIM_TimeBaseStructure.TIM_CounterMode=TIM_CounterMode_Up; //向上计数模式
	TIM_TimeBaseStructure.TIM_Period=ARRdata; //自动重装载值
	TIM_TimeBaseStructure.TIM_ClockDivision=TIM_CKD_DIV1;
	
	TIM_TimeBaseInit(TIM5,&TIM_TimeBaseStructure); //初始化定时器
	TIM_InternalClockConfig(TIM5); //选择内部时钟
	
	// 初始化 TIM5 输入捕获参数
	TIM5_ICInitStructure.TIM_Channel = TIM_Channel_1; //CC1S=01 选择输入端 IC1 映射到 TI1 上
	TIM5_ICInitStructure.TIM_ICPolarity = TIM_ICPolarity_Rising; //上升沿捕获
	TIM5_ICInitStructure.TIM_ICSelection = TIM_ICSelection_DirectTI; //映射到 TI1 上
	TIM5_ICInitStructure.TIM_ICPrescaler = TIM_ICPSC_DIV1; //不分频
	TIM5_ICInitStructure.TIM_ICFilter = 0x00; //不滤波
	TIM_ICInit(TIM5, &TIM5_ICInitStructure); //初始化
	
	TIM_ITConfig(TIM5,TIM_IT_Update|TIM_IT_CC1,ENABLE); //允许更新中断，允许 CC1IE 捕获中断
	//使能 TIM5
	TIM_Cmd(TIM5,ENABLE);
	
	NVIC_InitStructure.NVIC_IRQChannel = TIM5_IRQn;
	NVIC_InitStructure.NVIC_IRQChannelPreemptionPriority=0x02; //抢占优先级 2
	NVIC_InitStructure.NVIC_IRQChannelSubPriority =0x00; //子优先级 0
	NVIC_InitStructure.NVIC_IRQChannelCmd = ENABLE; //IRQ 通道使能
	NVIC_Init(&NVIC_InitStructure); //初始化 NVIC
	}

定义	#define ARRDATACAP 4294967295
	#define PSCDATACAP 83
	#define MY_CAP_FREQ 1000000 //输入捕捉的频率为 1MHz
	//PWM 的频率为 5kHz，周期 200μs
	#define ARRDATAPWM 839
	#define PSCDATAPWM 19
	#define PWMMAX 820 //占空比数 0 ～ 839
	#define PWMMID 420
	#define PWMMIN 20
	
	char mystr[50]; //发送串口的数据字符串
	uint64_t DiffVal=0; //差值

```
uint8_t MeasureOK=0;                                   //测量标志位
uint8_t CaptureIndex=0;                                //捕获次数
uint64_t CapVal1=0;                                    //捕获值 1 和 2
uint64_t CapVal2=0;
```

捕捉中断函数

```
void TIM5_IRQHandler(void)
{
  if(CaptureIndex==0)                                  //捕获标志位判断，0 为重新开始捕捉，
  {                                                    >0 表示已经捕捉
    CapVal1= TIM_GetCapture1(TIM5);                    //读捕获值 1
    CaptureIndex=1;                                    //捕获标志位 =1
  }                                                    //连续读值
  else if(CaptureIndex>0)
  {
    if(TIM_GetITStatus(TIM5, TIM_IT_Update) == SET)    //溢出，加 1
      CaptureIndex++;
    else if(TIM_GetITStatus(TIM5, TIM_IT_CC1) == SET)  //CH1 发生捕获事件
    {
      CapVal2 = CaptureIndex*0xFFFFFFFF+TIM_GetCapture1(TIM5); //读捕获值 2
      CaptureIndex++;                                  //溢出次数 >0
      MeasureOK=1;                                     //测量标志置 1
      TIM_ITConfig(TIM5,TIM_IT_Update|TIM_IT_CC1,DISABLE); //关闭中断
    }
  }
  TIM_ClearITPendingBit(TIM5, TIM_IT_CC1|TIM_IT_Update); //清除中断标志位
}
```

```
int main(void)
{
  RCC_GetClocksFreq(&RCC_Clocks);
  SysTick_Config(RCC_Clocks.HCLK_Frequency / 1000);
  NVIC_PriorityGroupConfig(NVIC_PriorityGroup_2);      //设置系统中断优先级分组 2
  Delay(5);                                            //SysTick=1ms
  LED_Init();                                          //LED 初始化
  uart1DEBUG_init(115200);                             //串口初始化

  uart1SendChars("CAPTURE TEST BEGIN...\r\n",23);
  TIM4_PWM_Init(ARRDATAPWM,PSCDATAPWM);                //PWM 的频率是 5kHz
  TIM5_CAP_CH1_Init(ARRDATACAP,PSCDATACAP);

  DiffVal=0;  MeasureOK=0;  CapVal1=0;  CapVal2=0;     //变量 =0

  TIM_SetCompare4(TIM4,PWMMID);                        //设置占空比为 50%

  while (1)
  {
    if(MeasureOK==1)                                   //测量成功标志判断
    {                                                  //两次计数
      if(CapVal2>=CapVal1)                             //捕获值 1 和 2
        DiffVal=CapVal2-CapVal1;
      else
        uart1SendChars("CapVal2<CapVal1 ERROR...\r\n",26); //计算出频率和周期
```

```
            sprintf(mystr,"Frequency=%dHz,Period=%fs\r\n",
                    MY_CAP_FREQ/DiffVal,DiffVal/(MY_CAP_FREQ*1.0));
            uart1SendChars(mystr,strlen(mystr));                     //发送到串口显示结果

            MeasureOK=0;                                             //清测量标志位
            CaptureIndex=0;                                          //清测量次数
            TIM_ITConfig(TIM5,TIM_IT_Update|TIM_IT_CC1,ENABLE);      //再次开启下次捕获
        }
        Delay(2000);
    }
}
```

采用硬件抽象库 HAL 法时需要在 STM32CubeMX 软件中设置 TIM4、TIM5、USART1 等，参数同标准 STD 法，其中 TIM5 的通道 CH1 输入捕捉界面如图 6-33 所示。在 TIM5 输入捕捉的中断处理过程中，需要使用回调函数 void HAL_TIM_IC_CaptureCallback (TIM_HandleTypeDef *htim) 获得计数值。因此须在 Project Manager → Advanced Settings 中使能 TIM 的 Register Callback 功能。

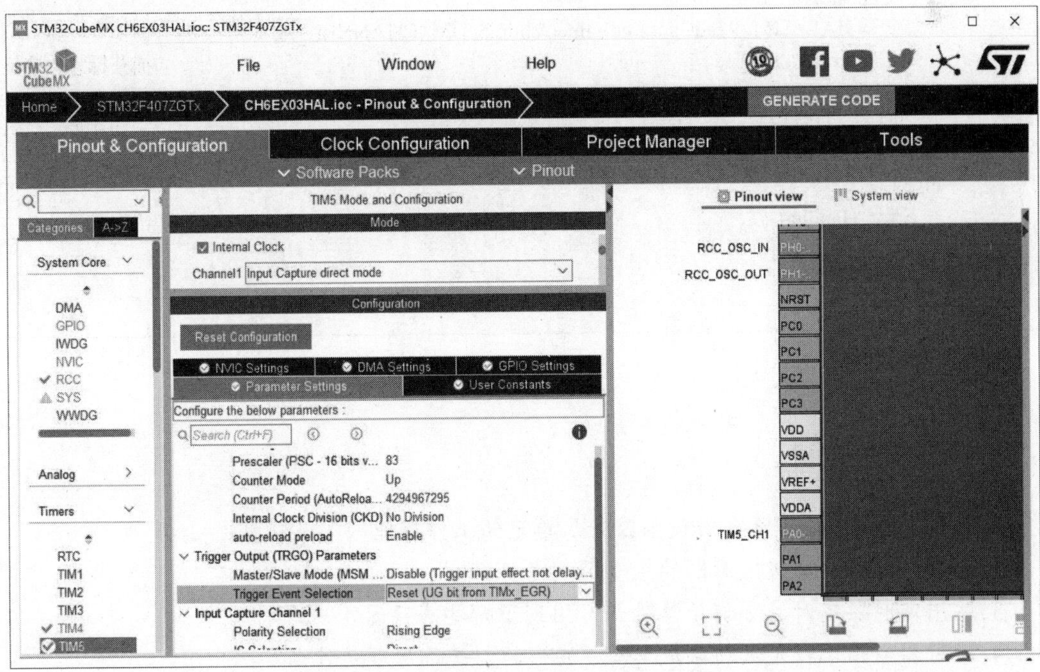

图 6-33　例 6-3 的 STM32CubeMX 设置

代码展示：

	文件（stm32f4xx_it.c）	注释

定义	extern TIM_HandleTypeDef htim5;
	uint8_t CaptureIndex=0;
	uint8_t MeasureFlag=0;
	uint32_t CapVal1=0;
	uint32_t CapVal2=0;
		//全局变量
		//捕获标志位
		//测量标志位
		//捕获值 1 和 2

捕捉中断函数

```
void TIM5_IRQHandler(void)                                    //中断函数为缺省处理
{
  HAL_TIM_IRQHandler(&htim5);
}

void HAL_TIM_IC_CaptureCallback(TIM_HandleTypeDef *htim)      //回调函数
{
  if(htim->Instance==TIM5)
  {
    if(htim->Channel==HAL_TIM_ACTIVE_CHANNEL_1)
    {
      if(CaptureIndex==0)                                     //捕获标志位判断
      {
        CapVal1=
            HAL_TIM_ReadCapturedValue(&htim5,TIM_CHANNEL_1);
        CaptureIndex=1;                                       //捕获标志位 =1
      }
      else if(CaptureIndex==1)                                //连续读捕获值 1
      {
        CapVal2=
            HAL_TIM_ReadCapturedValue(&htim5,TIM_CHANNEL_1);
        CaptureIndex=0;                                       //捕获标志位置位
        MeasureFlag=1;                                        //测量标志位置 1
        HAL_TIM_IC_Stop_IT(&htim5,TIM_CHANNEL_1);             //关闭中断
    }
    else
      Error_Handler();                                        //错误处理
    }
  }
}
```

思考题与练习题

1. 简述 STM32F4xx 系列微控制器时基单元的工作原理。
2. 基本定时器和高级定时器的主要区别是什么？
3. 运用定时器定时，如何计算时长？用到了哪些寄存器？
4. 定时器输出比较是如何生成 PWM 波形的，工作原理是什么？
5. 画图描述定时器输出 PWM 波形的初始化步骤。
6. 设计一个定时系统：采用基本定时器产生 1s 的时基，分别给对应秒、分、小时的 LED 灯点亮，其中秒 LED 为 1Hz 闪烁，60s 后点亮分 LED，3600s 后点亮小时 LED。当到达 4000s 时重新计时。
7. 试完成 STM32F407 的 PC6 ~ 9 输出 4 路 PWM 波形分别控制 4 个电磁阀的硬件电路设计和软件编写。PWM 的占空比分别是 10%、25%、50%、80%。
8. 简述测量输入波形的频率的原理。并思考如何测量电机转速。

第 7 章　显示接口

显示器是人机对话的主要输出设备，用于显示嵌入式系统运行中用户所关心的实时数据。显示器可根据应用场合选择 LED 数码管、OLED、TFT LCD 等器件方案。STM/GD32F4xx 系列微控制器既可以通过 GPIO 方式，也支持存储扩展接口 FSMC、EXMC 连接显示外设。本章首先介绍数码管、OLED、TFT LCD 的工作原理，然后通过实例学习 STM/GD32F4xx 的显示接口应用。本章导学请扫数字资源 7-1 查看。

数字资源 7-1
第 7 章导学

7.1　数码管显示接口（GPIO 方式）

7.1.1　数码管显示原理

数码管是一种半导体发光器件，其基本单元是发光二极管 LED，由多段 LED 组成 7 段、8 段、米字等形式的显示装置。数码管具有显示清晰、亮度高、成本低、接口简单的特点，被广泛应用于嵌入式应用中。LED 数码管按内部电路连接方式分为共阳极（Common Anode，CA）和共阴极（Common Cathode，CC），按位数可分为 1 位、2 位、3 位、4 位等，按颜色有红色、绿色、蓝色等，按尺寸还可分为 0.28 寸、0.36 寸、0.56 寸、2 寸、4 寸等多种规格。如图 7-1 所示是一位 8 段 LED 数码管的内部结构和引脚图。

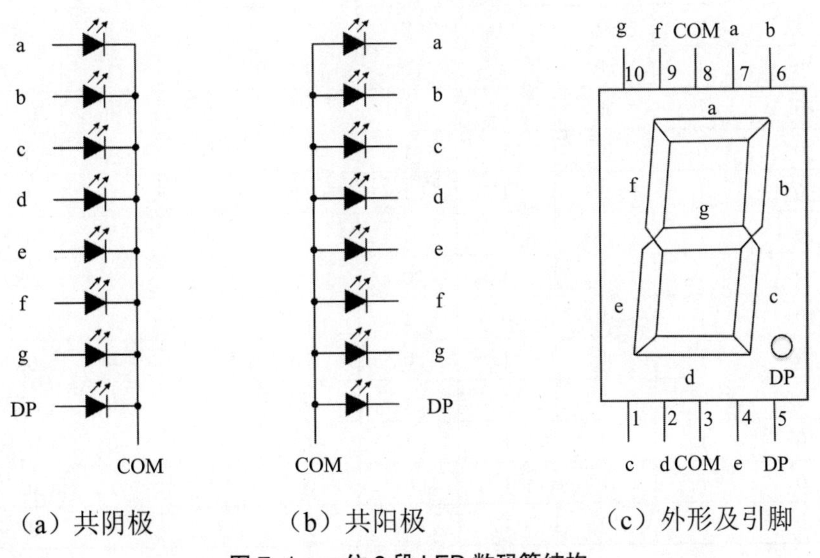

图 7-1　一位 8 段 LED 数码管结构

图 7-1 中，a ～ g 代表 7 个笔段 LED，DP 是小数点 LED，引脚 3 与引脚 8 内部连通，形成公共端 COM。对于共阳极 LED 数码管，公共端是把所有 LED 的阳极连接在一起，其他 8 个引脚分别是 8 段 LED 的阴极。将共阳极数码管的共阳公共端引脚接到高电平上，若某段 LED 的阴极接入低电平并且 LED 两端电压达到导通电压时，这个相应的笔画 LED 就会点亮。共阴极 LED 数码管恰恰相反，是把所有 LED 的阴极连接在一起成为公共端，其他 8 个引脚则是阳极。将共阴极引脚接到低电平上，当某个 LED 的阳极接到高电平并且 LED 两端电压达到导通电压时，这个笔画 LED 就会点亮。

为使 LED 数码管显示不同字符或者字形，就需要把某些段 LED 点亮，例如对于共阴极数码管要显示数字“2”，那么应当让 a、b、g、e、d 段为高电平“1”，而 c、f、DP 为低电平“0”，这样按 DP、g ～ a 的顺序生成字节“0101 1011”或“0x5B”，称为字形码，也称为段码。常用字符的字形码如表 7-1 所示。

表 7-1　8 段数码管的共阳极和共阴极字形码

字形	DP	g	f	e	d	c	b	a	共阴极	共阳极
	D7	D6	D5	D4	D3	D2	D1	D0		
0	0	0	1	1	1	1	1	1	0x3F	0xC0
1	0	0	0	0	0	1	1	0	0x06	0xF9
2	0	1	0	1	1	1	1	1	0x5B	0xA4
3	0	1	0	0	1	1	1	1	0x4F	0xB0
4	0	1	1	0	0	1	1	0	0x66	0x99
5	0	1	1	0	1	1	0	1	0x6D	0x92
6	0	1	1	1	1	1	0	1	0x7D	0x82
7	0	0	0	0	0	1	1	1	0x07	0xF8
8	0	1	1	1	1	1	1	1	0x7F	0x80
9	0	1	1	0	1	1	1	1	0x6F	0x90
.	1	0	0	0	0	0	0	0	0x80	0x7F
A	0	1	1	1	0	1	1	1	0x77	0x88
b	0	1	1	1	1	1	0	0	0x7C	0x83
C	0	0	1	1	1	0	0	1	0x39	0xC6
d	0	1	0	1	1	1	1	0	0x5E	0xA1
E	0	1	1	1	1	0	0	1	0x79	0x86
F	0	1	1	1	0	0	0	1	0x71	0x8E
G	0	1	1	0	1	1	1	1	0x6F	0x90
H	0	1	1	1	0	1	1	0	0x76	0x89
L	0	0	1	1	1	0	0	0	0x38	0xC7
o	0	1	0	1	1	1	0	0	0x5C	0xA3
P	0	1	1	1	0	0	1	1	0x73	0x8C
U	0	1	0	1	1	1	1	0	0x5E	0xA1

7.1.2 数码管显示接口

LED 数码管有两种显示方式：静态显示和动态显示。如果是一位数码管，只能采用静态显示，对于一位以上的数码管依据使用要求可选静态或动态显示方式。同时，为保证点亮 LED 段，需增加驱动元件，保证每段 LED 的发光电流，提高驱动能力。

1. 静态显示

静态显示时，数码管的每一位都同时处于显示状态，所有段和位都是激活的、有明确的高电平“1”或低电平“0”，即数码管显示某一字符所对应的发光二极管恒定导通或恒定截止。如图 7-2 所示，各位数码管的公共端接地（共阴极）或正电源（共阳极），每个数码管的 8 段引脚分别与 8 位 I/O 端口相连。只要 I/O 端口输出显示字形码，数码管就显示对应字符，并保持不变（静态）。当 I/O 端口输出不同的段码，数码管就能显示不同的字符。

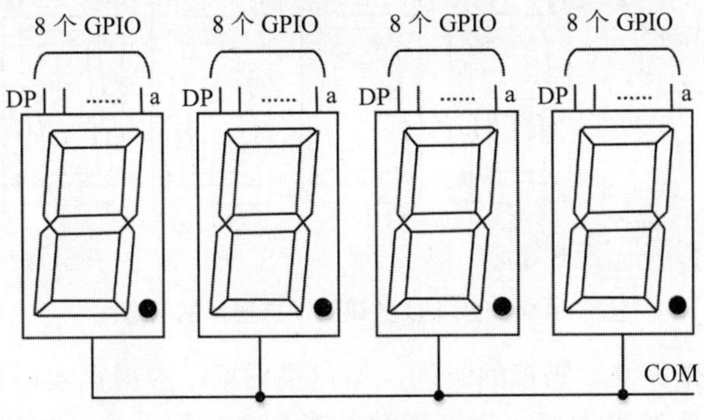

图 7-2　4 位 LED 数码管静态显示的示意图

静态显示方式占用的硬件资源较多，显示无闪烁，亮度保持较好，软件控制比较容易实现。考虑到多位静态显示所需 I/O 引脚数较多，通常采用级联的移位寄存器芯片（如 74HC595、74HC164）将串行数据转换为并行端口，如图 7-3 所示，这样，微控制器只需通过串行数据 2 ～ 3 线接口即可扩展连接多位数码管。

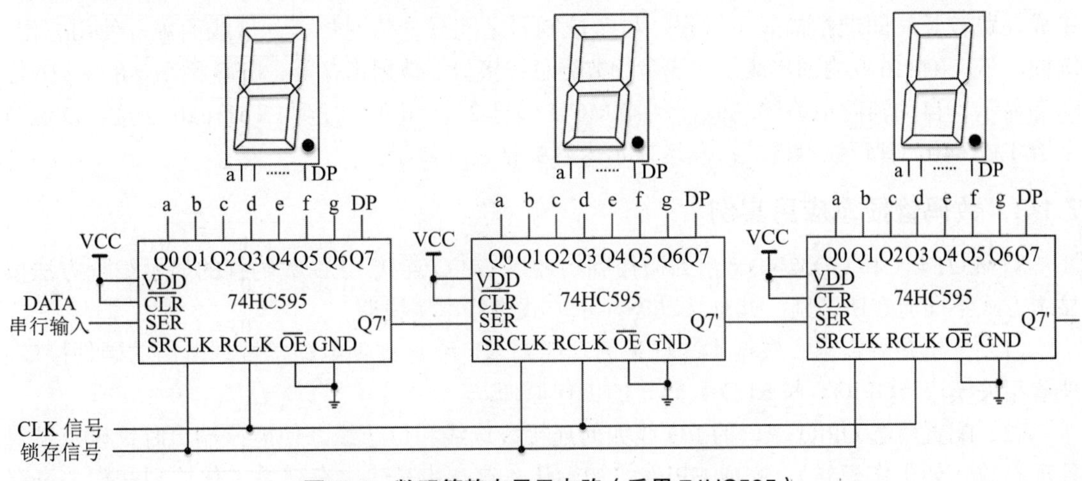

图 7-3　数码管静态显示电路（采用 74HC595）

2. 动态显示

动态显示是一种按位轮流激活每位数码管的显示方式。显示时将所有 LED 数码管的段码线的相应段 DP、g ～ a 并联在一起，形成段选线；而各位数码管的公共端分别由单独的 I/O 端口线控制轮流点亮，形成位选线，如图 7-4 所示。每位需加驱动元件以保证 LED 流过足够电流。在某一时段，只让其中一位数码管的“位选线”有效，共阴极置“0”或共阳极置“1”激活该位数码管，并且段选线输出相应的字形码，此时其他位的数码管因“位选线”无效而都处于熄灭状态。下一时段按顺序选通另外一位数码管，并送出相应的字形码。按此规律循环下去，即可使各位数码管分别间断地显示出相应的字符。当循环显示频率较高时，利用人眼的视觉暂留特性，看不出闪烁显示现象。

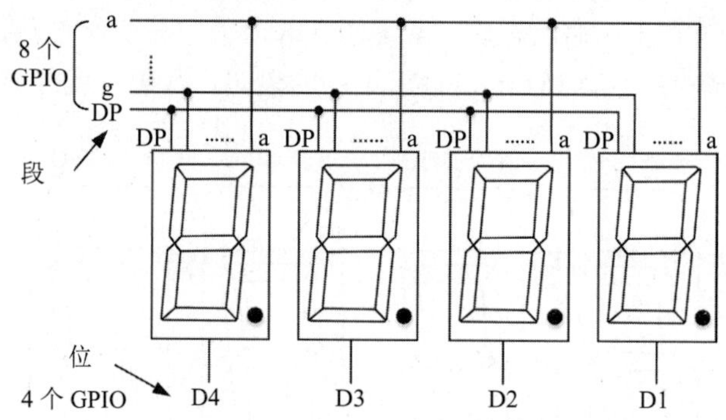

图 7-4　4 位 LED 数码管动态显示的示意图

动态显示轮流点亮各位数码管的时间，即扫描周期，应根据实际情况而定。如果每位点亮时间太短，LED 段发光太弱，亮度不够；若点亮时间太长，各位数码管按顺序闪烁，虽然亮度增加了，但是显示不连续，而且占用软件执行的时间较多。动态显示通过软件扫描各位数码管的点亮，所需硬件资源减少，但是占用微控制器时间较多，而且显示位数越多，该时间越长。

3. 专用芯片的 LED 数码管显示

市场上出现专用的数码管驱动显示芯片（如 MAX7219、TM1640、CH455），能够独立完成耗费较长时间的扫描显示过程，与微控制器之间只是传递数据，接线简单，使用方便。例如，芯片 TM1640 内部集成了 2 线串行数据总线接口、数据锁存器、LED 驱动、8 段 ×16 位动态显示、自动消隐电路等。微控制器 MCU 通过 2 个 GPIO 引脚与 TM1640 连接，发送命令给 TM1640，管理显示格式；发送显示内容数据进行显示。

7.1.3　数码管显示应用实例

STM32F4xx 和 GD32F4xx 系列微控制器通过 GPIO 连接 LED 数码管的显示编程方法按显示方式不同而有所区别，此处按动态显示方式进行举例说明。

（1）分析题目需求，根据本次任务的功能要求，设计硬件电路，规划所用的硬件接口，理解相关模块（GPIO）和 LED 数码管的工作原理。

（2）配置所选 GPIO 端口的 I/O 线如何连接段选线和位选线，使能该端口时钟以及设置各项参数（如工作模式），完成 GPIO 的初始化。这一步是建立在熟悉工作原理和相关寄存器基础上的。

（3）如果定时扫描采用定时器 TIM，则对所选的 TIM 进行设置。

（4）然后对 GPIO 进行显示操作，定时发送段码和位码，并进行扫描。

（5）观察显示效果，调整扫描周期（定时时间）、位码和段码顺序是否正常。

分别采用标准库 STD 法和硬件抽象库 HAL 法完成例 7-1，读者可扫数字资源 7-2 和数字资源 7-3 查看工程实现、编程方法和代码说明。

数字资源 7-2 例 7-1 标准库 STD 法

数字资源 7-3 例 7-1 硬件抽象库 HAL 法

例 7-1 设计电路和编程完成 4 位动态共阳极数码管的显示。要求显示内容可变，同时 PE3 引脚上的工作指示灯 LED（呼吸灯）进行 1Hz 闪烁。

硬件电路：设计如图 7-5 所示，STM32F407 开发板上外接数码管模块，GPIO B 端口 PB0 ～ 7 连接 4 位共阳极数码管的段选线，PB8 ～ 11 连接位选线，PNP 三极管发射极公共端接 3.3V。设置通用数字 I/O 的属性为通用输出、最大速度、上拉、推挽输出。由于共阳极端接 PNP 三极管反相，所以位选线低电平有效，动态扫描时，PB8 ～ 11 依次为“0”才能顺序点亮 4 位数码管。

软件思路：由于 GPIOB 端口的 12 个引脚用于段码和位码数据输出，可以采用组合的方式构成端口 B 的 16 位数据，通过标准库中的 void GPIO_Write(GPIO_TypeDef* GPIOx,uint16_t PortVal) 函数同时输出段选和位选信号。每次显示 4 位的动态扫描时间约为 20 ms，显示内容是 4 位计数的大小。另外，TIM6 作为工作指示灯的定时器，按 1Hz 进行中断。

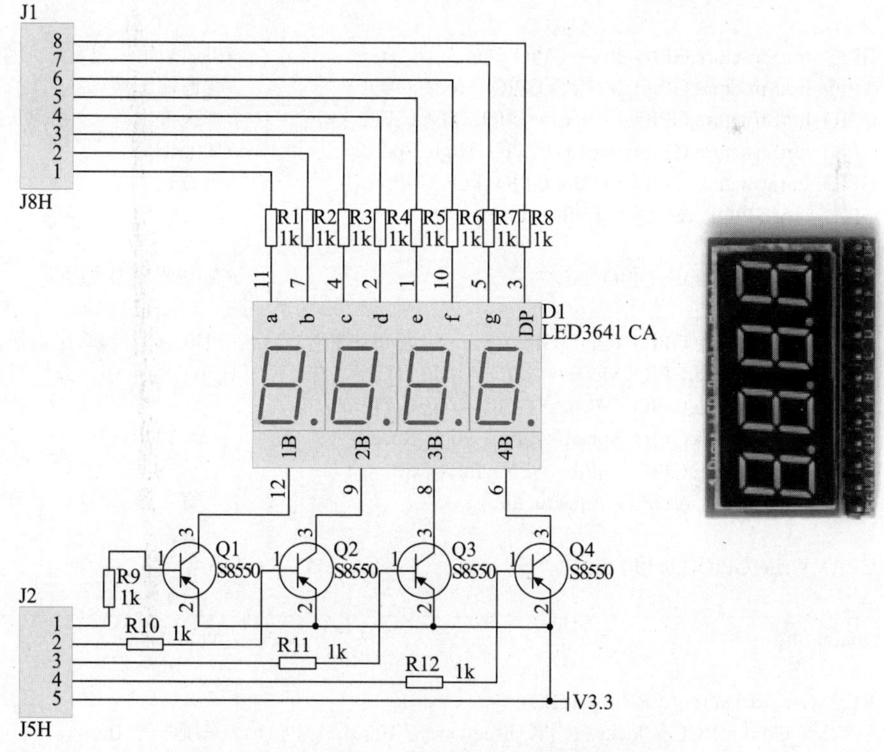

图 7-5 例 7-1 电路原理及接口和实物照片

采用标准库法时，首先要初始化 GPIO PB0 ～ 11 引脚，编写 void LEDSHMG4_Init(void)

函数，然后在 usermain.c 文件修改 int main(void) 函数，调用各初始化函数，在 while 循环中改变显示数据，组合段码和位码进行显示，根据人眼视觉暂留现象，适当延时。另外，设置基本定时器 TIM6 为 1s 定时，控制 LED 闪烁。

管理工程时需加入的标准库文件至少包括 startup_stm32f40_41xxx.s、stm32f4xx_rcc.c、misc.c、stm32f4xx_gpio.c、stm32f4xx_syscfg.c、stm32f4xx_tim.c 及其包含的头文件。

代码展示：

	文件（usermain.c）	注释
定义	void LEDSHMG4_Init(void); void TIM6_Init(uint16_t reloadARR,uint16_t PSCnum);	//自定义函数

定义	uint8_t LEDSEG[] ={0xc0,0xf9,0xa4,0xb0,0x99,0x92,0x82,0xf8,
	        0x80,0x90};
	uint16_t LEDWEI[] ={0x0eff,0x0dff,0x0bff,0x07ff};
	uint16_t DispWdata[4];
	uint16_t DispData=1234;
	uint32_t IndexNum=0;
	uint8_t i;
		//自定义变量
		//共阳极字形码 0 ～ 9
		//8550 三极管，低电平有效

初始化函数	void LEDSHMG4_Init(void)
	{
	  GPIO_InitTypeDef GPIO_InitStructure;
	  RCC_AHB1PeriphClockCmd(RCC_AHB1Periph_GPIOB
	        |RCC_AHB1Periph_GPIOE, ENABLE);
	
	  GPIO_InitStructure.GPIO_Pin = GPIO_Pin_3;
	  GPIO_InitStructure.GPIO_Mode = GPIO_Mode_OUT;
	  GPIO_InitStructure.GPIO_OType = GPIO_OType_PP;
	  GPIO_InitStructure.GPIO_Speed = GPIO_High_Speed;
	  GPIO_InitStructure.GPIO_PuPd = GPIO_PuPd_UP;
	  GPIO_Init(GPIOE, &GPIO_InitStructure);
	
	  GPIO_SetBits(GPIOE, GPIO_Pin_3);
	
	  GPIO_InitStructure.GPIO_Pin = (GPIO_Pin_All & 0x0FFF);
	  GPIO_InitStructure.GPIO_Mode = GPIO_Mode_OUT;
	  GPIO_InitStructure.GPIO_OType = GPIO_OType_PP;
	  GPIO_InitStructure.GPIO_Speed = GPIO_High_Speed;
	  GPIO_InitStructure.GPIO_PuPd = GPIO_PuPd_UP;
	  GPIO_Init(GPIOB, &GPIO_InitStructure);
	
	  GPIO_Write(GPIOB,0x0FFF);
	}
		//初始化
		
		//使能 GPIOB 和 E 时钟
		
		//PE3 初始化设置，工作指示灯
		//普通输出模式
		//推挽输出
		//100MHz
		//上拉
		
		//高电平 LED 熄灭
		
		//PB0 ～ 11 初始化设置，对 GPIO_Pin_All，去掉高 4 位
		
		//写寄存器
		
		//高电平

主函数	int main(void)
	{
	  RCC_GetClocksFreq(&RCC_Clocks);
	  SysTick_Config(RCC_Clocks.HCLK_Frequency / 1000);
	  NVIC_PriorityGroupConfig(NVIC_PriorityGroup_2);
		//main 函数
		
		//系统时钟 1ms
		//中断优先级第 2 组

	代码	注释

主函数	<pre> Delay(5);
	    LEDSHMG4_Init();
	    TIM6_Init(8399,9999);
	
	    while (1)
	    {
	      DispWdata[0]= 0xff00 | (LEDSEG[DispData / 1000 % 10]);
	      DispWdata[1]= 0xff00 | (LEDSEG[DispData / 100 % 10]);
	      DispWdata[2]= 0xff00 | (LEDSEG[DispData / 10 %10]);
	      DispWdata[3]= 0xff00 | (LEDSEG[DispData % 10]);
	
	      for(i=0;i<4;i++){
	        GPIO_Write(GPIOB,DispWdata[i] & LEDWEI[i]);
	        Delay(5);
	      }
	
	      IndexNum++;
	      if(IndexNum>200){
	        DispData++;
	        IndexNum=0;
	        if(DispData==9999)
	          DispData=1000;
	      }
	    }
	}</pre>
		//数码管 I/O 初始化
		//TIM6 定时 1s
		//得到千百十个位数据
		//PB0 ～ 7+8 ～ 11 进行组合，位和段同时输出
		//DispData 计数
		//大概 1s 才更新显示内容，防止太频繁

定时器初始化和中断服务程序	<pre>void TIM6_Init(uint16_t reloadARR,uint16_t PSCnum)
	{
	  TIM_TimeBaseInitTypeDef TIM_TimeBaseInitStructure;
	  NVIC_InitTypeDef NVIC_InitStructure;
	
	  RCC_APB1PeriphClockCmd(RCC_APB1Periph_TIM6,ENABLE);
	
	  TIM_TimeBaseInitStructure.TIM_Period = reloadARR;
	  TIM_TimeBaseInitStructure.TIM_Prescaler = PSCnum;
	  TIM_TimeBaseInitStructure.TIM_CounterMode = TIM_
	          CounterMode_Up;
	  TIM_TimeBaseInitStructure.TIM_ClockDivision = TIM_CKD_DIV1;
	  TIM_ARRPreloadConfig(TIM6,ENABLE);
	
	  TIM_TimeBaseInit(TIM6,&TIM_TimeBaseInitStructure);
	
	  TIM_ITConfig(TIM6,TIM_IT_Update,ENABLE);
	  TIM_Cmd(TIM6,ENABLE);
	
	  NVIC_InitStructure.NVIC_IRQChannel=TIM6_DAC_IRQn;
	  NVIC_InitStructure.NVIC_IRQChannelPreemptionPriority=0x2;
	  NVIC_InitStructure.NVIC_IRQChannelSubPriority=0x0;
	  NVIC_InitStructure.NVIC_IRQChannelCmd=ENABLE;
	  NVIC_Init(&NVIC_InitStructure);
	}</pre>
		//TIM6 的初始化
		//参数设置
		//允许定时中断
		//中断设置

定时器初始化和中断服务程序

```
void TIM6_DAC_IRQHandler(void)                        //TIM6 的中断服务函数
{
   if(TIM_GetITStatus(TIM6,TIM_IT_Update)==SET)       //溢出中断
   {
     GPIO_ToggleBits(GPIOE, GPIO_Pin_3);              //1s 翻转一次 PE3 上的 LED
   }
   TIM_ClearITPendingBit(TIM6,TIM_IT_Update);         ///清除中断标志位
}
```

采用硬件抽象库 HAL 法时：运行 STM32CubeMX 软件，GPIO 设置 PB0 ～ 11、PE3 为普通输出，推挽、上拉、超高速。TIM6 用于工作指示灯产生 1s 定时，参数设置 PSC=9999，ARR=8399，自动重载，中断优先级设为第 2 组，抢占优先级 2，子优先级 0。由于在 HAL 库中没有对 GPIO 端口多位的操作函数，故需转化为位操作，执行 void HAL_GPIO_WritePin (GPIO_TypeDef* GPIOx,uint16_t GPIO_Pin,GPIO_PinState PinState)。

代码展示：

	文件（main.c）	注释

实现

```
for(i=0;i<4;i++){
   for(j=0;j<12;j++){
      tempBit= ((0x1<<j) & DispWdata[i] & LEDWEI[i]) >> j;
      HAL_GPIO_WritePin(GPIOB,(0x1<<j),tempBit);
   }
   HAL_Delay(5);
}
```

注释：//由于 HAL 库没有字节、半字操作端口的函数，故转化为按位输出，调用 HAL_GPIO_WritePin 函数

7.2 液晶显示接口（FSMC 方式）

7.2.1 液晶显示概述

液晶显示器 LCD 是利用外部光源（背光），在外加电场的作用下，液晶偏转改变光的偏振方向，穿过彩色滤光片和偏光片，从而呈现出单个像素的颜色。利用这种原理，做出可控红 R、绿 G、蓝 B 三基色光输出强度的显示单位，混合输出不同的色彩，这样的一个显示单位被称为像素。在显示器原理中，像素指显示成像最小的点，同时，像素也是组成图像的最基本单元要素。屏幕或图像的分辨率常用“行 × 列”的有效像素点表示，如 320×240 表示该显示器的每一行有 320 个像素点，每一列有 240 个像素点，因此共有 320×240 个点需要去显示。

像素既有单色的，也有彩色的。除了黑白显示外，液晶显示器还有灰度、彩色显示等。色彩深度指显示器的每个像素点能表示多少种颜色，一般用“位”来表示。在彩色显示中，常见的颜色表示会在“RGB”后面附带各个颜色分量值的数据位数，如 RGB565 表示红、绿、蓝分别占有 5、6、5 位数据，一共为 16 位数据，可表示 2^{16} 种颜色；而 RGB888 格式可表

示的颜色为 2^{24} 种。

LCD 按其显示方式分为段式、字符点阵式和图形点阵式等。段式 LCD 显示原理和接口方法与段式 LED 数码管一致，只是数据位和控制的笔画有所不同。字符点阵式 LCD 是专门用来显示数字、字母或某些符号，由若干个 5×8 或 5×11 的点阵组成，显示内容有限。图形点阵式 LCD 按多行多列以一定的标准排列像素点，其特点是点阵像素连续排列，行和列在排布中均没有空隔，因此可以显示连续且完整的图形。由于 ***X-Y*** 矩阵像素的构成，所以图形点阵式 LCD 不仅可以显示图形，还可以显示字符。

薄膜晶体管液晶显示器 TFT LCD，也被叫作真彩液晶显示器，属于图形点阵类型。TFT LCD 的优势是每一液晶像素点都由集成在其后的薄膜晶体管来驱动，能有效地克服非选通时的串扰，可以做到高速度、高亮度、高对比度显示，因此大大提高了图像质量。

在点阵液晶显示区域中，像素点的位置和数据决定了显示内容。嵌入式系统中微控制器与显示器接口的主要任务就是找到显示点的坐标，并传送待显示的点阵数据、颜色。同时，也需控制足够的背光强度。LCD 元件的底层接口有 RGB、MIPI-DSI（移动行业处理器接口）等模式。但在实际应用中，用户很少直接设计 LCD 显示器的驱动接口，而是借助于内含驱动芯片的显示器模块，作为一个独立外设来使用。市场上所售 LCD 模块屏有多种接口，可分为并行和串行方式。并行通常指的是 INTEL 公司推出的地址 / 数据 / 控制三总线接口方法（有时称为 8080 方式），也有 Motorola 公司推出的 6800 方法，这种并行方式接线较多，时序较为复杂，但是传输速度较快；串行接口包括 SPI、I^2C 或 UART 等形式，接线数量少，按相应的总线标准进行数据传递和命令控制。

对于 STM/GD32F40x/41x 系列微控制器，采用扩展存储控制器 FSMC 或 EXMC 的方法与 TFT LCD 接口，将显示屏模块当作 SRAM 对待，依据显示屏内部自带的驱动芯片来设计 FSMC 配置并进行相关时序操作。另外，STM32F42x 以上系列的微控制器具有 TFT LCD 专用接口 LTDC，而 GD32F450 以上系列的微控制器提供了专门的 TLI 接口。

7.2.2 FSMC 的功能和外设地址映射

STM32F40x/41x 系列支持 FSMC（flexible static memory controller，灵活的静态存储控制器）接口，可扩展 SRAM、NAND Flash、NOR Flash、PSRAM 和 16 位 PC 卡等存储器，而 STM32F42x and STM32F43x 系列还支持 FMC（flexible memory controller）接口，可进一步扩展 NOR/PSRAM、NAND/PC 卡、SDRAM 等。与 FSMC 相似，GD32F40x 系列提供了外部存储器控制器 EXMC（external memory controller）接口，用作 CPU 访问各种外部存储器。

FSMC/EXMC 提供了一种通过地址 / 数据 / 控制总线扩展外部设备的接口方法。借助于对特殊功能寄存器的设置，FSMC/EXMC 可以自动将 ARM 高级微控制器总线架构 AMBA 存储器访问协议转换为特定的存储器访问协议，匹配不同的同步和异步外部存储器、外部设备类型所需的时序，从而使得微控制器不仅能够应用各种不同类型、不同速度的外部静态存储器，而且能够在不增加外部器件的情况下同时扩展多种不同类型的静态存储器、外设，满足嵌入式系统设计对存储容量、多种外设、产品体积以及成本的综合要求。

FSMC/EXMC 的主要作用：

（1）将 AHB 总线传输内容转换成适当的外部设备协议；

（2）满足访问外部设备的时序要求；

（3）所有外部存储器与控制器共享地址、数据和控制信号；

（4）每个外部器件都通过唯一的片选 CS 线来区别，FSMC/EXMC 一次只对一个外部设备执行访问。

FSMC 的内部结构中主要包括 AHB 总线接口（包括 FSMC 配置寄存器）、NOR/PSRAM 控制器、NAND/PC 卡控制器以及外部设备接口等模块，如图 7-6 所示。其中 NOR/PSRAM 控制器用于接口 SRAM、NOR Flash 闪存和 PSRAM。NAND/PC 卡控制器用于接口 NAND Flash 闪存和 16 位 PC 存储卡。FSMC 在总线矩阵中属于从总线 AHB3。

若系统要扩展存储器，如 1MB 的 SRAM 存储芯片 IS62WV51216，则通过 19 根地址线、16 根数据线和读、写以及片选控制线连接，非常方便。而在应用 TFT LCD 外设时，LCD 模块被当作 SRAM 区域中 2 个 16 位的存储空间，一个是数据地址，另一个是命令地址。

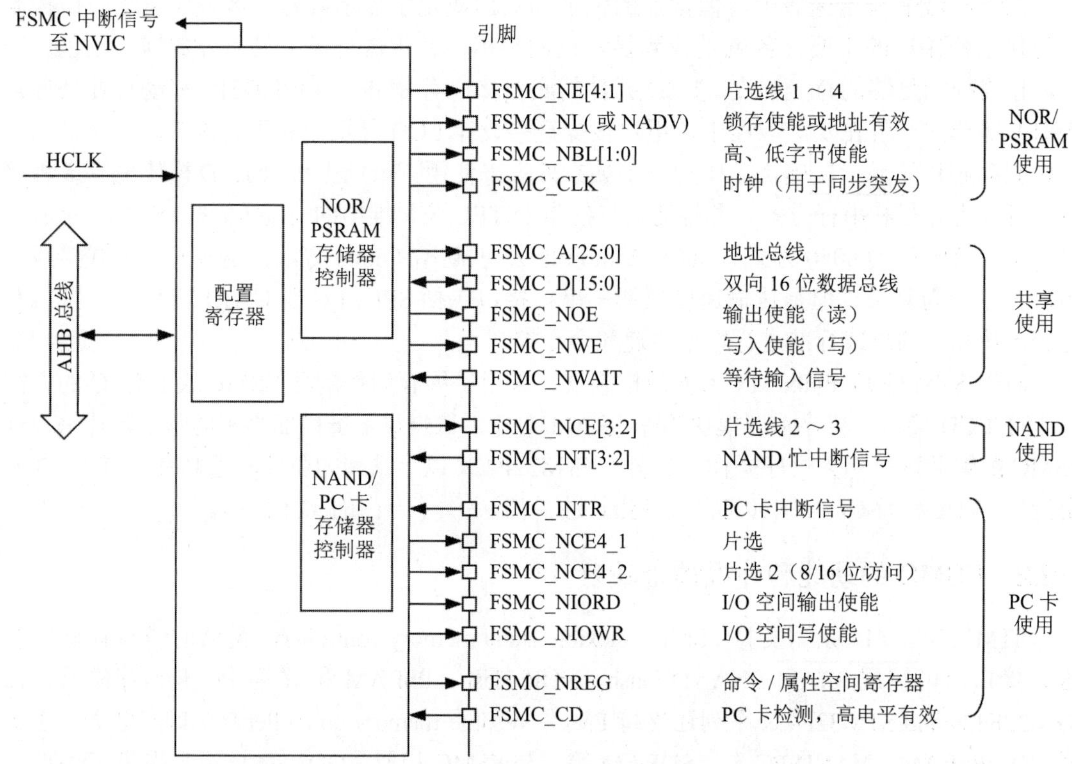

图 7-6 STM32F40x/41x 系列 FSMC 结构

FSMC/EXMC 将访问空间分为多个存储块 BANK；每个存储块被分配访问特定的存储器类型，用户可以通过对 BANK 的寄存器配置来控制外部存储器。

STM32F40x/41x 系列微控制器的 FSMC 对外部存储器、外部设备的地址映像范围是 0x6000 0000 ～ 0x9FFF FFFF，共分 4 个地址块 BANK 1 ～ 4，每个地址块的总容量是 256MB，其又被分为 4×64MB 子区域，地址映射如图 7-7 所示。图中 HADDR 是需要转换到外部设备的内部 AHB 地址线，每个地址对应一个字节单元。由 HADDR[27:26] 两位分为 4 个子块。

若外部设备的地址宽度是 8 位的，则 HADDR[25:0] 与 STM32 的 CPU 引脚 FSMC_A[25:0] 一一对应，最大可以访问 64MB 的空间（2^{26}），这时数据位对应 FSMC_D[7:0]。若外部设备的地址宽度是 16 位的，则是 HADDR[25:1] 与 STM32 的 CPU 引脚 FSMC_A[24:0] 一一对应。即当存储器数据宽度为 16 位时，FSMC 将使用内部的 HADDR[25:1] 地址来作为对外部存储器的寻址地址，因此实际向存储器写入的地址会向右移 1 位，这时数据位对应 FSMC_D[15:0]。在应用的时候，将 FSMC_A 总线连接到存储器或其他外设的地址总线引脚上。不论外接 8 位或 16 位宽设备，FSMC_A[0] 始终接在外部设备地址 A[0]。

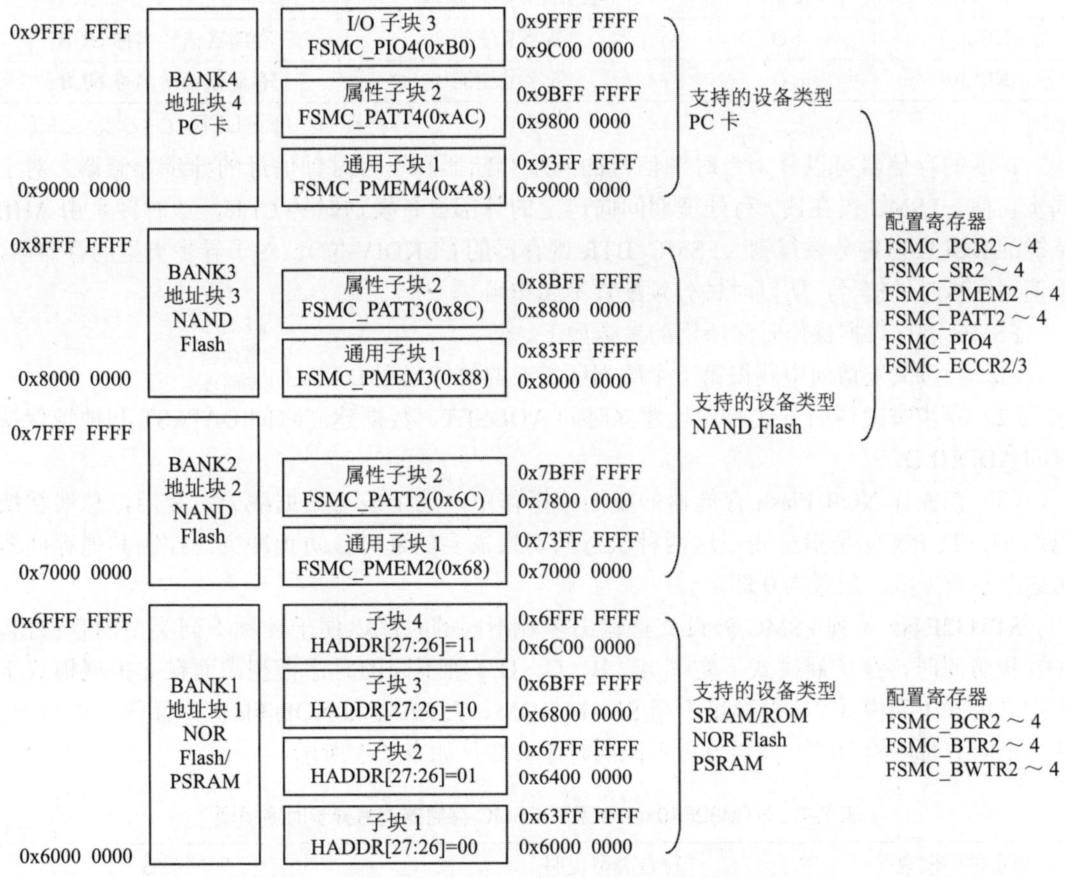

图 7-7　STM32F40x/41x 系列 FSMC 存储器地址映射

7.2.3　FSMC 接口信号和时序模型

对于 STM32F4xx 系列微控制器 FSMC 扩展的 SRAM/PSRAM 存储器类型来说，提供给地址 / 数据非复用方法的接口信号如表 7-2 所示。

表 7-2　非复用时的 FSMC 接口信号（SRAM/PSRAM 存储器类型）

名称	I/O 方向	作用	备注
CLK	O	用于同步访问的时钟信号	只针对 PSRAM
A[25:0]	O	地址总线	按 8 位和 16 位访问不同
D[15:0]	I/O	双向数据总线	
NE[x]	O	片选，x=1 ～ 4	4 个子块

续表 7-2

名称	I/O 方向	作用	备注
NOE	O	使能输出，读外存储器	
NWE	O	写使能，写外存储器	
NL(=NADV)	O	PSRAM 锁存使能	地址有效 NADV
NWAIT	I	PSRAM 等待输入	
NBL[1]	O	高字节使能	存储器信号名称 NUB
NBL[0]	O	低字节使能	存储器信号名称 NLB

扩展的存储器可以分为带时钟信号的同步存储器和不带时钟信号的异步存储器。对于同步访问，FSMC 仅在读 / 写处理期间向选定的外部设备发送时钟 CLK，该时钟是由 AHB 总线的 HCLK 时钟分频得到（FSMC_BTR 寄存器的 CLKDIV 位）。对于异步类型的存储器，不使用同步时钟信号，所以时钟分频配置不起作用。

FSMC 进行数据操作时序所用的参数如下。

（1）同步突发访问中获得第 1 个数据所需要的等待延迟 DATLAT。

（2）异步突发访问方式有地址建立时间 ADDSET、数据建立时间 DATAST 和地址保持时间 ADDHLD。

（3）在操作 NOR Flash 存储器的复用读操作中，地址线与数据线分时复用，总线转换周期 BUSTURN 就是指总线在这两种状态间切换需要的延时，防止冲突。控制其他存储器时这个参数无效，配置为 0 即可。

STM32F4xx 系列 FSMC 外设支持输出多种不同的时序以便于控制不同类型的存储器，在异步访问时，在扩展模式下定义 A、B、C、D 4 种不同的时序模型，而在非扩展模式下则定义模式 1 和模式 2，以满足不用 SRAM/ROM、PSRAM 和 NOR Flash 产品的信号特点。选用不同的时序模型时，需要设置不同的时序参数，如表 7-3 所示。

表 7-3　STM32F40x/41x 系列 FSMC 存储器读写异步时序模型

异步时序模型	符合类型说明	时间参数
模式 1	SRAM/PSRAM（CRAM）时序	DATAST、ADDSET
模式 A	SRAM/PSRAM（CRAM）读选通时序	DATAST、ADDSET
模式 B 或 模式 2	NOR Flash 时序	DATAST、ADDSET
模式 C	NOR Flash 读选通时序	DATAST、ADDSET
模式 D	带扩展地址 NADV 有效的异步访问时序	DATAST、ADDSET、ADDHLD

扩展 SRAM、设置为扩展时的模式 A 的读写操作时序如图 7-8 和图 7-9 所示。在模式 1 的读 / 写操作时序中，FSMC 在第一个 HCLK 周期中首先给出外部设备存储器地址 A[25:0]，并使能高 / 低字节 NBL[1:0] 和 ADDSET 地址建立完毕信号。如果是读操作，在解除输出使能（读有效）NOE 信号之前对数据进行采样，在第二个 HCLK 周期中由 DATAST 数据准备好时获得数据 D[15:0]；如果是写操作，在写使能 NWE 有效期间，在第二个 HCLK 周期中由 DATAST 数据准备好时输出数据 D[15:0]。

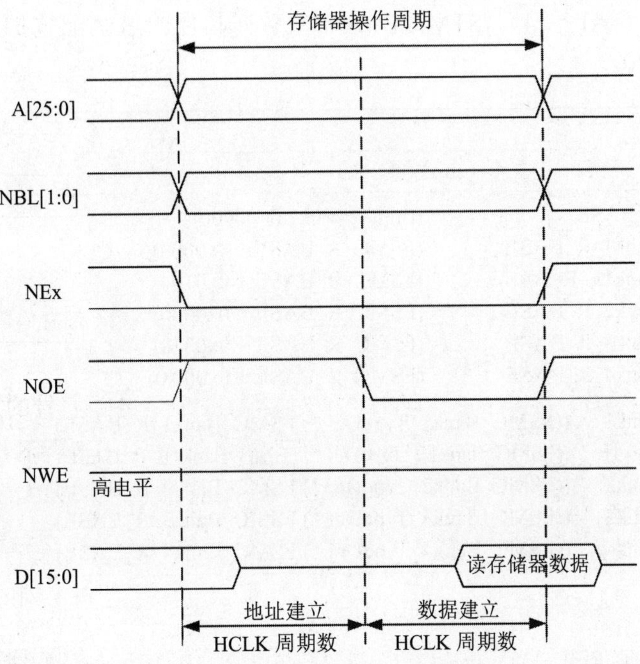

图 7-8 STM32F40x/41x 系列 FSMC 存储器模式 A 读操作时序

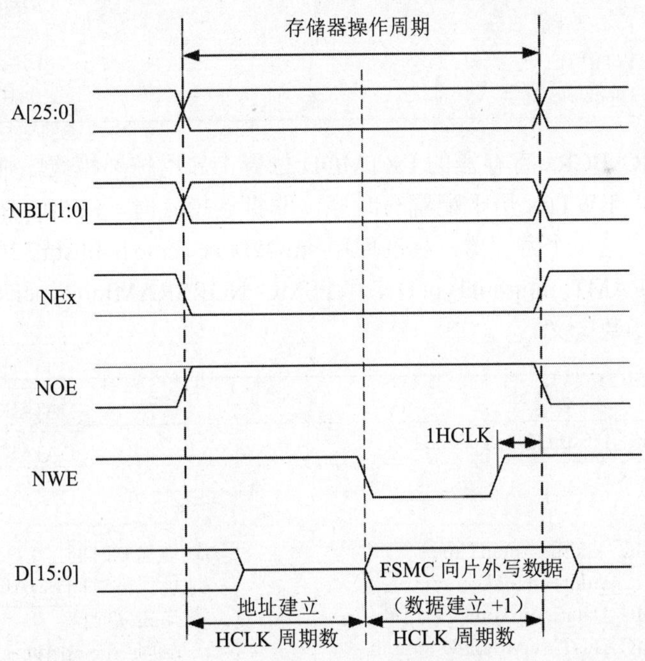

图 7-9 STM32F40x/41x 系列 FSMC 存储器模式 A 写操作时序

7.2.4 FSMC 的寄存器和初始化

以配置 SRAM、NOR Flash 和 PSRAM 类型存储器为例，地址块 BANK 1 对应于存储地址子块 1 ～ 4 的寄存器有控制寄存器 FSMC_BCRx、时序寄存器 FSMC_BTRx、写时序寄存器 FSMC_BWTRx（x=1 ～ 4）。STM32F40x/41x 系列芯片的这些配置扩展外设的寄存器首地址为 0xA000 0000。

代码展示：		
	语句（stm32f4xx.h）	注释
定义	#define FSMC_R_BASE ((uint32_t)0xA0000000) #define FSMC_Bank1_R_BASE (FSMC_R_BASE + 0x0000) #define FSMC_Bank1E_R_BASE (FSMC_R_BASE + 0x0104) #define FSMC_Bank2_R_BASE (FSMC_R_BASE + 0x0060) #define FSMC_Bank3_R_BASE (FSMC_R_BASE + 0x0080) #define FSMC_Bank4_R_BASE (FSMC_R_BASE + 0x00A0)	//各地址块的寄存器首地址
定义	#define FSMC_Bank1 ((FSMC_Bank1_TypeDef *) FSMC_Bank1_R_BASE) #define FSMC_Bank1E ((FSMC_Bank1E_TypeDef *) FSMC_Bank1E_R_BASE) #define FSMC_Bank2 ((FSMC_Bank2_TypeDef *) FSMC_Bank2_R_BASE) #define FSMC_Bank3 ((FSMC_Bank3_TypeDef *) FSMC_Bank3_R_BASE) #define FSMC_Bank4 ((FSMC_Bank4_TypeDef *) FSMC_Bank4_R_BASE)	//BANK1 为寄存器结构体指针

定义	typedef struct
	{
	__IO uint32_t BTCR[8];
	} FSMC_Bank1_TypeDef;
		//BCR 和 BTR 寄存器
		
		//位于 BANK1，有 8 个，地址偏移量分别为 0x00-1C

定义	typedef struct
	{
	__IO uint32_t BWTR[7];
	} FSMC_Bank1E_TypeDef;
		//BWTR 寄存器
		
		//地址偏移量分别为 0x104-0x11C

如果设置 FSMC_BCRx 寄存器的 EXTMOD 位置 1 启用扩展模式，则 FSMC_BTR 用于配置读时序，FSMC_BWTRx 用于配置写时序。非扩展模式时，FSMC_BTRx 为读 / 写时序控制。为了方便设置这 3 个寄存器，标准库中 stm32f4xx_fsmc.h 和 stm32f4xx_fsmc.c 文件给出了 FSMC_NORSRAMTimingInitTypeDef 和 FSMC_NORSRAMInitTypeDef 2 个结构体，以及一些变量定义和函数定义。

代码展示：		
	语句（stm32f4xx_fsmc.h）	注释

定义	typedef struct
	{
	uint32_t FSMC_AddressSetupTime;
	uint32_t FSMC_AddressHoldTime;
	uint32_t FSMC_DataSetupTime;
	uint32_t FSMC_BusTurnAroundDuration;
	uint32_t FSMC_CLKDivision;
	uint32_t FSMC_DataLatency;
	uint32_t FSMC_AccessMode;
	}FSMC_NORSRAMTimingInitTypeDef;
		
		//地址建立时间，0 ～ 15 个 HCLK 周期
		//地址保持时间，0 ～ 15 个 HCLK 周期
		//数据建立时间，0 ～ 255 个 HCLK 周期
		//总线周转间隔时间
		//同步时钟的分频数
		//同步数据延迟时间
		//模式 A/B/C/B

定义	

定
义
	typedef struct
	{
	uint32_t FSMC_Bank; //地址块，如 BANK1
	uint32_t FSMC_DataAddressMux; //是否使用地址 / 数据复用
	uint32_t FSMC_MemoryType; //存储器类型，如 SRAM
	uint32_t FSMC_MemoryDataWidth; //数据宽度，有 8 位、16 位之分
	uint32_t FSMC_BurstAccessMode; //使能同步突发模式
	uint32_t FSMC_AsynchronousWait //使能异步等待
	uint32_t FSMC_WaitSignalPolari //等待信号的极性
	uint32_t FSMC_WrapMode; //使能突发模式下的拆分
	uint32_t FSMC_WaitSignalActive //等待时序配置
	uint32_t FSMC_WriteOperation; //使能写
	uint32_t FSMC_WaitSignal; //使能等待
	uint32_t FSMC_ExtendedMode; //扩展模式使能位
	uint32_t FSMC_WriteBurst; //写入突发使能
	…
	}FSMC_NORSRAMInitTypeDef;

初始化寄存器时，需要就时序模型给出设置值，以扩展 SRAM 的方法接口 TFT LCD 模块，选用异步模式 A 为例，包括：使能扩展模式位，允许读写不同的时序；写使能，可向 TFT LCD 写数据；数据总线宽度设置为 16 位等。

为匹配 LCD 模块自带的驱动芯片时序，还需配置好数据保持时间和地址建立时间。例如读时序时，驱动芯片 ILI9341 当处于读信号 RD 状态时低电平持续时间最大，为 355ns，而 STM32F4xx 系列的 HCLK 周期为 6ns（1/168MHz），因此，当设置数据保持时间为 59 时，所得 59+1 个 HCLK 周期，即 360ns，能达到匹配时序的要求。驱动芯片 ILI9341 要求地址访问时间持续最大为 90ns，因此设置地址建立时间为 15，即 15+1 个 HCLK 周期，96ns。在写时序配置时，ILI9341 系列芯片写信号 WR 低电平持续时间为 15 ～ 50ns，因此设置数据保持时间为 7，即 7+1 个 HCLK 周期，48ns；写数据的地址建立时间设置为 8，即 8+1 个 HCLK 周期，54ns。

实现配置 FSMC 寄存器的初始化代码详见后述应用实例。

7.2.5 TFT LCD 显示应用实例

应用 FSMC 接口 TFT LCD 模块时，将显示屏当作扩展 SRAM 对待，按照显示屏的驱动芯片的时序要求来配置 FSMC 寄存器，并进行相关命令、文字、绘图等操作。操作步骤如下。

（1）理解某款显示屏应用原理（如读写时序、指令、坐标、颜色等）及接口引脚要求，理解 STM32F40x 的 FSMC 原理，并以此设计电路。

（2）根据电路，配置 FSMC 相关引脚的 I/O 口、设置 FSMC 各项寄存器参数，完成 FSMC 控制相关的初始化。

（3）根据显示屏的要求，编写向 LCD 屏读写数据及写入命令的函数，并完成 LCD 屏寄存器的配置和初始化，如 LCD.h/.c 和 font.c 文件（通常由厂家提供）。

（4）然后编写基本显示用的函数，控制 TFT LCD 屏显示图形、显示数据等功能。

分别采用标准库 STD 法和硬件抽象库 HAL 法完成例 7-2，读者可扫数字资源 7-4 和数字资源 7-5 查看工程实现、编程方法和代码说明。

数字资源 7-4
例 7-2 标准库
STD 法

数字资源 7-5
例 7-2 硬件抽
象库 HAL 法

例 7-2 已知 TFT LCD 屏的规格是：2.8 寸、分辨率 320×240、RGB565、16 位色、驱动芯片 ILI9341、工作电压 3.3V/5V、背光电压 3.3V、并行 16 位数据总线、功耗 60 ～ 70mW、24 针接口。请设计 STM32F407 连接该屏的电路，并编程显示某固定图形和每隔 1s 增 1 的计数数字。

硬件电路：如图 7-10 所示，在 STM32F407ZGT6 开发板上，通过 JLCD 端子外接 2.8 寸 TFT LCD 屏，接口对应关系如表 7-4 所示。由于连接 LCD 屏的片选为 NE4，故 HADDR[27:26]=11，扩展存储器地址范围为 0x6C00 0000 ～ 6FFF FFFF。地址总线中 A12 连接 LCD 屏的 RS 引脚，即 A12=RS=0 写命令，A12=RS=1 写数据。由于 TFT LCD 使用的是 16 位数据宽度，HADDR[0] 并没有用到，只有 HADDR[25:1] 是有效的，需要右移一位形成 A[24:0]，这样就得到 HADDR[13]=A12=RS，故 LCD 屏的命令口地址为 0x6C00 0000 或 0x6C00 1FFE，数据口地址为 0x6C00 2000。

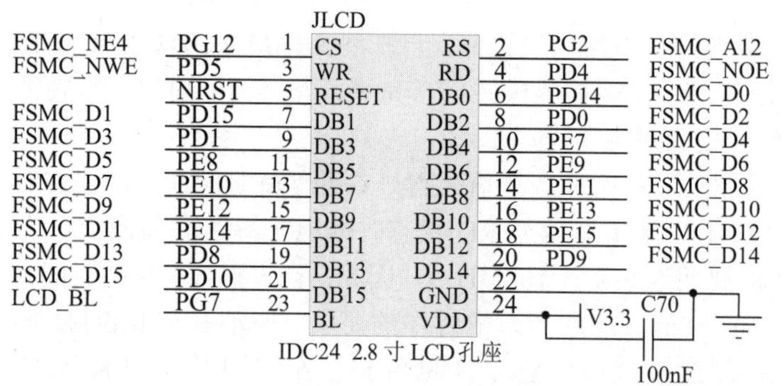

图 7-10 例 7-2 电路接口和实物照片

表 7-4 STM32F407 与 LCD 屏的接口

MCU 接口	信号定义	LCD 屏接口	方向	分析
复用 PG2	A[25:0]	A12 接 RS	→	LCD 屏的命令 / 数据选择 RS=0 命令，RS=1 数据
复用 PD14/PD15/PD0/PD1/PE7/ PE8/PE9/PE10/PE11/PE12/PE13/ PE14/PE15/PD8/PD9/PD10	D[15:0]	接 DB0 ～ 15	⇆	双向数据总线，16 位
复用 PG12	NE[x]	NE4 接 CS	→	片选 4，BANK1 的子块 4
复用 PD4	NOE	接 RD	→	读外存储器信号
复用 PD5	NWE	接 WR	→	写外存储器信号
NRST	NRST	接 RESET	→	与 MCU 同时复位
PG7	LCD_BL	接 BL	→	LCD 屏背光控制

软件思路：根据硬件的分析，需要针对存储子块 4 的寄存器 FSMC_BCR4、FSMC_BTR4 和 FSMC_BWTR4 进行配置，编写初始化函数。初始化参数时需要匹配驱动芯片 ILI9341 的

时序要求，设置数据保持时间和地址建立时间。对于 LCD 屏的相关操作，借鉴厂家提供的 LCD.c/.h 文件。

采用标准库法时，首先要针对硬件接线完成配置 FSMC 的 void LCD_FSMC_Config (void) 函数的编程，然后根据驱动芯片的说明进行初始化 LCD，确认 LCD 屏存在。注意 FSMC 是挂在 AHB3 总线上的。初始化成功后调用 LCD 的操作函数，显示字符、图形和数字等。

管理工程时需加入的标准库文件至少包括 startup_stm32f40_41xxx.s、stm32f4xx_rcc.c、stm32f4xx_fsmc.c、stm32f4xx_gpio.c、stm32f4xx_syscfg.c 及其包含的头文件。程序的主要代码如下。

代码展示：		
	语句（lcd.c/.h）	注释
定义	#define CMD_BASE ((uint32_t)(0x6C000000)) #define DATA_BASE ((uint32_t)(0x6C000000 | 0x00002000)) #define LCD_CMD (* (__IO uint16_t *) CMD_BASE) #define LCD_DATA (* (__IO uint16_t *) DATA_BASE)	//A12 接 RS，数据口地址 1 和命令口地址 0
定义	#define LCD_BACK_ON GPIO_SetBits(GPIOG, GPIO_Pin_7) #define LCD_BACK_OFF GPIO_ResetBits(GPIOG, GPIO_Pin_7)	//定义背光控制引脚

LCD屏读写函数	void LCD_WriteReg(uint16_t LCD_Reg, uint16_t LCD_Value)
	{
	LCD_CMD = LCD_Reg;
	LCD_DATA = LCD_Value;
	}
	uint16_t LCD_ReadReg(uint16_t LCD_Reg)
	{
	LCD_CMD=LCD_Reg;
	SoftCtlDelay(100);
	return LCD_DATA;
	}
		//向 LCD 屏写命令和读写数据的函数
		//待写的寄存器序号
		//向寄存器写入的数据
		
		// 短延时的函数请参考第 4 章
		//返回读到的值

配置函数	void LCD_FSMC_Config(void)
	{
	GPIO_InitTypeDef GPIO_InitStructure;
	FSMC_NORSRAMInitTypeDef FSMC_InitStrc;
	FSMC_NORSRAMTimingInitTypeDef readWriteTiming;
	FSMC_NORSRAMTimingInitTypeDef writeTiming;
	
	RCC_AHB1PeriphClockCmd(RCC_AHB1Periph_GPIOD
	|RCC_AHB1Periph_GPIOE|RCC_AHB1Periph_GPIOG, ENABLE);
	RCC_AHB3PeriphClockCmd(RCC_AHB3Periph_FSMC,
	ENABLE);
	
	GPIO_InitStructure.GPIO_Pin = GPIO_Pin_7;
	GPIO_InitStructure.GPIO_Mode = GPIO_Mode_OUT;
	GPIO_InitStructure.GPIO_OType = GPIO_OType_PP;
	GPIO_InitStructure.GPIO_Speed = GPIO_Speed_50MHz;
	GPIO_InitStructure.GPIO_PuPd = GPIO_PuPd_UP;
		//LCD 配置函数
		
		//定义结构体变量
		
		//使能 GPIO 时钟
		
		//使能 FSMC 时钟
		
		//PG7 控制背光
		//输出模式
		//推挽输出
		
		//上拉

配置函数

```
    GPIO_Init(GPIOG, &GPIO_InitStructure);                          //初始化 PG7

    GPIO_InitStructure.GPIO_Pin = (3<<0)|(3<<4)|(7<<8)|(3<<14);     //PD0 ~ 1
    GPIO_InitStructure.GPIO_Mode = GPIO_Mode_AF;                    //PD4 ~ 5
    GPIO_InitStructure.GPIO_OType = GPIO_OType_PP;                  //PD8 ~ 10
    GPIO_InitStructure.GPIO_Speed = GPIO_Speed_100MHz;              //PD14 ~ 15
    GPIO_InitStructure.GPIO_PuPd = GPIO_PuPd_UP;
    GPIO_Init(GPIOD, &GPIO_InitStructure);

    GPIO_InitStructure.GPIO_Pin = (0x1FF<<7);                       //PE7 ~ 15
    GPIO_InitStructure.GPIO_Mode = GPIO_Mode_AF;                    //复用输出
    GPIO_InitStructure.GPIO_OType = GPIO_OType_PP;                  //推挽输出
    GPIO_InitStructure.GPIO_Speed = GPIO_Speed_100MHz;              //100MHz
    GPIO_InitStructure.GPIO_PuPd = GPIO_PuPd_UP;                    //上拉
    GPIO_Init(GPIOE, &GPIO_InitStructure);                          //初始化

    GPIO_InitStructure.GPIO_Pin = GPIO_Pin_2;                       //PG2
    GPIO_InitStructure.GPIO_Mode = GPIO_Mode_AF;
    GPIO_InitStructure.GPIO_OType = GPIO_OType_PP;
    GPIO_InitStructure.GPIO_Speed = GPIO_Speed_100MHz;
    GPIO_InitStructure.GPIO_PuPd = GPIO_PuPd_UP;
    GPIO_Init(GPIOG, &GPIO_InitStructure);

    GPIO_InitStructure.GPIO_Pin = GPIO_Pin_12;                      //PG12
    GPIO_InitStructure.GPIO_Mode = GPIO_Mode_AF;
    GPIO_InitStructure.GPIO_OType = GPIO_OType_PP;
    GPIO_InitStructure.GPIO_Speed = GPIO_Speed_100MHz;
    GPIO_InitStructure.GPIO_PuPd = GPIO_PuPd_UP;
    GPIO_Init(GPIOG, &GPIO_InitStructure);

    GPIO_PinAFConfig(GPIOD,GPIO_PinSource0,GPIO_AF_FSMC);
    GPIO_PinAFConfig(GPIOD,GPIO_PinSource1,GPIO_AF_FSMC);
    GPIO_PinAFConfig(GPIOD,GPIO_PinSource4,GPIO_AF_FSMC);
    GPIO_PinAFConfig(GPIOD,GPIO_PinSource5,GPIO_AF_FSMC);
    GPIO_PinAFConfig(GPIOD,GPIO_PinSource8,GPIO_AF_FSMC);
    GPIO_PinAFConfig(GPIOD,GPIO_PinSource9,GPIO_AF_FSMC);
    GPIO_PinAFConfig(GPIOD,GPIO_PinSource10,GPIO_AF_FSMC);
    GPIO_PinAFConfig(GPIOD,GPIO_PinSource14,GPIO_AF_FSMC);
    GPIO_PinAFConfig(GPIOD,GPIO_PinSource15,GPIO_AF_FSMC);
    GPIO_PinAFConfig(GPIOE,GPIO_PinSource7,GPIO_AF_FSMC);
    GPIO_PinAFConfig(GPIOE,GPIO_PinSource8,GPIO_AF_FSMC);
    GPIO_PinAFConfig(GPIOE,GPIO_PinSource9,GPIO_AF_FSMC);
    GPIO_PinAFConfig(GPIOE,GPIO_PinSource10,GPIO_AF_FSMC);
    GPIO_PinAFConfig(GPIOE,GPIO_PinSource11,GPIO_AF_FSMC);
    GPIO_PinAFConfig(GPIOE,GPIO_PinSource12,GPIO_AF_FSMC);
    GPIO_PinAFConfig(GPIOE,GPIO_PinSource13,GPIO_AF_FSMC);
    GPIO_PinAFConfig(GPIOE,GPIO_PinSource14,GPIO_AF_FSMC);
    GPIO_PinAFConfig(GPIOE,GPIO_PinSource15,GPIO_AF_FSMC);
    GPIO_PinAFConfig(GPIOG,GPIO_PinSource2,GPIO_AF_FSMC);           //设置为复用
    GPIO_PinAFConfig(GPIOG,GPIO_PinSource12,GPIO_AF_FSMC);
```

配置函数

```
    readWriteTiming.FSMC_AddressSetupTime = 0xF;            //地址建立时间 ADDSET=16HCLK
    readWriteTiming.FSMC_AddressHoldTime = 0x00;            //地址保持时间 ADDHLD
    readWriteTiming.FSMC_DataSetupTime = 59;                //数据保存时间 60HCLK
    readWriteTiming.FSMC_BusTurnAroundDuration = 0x00;
    readWriteTiming.FSMC_CLKDivision = 0x00;
    readWriteTiming.FSMC_DataLatency = 0x00;
    readWriteTiming.FSMC_AccessMode = FSMC_AccessMode_A;

    writeTiming.FSMC_AddressSetupTime =8;                   //地址建立时间 ADDSET=9 个 HCLK
    writeTiming.FSMC_AddressHoldTime = 0x00;                //地址保持时间
    writeTiming.FSMC_DataSetupTime = 7;                     //数据保存时间 8 个 HCLK
    writeTiming.FSMC_BusTurnAroundDuration = 0x00;
    writeTiming.FSMC_CLKDivision = 0x00;
    writeTiming.FSMC_DataLatency = 0x00;
    writeTiming.FSMC_AccessMode = FSMC_AccessMode_A;

    FSMC_InitStrc.FSMC_Bank = FSMC_Bank1_NORSRAM4;                          //第 4 子块
    FSMC_InitStrc.FSMC_DataAddressMux = FSMC_DataAddressMux_Disable;
    FSMC_InitStrc.FSMC_MemoryType =FSMC_MemoryType_SRAM;
    FSMC_InitStrc.FSMC_MemoryDataWidth = FSMC_MemoryDataWidth_16b;          //数据宽度为 16bit
    FSMC_InitStrc.FSMC_BurstAccessMode =FSMC_BurstAccessMode_Disable;
    FSMC_InitStrc.FSMC_WaitSignalPolarity = FSMC_WaitSignalPolarity_Low;
    FSMC_InitStrc.FSMC_AsynchronousWait=FSMC_AsynchronousWait_Disable;
    FSMC_InitStrc.FSMC_WrapMode = FSMC_WrapMode_Disable;
    FSMC_InitStrc.FSMC_WaitSignalActive =
            FSMC_WaitSignalActive_BeforeWaitState;
    FSMC_InitStrc.FSMC_WriteOperation =FSMC_WriteOperation_Enable;          //写使能
    FSMC_InitStrc.FSMC_WaitSignal = FSMC_WaitSignal_Disable;
    FSMC_InitStrc.FSMC_ExtendedMode = FSMC_ExtendedMode_Enable;             //扩展模式，读写使用不同的
    FSMC_InitStrc.FSMC_WriteBurst = FSMC_WriteBurst_Disable;                时序
    FSMC_InitStrc.FSMC_ReadWriteTimingStruct = &readWriteTiming;
    FSMC_InitStrc.FSMC_WriteTimingStruct = &writeTiming;
    FSMC_NORSRAMInit(&FSMC_InitStrc);                                       //调用初始化
    FSMC_NORSRAMCmd(FSMC_Bank1_NORSRAM4, ENABLE);                           //使能 Bank1
}
```

7.3 OLED 显示接口（I^2C 方式）

7.3.1 OLED 概述

OLED（organic light emitting diode，有机发光二极管）是指有机半导体材料和发光材料在电场驱动下，通过载流子注入和复合导致发光的现象。OLED 显示器采用非常薄的有机材料涂层和玻璃基板，具有自发光（不需要背光源）、对比度高、可视角度大、耗电低、色域广、反应速度快以及工作温度范围宽等优点，因此非常适合作为嵌入式系统的显示设备。

相较于 LED 或 LCD 的晶体层，OLED 的有机塑料层更薄、更轻而且更富于柔韧性。OLED 能让电子设备产生更明亮、更清晰的图像，其耗电量却小于传统的发光二极管 LED，也小于液晶显示器 LCD。OLED 显示器与 LED 点阵彩色显示器的原理类似，但由于 OLED 采用的像素单元是“有机发光”，所以像素密度比普通 LED 点阵显示器高得多。OLED 靠自身发光，并不需要采用 LCD 中的背光系统。

OLED 种类比较多，每一种 OLED 都有其独特的用途，如被动矩阵 PMOLED、主动矩阵 AMOLED、透明 OLED、可折叠 OLED、白光 OLED 等。目前 OLED 主要有 3 种彩色化方式：RGB 三基色独立发光法、蓝光 + 光色转换膜法和白光 + 彩色滤光片结构法。

PMOLED 单纯地以阴极、阳极以及有机层构成矩阵状。阳极条与阴极条相互垂直，阴极与阳极的交叉点形成像素。PMOLED 结构简单，易于制造，但其耗电量较大，需要较高的驱动电压，适于制作小屏幕，用来显示文本和图标时效率最高。

AMOLED 具有完整的阴极层、有机分子层以及阳极层，阳极层覆盖着一个薄膜晶体管 TFT 矩阵，成本较高。TFT 阵列本身就是一个电路，能决定哪些像素发光，进而决定图像的构成。AMOLED 耗电量低于 PMOLED，适合用于大型显示屏。AMOLED 还具有更高的刷新率，适于显示视频，最佳用途是智能手机 / 电脑显示器、大屏幕电视以及电子告示牌等。

与 LCD 显示屏作为独立外设相似，OLED 屏在嵌入式领域应用时常常以外挂模块形式提供，接口方式也分为并行和串行方式。依据不同的驱动芯片而有不同的接口，如市场上较为常见的 SSD1306 型号，既支持并行 8080、6800 接口，也支持 I^2C、SPI 总线方式。

7.3.2 OLED 显示应用实例

以 I^2C 总线接口方式进行 OLED 显示屏实例介绍，分别采用标准库 STD 法和硬件抽象库 HAL 法完成例 7-3，读者可扫数字资源 7-6 和数字资源 7-7 查看工程实现、编程方法和代码说明。

例 7-3 已知 OLED 屏的规格是：0.96 寸 PMOLED、分辨率 128×64、白色、驱动芯片 SSD1306、工作电压 3.3V/5V、I^2C 总线、功耗 0.06W（20mA）、4 针接口。请设计 STM32F407 连接该屏的电路，显示变化的计数值。

数字资源 7-6 例 7-3 标准库 STD 法

数字资源 7-7 例 7-3 硬件抽象库 HAL 法

硬件电路：如图 7-11 所示，在 STM32F407ZGT6 开发板上，将 GPIO F 端口的 PF0 和 PF1 设置为复用 I^2C 总线功能的 SDA 和 SCL，并与 OLED 屏对应的端子相连。同时需把 OLED 屏的 3.3V 电源和 GND 地接上。

软件思路：首先需要初始化 I^2C 总线，通过 I^2C 标准格式传输命令或者数据给 OLED 屏。对于 OLED 屏的相关操作，借鉴厂家提供的 OLED.c/.h 以及字库 font.h 文件。代码展示请参考第 9 章 I^2C 总线相关部分内容，此处就不赘述了。

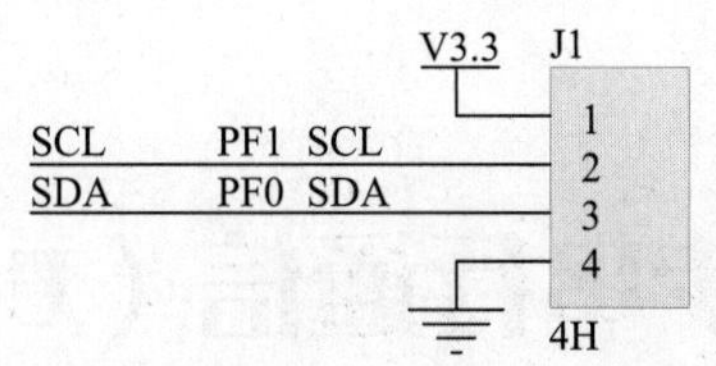

图 7-11　例 7-3 电路接口和实物照片

思考题与练习题

1. 单共阴极 8 段 LED 数码管显示数字或字符的原理是什么?

2. 简述多位数码管采用动态显示和静态显示的优缺点。

3. 设计采用 4 位动态共阴极 LED 数码管显示通过光电传感器计数鸡蛋个数的电路和软件编程。

4. 简述 STM32F407 芯片通过静态存储控制器 FSMC 连接 TFT LCD 屏的工作原理。

5. 通过改变显示内容，练习例 7-2。

6. 对比本章介绍的几种显示接口的特点，请思考分别面向室内农业仪器、手持农业检测仪和田间作业装备的显示设备选用哪种更合适。

第 8 章　同步 / 异步串行通信（USART）

串行通信是嵌入式系统中的最广泛使用、高度灵活的通信方式之一。STM/GD32F4xx 系列微控制器内置 6 个最高可达 10.5Mbit/s 的 USART/UART 同步 / 异步串行通信接口。本章首先学习串行通信的基本概念、分类及各自的特点，然后学习 USART/UART 接口的方法及其应用。本章导学请扫数字资源 8-1 查看。

数字资源 8–1
第 8 章导学

8.1　串行通信概述

8.1.1　串行通信基本概念

通常把控制器与外部设备或控制器与控制器之间的数据传送称为通信。

1. 并行通信和串行通信

并行通信（parallel communication）是将数据的各位同时在多条线上传送，字或字节为单位并行进行。并行通信速度快，但用的传输线多、成本高，故不宜进行远距离通信。在微控制器中并行通信称为并行接口，用以实现与数据总线、地址总线或外设的连接。

串行通信（serial communication）是将数据按位的形式在一条传输线上逐个地传送。串行通信的传输线少，长距离传送时成本低。串行接口通常包含发送 / 接收数据和时钟等接线。

串行通信时，数据发送方需先将数据由并行形式转换成串行形式，形成字符帧格式，然后一位一位地进行传送。数据接收方将接收到的串行形式数据转换成并行形式进行存储或处理。

2. 同步通信和异步通信

按照串行数据的同步方式，串行通信可以分为同步通信和异步通信两类。

同步通信（synchronous communication）是指发送端在发送串行数据的同时，提供一个时钟信号，依据同步字符等接收端返回响应以后才发下一个数据包的通信方式。双方共用时钟线，所有的数据位和控制位的传输都要在时钟信号的同步下进行。I^2C、SPI 等有时钟信号的协议，都属于这种通信方式。

异步通信（asynchronous communication）的发送端和接收端由各自的时钟控制数据的发送和接收，这两个时钟源彼此独立，互不同步，但传输率必须相等、收发数据的帧格式必须相同。发送端可以在任意时刻开始发送数据，在字符帧中加上开始位和停止位，以便使接收端能够正确地将每一个字符接收。

同步通信较复杂，双方时钟的允许误差较小，效率高；异步通信设备简单、便宜，双方时钟可允许一定误差，但传输效率较低。

串行通信是基于通用同步/异步串行收发器USART（universal synchronous/asynchronous receiver/transmitter）完成的。USART指既能完成异步通信也能完成同步通信的硬件电路。USART包括同步USRT和异步UART。USART相对于UART能提供主动时钟，增加了同步功能。

3. 帧格式

同步通信和异步通信中以串行形式传送的字符帧格式不同。

同步通信时，字符与字符之间没有间隙，也不用起始位和停止位，仅在数据块开始时用同步字符指示，然后是连续的数据块。同步通信以数据块为信息单位进行传递，“一帧”信息可以包括成百上千个字符，有地址、命令和数据等内容。校验字符多采用循环冗余校验CRC码。如图8-1所示为数据帧格式示意图。

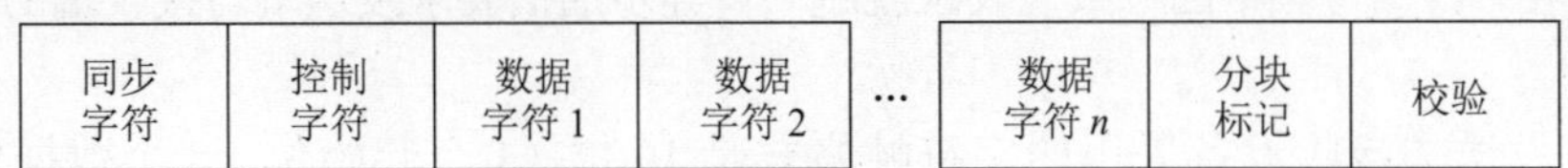

图8-1 同步串行通信帧格式

在异步串行通信中，传送每一个字符都要用起始位和停止位作为开始和结束的标志，这些若干个位组成了字符帧，其帧格式如图8-2所示。一个完整的字符帧完成一个字符的发送，一个字符接另一个字符的传送就实现了发送与接收设备间的数据通信。

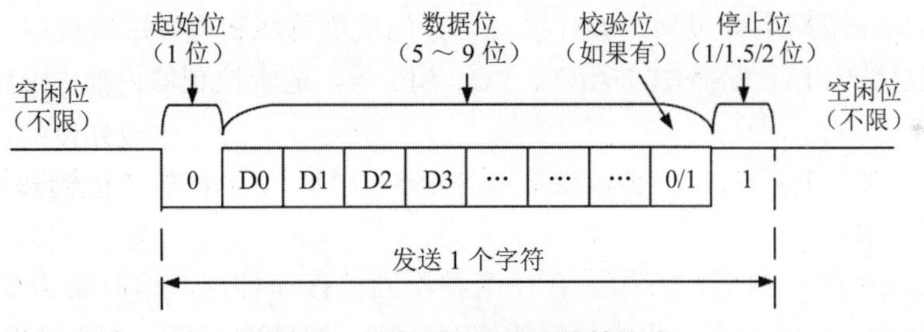

图8-2 异步串行通信字符帧格式

4. 单工、半双工和全双工通信

在串行通信中按照数据传送方向，串行通信可分为单工、半双工和全双工3种数据通路形式，如图8-3所示。

在单工通信中，在任何时候只允许数据向一个方向传送，通信的一端为发送器，另一端为接收器。设备只要求有一个发射器或接收器即可。

在半双工通信中，系统每个通信设备都由一个发送器和一个接收器组成，允许数据向两个方向中的任一方向传送，但每次只能有一个设备发送，即在同一时刻，只能进行一个方向传送，不能双向同时传输。

在全双工通信中，数据传送方式是双向配置，允许同时双向传送数据。

在实际工程应用中，半双工通信用法简单、实用、可靠。全双工和半双工相比，效率更高，使用更灵活。

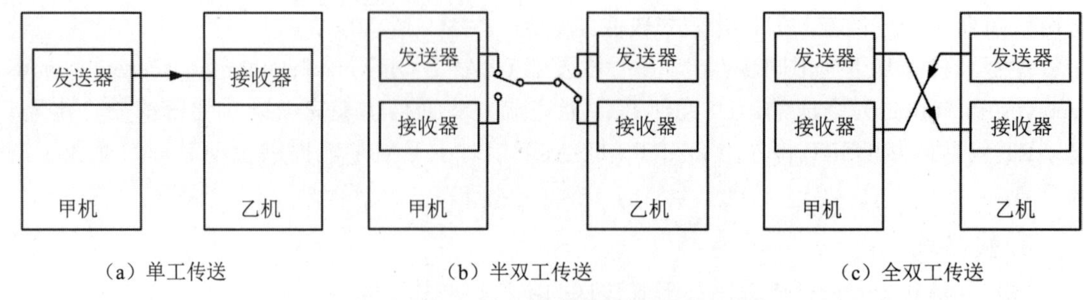

（a）单工传送　　（b）半双工传送　　（c）全双工传送

图 8–3　串行通信数据通路形式

5. 波特率

在串行通信系统中常用波特率（baud rate）衡量通信数据传输的快慢，其含义是每秒钟传送的二进制数码的位数，其单位是位 / 秒（bit/s），常用 bps 表示。波特率越高，数据传输速度越快，对发送、接收时钟信号频率的一致性要求就越高。异步通信要求发送端与接收端的波特率必须一致。

例如：发送 / 接收设备采用的字符帧格式是 10 位（1 个起始位、8 个数据位和 1 个停止位），波特率为 9600bps，则每秒钟传送的信息量是 960 字节。

8.1.2　串行通信接口种类

在串行通信时，要求双方必须采用相同的通信协议和标准接口，这样才能使不同的设备可以方便地连接起来进行通信。

按传输距离和组网系统级别，串行接口可分为板级总线和现场总线接口。

（1）板级总线。TTL USART/UART、I^2C、SPI 等，适合控制器内部 / 相互之间的短距离通信。

（2）现场总线。RS-232C、RS-422A、RS-485、LIN、CAN 等，适合现场设备之间，可以组成分布式网络。

在嵌入式应用时，通信双方如果存在两种不同的接口标准，这时就需要对不同电平间进行转换。现在有许多集成电路模块能完成这个功能，如USB-TTL、TTL-232、USB-232 等。

1.TTL 和 CMOS 电平规范的串行通信接口

TTL 表示由晶体管 - 晶体管形成的逻辑电平，CMOS 对应于互补型金属氧化物半导体晶体管逻辑电平，芯片级别的通信接口常采用 TTL 或 CMOS 电平规范。常用的 TTL 和 CMOS 逻辑电平分类有 5V TTL、5V CMOS、3.3V TTL/CMOS、3.3V/5V Tol.（容忍）以及 OC/OD 等。CMOS 电平的噪声容限比 TTL 大一些。

例如 STM32F4xx 系列微控制器的 GPIO 端口均兼容 TTL 和 CMOS 电平规范，并标注为 3.3V/5V Tol.，表示引脚能承受 5V 电平。芯片手册上规定高电平取值 $>0.7V_{DD}$，若 V_{DD} 取 3.3V，则 2.31 ～ 5.5V 均可以代表逻辑“1”。而低电平规定 $<0.3V_{DD}$，若 V_{DD} 取 3.3V，则 <0.99V 代表逻辑“0”。

2.RS-232C

RS-232C 标准规定采用一对物理连接器和电缆进行连接。连接器主要有 DB-25 针和 DB-9 针两种。数据信号以逻辑“1”和“0”（分别称为传号和空号）形式传输，其中逻辑“0”

对应正电压 +3 ～ +15V（典型值 +12V），而逻辑“1”对应负电压 −15 ～ −3V（典型值 –12V）。对于控制、时序等信号，高于 −3V 为逻辑 1，低于 −3V 为逻辑 0。RS-232C 采用单端驱动、单端接收，共用地线。这种接口实现很简单，但容易产生共模干扰，传输距离较短（实际最大距离约 15m）和速率较小（最大速率 20kbps）。

3.RS-422A 和 RS-485

RS-422A 总线是在 RS-232C 的基础上改进的，是一种单机发送、多机接收的双向平衡传输接口。RS-485 总线是 RS-422A 的变型，可以实现多站互连，构建数据传输网。RS-422A 有 4 根信号线而 RS-485 只有 2 根信号线。在同一对信号线上，RS-485 总线可以连接多达 32 个发送器和 32 个接收器。但在某一时刻只能有一个发送驱动器发送数据，因此，RS-485 的通信方式是半双工，发送电路必须由使能端加以控制。

两者的电平逻辑采用差分电平，即传输数据至少需要 2 根信号线，根据 2 根信号线电压的差值确定电平逻辑。发送端 +2 ～ +6V 代表逻辑“1”，−6V ～ −2V 代表逻辑“0”；接收端 >+200mV 代表逻辑“1”，<−200mV 代表逻辑“0”。由于采用了实现平衡驱动和差分接收，消除了信号地线，传输距离可达 1200m，速率提高到 1Mbps。

RS-422A 和 RS-485 标准只有电气特性的规定，而不涉及接插件、电缆和上层协议标准，在此基础上用户可以建立自己的高层通信协议，如 MODBUS 协议可以认为是属于应用层的工业控制技术的通信协议，在物理层方面可以遵循 RS-485 总线标准。

8.1.3 无线串行通信

无线串行通信属于无线传输技术，在一些应用场合，特别在通信设备空间相互隔离、现场环境难以布线的情况下，以无线方式传送数据信息和控制命令。无线串行通信在农业领域使用非常广泛，可方便实现跨越农田、山地、湖泊、林区等地理环境进行组网，扩展性好。常见的无线串行通信有红外 IrDA、蓝牙 BlueTooth、无线数传 RF、ZigBee 等。

红外数据连接 IrDA 是一种利用波长为 (875±30)nm 的红外线作为传递信息的载体，通过红外光在空中的传播传输语言、文字、数据、图像等信息。IrDA1.0 标准制订了一个异步的、半双工的串行通信方式，其传输速率为 2 400 ～ 115 200bps，而 IrDA1.1 标准则可以支持的通信速率达到 4Mbps。IrDA 由红外发射器和接收器实现，传输距离最长为 3m，工作角度（视角）为 15°～ 30°。IrDA 的优势是：不易被人发现和截获，保密性强；几乎不会受到电气、雷电、人为等因素的干扰，抗干扰性强；体积小、重量轻、结构简单、价格低廉。在农业装备中常见的应用是近距离遥控。

蓝牙 BlueTooth 是 1998 年 5 月由世界著名的 5 家公司（Ericsson、Nokia、Toshiba、IBM、Intel）联合宣布的一种无线通信技术标准。蓝牙协议使用全球通用的 2.4 ～ 2.485GHz ISM（工业、科学、医学）频段的 UHF 无线电波，射频信道间隔为 1MHz，频道共有 23 个或 79 个。在最初的版本中，蓝牙正常的工作范围是 10m 之内，传输速度可达到 1Mbps。目前市场上主流的蓝牙标准是 5.0，有效工作距离可达 300m，高速模式速率可达 48Mbps，低功耗模式下可达 2Mbps。蓝牙设备连接必须在一定范围内进行配对，即建立短程临时网络模式，可以容纳最多不超过 8 台的设备。蓝牙模块采用全双工、时分复用、容错控制编码及跳频扩谱等技术消除干扰和降低衰减，具有传输效率高、安全性高、兼容性强等优势。随着蓝牙技术的发展，智能农业装备中应用蓝牙进行短距离通信越来越广泛，体现在便携式仪器传输数据、小型设备执行控制等方面。

RF 无线数据传输是利用无线技术进行数据传输的一种方法，常用的无线频率有 315MHz、433MHz、868MHz、915MHz 和 2.4GHz 的 ISM 和 SRD 段等几种。无线数据传输技术由于其高稳定、高可靠、低成本和便利性，逐步在很多领域取代了有线数据传输，市场上也涌现了很多无线数传模块。例如，基于 RF24L01 芯片的无线模块，工作于 2.4 ～ 2.5GHz 频段；基于 SX1268 芯片的无线模块，支持频段为 150 ～ 960MHz，提供了 LoRa 和传统的（G）FSK 两种调试方式，空中速率为 0.018 ～ 62.5kbps。数传模块主要由发射器、接收器和控制器组成，通信距离由发射功率、传输速率决定，当模块输出为 +22dBm 时在空旷环境下传输距离可为 3 ～ 5km。在农业系统中，针对布线不方便场合，无线数传在远程数据传输方面起着重要作用。

ZigBee 技术是一种近距离、低复杂度、低功耗、低数据速率、低成本、网络容量大的双向无线通信技术，主要适合近距离无线传感器节点的组网通信及远程自动控制领域，可以嵌入多种设备中，同时支持室内定位功能。ZigBee 协议即 IEEE 802.15.4 标准，于 2003 年 5 月正式推出。ZigBee 技术使用的频段分别为 2.4GHz、868MHz（欧洲）及 915MHz（美国），传输速率范围是 10 ～ 250kbps，有效覆盖距离为 10 ～ 75m，具体依据实际发射功率的大小和各种不同的应用模式而定。在农业生产中，常采用 ZigBee 技术组建无线传感器网络，形成土壤各种参数、农作物长势、动物生理状况等实时跟踪监测系统。

8.2 串行通信 USART 工作原理

8.2.1 功能特点

STM32F40x 系列芯片内置 4 个同步 / 异步串行通信 USART 和 2 个异步串行通信 UART 接口（GD32F40x 系列除 4 个 USART 外还有 4 个 UART），可满足同步单向通信、半双工单线和全双工通信，传输速率可达 10.5Mbps，支持 ISO 7816 接触式智能卡通信协议、不归零编码 NRZ 标准格式（标记 / 空格）、LIN 低速车辆通信协议标准、IrDA 红外数据传输协议接口和调制解调器控制 CTS/RTS（请求发送 / 清除发送）。另外，USART 还支持多处理器通信。在处理高速数据通信方面，USART 可通过配置多个缓冲区使用 DMA（直接存储器访问）实现。

USART 串行通信的主要特性如下。

（1）可编程收发波特率，通过分数波特率发生器系统提供精确的波特率。

（2）支持同步通信的发送器时钟输出。

（3）帧格式中可编程数据字长度（8 位或 9 位），可配置停止位（0.5 位 /1 位 /1.5 位 /2 位）。

（4）发送器和接收器具有单独使能位。

（5）传输检测标志。接收缓冲区已满、发送缓冲区为空、传输结束标志。

（6）奇偶校验控制。发送奇偶校验位、检查接收的数据字节的奇偶性。

（7）4 个错误检测标志。溢出错误、噪声检测、帧错误、奇偶检验错误。

（8）10 个中断标志位。CTS 变化、LIN 停止符号检测、发送数据寄存器为空、发送完成、接收数据寄存器已满、接收线路空闲、溢出错误、帧错误、噪声错误、奇偶检验错误。

（9）唤醒。从静默模式中唤醒（通过线路空闲检测或地址标记检测）、2 个接收器唤醒模式（地址位 MSB/9 位，线路空闲）。

8.2.2 内部组成和工作原理

STM32F40x 和 GD32F40x 系列芯片内置的 USART 结构如图 8-4 所示。USART 的硬件组成可以分为时钟发生器、发送和接收控制器、数据收发、中断控制以及唤醒单元等几个部分。

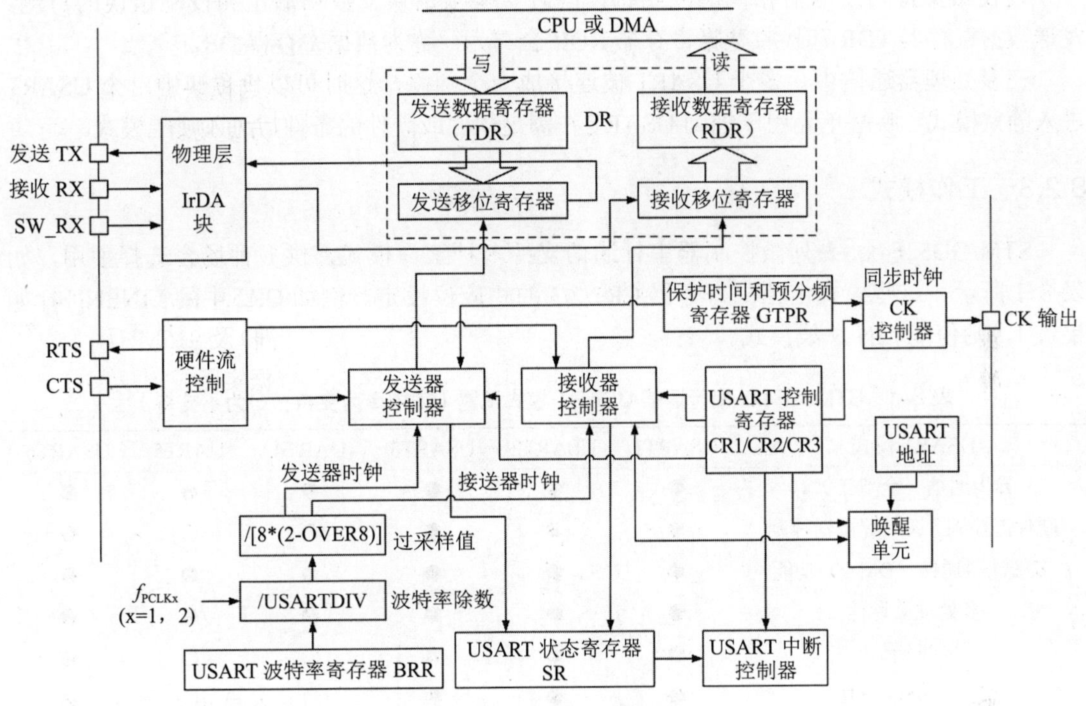

图 8-4 USART 内部结构

时钟发生器由波特率发生器和 CK 控制器、同步逻辑电路组成。发送时钟输出引脚 CK 仅用于同步发送模式下。波特率发生器为每个 USART 的发送器和接收器提供串行时钟，发送器和接收器使用相同的波特率。时钟来源于 APB1 和 APB2 总线时钟 PCLK1 和 PCLK2，其中 USART1 和 USART6 挂在 APB2 总线上，其余挂在 APB1 总线上。

USART 的发送和接收控制器部分包括相应的控制寄存器：3 个控制寄存器（CR1、CR2 和 CR3）以及 1 个状态寄存器（SR）。通过向控制寄存器写入各种控制字可以控制发送和接收，如奇偶校验位、停止位、USART 中断等。状态寄存器可随时查询并获得串口的状态。另外，中断控制寄存器通过标志位管理各种收发过程中的中断 / 事件。

发送器部分由 1 个单独的写入缓冲器（发送数据寄存器 TDR）、1 个串行移位寄存器、校验位发生器和用于处理不同帧结构的控制逻辑电路构成。使用写入缓冲器，实现了连续发送多帧数据无延时的通信。串行通信发送的工作原理是：当需要发送数据时，先将控制寄存器 CR1 中的发送位 TE[3] 置 1 使能，然后 CPU 或 DMA 把数据从内存写入发送数据寄存器 TDR；发送控制器将自动把数据从 TDR 加载到发送移位寄存器中，然后通过 TX 引脚把数据逐位发送出去；发送完毕后，硬件置状态寄存器 SR 的 TC[6] 为 1。

接收器部分包括数据接收单元、校验位校验器、控制逻辑、移位寄存器和两级接收缓冲器（接收数据寄存器 RDR）。串行通信接收的工作原理是：接收数据时，使能控制寄存器 CR1 中 RE[2] 位，然后启动捕捉起始位，数据从 RX 引脚被逐位地采样，然后输入接收移位寄存器中，在接收完一帧数据后，将之自动转移到接收数据寄存器 RDR；此后产生相应的事件，SR 寄存器的 RXNE[5] 位置 1 表示收到数据，或者如果使能 RXNEIE 接收中断则进入中断服务程序，通知 CPU 或 DMA 设备可以从 RDR 中读取数据。

接收器支持与发送器相同的帧结构，同时支持帧错误、数据溢出和校验错误的检测。发送数据寄存器 TDR 和接收数据寄存器 RDR 合二为一称为数据寄存器 DR。

在多处理器通信中，多个 USART 被连接成一个网络，这时可以设置其中一个 USART 进入静默模式。唤醒单元用于控制 USART 在满足软件或硬件的条件后进入唤醒模式。

8.2.3 工作模式

STM/GD32F4xx 系列微控制器串行通信支持多种工作模式，供多种场合选择使用，如表 8-1 所示。这些模式由控制寄存器 CR1/2/3 的相应位设定，例如 CR2 中的 LINEN[14] 如果置 1，则使能 LIN 总线模式。

表 8-1 STM32F4xx 串行通信 USART 模式配置（表中●为支持；○为不支持）

USART 模式	USART1	USART2	USART3	UART4	UART5	USART6
异步通信（全双工）	●	●	●	●	●	●
硬件流控制 / 调制解调器控制	●	●	●	○	○	●
多缓冲器通信（DMA）功能	●	●	●	●	●	●
多处理器通信	●	●	●	●	●	●
同步通信	●	●	●	○	○	●
智能卡（ISO 7816）	●	●	●	○	○	●
半双工（单线通信模式）	●	●	●	●	●	●
IrDA 红外数据传输	●	●	●	●	●	●
LIN 车辆低速总线协议	●	●	●	●	●	●

在不同工作模式下，USART 模块与外部设备的连接引脚使用也不同。这些引脚包括接收数据输入（RX）、发送数据输出（TX）、发送器时钟输出（CK）、请求发送（RTS）和清除发送（CTS）。图 8-4 中 SW_RX 为数据接收引脚，只用于单线和智能卡模式，属于内部引脚，没有具体外部引脚。另外，通信双方通常还需互连地线（GND）。

（1）双向通信（全双工）时需连接 RX、TX、GND，简称“收发三线”。

（2）单线和智能卡通信时需连接 TX、（内部 SW_RX）。

（3）同步通信时需增加连接 CK。

（4）硬件流控制时需增加连接 RTS、CTS。

8.2.4 帧格式

STM32F4xx 系列微控制器异步串行通信的字符帧格式是可编程的，如图 8-5 所示。每个字符前面都有一个起始位，其在 1 个位时间内为逻辑低电平。传送的字符由可配置成 0.5 位 / 1 位 /1.5 位 /2 位数量的停止位终止，由控制寄存器 CR2 的 STOP[13:12] 决定。数据位可由控制寄存器 CR1 的 M[12] 位设置为 8 位或 9 位。如果有校验位（由控制寄存器 CR1 中的 PCE=1 设定），则占用第 8 位或第 9 位。

同时，空闲帧和间隙帧也被定义了。空闲帧由持续一个帧时间的高电平"1"组成，跟随其后即为下一字符帧的起始位。间隙帧则是在一个帧周期内为低电平"0"，跟随其末尾是插入 1 个或 2 个停止位，以便确认下一帧的起始位。

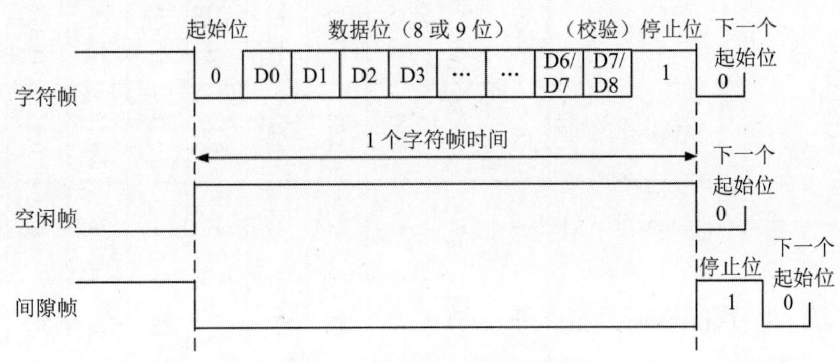

图 8–5　异步串行通信的帧格式

8.2.5　波特率计算

STM32F4xx 系列的 USART 用于标准串行通信时，波特率计算公式为：

$$波特率 = \frac{f_{CK}}{8 \times (2-OVER8) \times USARTDIV} \text{ bps}$$

STM32F4xx 系列 USART 用于 IrDA、LIN 和智能卡模式的波特率计算公式为：

$$波特率 = \frac{f_{CK}}{16 \times USARTDIV} \text{ bps}$$

式中，f_{CK} 为 USART 时钟源频率，单位为 Hz，USART1 和 USART6 挂在 APB2 总线上，采用 $f_{CK}=f_{PCLK2}$（最高 84MHz），其他 USART 挂在 APB1 上，采用 $f_{CK}=f_{PCLK1}$（最高 42MHz）；

OVER8 为控制寄存器 CR1 的过采样 OVER8 位的值，0 表示 16 倍过采样，1 为 8 倍；

USARTDIV 为波特率除数，是一个存放在波特率寄存器 USART_BRR 的无符号浮点数，由除数部分 DIV_Mantissa[11:0]12 位数和小数部分 DIV_Fraction[3:0]4 位数计算得到。

$$OVER8=0 \text{ 时：} USARTDIV=DIV\_Mantissa+(\frac{DIV\_Fraction}{16})$$

$$OVER8=1 \text{ 时：} USARTDIV=DIV\_Mantissa+(\frac{DIV\_Fraction}{8})$$

常用的波特率计算如表 8–2 所示。

表 8-2　STM32F4xx 的 USART 通信常用波特率计算

波特率（bps）	OVER8＝0								OVER8＝1							
	f_{PCLK} = 42MHz				f_{PCLK} = 84MHz				f_{PCLK} = 42MHz				f_{PCLK} = 84MHz			
	USARTDIV	DIV_Mantissa(0x)	DIV_Fraction(0x)	误差（%）	USARTDIV	DIV_Mantissa(0x)	DIV_Fraction(0x)	误差（%）	USARTDIV	DIV_Mantissa(0x)	DIV_Fraction(0x)	误差（%）	USARTDIV	DIV_Mantissa(0x)	DIV_Fraction(0x)	误差（%）
2400	1093.75	445	C	0	2187.5	88B	8	0	2187.5	88B	4	0	×	×	×	×
9600	273.438	111	7	0	546.875	222	E	0	546.875	222	7	0	1093.75	445	6	0
19200	136.75	88	C	0.02	273.438	111	7	0	273.5	111	4	0.02	546.875	222	7	0
38400	68.375	44	6	0.02	136.75	88	C	0.02	136.75	88	6	0.02	273.5	111	4	0.02
57600	45.5625	2D	9	0.02	91.125	5B	2	0.02	91.125	5B	1	0.02	182.25	B6	2	0.02
115200	22.8125	16	D	0.11	45.5625	2D	9	0.02	45.625	2D	5	0.11	91.125	5B	1	0.02
230400	11.375	B	6	0.16	22.8125	16	D	0.11	22.75	16	6	0.11	45.625	2D	5	0.11
460800	5.6875	5	B	0.16	11.375	B	6	0.16	11.375	B	3	0.16	22.75	16	6	0.16
921600	2.875	2	E	0.93	5.6875	5	B	0.93	5.75	5	6	0.93	11.375	B	3	0.93
10.5M	×	×	×	×	×	×	×	×	×	×	×	×	1	1	0	0

8.3 串行通信的应用

8.3.1 寄存器和标志位

从STM32F4xx系列微控制器内部结构可知，USART分别挂在APB1和APB2总线上，各端口的地址分布可在stm32f4xx.h文件中找到。例如USART1的首地址是0x4001 0000，UART4的首地址为0x4000 4C000。

代码展示：		
	语句（stm32f4xx.h）	注释
定义	#define PERIPH_BASE ((uint32_t)0x40000000) #define APB1PERIPH_BASE PERIPH_BASE #define APB2PERIPH_BASE (PERIPH_BASE + 0x00010000)	//外设区首地址

定义	#define USART1_BASE (APB2PERIPH_BASE + 0x1000)
	#define USART6_BASE (APB2PERIPH_BASE + 0x1400)
	#define USART1 ((USART_TypeDef *) USART1_BASE)
	#define USART6 ((USART_TypeDef *) USART6_BASE)
		//USART1/6挂在APB2总线上
		//各串口首地址
		//USART1为寄存器结构体指针，其余类推

定义	#define USART2_BASE (APB1PERIPH_BASE + 0x4400) #define USART3_BASE (APB1PERIPH_BASE + 0x4800) #define UART4_BASE (APB1PERIPH_BASE + 0x4C00) #define UART5_BASE (APB1PERIPH_BASE + 0x5000) #define USART2 ((USART_TypeDef *) USART2_BASE) #define USART3 ((USART_TypeDef *) USART3_BASE) #define UART4 ((USART_TypeDef *) UART4_BASE) #define UART5 ((USART_TypeDef *) UART5_BASE)	//USART2/3/4/5挂在APB1总线上 //各串口首地址

STM32F4xx系列微控制器与串行通信USART有关的寄存器在文件stm32f4xx.h中以结构体USART_TypeDef给出，并用指向该串行端口首地址的指针变量USART1、USART2、…名称表示。

代码展示：		
	语句	注释

定义	typedef struct
	{
	  __IO uint16_t SR;
	  __IO uint16_t DR;
	  __IO uint16_t BRR;
	  __IO uint16_t CR1;
	  __IO uint16_t CR2;
	  __IO uint16_t CR3;
	  __IO uint16_t GTPR;
	} USART_TypeDef;
		//USART寄存器结构体
		//各寄存器名称
		//SR状态寄存器
		//DR收发数据寄存器
		//BRR波特率寄存器
		//CR1/2/3控制寄存器
		
		//GTPR保护时间和预分频寄存器

使用示例	USART1->CR2 |= (uint32_t)USART_StopBits_2;	//设置USART1的停止位为2位
使用示例	if ((USART2->CR1 & USART_CR1_OVER8) != 0)	//判断USART2的过采样OVER8位是否为1

USART 控制寄存器用于串口的功能设置，共有 3 个，地址偏移量分别为 0x0C、0x10、0x14，复位值均为 0x0000 0000。USART_CR1/2/3 寄存器各位的定义如图 8-6 所示。

寄存器	31	30	29	28	27	26	25	24	23	22	21	20	19	18	17	16	15	14	13	12	11	10	9	8	7	6	5	4	3	2	1	0
控制寄存器 1 USART_CR1 复位值 = 0x0000 0000	保留																OVER8	保留	UE	M	WAKE	PCE	PS	PEIE	TXEIE	TCIE	RXNEIE	IDLEIE	TE	RE	RWU	SBK
控制寄存器 2 USART_CR2 复位值 = 0x0000 0000	保留																	LINEN	STOP [1:0]		CLKEN	CPOL	CPHA	LBCL	保留	LBDIE	LBDL	保留	ADD[3:0]			
控制寄存器 3 USART_CR3 复位值 = 0x0000 0000	保留																				ONEBIT	CTSIE	CTSE	RTSE	DMAT	DMAR	SCEN	NACK	HDSEL	IRLP	IREN	EIE

图 8-6　USART_CR1/2/3 寄存器位定义

OVER8[15] 为过采样模式设置位，0 表示 16 倍过采样，1 为 8 倍过采样；

UE[13] 为串口使能位，通过该位置 1 以使能串口；

M[12] 为字长选择位，当该位为 0 的时候设置串口为 8 个数据位；1 为 9 个数据位；

WAKE[11] 定义唤醒方法，0 为线路空闲，1 为地址屏蔽位（地址位 MSB/9 位）；

PCE[10] 为校验使能位，设置为 0，则禁止校验，设置为 1 使能校验；

PS[9] 为校验位选择位，0 为偶校验，1 为奇校验；

PEIE[8] 为奇偶校验允许中断位，与 SR 中的 PE 位有关，1 有效；

TXEIE[7] 为发送数据寄存器空允许中断位，与 SR 中的 TXE 位有关，1 有效；

TCIE[6] 为发送完成中断使能位，与 SR 中的 TC 位有关，1 有效；

RXNEIE[5] 为接收缓冲区非空中断使能，与 SR 中的 ORE 或 RXNE 位有关，1 有效；

IDLEIE[4] 为检测到线路空闲中断使能位，与 SR 中的 IDLE 位有关，1 有效；

TE[3] 为发送使能位，设置为 1 开启串口的发送功能；

RE[2] 为接收使能位，设置为 1 开启串口的接收功能；

RWU[1] 为接收唤醒功能，1 表示在静默模式下接收，0 表示激活模式下；

SBK[0] 表示是否发送间隙帧，1 有效；

LINEN[14] 选择 LIN 总线模式，1 有效；

STOP[1:0] 设置停止位的个数，00 为 1 位，01 位 0.5 位，10 为 2 位，11 为 1.5 位；

CLKEN[11] 使能 CK 同步时钟输出，1 有效；

CPOL[10]、CPHA[9]、LBCL[8] 设置 CK 波形的极性、相位、最高位 MSB 是否输出；

LBDIE[6] 使能 LIN 总线的间隙中断，1 有效；

LBDL[5] 用于设置 LIN 总线的通信间隙长度检测，0 表示 10 位，1 为 11 位；

ADD[3:0] 设置 USART 通信节点的地址；

ONEBIT[11] 使能 USART 的采样模式，0 为 3 位采样模式，1 表示 1 位采样；

CTSIE[10] 使能 CTS 中断，1 有效；

CTSE[9]、RTSE[8] 分别使能 CTS、RTS 功能，1 有效；

DMAT[7]、DMAR[6] 分别使能 DMA 的发送和接收功能，1 有效；

SCEN[5]、NACK[4] 分别使能智能卡和智能卡 NACK 传送功能，1 有效；

HDSEL[3] 设置半双工通信制式，1 有效；

IRLP[2] 设置 IrDA 低功耗，1 有效；

IREN[1] 使能 IrDA 模式，1 有效；

EIE[0] 使能串行通信 DMA 中的帧错误、溢出错误和噪声中断，与 SR 寄存器的 FE、ORE、NF 有关，1 有效。

USART 状态寄存器 SR 用于显示串口的状态，地址偏移量为 0x00，复位值均为 0x0000 0000，其位定义如图 8-7 所示。USART 状态标志位和各使能位的关系如表 8-3 所示。如果使能某事件，系统相应地就产生该事件对应的中断。

寄存器	31	30	29	28	27	26	25	24	23	22	21	20	19	18	17	16	15	14	13	12	11	10	9	8	7	6	5	4	3	2	1	0
状态寄存器 USART_SR 复位值= 0x0000 00C0	保留																						CTS	LBD	TXE	TC	RXNE	IDLE	ORE	NF	FE	PE

图 8-7 USART_SR 寄存器位定义

发送时，在数据从发送数据寄存器 TDR 加载到发送移位寄存器时，产生发送 TDR 已空事件 TXE；当数据从移位寄存器全部发送完时，产生数据发送完成事件 TC。

接收时，当接收移位寄存器的内容经过接收数据寄存器 RDR 准备传输到 USART_DR 寄存器时，产生接收缓冲区非空 RXNE 事件。即 RXNE=1 表示已准备好读取接收到的数据。

表 8-3 STM32F4xx 的 USART 事件标志位和使能位

中断/事件	标志位	使能位
发送数据寄存器为空	TXE[7]	TXEIE[7]
清除发送（CTS）标志	CTS[9]	CTSIE[10]
发送完成	TC[6]	TCIE[6]
接收数据寄存器非空	RXNE[5]	RXNEIE[5]
检测到溢出错误	ORE[3]	
检测到线路空闲	IDLE[4]	IDLEIE[4]
LIN 总线通信间隙检测标志	LBD[8]	LBDIE[6]
奇偶检验错误	PE[0]	PEIE[8]
多缓冲区通信（DMA）中的噪声标志、溢出错误和帧错误	NF[2]、ORE[3]、FE[1]	EIE[0]

在实际工程应用时，对于接收不定长数据，可以通过结合串口的接收缓冲区非空 RXNE 中断和空闲中断 IDLE 实现接收完毕。空闲中断 IDLE 是在检测到在数据收到后，总线上在一个字节的时间内没有再接收到数据时发生。即串口的 RXNE 位被置位之后才开始检测，检测到空闲之后，串口的 CR1 寄存器的 IDLE 位被硬件置 1，必须采用软件将 IDLE 位清零才能避免反复进入空闲中断。

8.3.2 引脚分配和初始化

STM32F407ZGT6 微控制器与串行通信有关的引脚分配如表 8-4 所示。

表 8-4　STM32F407ZGT6 串口引脚分配

引脚	USART1	USART2	USART3	UART4	UART5	USART6
所属总线	APB2	APB1	APB1	APB1	APB1	APB2
TX	PA9/PB6	PA2/PD5	PB10/PD8/PC10	PA0/PC10	PC12	PC6/PG14
RX	PA10/PB7	PA3/PD6	PB11/PD9/PC11	PA1/PC11	PD2	PC7/PG9
CK	PA8	PA4/PD7	PB12/PC12/PD10	—	—	PC8/PG7
RTS	PA12	PA1/PD4	PB14/PD12	—	—	PG8/PG12
CTS	PA11	PA0/PD3	PB13/PD11	—	—	PG13/PG15

应用 STM32F4xx 系列微控制器的串行通信功能时，首先需要正确设置控制寄存器 CR 进行初始化。如果采用标准库 STD 法，有关参数和函数的定义代码可在 stm32f4xx_usart.c/.h 文件中找到；如果采用硬件抽象库 HAL 法，定义代码可在 stm32f4xx_hal_usart.c/.h 和 stm32f4xx_hal_uart.c/.h 文件中找到。初始化流程大体分为以下几个步骤。

(1) 所选 USART 的串口时钟使能、对应的 GPIO 时钟使能。

(2) 所选 USART 的串口参数复位。

(3) 所选 USART 对应的 GPIO 端口模式设置。

(4) 所选 USART 串口参数初始化。

(5) 若需中断，则开启中断并且初始化 NVIC，否则跳过此步。

(6) 使能串口。

<table>
<tr><td colspan="3">代码展示：</td></tr>
<tr><td></td><td>语句（stm32f4xx_usart.c/.h）</td><td>注释</td></tr>
<tr><td>定义</td><td>typedef struct
{
  uint32_t USART_BaudRate;
  uint16_t USART_WordLength;
  uint16_t USART_StopBits;
  uint16_t USART_Parity;
  uint16_t USART_Mode;
  uint16_t USART_HardwareFlowControl;
} USART_InitTypeDef;</td><td>//USART_InitTypeDef
//定义了串口初始化的结构体，包含了波特率、数据位、停止位、奇偶校验位、工作模式和硬件流控</td></tr>
<tr><td></td><td>// 入口参数为波特率，如 9600、115200
void USART2_Init(uint32_t baudRate)
{
  GPIO_InitTypeDef   GPIO_InitStruc;
  USART_InitTypeDef   U2_InitStruc;

  RCC_AHB1PeriphClockCmd(RCC_AHB1Periph_GPIOA, ENABLE);
  RCC_APB1PeriphClockCmd(RCC_APB1Periph_USART2, ENABLE);

  GPIO_PinAFConfig(GPIOA, GPIO_PinSource2, GPIO_AF_USART2);
  GPIO_PinAFConfig(GPIOA, GPIO_PinSource3, GPIO_AF_USART2);

  GPIO_InitStruc.GPIO_Pin = GPIO_Pin_2 | GPIO_Pin_3;
  GPIO_InitStruc.GPIO_Mode = GPIO_Mode_AF;</td><td>//自定义的 USART2 初始化函数

//使能 GPIOA 时钟
//使能 USART2 时钟

//串口 2 对应 GPIO 引脚复用映射

//PA2 与 PA3
//复用功能</td></tr>
</table>

示例	GPIO_InitStruc.GPIO_Speed = GPIO_Speed_100MHz;
	GPIO_InitStruc.GPIO_OType = GPIO_OType_PP;
	GPIO_InitStruc.GPIO_PuPd = GPIO_PuPd_UP;
	GPIO_Init(GPIOA,&GPIO_InitStruc);
	
	U2_InitStruc.USART_BaudRate = baudRate;
	U2_InitStruc.USART_WordLength = USART_WordLength_8b;
	U2_InitStruc.USART_StopBits = USART_StopBits_1;
	U2_InitStruc.USART_Parity = USART_Parity_No;
	U2_InitStruc.USART_HardwareFlowControl =
	USART_HardwareFlowControl_None;
	U2_InitStruc.USART_Mode = USART_Mode_Rx | USART_Mode_Tx;
	
	USART_Init(USART2, &U2_InitStruc);
	USART_Cmd(USART2, ENABLE);
	}
		//速度 100MHz
		//推挽复用输出
		//上拉
		//初始化写寄存器
		//USART2 端口配置
		//波特率设置
		//8 位数据格式
		//1 个停止位
		//无奇偶校验位
		//无硬件数据流控制
		
		//收发模式全双工
		
		//初始化串口 2
		//使能串口 2

使用	USART2_Init(115200);	//以 115200 初始化

在 void USART2_Init(uint32_t baudRate) 函数中，对 USART2 所用的 GPIO 端口 PA2 和 PA3 进行了复用功能等设置，使能时钟，然后对结构体 USART_InitTypeDef 进行了初始化，设定了波特率、数据位、停止位等参数。

初始化后，在库函数的基础上编写自定义的接收和发送的函数，若有中断，则需编写中断处理函数。若采用 DMA 方式，需使能 DMA 功能（发送 DMAT[7]=1 或接收 DMAR[6]=1），并设置好对应的内存地址。

8.3.3 USART 库函数说明

在标准库 stm32f4xx_usart.h 和 stm32f4xx_usart.c 文件中定义了串行通信 USART 相关寄存器设置变量和标准库函数，其部分说明如表 8-5 所示（表中 x=1,2,⋯,6）。

表 8-5 USART 标准库结构体和库函数（stm32f4xx_usart.c/.h）

序号	数据变量 / 函数名称	使用说明
1	USART_InitTypeDef 结构体	设置波特率、数据位长、停止位、校验、模式、硬件流控制
2	USART_ClockTypeDef 结构体	设置同步通信时 CK 引脚输出时钟的属性
3	USART_Init ( ) 函数	初始化指定 USARTx 外设，入口参数为初始化结构体
	void USART_Init(USART_TypeDef* USARTx,USART_InitTypeDef* USART_InitStruct);	
4	USART_StructInit ( ) 函数	将 USART_InitStruc 结构体变量成员按默认值填充
	void USART_StructInit(USART_InitTypeDef* USART_InitStruct);	
5	USART_DeInit ( ) 函数	将指定 USARTx 寄存器重置为默认值
	void USART_DeInit(USART_TypeDef* USARTx);	
6	USART_Cmd ( ) 函数	使能或者禁止指定 USARTx 外设，入口 ENABLE 或 DISABLE
	void USART_Cmd(USART_TypeDef* USARTx,FunctionalState NewState);	
7	USART_SendData ( ) 函数	通过指定 USARTx 外设发送单个字节数据，入口待发送 Data
	void USART_SendData(USART_TypeDef* USARTx,uint16_t Data);	

续表 8-5

<table>
<tr><th>序号</th><th>数据变量 / 函数名称</th><th>使用说明</th></tr>
<tr><td rowspan="2">8</td><td>USART_ReceiveData ( ) 函数</td><td>返回由指定 USARTx 外设接收的最新数据，返回值 DR 数据</td></tr>
<tr><td colspan="2">uint16_t USART_ReceiveData(USART_TypeDef* USARTx);</td></tr>
<tr><td rowspan="2">9</td><td>USART_ITConfig ( ) 函数</td><td>配置指定的 USART 中断</td></tr>
<tr><td colspan="2">void USART_ITConfig(USART_TypeDef* USARTx,uint16_t USART_IT,FunctionalState NewState);</td></tr>
<tr><td rowspan="2">10</td><td>USART_GetFlagStatus ( ) 函数</td><td>检查指定 USARTx 的标志是否设置，获取当前的 USARTx 状态</td></tr>
<tr><td colspan="2">FlagStatus USART_GetFlagStatus(USART_TypeDef* USARTx,uint16_t USART_FLAG);</td></tr>
<tr><td rowspan="2">11</td><td>USART_GetITStatus ( ) 函数</td><td>检查指定的 USART 中断是否已经发生</td></tr>
<tr><td colspan="2">ITStatus USART_GetITStatus(USART_TypeDef* USARTx,uint16_t USART_IT);</td></tr>
<tr><td rowspan="2">12</td><td>USART_ClearFlag ( ) 函数</td><td>清除指定 USARTx 的挂起标志</td></tr>
<tr><td colspan="2">void USART_ClearFlag(USART_TypeDef* USARTx,uint16_t USART_FLAG);</td></tr>
<tr><td rowspan="2">13</td><td>USART_ClearITPendingBit ( ) 函数</td><td>清除指定 USARTx 的中断挂起位</td></tr>
<tr><td colspan="2">void USART_ClearITPendingBit(USART_TypeDef* USARTx,uint16_t USART_IT);</td></tr>
</table>

如果使能了中断，则可在 stm32f4xx_it.c 或其他文件中添加指定 USART 中断处理函数，并编写中断产生后的处理代码。注意，中断服务函数的名称已经在 startup_stm32f40_41xxx.s 文件定义好，不能更改，读者可参考本书附录的附表 2。

8.3.4 重定义 printf 函数

C 语言中 printf( ) 函数默认输出设备是显示器，如果实现在串口或者 LCD 上显示，必须重定义标准库函数里面调用的输出设备定义的相关函数。如：使用 printf( ) 输出到串口，需要将 fputc 里面的输出指向串口 USARTx，这一过程称为重定义。为了更好地使用标准 C 语言库，Keil MDK 设置中提供了 MicroLib，该库对标准 C 库进行了高度优化。

代码展示：

	语句（标准库法）	注释
重定义		

```
#if 1                                        //先导入 stdio.h 头文件
  #include "stdio.h"                         //告知编译链接器不从 C 库链接使用半主机的函数
  #pragma import(__use_no_semihosting)
  struct __FILE                              //支持类型 __FILE
  {
    int handle;
  };

  FILE __stdout;
  _sys_exit(int x)                           //定义 _sys_exit() 以避免使用半主机模式
  {
    x = x;
  }
  int fputc(int ch, FILE *f)                 //重定义 fputc 函数，在使用 printf 函数时自动调用
  {
    while((USART1->SR&0x40)==0);             //串口 1 用 USART1，如果想换成别的串口也可以，如 USART2
```

	USART1->DR = (u8) ch;
	    return ch;
	  }
	#endif	

	语句（硬件抽象库法）	注释

重定义	int fputc(int ch, FILE *f)
	{
	  HAL_UART_Transmit(&huart1, (uint8_t *)&ch, 1, 0xffff);
	  return ch;
	}
	
	int fgetc(FILE *f)
	{
	  uint8_t ch = 0;
	  HAL_UART_Receive(&huart1, &ch, 1, 0xffff);
	  return ch;
	}
		//重定义函数 fputc、printf 到 USART1
		
		//重定义函数 fgetc 到 USART1，但是不鼓励使用该重定义函数进行接收数据

使用	printf("打印 @123.com\r\n"); printf("输出 data=%d\r\n",data);	

8.3.5 串行通信应用实例

分别采用标准库 STD 法和硬件抽象库 HAL 法完成例 8-1，读者可扫数字资源 8-2 和数字资源 8-3 查看工程实现、编程方法和代码说明。

数字资源 8-2 例 8-1 标准库 STD 法

数字资源 8-3 例 8-1 硬件抽象库 HAL 法

例 8-1 电脑采用 USB-TTL 模块与 STM32F407ZGT6 微控制器串口 USART1 通信：STM32F407 开发板按 2s 定时不停地发送计数值，由电脑端的串口助手显示；电脑端发命令使开发板上的 PE4 引脚的 LED3 亮 / 灭、PE2 引脚的蜂鸣器鸣叫 / 静默。

硬件电路：如图 8-8 所示，STM32F407ZGT6 开发板上，GPIO E 端口 PE3 连接 LED2 用于心跳闪烁（1Hz），PE4 连接 LED3，PE2 连接蜂鸣器驱动电路，GPIO A 端口 PA9 和 PA10 分别连接 USB-TTL 模块的 RXD 和 TXD（注意要交叉，一方的发送端与另一方的接收端相连）用于全双工通信。同时，将开发板和 USB-TTL 模块的地线相连。

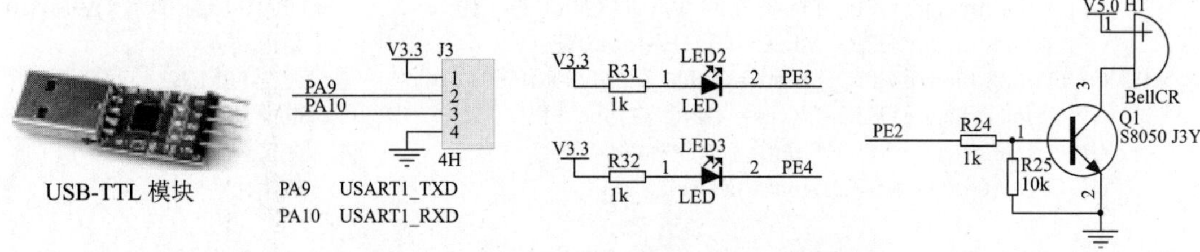

图 8-8 例 8-1 电路原理及接口和实物图片

软件思路：根据电路可知采用了 5V/3.3V TTL UART 电平规范，设定通信参数为全双工异步串行通信，波特率 115200bps，字符帧格式为 10 位方式（1 位起始位 +8 位数据位 +1 位停止位），点对点，ASCII 码传送，STM32F407ZGT6 端以查询方式发送、中断方式接收。

制定电脑端发给芯片端的通信协议有 4 个字节，命令格式是：SD0E、SD1E、SB0E、SB1E。起始字符是 S，结尾是 E，中间 2 个字符 D0 表示 LED 灭，D1 表示 LED 亮，B0 表示蜂鸣器关，B1 表示蜂鸣器响。

采用标准库法时，首先对 USART1 进行初始化，复用 GPIO PA9 和 GPIO PA10，设置通信参数，并开启接收中断。然后在 USART1 中断服务函数 void USART1_IRQHandler(void) 中，分析收到的报文，并通知 main 函数中的主程序处理报文，完成相应的功能。

管理工程时需加入的标准库文件至少有 startup_stm32f40_41xxx.s、stm32f4xx_rcc.c、stm32f4xx_gpio.c、misc.c、stm32f4xx_syscfg.c、stm32f4xx_usart.c 及其包含的头文件。

代码展示：

	语句（usermain.c）	注释

定义	`#define USART1_REC_NUM 10`
	`uint8_t receiveCount;`
	`uint8_t receive_str[USART1_REC_NUM];`
	`uint8_t rec_OKflag=0;`
	`uint8_t mystr[50];`
	`uint32_t myIndex=0;`
		//最大接收字节数 10
		//接收数据的计数
		//接收数据的数组
		//表示接收成功标志

定义	`void LEDBEEP_Init(void);`
	`void uart1DEBUG_Init(uint32_t baudRate);`
	`void uart1SendChars(uint8_t *str, uint16_t Tstrlen);`
		//自定义的初始化和发送函数

	`void uart1DEBUG_Init(uint32_t baudRate)`
	`{`
	`GPIO_InitTypeDef GPIO_InitStructure;`
	`USART_InitTypeDef USART_InitStructure;`
	`NVIC_InitTypeDef NVIC_InitStructure;`
	
	`USART_DeInit(USART1);`
	
	`RCC_AHB1PeriphClockCmd(RCC_AHB1Periph_GPIOA,ENABLE);`
	`RCC_APB2PeriphClockCmd(RCC_APB2Periph_USART1,ENABLE);`
	
	`GPIO_PinAFConfig(GPIOA,GPIO_PinSource9,GPIO_AF_USART1);`
	`GPIO_PinAFConfig(GPIOA,GPIO_PinSource10,GPIO_AF_USART1);`
	
	`GPIO_InitStructure.GPIO_Pin = GPIO_Pin_9 | GPIO_Pin_10;`
	`GPIO_InitStructure.GPIO_Mode = GPIO_Mode_AF;`
	`GPIO_InitStructure.GPIO_Speed = GPIO_Speed_50MHz;`
	`GPIO_InitStructure.GPIO_OType = GPIO_OType_PP;`
	`GPIO_InitStructure.GPIO_PuPd = GPIO_PuPd_UP;`
	`GPIO_Init(GPIOA,&GPIO_InitStructure);`
	
	`USART_InitStructure.USART_BaudRate = baudRate;`
	`USART_InitStructure.USART_WordLength = USART_WordLength_8b;`
		//自定义的 USART1 用于调试的初始化函数
		
		//USART1 复位
		
		//使能 GPIOA 和 USART1 时钟
		
		//串口 1 对应 GPIO 引脚复用映射
		
		//USART1 端口配置 PA9+PA10
		//复用功能
		//速度 50MHz
		//推挽复用输出
		//上拉
		//初始化
		
		//波特率设置
		//8 位数据格式

初始化函数	<pre> USART_InitStructure.USART_StopBits = USART_StopBits_1; //1 个停止位
	    USART_InitStructure.USART_Parity = USART_Parity_No; //无奇偶校验位
	    USART_InitStructure.USART_HardwareFlowControl = //无硬件数据流控制
	            USART_HardwareFlowControl_None;
	    USART_InitStructure.USART_Mode = //收发全双工
	            USART_Mode_Rx | USART_Mode_Tx;
	    USART_Init(USART1, &USART_InitStructure); //初始化串口 1
	    USART_Cmd(USART1, ENABLE); //使能串口 1
	
	    USART_ClearFlag(USART1, USART_FLAG_TC);
	    USART_ITConfig(USART1, USART_IT_RXNE, ENABLE); //开启相关中断
	                                                                   //NVIC 配置
	    NVIC_InitStructure.NVIC_IRQChannel = USART1_IRQn; //串口 1 中断号
	    NVIC_InitStructure.NVIC_IRQChannelPreemptionPriority=0x02; //抢占优先级 2
	    NVIC_InitStructure.NVIC_IRQChannelSubPriority =0x01; //子优先级 1
	    NVIC_InitStructure.NVIC_IRQChannelCmd = ENABLE; //使能外部中断通道
	    NVIC_Init(&NVIC_InitStructure);
	}</pre>

中断处理函数	<pre>void USART1_IRQHandler(void) //串口的中断服务函数
	{
	  uint8_t rec_data;
	  if(USART_GetITStatus(USART1, USART_IT_RXNE) != RESET) //确认接收中断
	    {
	      rec_data =(uint8_t)USART_ReceiveData(USART1); //读取接收到的数据
	      if(rec_data=='S') //S 表示是通信协议报文的起
	        receiveCount=0x01; 始位
	      else if(rec_data=='E') //E 表示结束位
	      {
	        if(receiveCount==3)
	          rec_OKflag=1; //返回成功标志
	        if(receive_str[0]=='D'){ //判断并处理
	          if(receive_str[1]=='0') //接收到 SD0E
	            GPIO_SetBits(GPIOE, GPIO_Pin_4); 表示 LED 灭
	          if(receive_str[1]=='1') //SD1E 表示 LED 亮
	            GPIO_ResetBits(GPIOE, GPIO_Pin_4);
	        }
	        if(receive_str[0]=='B'){ //SB0E 表示蜂鸣器关
	          if(receive_str[1]=='0')
	            GPIO_ResetBits(GPIOE, GPIO_Pin_2);
	          if(receive_str[1]=='1') //SB1E 表示蜂鸣器响
	            GPIO_SetBits(GPIOE, GPIO_Pin_2);
	        }
	      }
	      else if((receiveCount>0)&&(receiveCount<=USART1_REC_NUM)) //数据未接收完，放入数组
	      {
	        receive_str[receiveCount-1]=rec_data;
	        receiveCount++; //接收数据 +1
	      }
	    }
	}</pre>

主函数

```
int main(void)
{
  RCC_GetClocksFreq(&RCC_Clocks);
  SysTick_Config(RCC_Clocks.HCLK_Frequency / 1000);              //SysTick=1ms
  NVIC_PriorityGroupConfig(NVIC_PriorityGroup_2);                //设置系统中断优先级分组 2

  LEDBEEPKEY_Init();                                             //调用初始化
  uart1DEBUG_Init(115200);
  uart1SendChars((uint8_t*)”SERIA TEST BEGIN...\r\n”,21);        //发送提示

  while (1)
  {
    myIndex++;
    sprintf((char*)mystr,”Test Counter Index=%d\r\n”,myIndex);   //定时发送计数
    uart1SendChars(mystr, strlen((char*)mystr));
    Delay(2000);                                                 //延时 2s
    GPIO_ToggleBits(GPIOE, GPIO_Pin_3);                          //LED 翻转
    if(rec_OKflag)                                               //接收成功
    {                                                            //这里放其他接收后的处理，例如不太实时性的任务
      sprintf((char*)mystr,”OKOK--Receive=%s\r\n”,receive_str);
      uart1SendChars(mystr,strlen((char*)mystr));

      rec_OKflag=0;                                              //变量和缓冲区清零以便重新开始接收
      receiveCount=0;
      for(i=0;i<USART1_REC_NUM;i++)
        receive_str[i]=0;
    }
  }
}
```

为了提高发送效率，直接使用 USART 寄存器操作，自定义了串行通信的发送函数。这时也可以采用重定义的 printf( ) 函数（但不推荐）。

代码展示：

语句（usermain.c） | 注释

自定义发送函数

```
void uart1SendChar(uint8_t ch)                    //串口 1 发送一个字符
{
  while((USART1->SR&0x40)==0)                     //判断 TC 位来判断串口当前是否处于发送状态，
    __NOP();
  USART1->DR = (uint8_t) ch;
}

void uart1SendChars(uint8_t *str, uint16_t Tstrlen)
{
  uint16_t k= 0;
  do {
    uart1SendChar(*(str + k)); k++;
  }while (k < Tstrlen);                           //循环发送长度为 Tstrlen 的字符串，直到发送完毕
}
```

采用硬件抽象库时，需要先在 STM32CubeMX 软件中设置 USART1 的参数，注意要使能 UART 的 Register Callback，然后在 main.c 和 stm32f4xx_it.c 文件中添加接收中断回调函数 void HAL_UART_RxCpltCallback(UART_HandleTypeDef *huart) 的处理代码，并在 main 函数中初始化串口后使用 HAL_UART_Receive_IT( ) 开启串口接收中断。而且在每次回调函数中处理完接收数据后，需要再次开启中断 HAL_UART_Receive_IT( )。

代码展示：

语句（stm32f4xx_it.c） 注释

中断服务函数

```
void USART1_IRQHandler(void)                                         //USART1 中断服务函数
{
  HAL_UART_IRQHandler(&huart1);                                      //不在这里处理协议
}

void HAL_UART_RxCpltCallback(UART_HandleTypeDef *huart)              //使用串口中断回调函数处理数据
{
  if(huart->Instance==USART1)                                        //判断，如果是串口 1
  {
      if((receive_str[0]=='S') && (receive_str[3]=='E'))             //S 表示是电脑端命令信息传送的起始位，E 表示结束位
      {
        rec_OKflag=1;

        if(receive_str[1]=='D'){                                     //根据协议让 LED 和 BEEP 蜂鸣器动作
          if(receive_str[2]=='0')
            HAL_GPIO_WritePin(GPIOE, GPIO_PIN_4, GPIO_PIN_SET);
          if(receive_str[2]=='1')
            HAL_GPIO_WritePin(GPIOE, GPIO_PIN_4, GPIO_PIN_RESET);
        }
        if(receive_str[1]=='B'){
          if(receive_str[2]=='0')
            HAL_GPIO_WritePin(GPIOE, GPIO_PIN_2, GPIO_PIN_RESET);
          if(receive_str[2]=='1')
            HAL_GPIO_WritePin(GPIOE, GPIO_PIN_2, GPIO_PIN_SET);
        }
      }
  }
    HAL_UART_Receive_IT(&huart1, receive_str, 4);                    //重新开启接收中断，按 4 个字节
}
```

语句（main.c）

主函数

```
int main(void)
{
  HAL_Init();                                                        //系统初始化
  SystemClock_Config();                                              //时钟初始化

  MX_GPIO_Init();                                                    //GPIO 初始化
  MX_USART1_UART_Init();                                             //串口初始化

  HAL_UART_Receive_IT(&huart1, receive_str, 4);                      //使能接收中断，并规定接收到 4 个字节
```

主函数

```
    HAL_UART_Transmit(&huart1,(uint8_t *)"Test CH8EX01HAL\r\n", 17,100);     //预先发送

    while (1)
    {
      myIndex++;
      sprintf((char*)mystr,"Test Counter Index=%d\r\n",myIndex);          //定时发送计数
      HAL_UART_Transmit(&huart1,(uint8_t *)mystr, strlen((char*)mystr),100);

      HAL_Delay(2000);                                                   //延时 2s，翻转 LED
      HAL_GPIO_TogglePin(GPIOE, GPIO_PIN_3);

      if(rec_OKflag)                                                     //正确接收
      {                                                                  //这里放其他接收后
        sprintf((char*)mystr,"OKOK--Receive=%s\r\n",receive_str);        的处理
        HAL_UART_Transmit(&huart1,(uint8_t *)mystr,
              strlen((char*)mystr),100);

        rec_OKflag=0;                                                    //清零重新开始接收
        receiveCount=0;
        for(i=0;i<10;i++)
          receive_str[i]=0;
      }
    }
  }
```

思考题与练习题

1. 串行通信数据通路形式分为哪几种类型，各自的特点是什么？
2. 无线串口指的是什么？
3. 简述 STM32F4xx 系列微控制器串行通信字符帧格式以及接收和发送数据的工作过程。
4. 以代码解释的形式总结 STM32F4xx 串行接口 USART 进行异步通信的初始化步骤。
5. 请设计基于 STM32F4xx 的电路并编程实现：利用串口通信将开发板上的按键按下次数发送给电脑显示。
6. 已知拖拉机上所用车速传感器为 RS-232 接口，协议为 MODBUS，请设计拖拉机整机控制器与该速度传感器的接口电路和采集车速的编程思路。
7. 请思考如何利用无线数传的方法遥控移动式农机装备在田间行驶、完成各种作业动作。

第 9 章　串行总线（SPI、I^2C、CAN）

嵌入式系统中微控制器与片外芯片或设备通信时采用板级或芯片之间的通信用于短距离场合、采用可靠性高的局域网总线形成分布式控制系统。本章首先介绍板级通信 SPI、I^2C 总线以及局域网控制网络 CAN 总线的有关基本概念，然后学习 STM32F4xx 系列微控制器内置的 SPI、I^2C 和 CAN 串行总线接口的结构原理及应用。本章导学请扫数字资源 9-1 查看。

数字资源 9–1
第 9 章导学

9.1　串行总线 SPI

9.1.1　SPI 总线概述

串行外设接口总线 SPI（serial peripheral interface）是由 Motorola 公司 1980 年提出的一种全双工同步串行通信接口，早期应用在其 MC68HCxx 系列单片机中，其后得到推广。目前，许多厂家的微控制器支持该接口。

SPI 是一种高速的、全双工、同步的通信总线，采用主从模式（Master-Slave）架构，支持一个或多个从设备，采用 4 根线（SS、SCLK、MISO、MOSI），如图 9–1（a）所示为总线使用拓扑图。

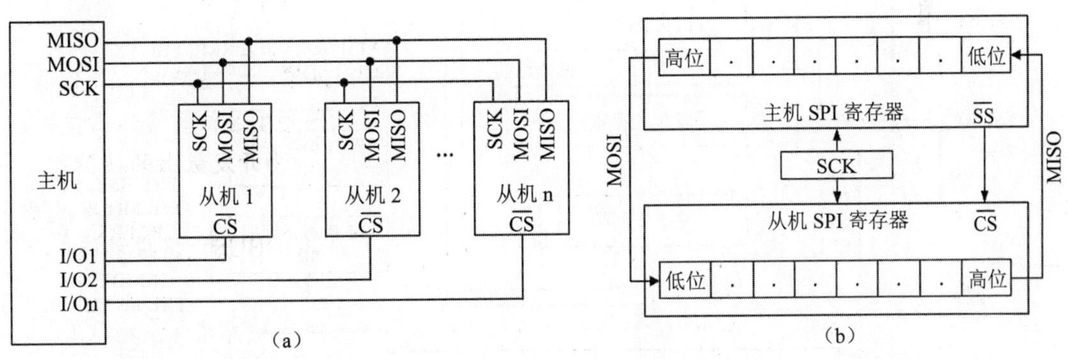

图 9–1　SPI 总线拓扑图和数据传输示意图

（1）SS（slave select）或 CS（chip select）。从设备片选信号，由主设备控制，一般低电平有效。

（2）SCK（serial clock）或 SCLK。时钟信号，由主设备产生。

（3）MISO（master input slave output）或 SDI。主设备数据输入，从设备数据输出。

（4）MOSI（master output slave input）或 SDO。主设备数据输出，从设备数据输入。

SPI 通信的时序实质上是在同步时钟 SCK 的控制下，选中的主从设备里两个双向移位寄存器进行数据交换，形成环形总线结构。即主机通过 MOSI 线发送 1 位数据，从机通过该线读取这 1 位数据；从机通过 MISO 线发送 1 位数据，主机通过该线读取这 1 位数据，如图 9-1(b) 所示。

为了保证主从设备正确通信，应使双方 SPI 具有相同的时钟极性 CPOL 和时钟相位 CPHA，即：时钟极性规定了时钟空闲时的电平，时钟相位规定了读取数据和发送数据的时钟沿。设置时钟极性 CPOL 和时钟相位 CPHA 的组合就形成了 SPI 的 4 种模式，如表 9-1 所示。

表 9-1　SPI 总线的 4 种模式

SPI 模式	CPOL 极性	CPHA 相位	SCLK 空闲状态	采样时刻
0	0	0	低电平	奇数边沿
1	0	1	低电平	偶数边沿
2	1	0	高电平	奇数边沿
3	1	1	高电平	偶数边沿

9.1.2　硬件结构和工作流程

STM/GD32F40x 系列芯片内置了 3 个 SPI，完全支持 4 种模式，数据帧长度可设置为 8 位或 16 位，可设置数据 MSB 先行或 LSB 先行。另外还支持双线全双工、双线单向以及单线方式。另外，STM32F40x 的 SPI 接口可以配置为 SPI 协议或者 I²S 协议（同步串行音频总线）。每个 SPI 的内部硬件架构如图 9-2 所示。

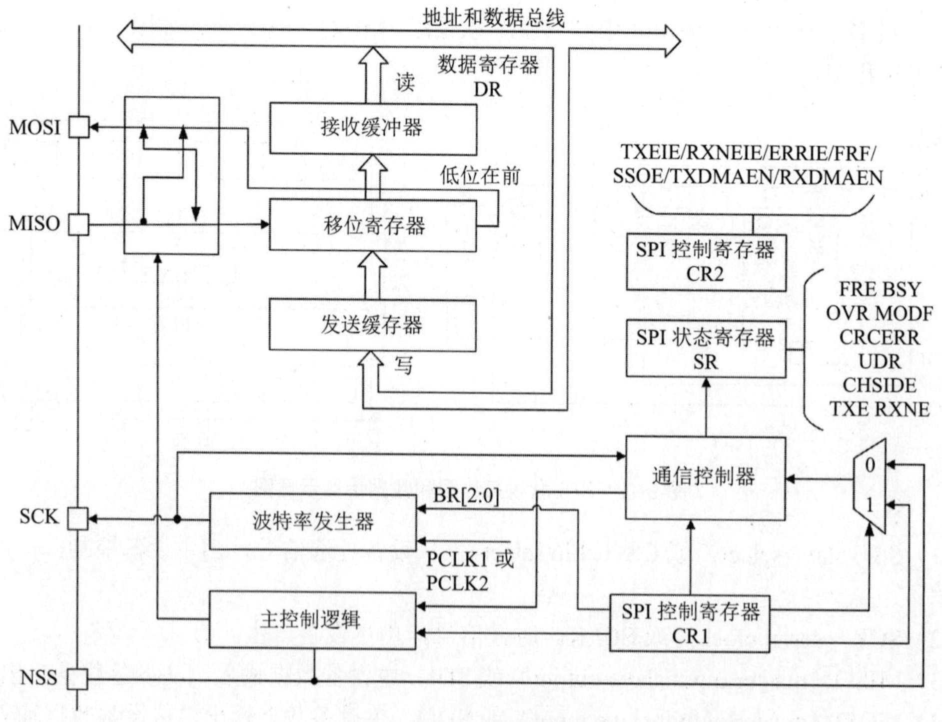

图 9-2　SPI 内部结构

SPI1 是 APB2 上的设备，时钟源为 PCLK2，最高通信速率为 42Mbps（$f_{PCLK2}/2$）；SPI2、SPI3 是 APB1 上的设备，时钟源为 PCLK1，最高通信速率为 21Mbps（$f_{PCLK1}/2$）。

移位寄存器部分：发送缓冲区、接收缓冲区和移位寄存器与 MOSI、MISO 引脚形成通信环形结构。SPI 发送时先将数据存储到内部发送缓冲区中，然后通过移位传输数据。在接收过程中，通过移位收到数据后，先存储到内部接收缓冲区中。数据寄存器 SPI_DR 是两个独立的缓冲区共用一个寄存器名字（地址），对 SPI_DR 寄存器的读访问将返回接收缓冲值，而对 SPI_DR 寄存器的写访问会将写入的数据存储到发送缓冲区中。

时钟部分：波特率发生器用于产生 SCLK，传输速率的大小根据控制寄存器 SPI_CR1 中的 BR[0:2] 位配置，提供频率可编程时钟，分频数可为 /2、/4、/8、/16、/32、/64、/128、/256。

主控制逻辑和通信控制部分：控制寄存器 SPI_CR1、SPI_CR2 与状态寄存器 SPI_SR，通过设置与查询进行 SPI 的设置与控制。这些寄存器均为 16 位，完成发送结束中断标志，写冲突保护，总线竞争保护等。

表 9-2 STM32F407ZGT6 微控制器的 SPI 引脚分配

引脚	SPI1	SPI2	SPI3
所属总线	APB2	APB1	APB1
SCLK	PA5/PB3	PB10/PB13/PD3	PB3/PC10
MOSI	PA7/PB5	PB15/PC3/PI3	PB5/PC12/PD6
MISO	PA6/PB4	PB14/PC2/PI2	PB4/PC11
NSS	PA4/PA15	PB9/PB12/PI0	PA4/PA15

微控制器 SPI 总线的 MOSI、MISO、SCLK 与 NSS 引脚均由 GPIO 复用，如表 9-2 所示。但实际应用中，NSS 也可以用 GPIO 的高低电平输出代替，非常方便，可以简化程序。另外，点对点传输的应用中甚至不需要 NSS 控制。从设备片选 NSS 采用 GPIO 代替时，需设置 CR 控制器的 SSM 位置“1”，即为软件管理从设备模式。

通过 SPI 总线与外设连接时，STM32F4xx 一般设置为主设备，通信对方作为从设备。STM32F4xx 主设备模式的工作流程如下。

（1）控制 NSS 信号线，产生片选信号。

（2）把要发送的数据写入 SPI_DR 寄存器中，该数据会被存储到发送缓冲区。

（3）通信开始，SCLK 时钟开始运行。MOSI 把发送缓冲区中的数据一位一位地传输出去；同时，MISO 则把数据一位一位地存储进接收缓冲区中。

（4）当发送完一帧数据的时候，SPI_SR 寄存器中的 TXE 标志位会被置“1”，表示传输完一帧，发送缓冲区已空；同样，当接收完一帧数据的时候，RXNE 标志位会被置“1”，表示传输完一帧，接收缓冲区非空。

（5）当 TXE 标志位为“1”时，若还要继续发送数据，CPU 可以再次往 SPI_DR 写入数据；当 RXNE 标志位为“1”时，通过读取 SPI_DR，可以获取接收缓冲区中的内容。如果使能了 TXE 或 RXNE 中断，TXE 或 RXNE 置“1”时会产生 SPI 中断信号，进入同一个中断服务函数，在 SPI 中断服务函数中，通过检查寄存器位来了解是哪一个事件，再分别进行处理。另外，也可以使用 DMA 方式来收发 SPI_DR 中的数据。

9.1.3 寄存器及其初始化

STM32F4xx 系列微控制器内部 3 个 SPI 挂在 APB2 或 APB1 总线上，各寄存器的地址映射可在文件 stm32f4xx.h 中找到，并以结构体 SPI_TypeDef 给出定义，以指向该首地址的指针变量 SPI1、SPI2、SPI3 名称表示。

代码展示：		
	语句（stm32f4xx.h）	注释

定义	#define PERIPH_BASE ((uint32_t)0x40000000)
	#define APB1PERIPH_BASE PERIPH_BASE
	#define APB2PERIPH_BASE (PERIPH_BASE + 0x00010000)
		//片上外设首地址
		//APB1 的首地址
		//APB2 的首地址

定义	#define SPI2_BASE (APB1PERIPH_BASE + 0x3800)
	#define SPI3_BASE (APB1PERIPH_BASE + 0x3C00)
	#define SPI1_BASE (APB2PERIPH_BASE + 0x3000)
	#define SPI2 ((SPI_TypeDef *) SPI2_BASE)
	#define SPI3 ((SPI_TypeDef *) SPI3_BASE)
	#define SPI1 ((SPI_TypeDef *) SPI1_BASE)
		//SPI1/2/3 首地址
		
		//SPI1/2/3 指针变量指向寄存器结构体

定义	typedef struct
	{
	__IO uint16_t CR1;
	__IO uint16_t CR2;
	__IO uint16_t SR;
	__IO uint16_t DR;
	__IO uint16_t CRCPR;
	__IO uint16_t RXCRCR;
	__IO uint16_t TXCRCR;
	__IO uint16_t I2SCFGR;
	__IO uint16_t I2SPR;
	} SPI_TypeDef;
		
		//控制寄存器 CR1/2
		
		//状态寄存器 SR
		//数据寄存器 DR
		//CRC 校验多项式寄存器 CRCPR
		//接收 CRC 校验寄存器 RXCRCR
		//发送 CRC 校验寄存器 TXCRCR
		//I^2S 总线配置寄存器 I2SCFGR
		//I^2S 总线预分频数 I2SPR

其中，控制寄存器 CR2 中，使能中断位包括发送 TXEIE、接收非空 RXNEIE、错误 ERRIE，分别对应的 SR 状态寄存器中的标志位是 TXE、RXNE、MODF/OVR/CRCERR/FRE，根据这些标志位的申请才能进入中断服务程序 SPIx_IRQHandler（x=1 ～ 3）。

在标准库中，SPI 功能通过 SPI_InitTypeDef 结构体进行初始化。

代码展示：		
	语句（stm32f4xx_spi.h）	注释

定义	typedef struct
	{
	uint16_t SPI_Direction;
	uint16_t SPI_Mode;
	uint16_t SPI_DataSize;
	uint16_t SPI_CPOL;
	uint16_t SPI_CPHA;
	uint16_t SPI_NSS;
		//定义结构体
		
		//SPI 通信方向，可配置双线全双工、双线只接收、单线只接收、单线只发送
		//SPI 工作在主机或从机模式
		//数据帧大小，8 位或 16 位
		//时钟极性 CPOL，时钟相位 CPHA
		
		//配置 NSS 引脚的使用模式，硬件或软件模式，软件模式即是普通的 GPIO 口

定义	uint16_t SPI_BaudRatePrescaler;
	uint16_t SPI_FirstBit;
	uint16_t SPI_CRCPolynomial;
	}SPI_InitTypeDef;
		//波特率分频数 Prescaler
		//MSB 高位先行还是 LSB 低位先行
		//CRC 校验的多项式

9.1.4 操作步骤和库函数

应用 SPI 串行通信时，首先对 SPI 接口进行初始化，并通过库函数操作接收和发送。若有中断，则需使能中断、编写中断处理函数中代码。若采用 DMA 方式，需使能 DMA 功能（TXDMAEN 或 RXDMAEN=1），并设置好对应的内存地址。

在 stm32f4xx_spi.h 和 stm32f4xx_spi.c 文件中定义了 SPI 串行总线相关寄存器设置变量和标准库函数，其部分说明如表 9-3 所示（表中 x=1,2,3）。

表 9-3 SPI 标准库结构体和库函数（stm32f4xx_spi.c/.h）

序号	数据变量 / 函数名称	使用说明
1	SPI_InitTypeDef 结构体	设置通信方向、主 / 从模式、极性、相位、波特率、8/16 位等
2	SPI_Init ( ) 函数	初始化指定 SPIx 外设，入口参数：参数结构体 SPI_InitStruct
	void SPI_Init(SPI_TypeDef* SPIx, SPI_InitTypeDef* SPI_InitStruct);	
3	SPI_StructInit ( ) 函数	将 SPI_InitStruct 结构体变量成员按默认值填充
	void SPI_StructInit(SPI_InitTypeDef* SPI_InitStruct);	
4	SPI_I2S_DeInit ( ) 函数	将指定 SPIx 寄存器重置为默认值
	void SPI_I2S_DeInit(SPI_TypeDef* SPIx);	
5	SPI_Cmd ( ) 函数	使能或者禁止指定 SPIx 外设，ENABLE 或 DISABLE
	void SPI_Cmd(SPI_TypeDef* SPIx, FunctionalState NewState);	
6	SPI_I2S_SendData ( ) 函数	通过指定 SPIx 外设发送单个字节数据 Data
	void SPI_I2S_SendData(SPI_TypeDef* SPIx, uint16_t Data);	
7	SPI_I2S_ReceiveData ( ) 函数	返回由指定 SPIx 外设接收的最新数据
	uint16_t SPI_I2S_ReceiveData(SPI_TypeDef* SPIx);	
8	SPI_I2S_ITConfig ( ) 函数	配置指定的 SPIx 中断
	void SPI_I2S_ITConfig(SPI_TypeDef* SPIx, uint8_t SPI_I2S_IT, FunctionalState NewState);	
9	SPI_I2S_GetFlagStatus ( ) 函数	获取指定 SPIx 的标志位状态
	FlagStatus SPI_I2S_GetFlagStatus(SPI_TypeDef* SPIx, uint16_t SPI_I2S_FLAG);	
10	SPI_I2S_GetITStatus( ) 函数	检查指定的 SPIx 中断是否已经发生
	ITStatus SPI_I2S_GetITStatus(SPI_TypeDef* SPIx, uint8_t SPI_I2S_IT);	
11	SPI_I2S_ClearFlag ( ) 函数	清除指定 SPIx 的标志位
	void SPI_I2S_ClearFlag(SPI_TypeDef* SPIx, uint16_t SPI_I2S_FLAG);	
12	SPI_I2S_ClearITPendingBit ( ) 函数	清除指定 SPIx 的中断挂起位
	void SPI_I2S_ClearITPendingBit(SPI_TypeDef* SPIx, uint8_t SPI_I2S_IT);	

9.1.5 SPI 总线应用实例

数字资源 9-2 例 9-1 标准库 STD 法

数字资源 9-3 例 9-1 硬件抽象库 HAL 法

分别采用标准库 STD 法和硬件抽象库 HAL 法完成例 9-1，读者可扫数字资源 9-2 和数字资源 9-3 查看工程实现、编程方法和代码说明。

例 9-1 利用 STM32F407 芯片的 SPI1 接口与外围 NOR Flash 芯片 W25Q128JV 进行读写操作。W25Q128 的前 4096 字节存放系统参数，不能随意更改，随后的其他区域用于存放系统运行数据。在运行中每隔 60s 将系统需要存储的 128 字节数据写入 W25Q128 芯片后部分区域。如果储存区满则覆盖原先数据。当用户按下按键，读出最近存储的数据并通过串口显示。

题目分析：查阅资料可知，W25Q128JV 的容量规格是 128M 位，相当于 16M 字节，标准 SPI 时钟频率可以达到 133MHz，支持 SPI 总线的模式 0 与模式 3，支持双线全双工，MSB 先行，8 位或 16 位数据帧长度。访问 W25Q128 需要执行其规定的指令，如 0x06 表示写允许，0x03 表示读数据等。

NOR Flash 芯片要求在写入数据前，必须对目标区域进行擦除操作，即把目标区域中的数据位置 1。W25Q128 支持扇区擦除、块擦除及整片擦除，最小的擦除单位是扇区。W25Q128 将 16M 的容量分为 256 个块，每个块大小为 64K 字节；每个块又分为 16 个扇区，每个扇区为 4K 字节（4096B）。因此，写入数据前必须保证所写目标存储区域的数据都是 0xFF。为了保护原来扇区的数据，需要在 STM32F407 的 SRAM 中开辟一个至少 4K 的缓存区，用于暂存、组合为一个完整扇区的内容。

W25Q128JV 阵列被组织成 65536 个可编程页面，每个页面 256 字节。W25Q128 芯片写入数据时不能跨页写入，一次最多写入一页（256 字节）。本例中，从 4096B 以后的地址开始写入数据，每次写入 128 字节的时候需要把位置记住，存放在第 1 个扇区中，以备下次接着这个地址往后写入。

第 1 扇区，第 0、1 字节用于标识符，“0x55、0x66”，第 2、3 字节用于记录写入位置，第 4、5 字节用于备注异常。开机时这 6 字节需要取出，得到记录位置，而且在每次写 128 字节数据时更新。第 1 扇区的其余部分暂时不做安排。

硬件电路：如图 9-3 所示，STM32F407ZGT6 开发板上将 SPI1 的引脚与 W25Q128JV 一一相连，PB3/4/5 为 SPI 总线，PF11 为片选线。USART1 的 PA9 和 PA10 与 USB-TTL 模

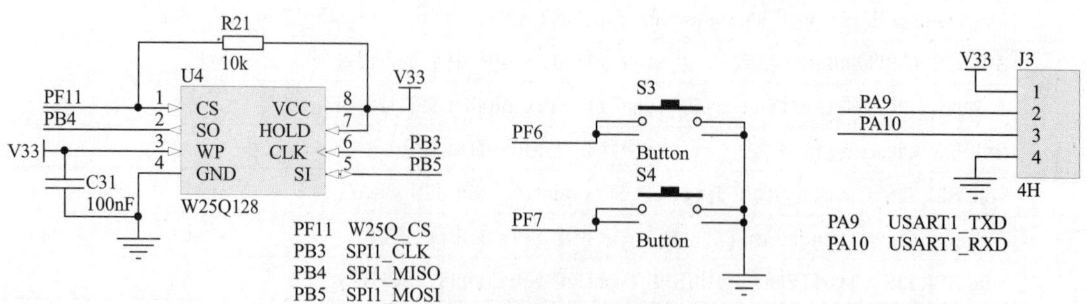

图 9-3 例 9-1 电路原理及接口

块相连。按键 PF6 设置为外部中断模式。

软件思路：本例中，定义了 4K 缓存区为 W25Qx4K_BUFFER[4096]，记录次数的变量是 NN。W25Q128JV 的读写驱动函数由 w25qxx.c/.h 文件给出。初始化函数包括 USART1、按键 GPIO、按键 EXTI、SPI1。在主程序中，先判断芯片的 ID 号是否正确，然后根据记录次数和位置每隔 60s（实际演示是 5s）写入 128 字节的数据到 W25Q128JV 芯片。当按键按下，下降沿触发中断，在中断处理函数中从 W25Q128JV 中读出最近写入的 128 字节数据，并由串口发送至电脑串口助手显示。写入的 128 个数据由 rand( ) 随机函数得到。

采用标准库方法管理工程时需加入的标准库文件至少有 startup_stm32f40_41xxx.s、stm32f4xx_rcc.c、stm32f4xx_gpio.c、stm32f4xx_exti.c、stm32f4xx_syscfg.c、stm32f4xx_spi.c、misc.c、stm32f4xx_usart.c 及其包含的头文件。

代码展示：		
	语句（usermain.c）	注释
定义	uint16_t NN; uint8_t wrData[128]={0}; uint8_t rdData[128]={0};	//定义变量

定义	void uart1_init(uint32_t baudRate);
	void uart1SendChars(uint8_t *str, uint16_t strlen);
	void LEDKEY_Init(void);
	void EXTIPF67_Init(void);
	void SPI1_Init(void);
		//定义初始化和基本操作函数

初始化函数	void SPI1_Init(void)
	{
	GPIO_InitTypeDef GPIO_ InitStruct;
	SPI_InitTypeDef SPI_InitStructure;
	
	RCC_AHB1PeriphClockCmd(RCC_AHB1Periph_GPIOB, ENABLE);
	RCC_APB2PeriphClockCmd(RCC_APB2Periph_SPI1, ENABLE);
	
	GPIO_InitStruct.GPIO_Pin = GPIO_Pin_3|GPIO_Pin_4|GPIO_Pin_5;
	GPIO_InitStruct.GPIO_Mode = GPIO_Mode_AF;
	GPIO_InitStruct.GPIO_OType = GPIO_OType_PP;
	GPIO_InitStruct.GPIO_Speed = GPIO_Speed_100MHz;
	GPIO_InitStruct.GPIO_PuPd = GPIO_PuPd_UP;
	GPIO_InitStruct (GPIOB, &GPIO_InitStruct);
	
	GPIO_PinAFConfig(GPIOB,GPIO_PinSource3,GPIO_AF_SPI1);
	GPIO_PinAFConfig(GPIOB,GPIO_PinSource4,GPIO_AF_SPI1);
	GPIO_PinAFConfig(GPIOB,GPIO_PinSource5,GPIO_AF_SPI1);
	
	RCC_APB2PeriphResetCmd(RCC_APB2Periph_SPI1,ENABLE);
	RCC_APB2PeriphResetCmd(RCC_APB2Periph_SPI1,DISABLE);
	
	SPI_InitStruct.SPI_Direction = SPI_Direction_2Lines_FullDuplex;
		
		//使能 GPIOB 时钟
		//使能 SPI1 时钟
		
		//PB3/4/5 初始化设置
		//PB3/4/5 复用功能输出
		//推挽输出
		//100MHz
		//上拉
		//初始化 IO 口
		
		//PB3 复用为 SPI1
		//PB4 复用为 SPI1
		//PB5 复用为 SPI1
		//SPI 口初始化
		//复位 SPI1
		//停止复位 SPI1
		
		//SPI 双向双线全双工

初始化函数

```c
    SPI_InitStruct.SPI_Mode = SPI_Mode_Master;                              //设置 SPI 主模式
    SPI_InitStruct.SPI_DataSize = SPI_DataSize_8b;                          //设置 SPI 的 8 位帧结构
    SPI_InitStruct.SPI_CPOL = SPI_CPOL_High;                                //串行同步时钟空闲状态为高电平
    SPI_InitStruct.SPI_CPHA = SPI_CPHA_2Edge;                               //串行同步时钟的第 2 个跳变沿为模式 3 采样

    SPI_InitStruct.SPI_NSS = SPI_NSS_Soft;                                  //NSS 信号由软件控制
    SPI_InitStruct.SPI_BaudRatePrescaler = SPI_BaudRatePrescaler_2;         //设置为最大 42M 时钟
    SPI_InitStruct.SPI_FirstBit = SPI_FirstBit_MSB;                         //数据传输 MSB 位开始
    SPI_InitStruct.SPI_CRCPolynomial = 7;                                   //CRC 值计算的多项式

    SPI_Init(SPI1, &SPI_InitStruct);                                        //初始化
    SPI_Cmd(SPI1, ENABLE);                                                  //使能 SPI 外设
    SPI1_ReadWriteByte(0xff);                                               //启动传输
}
```

主函数

```c
int main(void)                                                              //main 函数
{
    RCC_GetClocksFreq(&RCC_Clocks);
    SysTick_Config(RCC_Clocks.HCLK_Frequency / 1000);                       //SysTick = 1ms
                                                                            //初始化
    LEDKEY_Init();
    EXTIPF67_Init();
    uart1_init(115200);

    if(W25QXX_Init()==0){
      uart1SendChars((uint8_t*)"FLASH ID IS ERROR...\r\n",22);              //SPI 初始化，并获取芯片的 ID 号，是否正确
      while(1){
        __NOP();
      }
    }
    uart1SendChars((uint8_t*)"SPI W25Q128 TEST\r\n",18);                    //提示

    W25QXX_Read(rdData,0,6);                                                //第一个扇区前 6 个地址用于存放记录信息
    if((rdData[0]==0x55)&&(rdData[1]==0x66))
      {                                                                     //判断 0x5566
        if((rdData[2]==0xFF)&&(rdData[3]==0xFF))                            //取得 NN 位置
          NN=0;
        else
          NN = (rdData[2]<<8) | rdData[3];
      }
    if(NN==65500){                                                          //如果芯片存储空间满了，就全部清除（实际上要全部先读出来再清除）
        uart1SendChars((uint8_t*)"SPI W25Q128 clear...\r\n",22);
        W25QXX_Erase_Chip();
        NN=0;
      }
    sprintf((char*)mystrS,"NN=%d\r\n",NN);
    uart1SendChars(mystrS,strlen((char*)mystrS));                           //用于显示
```

主函数

```
    while (1)
    {
      myIndex++;
      My256++;
      Delay(5000);                                   //这是演示每隔 5s 写一次数据，题目要求 60s，要用到定时器才好

      for(i=0;i<128;i++)                             //假设数据为随机数据
         wrData[i]=rand()%100+1;
      wrData[0]=((NN&0xFF00)>>8);
      wrData[1]=(NN&0x00FF);                         //第 0、1 字节为记录次数
      wrData[2]=My256;                               //第 2 字节为计次
      W25QXX_SectorWrite(wrData,4096+NN*128,128);    //把 128 字节数据写入 W25Q128JV
      Delay(5);
      NN++;
      wrData[0]=0x55;wrData[1]=0x66;                 //把记录次数加 1 后写入第一扇区
      wrData[2]=((NN&0xFF00)>>8);wrData[3]=(NN&0x00FF);
      wrData[4]=0x00;wrData[5]=0x00;
      W25QXX_SectorWrite(wrData,0,6);

      sprintf((char*)mystrS,"WRITE NN=%d\r\n",NN);  //用于显示
      uart1SendChars(mystrS,strlen((char*)mystrS));
    }
  }
```

中断处理函数

```
  void EXTI9_5_IRQHandler(void)                      //按键中断
  {
    myKey0=GPIO_ReadInputDataBit(GPIOF,GPIO_Pin_6);
    if(myKey0==0)                                    //按键按下时读出 128 字节数据
    {
      W25QXX_Read(rdData,4096+(NN-1)*128,128);
      sprintf((char*)mystrS,"myIndex=%d,NN=%d,",myIndex,NN);
      uart1SendChars(mystrS,strlen((char*)mystrS));  //通过 USART1 发送
      uart1SendChars((uint8_t*)"READ...\r\n",9);
      for(i=0;i<128;i++){
        sprintf((char*)mystrS,"%d,",rdData[i]);
        uart1SendChars(mystrS,strlen((char*)mystrS));
      }
    }
    EXTI_ClearITPendingBit(EXTI_Line6);              //清除 LINE6/7 上的中断标志位
    EXTI_ClearITPendingBit(EXTI_Line7);
  }
```

硬件抽象库法 HAL 与标准库法 STD 较为重要的区别在于 SPI 总线读写一个字节函数不一样，调用各自的库函数有所区别。从代码展示中可以看出 HAL 法比较简洁，这是由于调用了 HAL_SPI_TransmitReceive( ) 函数同时进行了收发，并把超时判断也封装进去了。关于 SPI 总线的设置请参考图 9-4 所示。

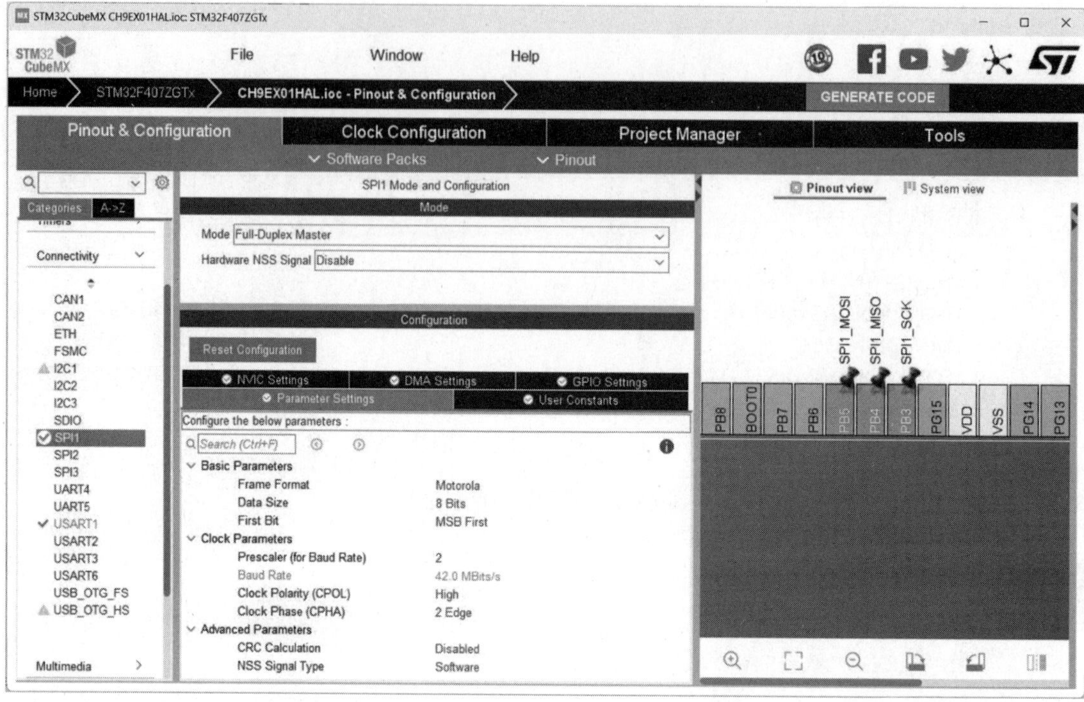

图 9-4　例 9-1 的 STM32CubeMX 设置

代码展示：

	语句（w25qxx.c）	注释

定义	uint8_t　SPI1_ReadWriteOneByte(uint8_t writeData);
	uint16_t　W25QXX_ReadID(void);
	uint16_t　W25QXX_Init(void);
		//SPI1 读写 1 字节函数
		//读 ID
		//初始化

标准库法	uint8_t SPI1_ReadWriteOneByte(uint8_t writeData)
	{
	　uint8_t waitTimeout=0;
	　while (SPI_I2S_GetFlagStatus(SPI1, SPI_I2S_FLAG_TXE) == RESET)
	　{__NOP(); }
	　waitTimeout++;
	　if(waitTimeout>200)
	　　return 0;
	　SPI_I2S_SendData(SPI1, writeData);
	
	　while (SPI_I2S_GetFlagStatus(SPI1, SPI_I2S_FLAG_RXNE) == RESET)
	　{__NOP(); }
	　waitTimeout++;
	　if(waitTimeout>200)
	　　　return 0;
	　return SPI_I2S_ReceiveData(SPI1);
	}
		
		//等待发送区空
		
		//通过 SPI1 发送 1 字节
		
		//等待 1 字节接收完
		
		//返回 SPI1 接收的数据

硬件抽象库法	`uint8_t SPI1_ReadWriteOneByte(uint8_t writeData)`
	`{`
	`  uint8_t dataRx=0;`
	`  if(HAL_SPI_TransmitReceive(&hspi1, &writeData, &dataRx, 1, 200)!=`
	`         HAL_OK)            //该函数包含 SPI 收发、超时判断`
	`  dataRx=0xFF;`
	`  return dataRx;`
	`}`

共同的其他函数	`uint16_t W25QXX_ReadID(void)`
	`{`
	`  uint16_t IDnum = 0;`
	`  W25QXX_CS_ON;`
	`  SPI1_ReadWriteOneByte(0x90);            //发送读取 ID 命令`
	`  SPI1_ReadWriteOneByte(0x00);`
	`  SPI1_ReadWriteOneByte(0x00);`
	`  SPI1_ReadWriteOneByte(0x00);`
	`  IDnum|=SPI1_ReadWriteOneByte(0xFF)<<8;`
	`  IDnum|=SPI1_ReadWriteOneByte(0xFF);`
	`  W25QXX_CS_OFF;`
	`  return IDnum;            //返回 ID 号`
	`}`

9.2 串行总线 I^{2}C

9.2.1 I^{2}C 总线概述

I^{2}C（inter-integrated circuit，也称 IIC）总线标准是 Philips 公司提出的用于集成电路器件互联的两线制互联总线规范。I^{2}C 是一种多主机通信总线结构，采用双向 2 线制数据传输方式，其通信连接拓扑如图 9-5 所示。“2 线”指的是数据线 SDA 和时钟线 SCL，因其电路为漏极开路，故需要利用电阻将电位上拉至电源 V_{CC} 上。总线上设备有主器件和从器件之分，主器件与从器件之间、从器件与从器件之间均可以进行双向传送。从网络拓扑结构看，各器件均并联在这条总线上，每个器件都有唯一的地址用于辨识。主器件通过地址码选通从器件。同一时间段内，I^{2}C 的总线上只能传输一对设备的通信信息，所以同一时间只能有一个从设备和主设备建立通信连接，其他从设备处于高阻状态。当不同设备同时发送数据时，可以通过仲裁方式解决数据冲突，并不会造成总线数据丢失。

I^{2}C 协议定义了通信的起始和停止信号、数据有效性、应答、仲裁、时钟同步和地址广播等环节。当总线空闲时，SDA 和 SCL 都处于高电平状态，当主机要和某从机通信时，会先发送一个起始条件，然后发送从机地址和读写控制位，接下来传输数据，数据传输结束时，主机会发送停止条件。起始信号是 SCL 为高电平时，SDA 由高电平向低电平跳变，开始传送数据。结束信号是 SCL 为高电平时，SDA 由低电平向高电平跳变，结束传送数据。传输的每个字节为 8 位，MSB 高位在前，LSB 低位在后。

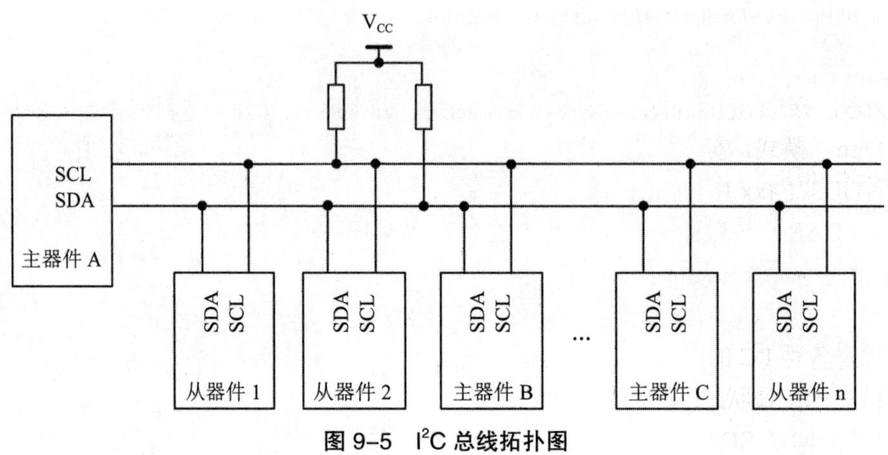

图 9–5　I²C 总线拓扑图

9.2.2　硬件结构和特性

STM/GD32F4xx 系列微控制器内置了 3 个 I²C，可以自由配置为 4 种模式（从发射器、从接收器、主发射器、主接收器），每个 I²C 的内部硬件组成如图 9–6 所示。

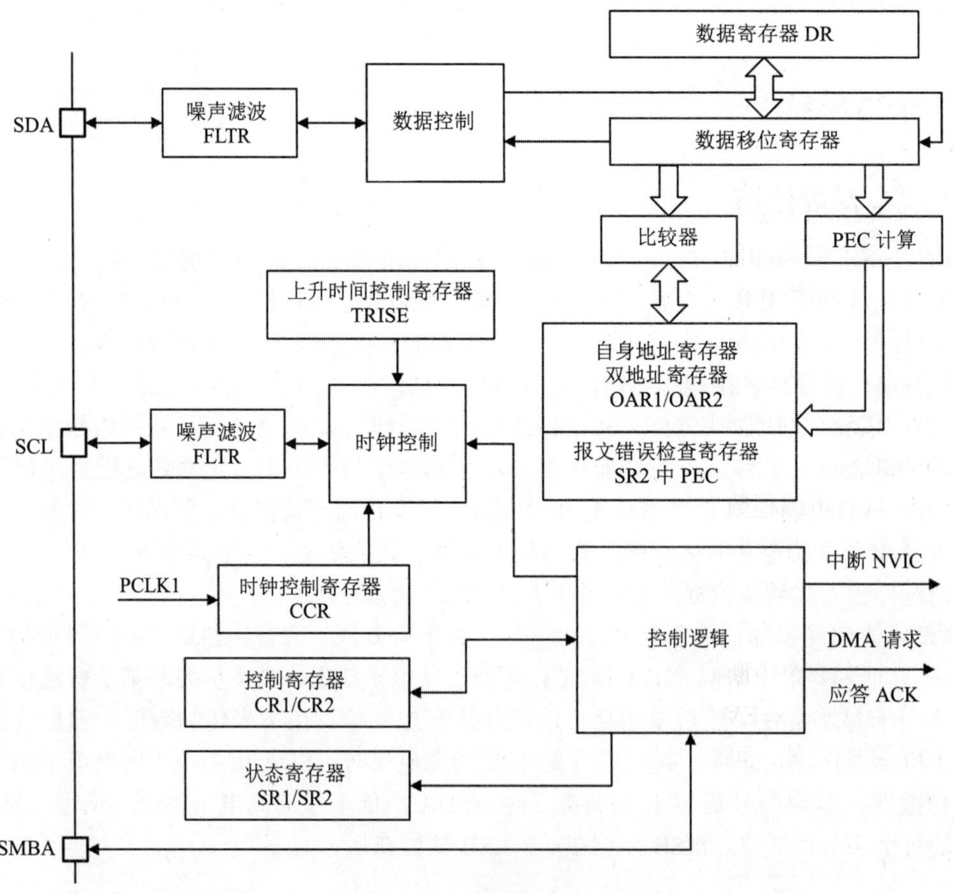

图 9–6　I²C 内部结构

I²C 外设都挂载在 APB1 总线上，使用 APB1 的时钟源 PCLK1。STM/GD32F4xx 作为主设备时，时钟主要由时钟控制寄存器 CCR 控制产生并由 SCL 输出；作为从设备时，SCL 处于接收状态，接收主设备传输过来的时钟。CCR 寄存器可选择 I²C 通信的标准模式（Sm）或快速（Fm）模式，分别对应 100kHz 与 400kHz 的通信速率。

STM/GD32F4xx 中 I²C 模块的数据控制寄存器包含数据寄存器（DR）、移位寄存器、地址寄存器（OAR）与数据包错误检查寄存器（PEC），具有地址比对、数据校验功能。自身的 I²C 地址支持同时使用 2 个，分别存储在 OAR1 和 OAR2 中。

控制寄存器（CR1/CR2）配置 I²C 的工作模式，除此之外还负责控制产生 I²C 中断信号、DMA 请求及各种 I²C 的通信信号（起始、停止、响应信号等）。而读取状态寄存器（SR1/SR2）可以获取 I²C 的工作状态。

端口部分除了 SDA 与 SCL 外，还有一个用于系统管理总线 SMB 事件提醒的 SMBA 引脚。SMB 是一种二线制串行总线，其大部分基于 I²C 总线规范。SMBA 是 SMB 总线中一种可选信号，带有一条中断线路。这些引脚对应复用的 GPIO 如表 9-4 所示。

表 9-4　STM32F407ZGT6 微控制器的 I²C 引脚分配

引脚	I²C1	I²C2	I²C3
所属总线	APB1（PCLK1 时钟）		
SCL	PB6/PB8	PH4/PF1/PB10	PH7/PA8
SDA	PB7/PB9	PH5/PF0/PB11	PH8/PC9
SMBA	PB5	PH6/PF2/PB12	PH9/PA9

STM/GD32F4xx 系列微控制器内置 I²C 的特性如下。

（1）多主模式功能。同一接口既可用作主模式，也可用作从模式。作为主模式，支持生成时钟、起始位和停止位；作为从模式支持可编程地址检测、双寻址模式（可对 2 个从地址应答）和停止位检测。

（2）具有生成和检测 7 位 /10 位寻址模式以及广播呼叫。

（3）支持不同的通信速度，标准模式（Sm）的速度高达 100kHz，快速模式（Fm）时高达 400kHz。

（4）具有可编程数字噪声滤波器（适用于 STM32F42xx 和 STM32F43xx）。

（5）标志位有状态标志包括发送 / 接收模式标志、字节发送结束标志和总线忙碌标志等；错误标志包括主模式下的仲裁丢失 ARLO、应答失败 AF、检测误放的起始位和停止位、禁止时钟延长后出现的上溢 / 下溢 OVR 等。

（6）具有 2 个中断向量。由成功的地址 / 数据字节传输事件触发和由错误状态触发的中断，分别对应 I2Cx_EV_IRQHandler 和 I2Cx_ER_IRQHandler 函数（x=1 ～ 3）。

（7）其他功能。可选的时钟延长、带 DMA 功能的 1 个字节缓冲、可配置的 PEC（数据包错误校验）生成或验证、兼容 SMB 总线。

9.2.3　I²C 通信流程

在主机模式下，I²C 接口启动数据传输并产生时钟信号。串行数据传输总是以起始条件开始，以停止条件结束。起始和停止条件均由软件在主模式下生成。

在从机模式下，接口能够识别自己的地址（7 位或 10 位）和通用呼叫地址。通用呼叫地址检测可以通过软件启用或禁用。I^2C 接口的地址方式可以通过软件选择。

数据和地址以 8 位字节传输，MSB 优先。起始条件后的第 1 ～ 2 字节包含地址（7 位模式中有 1 个字节，10 位模式中有 2 个字节）。该地址始终以主机模式传输。字节传输的 8 个时钟周期之后是第 9 个时钟脉冲，在此期间，接收器必须向发射器发送确认位，即应答 ACK。软件可以启用或禁用确认功能，如图 9-7 所示。

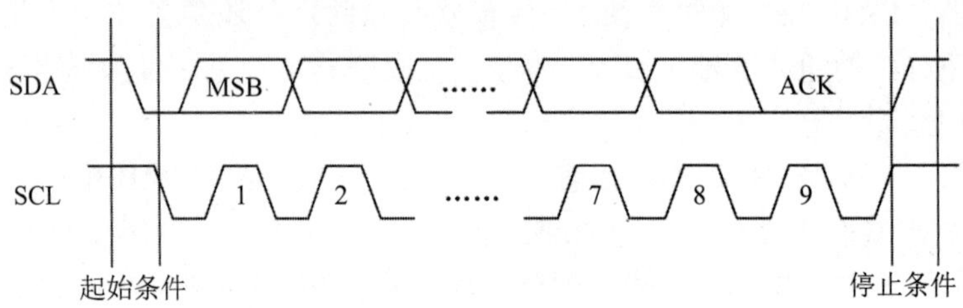

图 9-7　I^2C 总线通信基本时序

以 STM/GD32F4xx 微控制器工作在主机、7 位模式为例，分析 I^2C 接口发送和接收的时序如图 9-7 所示。在通信过程中 STM/GD32F4xx 的 I^2C 控制器会在发送和接收每帧数据后产生不同事件，让 CPU 知道 I^2C 的状态。

1. 主机发送过程

（1）控制产生起始信号 S 后，控制器产生事件对 SR1 寄存器的 SB 位置 1，表示起始信号已经发送。

（2）紧接着发送设备地址并等待应答信号 A，若有从设备应答，则产生事件对状态寄存器 SR1 的 ADDR 位及 TXE 位被置 1。ADDR 为 1 表示地址已经发送，TXE 为 1 表示数据寄存器 DR 为空。

（3）以上步骤正常执行且 ADDR 位被清零后，控制器向数据寄存器 DR 写入要发送的数据，这时 TXE 位会被重置 0，表示数据寄存器非空。I^2C 外设通过 SDA 信号线移位方式把数据发送出去后，又会产生 TXE 位被置 1 的事件，这时就完成了一个数据的发送。这个过程，会不断重复，直至多个字节数据发送完毕。

（4）当发送数据完成后，I^2C 控制器产生一个停止信号 P，产生事件状态寄存器 SR1 的 TXE 位及 BTF 位都被置 1，表示通信结束。

如果使能了 I^2C 中断，以上所有事件产生时，都会产生 I^2C 中断信号，进入同一个中断服务函数 I2Cx_EV_IRQHandler。进入 I^2C 中断服务程序后，CPU 再通过检查标志位来判断是哪一个事件。如果出现错误，则进入 I2Cx_ER_IRQHandler 中处理。

2. 主机接收过程

（1）主机发送起始信号 S，SR1 状态寄存器的 SB 位置 1。

（2）主机发送设备地址并应答 A，SR1 状态寄存器的 ADDR 位被置 1。

（3）当主设备端接收到数据后，SR1 状态寄存器的 RXNE 被置 1，表示接收数据寄存器 DR 非空。软件读取并清空该寄存器后，准备接收下一次数据。此时控制 I^2C 发送应答信号 ACK 或非应答信号 NACK。若应答，则重复以上步骤接收数据；若非应答，则停止传输。

（4）发送非应答信号后，产生停止信号 P，结束传输。

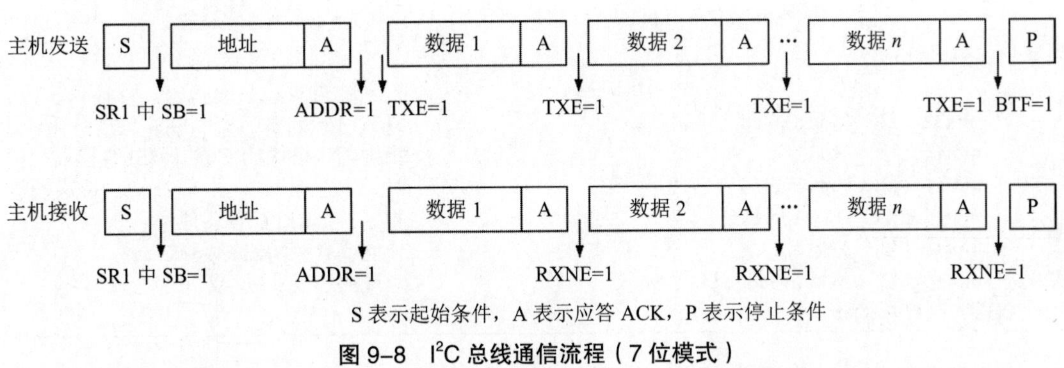

图 9-8 I^2C 总线通信流程（7 位模式）

9.2.4 寄存器及其初始化

STM32F4xx 系列微控制器内部 3 个 I^2C 挂在 APB1 总线上，各寄存器的地址映射可在文件 stm32f4xx.h 中找到，并以结构体 I2C_TypeDef 给出定义，以指向该首地址的指针变量 I2C1、I2C2、I2C3 名称表示。

代码展示：

	语句（stm32f4xx.h）	注释
定义	`#define PERIPH_BASE ((uint32_t)0x40000000)` `#define APB1PERIPH_BASE PERIPH_BASE`	//片上外设首地址 //APB1 的首地址

定义	`#define I2C1_BASE (APB1PERIPH_BASE + 0x5400)`
	`#define I2C2_BASE (APB1PERIPH_BASE + 0x5800)`
	`#define I2C3_BASE (APB1PERIPH_BASE + 0x5C00)`
	`#define I2C1 ((I2C_TypeDef *) I2C1_BASE)`
	`#define I2C2 ((I2C_TypeDef *) I2C2_BASE)`
	`#define I2C3 ((I2C_TypeDef *) I2C3_BASE)`
		//I2C1/2/3 首地址
		
		//I2C1/2/3 指针变量指向寄存器结构体

定义	`typedef struct`
	`{`
	`__IO uint16_t CR1;    //控制寄存器 CR1/2`
	`__IO uint16_t CR2;`
	`__IO uint16_t OAR1;    //自有地址寄存器 OAR1/2`
	`__IO uint16_t OAR2;`
	`__IO uint16_t DR;    //数据寄存器 DR`
	`__IO uint16_t SR1;    //状态寄存器 SR1/2`
	`__IO uint16_t SR2;`
	`__IO uint16_t CCR;    //时钟控制寄存器 CCR`
	`__IO uint16_t TRISE;    //上升时间寄存器 TRISE`
	`__IO uint16_t FLTR;    //噪声滤波寄存器 FLTR`
	`} I2C_TypeDef;`	

在标准库中，I^2C 功能通过 I2C_InitTypeDef 结构体进行初始化。

代码展示：

	语句（stm32f4xx_i2c.h）	注释
定义	typedef struct	
	{	//定义结构体
	uint32_t I2C_ClockSpeed;	//SCL 时钟频率，低于 400kHz
	uint16_t I2C_Mode;	//指定工作模式，I²C 或 SMBUS 模式
	uint16_t I2C_DutyCycle;	//时钟占空比 Low/High=2:1 或 16:9 模式
	uint16_t I2C_OwnAddress1;	//指定自身的 I²C 设备地址
	uint16_t I2C_Ack;	//使能或者关闭应答 ACK
	uint16_t I2C_AcknowledgedAddress;	//地址的长度，7 位或 10 位模式
	}I2C_InitTypeDef;	

与 I²C 功能相关的中断请求标志位如表 9-5 所示。

表 9-5　I²C 总线中断请求标志位

中断事件	标志位	使能位
发送开始位（主）	SB	ITEVFEN
发送地址（主）或匹配地址（从）	ADDR	
发送 10 位模式的报头（主）	ADD10	
停止接收（从）	STOPF	
数据字节发送完成	BTF	
接收缓冲区不为空	RXNE	ITEVFEN 和 ITBUFEN
发送缓冲区为空	TXE	
总线错误	BERR	ITERREN
仲裁丢失（主）	ARLO	
应答失败	AF	
上溢 / 下溢	OVR	
数据包错误校验	PECERR	
超时 /Tlow 错误	TIMEOUT	
SMBus 警报	SMBALERT	

9.2.5　操作步骤和库函数

应用 I²C 串行通信时，主要是对 I²C 接口的初始化、接收和发送的操作。若有中断，则需使能中断、编写中断处理函数。若采用 DMA 方式，需使能 DMA 功能（DMAEN=1），并设置好对应的内存地址。

在 stm32f4xx_i2c.h 和 stm32f4xx_i2c.c 文件中定义了 I²C 通信总线相关寄存器设置变量和标准库函数，其部分说明如表 9-6 所示（表中 x=1,2,3）。

表 9-6 I²C 标准库结构体和库函数（stm32f4xx_i2c.c/.h）

序号	数据变量 / 函数名称	使用说明
1	I2C_InitTypeDef 结构体	设置传输速率、模式、地址、应答使能、占空比、寻址模式等
2	I2C_Init ( ) 函数	初始化指定 I2Cx 外设，入口参数：参数结构体 I2C_InitStruct
	void I2C_Init(I2C_TypeDef* I2Cx, I2C_InitTypeDef* I2C_InitStruct);	
3	I2C_StructInit ( ) 函数	将 I2C_InitStruct 结构体变量成员按默认值填充
	void I2C_StructInit(I2C_InitTypeDef* I2C_InitStruct);	
4	I2C_DeInit ( ) 函数	将指定 I2Cx 寄存器重置为默认值
	void I2C_DeInit(I2C_TypeDef* I2Cx);	
5	I2C_Cmd ( ) 函数	使能或者禁止指定 I2Cx 外设，ENABLE 或 DISABLE
	void I2C_Cmd(I2C_TypeDef* I2Cx, FunctionalState NewState);	
6	I2C_SendData ( ) 函数	通过指定 I2Cx 外设发送单个字节数据 Data
	void I2C_SendData(I2C_TypeDef* I2Cx, uint8_t Data);	
7	I2C_ReceiveData ( ) 函数	返回由指定 I2Cx 外设接收的最新数据
	uint8_t I2C_ReceiveData(I2C_TypeDef* I2Cx);	
8	与事件、标志位有关的函数	检查事件、获取标志位状态、清除标志位
	ErrorStatus I2C_CheckEvent(I2C_TypeDef* I2Cx, uint32_t I2C_EVENT); FlagStatus I2C_GetFlagStatus(I2C_TypeDef* I2Cx, uint32_t I2C_FLAG); void I2C_ClearFlag(I2C_TypeDef* I2Cx, uint32_t I2C_FLAG);	
9	I2C_ITConfig ( ) 函数	配置指定的 I2Cx 中断
	void I2C_ITConfig(I2C_TypeDef* I2Cx, uint16_t I2C_IT, FunctionalState NewState);	
10	I2C_ReadRegister ( ) 函数	获取指定 I2Cx 的寄存器状态，入口参数：I2C_Register
	uint16_t I2C_ReadRegister(I2C_TypeDef* I2Cx, uint8_t I2C_Register);	
11	与中断标志位有关的函数	获取 IT 状态、清除挂起标志位
	ITStatus I2C_GetITStatus(I2C_TypeDef* I2Cx, uint32_t I2C_IT); void I2C_ClearITPendingBit(I2C_TypeDef* I2Cx, uint32_t I2C_IT);	
12	I2C 总线上的一些操作函数	产生起始条件、停止条件、7 位地址、应答设置

	void I2C_GenerateSTART(I2C_TypeDef* I2Cx, FunctionalState NewState);
	void I2C_GenerateSTOP(I2C_TypeDef* I2Cx, FunctionalState NewState);
	void I2C_Send7bitAddress(I2C_TypeDef* I2Cx, uint8_t Address, uint8_t I2C_Direction);
	void I2C_AcknowledgeConfig(I2C_TypeDef* I2Cx, FunctionalState NewState);	

9.2.6 I²C 总线应用实例

分别采用标准库 STD 法和硬件抽象库 HAL 法完成例 9-2，读者可扫数字资源 9-4 和数字资源 9-5 查看工程实现、编程方法和代码说明。

数字资源 9-4
例 9-2 标准库
STD 法

数字资源 9-5
例 9-2 硬件抽
象库 HAL 法

例 9-2 参见例 7-3 和例 6-3，设计 STM32F407 芯片通过 I²C 总线接口与 OLED 屏相连形成一个显示系统。要求该系统能测量输入波形的频率，并将测量值显示在 0.96 寸 PMOLED 屏幕上。

硬件电路：如图 9-9 所示，STM32F407ZGT6 开发板上，将 GPIO F 端口的 PF0 和 PF1 设置为复用 I^{2}C2 总线的 SDA 和 SCL，并与 OLED 屏对应的端子相连。并把 TIM4 输出 PWM 波形的 CH4 通道，即 PD15 与 TIM5 输入捕捉 CH1 通道，即 PA0 相连。同时需把 OLED 屏的 3.3V 电源和 GND 地接上。

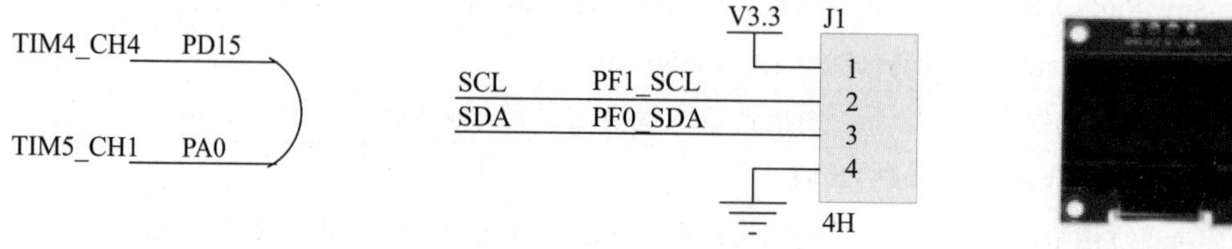

图 9-9　例 9-2 电路接口图和实物照片

软件思路：首先需要初始化 I^{2}C 总线，通过 I^{2}C 标准格式传输命令或数据给 OLED 屏。对于 OLED 屏的相关操作，借鉴厂家提供的 OLED.c/.h 以及字库 font.h 文件。然后初始化 TIM4 和 TIM5，分别设置为 PWM 输出和输入捕捉。捕捉计数值由 void TIM5_IRQHandler(void) 中断服务函数获得。在 main 函数中根据计数值计算出周期和频率，然后通过 OLED 显示出来。

采用标准库方法的操作 OLED 屏的主要代码集中在 OLED_I2C.c/.h 文件，由于 STMF4 库函数已经对通信时序封装好，用户使用 I^{2}C 功能非常方便，不再通过 GPIO 引脚模拟时序。因此主要编程工作体现在对 OLED 屏的命令控制、点阵坐标和字符图形的显示上。管理工程时需加入的标准库文件至少有 startup_stm32f40_41xxx.s、misc.c、stm32f4xx_rcc.c、stm32f4xx_gpio.c、stm32f4xx_syscfg.c、stm32f4xx_tim.c、stm32f4xx_i2c.c 及其包含的头文件。

代码展示：		
	语句（OLED_I2C.c/.h）	注释
	#define OLED_ADDRESS　0x78	//定义地址
		//定义函数
	void OLED_I2C_Config(void);	//OLED 屏的 I2C 初始化函数
	void I2C_WriteByte(uint8_t addr,uint8_t data);	//基本通信操作
	void WriteCmd(uint8_t I2C_Command);	//写命令
	void WriteDat(uint8_t I2C_Data);	//写数据
定义	void OLED_Init(void);	// 执行屏的启动命令序列
	void OLED_SetPos(uint8_t x, uint8_t y);	
	void OLED_Fill(uint8_t fill_Data);	
	void OLED_CLS(void);	
	void OLED_ON(void);	
	void OLED_OFF(void);	//类似字符显示的函数可以
	void OLED_ShowStr(uint8_t x, uint8_t y, uint8_t ch[], uint8_t TextSize);	推广到图形
	//其他图形、汉字、浮点数显示的函数（自编）	

初始化函数

```
void OLED_I2C_Config(void)                                          //I2C 初始化
{
  I2C_InitTypeDef       I2C_InitStructure;                          //结构体初始化变量
  GPIO_InitTypeDef      GPIO_InitStructure;

  RCC_AHB1PeriphClockCmd(RCC_AHB1Periph_GPIOF,ENABLE);              //GPIOF 时钟
  RCC_APB1PeriphClockCmd(RCC_APB1Periph_I2C2,ENABLE);               //I2C 时钟

  GPIO_PinAFConfig(GPIOF,GPIO_PinSource0,GPIO_AF_I2C2);             //硬件 I2C2 引脚
  GPIO_PinAFConfig(GPIOF,GPIO_PinSource1,GPIO_AF_I2C2);             //PF0 和 PF1 复用为 SCL 和
                                                                    SDA
  GPIO_InitStructure.GPIO_Pin =  GPIO_Pin_0 | GPIO_Pin_1;
  GPIO_InitStructure.GPIO_Mode = GPIO_Mode_AF;
  GPIO_InitStructure.GPIO_Speed = GPIO_Speed_100MHz;                //超高速
  GPIO_InitStructure.GPIO_PuPd = GPIO_PuPd_UP;                      //上拉
  GPIO_InitStructure.GPIO_OType = GPIO_OType_OD;                    //I2C 必须开漏输出
  GPIO_Init(GPIOF, &GPIO_InitStructure);                            //写寄存器

  I2C_DeInit(I2C2);                                                 //恢复默认
  I2C_InitStructure.I2C_Mode = I2C_Mode_I2C;                        //使用 I2C2
  I2C_InitStructure.I2C_DutyCycle = I2C_DutyCycle_2;                //占空比 L/H=2:1
  I2C_InitStructure.I2C_OwnAddress1 = 0;                            //主机 I2C 地址随意
  I2C_InitStructure.I2C_Ack = I2C_Ack_Enable;                       //使能应答
  I2C_InitStructure.I2C_AcknowledgedAddress =
  I2C_AcknowledgedAddress_7bit;                                     //7 位地址模式
  I2C_InitStructure.I2C_ClockSpeed = 100000;                        //时钟频率 < 400kHz
  I2C_Init(I2C2, &I2C_InitStructure);
  I2C_Cmd(I2C2, ENABLE);                                            //启动 I2C2
  I2C_AcknowledgeConfig(I2C2, ENABLE);
}
```

写字节操作函数

```
void I2C_WriteByte(uint8_t addr, uint8_t data)                      //写字节函数
{
  while(I2C_GetFlagStatus(I2C2, I2C_FLAG_BUSY));                    //检查 I2C2

  I2C_GenerateSTART(I2C2, ENABLE);                                  //开始
  while(!I2C_CheckEvent(I2C2, I2C_EVENT_MASTER_MODE_SELECT));       //检查主模式

  I2C_Send7bitAddress(I2C2, OLED_ADDRESS, I2C_Direction_Transmitter); //地址 0x78
  while(!I2C_CheckEvent(I2C2,                                       //检查
         I2C_EVENT_MASTER_TRANSMITTER_MODE_SELECTED));

  I2C_SendData(I2C2, addr);                                         //寄存器地址
  while (!I2C_CheckEvent(I2C2, I2C_EVENT_MASTER_BYTE_
         TRANSMITTED));

  I2C_SendData(I2C2, data);                                         //发送数据
  while (!I2C_CheckEvent(I2C2, I2C_EVENT_MASTER_BYTE_
         TRANSMITTED));
```

写字节操作函数	<pre> I2C_GenerateSTOP(I2C2, ENABLE); //关闭总线 I2C2
	}
	
	void WriteCmd(uint8_t I2C_Command) //写命令函数
	{
	  I2C_WriteByte(0x00, I2C_Command);
	}
	
	void WriteDat(uint8_t I2C_Data) //写数据函数
	{
	  I2C_WriteByte(0x40, I2C_Data);
	}
	
	void OLED_Fill(uint8_t fill_Data) //全屏填充函数
	{
	  uint8_t m,n;
	  for(m=0;m<8;m++)
	  {
	    WriteCmd(0xb0+m);
	    WriteCmd(0x00);
	    WriteCmd(0x10);
	    for(n=0;n<128;n++){
	      WriteDat(fill_Data);
	    }
	  }
	}
	
	void OLED_Clear (void) //清屏函数
	{
	  OLED_Fill(0x00);
	}</pre>

主程序	<pre>int main(void) //usermain.c
	{
	  RCC_GetClocksFreq(&RCC_Clocks); //1ms 计时
	  SysTick_Config(RCC_Clocks.HCLK_Frequency / 1000); //设置中断优先级分组 2
	  NVIC_PriorityGroupConfig(NVIC_PriorityGroup_2);
	
	  Delay(5);
	  LED_Init(); //初始化 LED
	  OLED_I2C_Config(); //OLED 屏
	  OLED_Init();
	  Delay(5);
	  OLED_Fill(0x00); //清屏
	  Delay(5);
	
	  TIM4_PWM_Init(839, 19); //PWM 的频率是 5kHz
	  TIM5_CAP_CH1_Init(4294967295, 83); //捕捉 1MHz
	
	  DiffVal=0; MeasureOK=0; CapVal1=0; CapVal2=0;
	  TIM_SetCompare4(TIM4,PWMMID); //输出波形</pre>

主程序

```
    OLED_ShowStr(1,1,(uint8_t*)"OLED Measure PWM TEST",1);          //显示字符串

    while (1)
    {
      if(MeasureOK==1)                                              //测量位判断
      {
        if(CapVal2>=CapVal1)                                        //注意要分两种情况处理
          DiffVal=CapVal2-CapVal1;
        else
          OLED_ShowStr(1,1,(uint8_t*)"ERROR...",1);

        Frequency=MY_CAP_FREQ / DiffVal ;
        sprintf((char*)mystr,"Freq=%dHz",Frequency);
        OLED_ShowStr(3,5,mystr,2);                                  //显示所测数据

        MeasureOK=0;                                                //清测量次数
        CaptureIndex=0;                                             //清测量标志位

        TIM_ITConfig(TIM5,TIM_IT_Update|TIM_IT_CC1,ENABLE);         //再次开启下次捕获
      }
      Delay(2000);
    }
}
```

上述代码中，I2C_WriteByte( ) 函数体现了一个完整 I^2C 总线通信的发送步骤，对传输中的每步事件（以 I2C_EVENT_ 为前缀）都要判断，以保证时序正确。

采用硬件抽象库 HAL 法时，关于 I^2C 总线的读写基本操作函数与标准库 STD 法不一样，HAL 提供的函数 HAL_I2C_Mem_Write( ) 更加简洁，将 I^2C 通信的事件处理、超时判断都封装好了，请读者对比有关代码。关于 I^2C 总线的设置请参考图 9-10 所示。

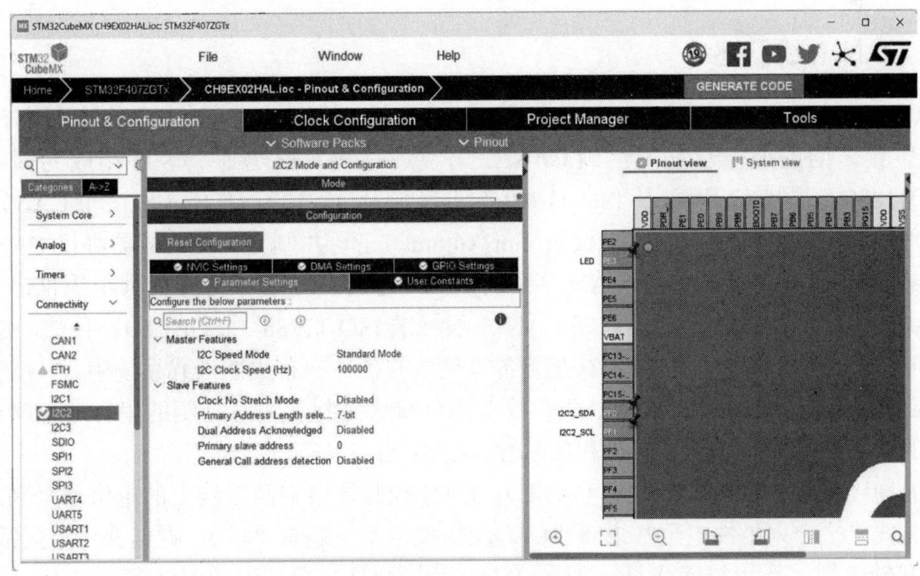

图 9-10 例 9-2 的 STM32CubeMX 设置

代码展示：

定义　　语句（OLED_I2C.c/.h）　　注释

```
void OLED_WR_CMD(uint8_t cmd)                                                  //向设备写控制命令
{
  HAL_I2C_Mem_Write(&hi2c2 ,0x78,0x00,I2C_MEMADD_SIZE_8BIT,&cmd,1,
          0x100);
}

void OLED_WR_DATA(uint8_t data)                                                //向设备写数据
{
  HAL_I2C_Mem_Write(&hi2c2 ,0x78,0x40,I2C_MEMADD_SIZE_8BIT,&data,1,
          0x100);
}

void OLED_Clear(void)                                                          //清屏函数
{
  uint8_t i,n;
  for(i=0;i<8;i++)
  {
    OLED_WR_CMD(0xb0+i);                                                       //应用写命令函数
    OLED_WR_CMD (0x00);
    OLED_WR_CMD (0x10);
    for(n=0;n<128;n++)
      OLED_WR_DATA(0x00);
  }
}
```

9.3　局域网总线 CAN

9.3.1　CAN 总线概述

CAN（controller area network）最初是由 1986 年德国 Bosch 公司开发的面向汽车电子控制装置之间的通信总线。后续 CAN 作为现场总线发展迅速，1993 年成为国际标准 ISO ISO11898（高速应用）及 ISO 11519（低速应用）。1991 年 Bosch 颁布 CAN2.0A 和 CAN2.0B 规范，1992 年成立 CiA（CAN in Automation）并制定 CAN 高层协议 CANopen，1994 年美国 SAE 组织推出基于 CAN 总线的 J1939 协议，1998 年国际标准组织推出了农林机械所用的串行控制和数据通信网络 CAN 总线标准 ISO 11783（ISOBUS）。目前，CAN 总线广泛应用于工业、车辆、船舶、农业装备等领域的各种分布式嵌入式系统中。

CAN 总线属于现场总线，是一个有效支持分布式控制和实时控制的串行通信网络，具有较高的网络安全性、通信可靠性和实时性。CAN 通信具有以下特点。

（1）通过 2 线传输（CANH 和 CANL）。CAN 控制器根据两根线上的电位差来判断总线电平。总线电平分为显性电平（逻辑“0”）和隐性电平（逻辑“1”）。通信介质可灵活选择，如选择同轴电缆、双绞线或光纤。如图 9-11 所示为 CAN 总线网络基本拓扑结构，图中在 CANH 和 CANL 数据线的两端各安装一个 120Ω 的电阻，形成数据保护电路，以避免数据传输到终端产生的反射波影响数据传输。

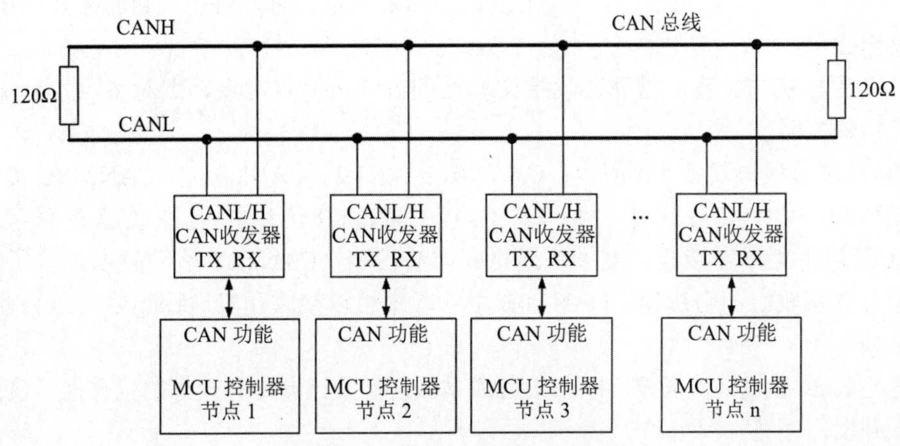

图 9-11　CAN 总线拓扑图

（2）多主模式工作。CAN 网络中的一个节点可以在任何时候主动向网络上的其他节点发送信息，节点之间不分主从，通信方式灵活。在 2 个以上的节点同时开始发送消息时，根据标识符 ID 决定优先级。ID 并不是表示发送的目的地址，而是表示访问总线的消息的优先级。

（3）非破坏性总线仲裁技术。2 个以上的单元同时开始发送消息时，对各消息 ID 的每个位进行逐个仲裁比较。仲裁获胜（被判定为优先级最高）的单元可继续发送消息，仲裁失利的单元则立刻停止发送而进行接收工作。这种机制大大节省了总线冲突仲裁的时间，即使网络负载很重，也不会出现网络瘫痪。

（4）通信距离。CAN 的直接通信距离最远可达 10 km（速率 5 kbps 以下）；通信速率最高可达 1Mbps，此时通信距离最长为 40 m。

（5）负载能力。CAN 的节点数主要取决于物理总线的驱动电路，节点数可达 110 个。报文标识符对于 CAN2.0A 标准帧格式有 2 032 种，而 CAN2.0B 扩展帧格式的报文标识符几乎不受限制。

（6）采用短帧结构。每帧的数据长度范围为 0 ～ 8 个字节，由用户决定。

（7）CAN 通信帧格式。CAN 总线上的信息以不同的固定帧格式发送。CAN 协议支持 4 种不同的帧格式：数据帧、远程帧、错误帧和过载帧。

①数据帧的组成部分有帧起始 SOF、仲裁场 ID、控制场、数据场、CRC 校验场、应答场和帧结束 EOF。

②远程帧具有远程控制功能，当需要节点的数据通过接受节点进行发送时，需实现远程数据请求，此时会通过发送远程帧来实现。

③错误帧由错误标志、错误界定符组成。

④过载帧的位场由过载标志和过载界定符组成。

（8）具有错误检测、错误通知、错误恢复和故障封闭功能。所有单元都有 CRC 校验等检测错误（错误检测功能），检测出错误的单元会立即同时通知其他所有单元（错误通知功能）。正在发送消息的单元一旦检测出错误，会强制结束当前的发送。强制结束发送的单元会不断反复地重新发送此消息，直到成功发送为止（错误恢复功能）。CAN 可以判断出错误的类型是总线上暂时的数据错误（如外部噪声等）还是持续的数据错误（如单元内部故障、驱动器故障、断线等）。因此，当总线上发生持续数据错误时，可将引起此故障的单元从总线上隔离出去。

（9）无须特殊的调度。借助接收报文滤波的方式，以点对点、点对多点、全局广播等多种方式传输数据。

目前 CAN 总线协议有 4 个版本：CAN1.0、CAN1.2、CAN2.0A 和 CAN2.0B。CAN2.0A 和以下版本使用标准格式信息帧（11 位），CAN2.0B 使用扩展格式信息帧（29 位）。CAN2.0A 及以下版本在接收扩展帧信息格式时会出错；CAN2.0B 被动版本忽略了 29 位扩展信息帧，在接收时不会出错；CAN2.0B 主动版本可以接收和发送标准格式信息帧和扩展格式信息帧。

总之，CAN 总线结构简单，网络设备成本低，性价比高，有较好的可靠性，应用广泛，并且易于开发。

9.3.2 硬件结构和特点

STM/GD32F4xx 系列芯片内置了 2 个基本扩展 CAN（也称为 bxCAN，Basic Extended CAN），支持 CAN 2.0A 和 CAN 2.0B 主动版本协议，最高数据传输速率可达 1Mbps，其内部硬件架构包括控制 / 状态 / 配置寄存器、发送邮箱、接收过滤器等部件，如图 9-12 所示，特点如下。

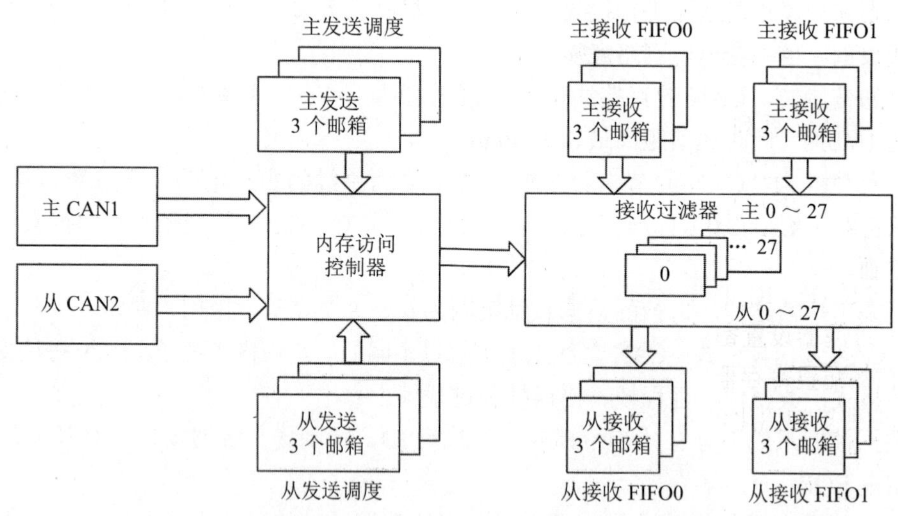

图 9-12 双 CAN 内部结构

（1）2 个 bxCAN 外设都挂载在 APB1 总线上，使用 APB1 的时钟源 PCLK1。

（2）2 个 bxCAN 中 CAN1 是主 bxCAN，CAN2 是从 bxCAN，两者共享 512 字节 SRAM 存储器。主 CAN1 负责管理从 CAN2 和 512 字节 SRAM 存储器之间的通信，从 CAN2 不能直接访问 SRAM 存储器。

（3）支持时间触发通信功能。可禁用自动重传模式，采用 16 位自由运行定时器，时间戳以最后 2 个数据字节发送。

（4）发送时，具有3个发送邮箱、可软件配置发送报文的优先级、可记录发送SOF时刻的时间戳。

（5）接收时，具有3级深度的2个接收FIFO区、2路CAN共享的28个位宽可变的过滤器组、支持标识符列表、可配置FIFO溢出处理方式、可记录接收SOF时刻的时间戳（注：FIFO即first in first out，指的是一种按照-先进先出队列-操作的数据缓存器）。

（6）管理功能，支持可屏蔽中断，邮箱占用单独一块地址空间，有利于提高软件效率。

CAN总线通信时数据流过程的核心是存储器访问控制器。应用程序通过控制/状态/配置寄存器可以配置CAN参数、请求发送报文、处理报文接收、管理中断、获取诊断信息。如主控制寄存器MCR设置工作模式，主状态寄存器MSR返回状态，位时序控制寄存器BTR设置波特率。每路bxCAN共有3个发送邮箱可发送报文，由发送调度器根据优先级决定哪个邮箱的报文先被发送。bxCAN接收到的报文，先被存储在3级邮箱深度的FIFO中，然后通过了标识符过滤，被读取后释放该FIFO。

STM/GD32F4xx系列芯片CAN通信所用的引脚对应复用GPIO如表9-7所示。

表9-7　STM32F407ZGT6的CAN引脚分配

引脚	CAN1	CAN2
所属总线	APB1（PCLK1时钟）	
RX	PA11/PI9	PA12/PH13
TX	PB12/PB5	PB13/PB6

9.3.3　寄存器及其初始化结构体

STM32F4xx系列微控制器内部2个bxCAN所用的寄存器包括3大类型（其中x=1,2，y=0,1,2，i=0,1,…,27）。

（1）控制/状态寄存器。包括MCR、MSR、TSR、RFxR、BTR、IER、ESR。

（2）邮箱管理寄存器。包括发送邮箱管理TIyR、TDTyR、TDLyR、TDHyR；接收FIFO管理RIxR、RDTxR、RDLxR、RDHxR。

（3）过滤器设置寄存器。包括FMR、FM1R、FS1R、FFA1R、FA1R、FiRx。

对某些配置寄存器的错误访问会导致硬件暂时干扰整个CAN总线网络。因此，只有当CAN硬件处于初始化模式时，才能通过软件修改CANx_BTR寄存器。发送邮箱寄存器只能在空状态下由软件修改。可以通过禁用相关过滤器组或设置CANx_FMR中FINIT=1来修改过滤器值。

bxCAN挂在APB1总线上，各寄存器的地址映射可在文件stm32f4xx.h中找到，并以结构体CAN_TypeDef、CAN_TxMailBox_TypeDef和CAN_FilterRegister_TypeDef给出定义，以指向该首地址的指针变量CAN1、CAN2名称表示。

代码展示：		
	语句（stm32f4xx.h）	注释
定义	#define PERIPH_BASE　　((uint32_t)0x40000000) #define APB1PERIPH_BASE　　PERIPH_BASE	//片上外设首地址 //APB1的首地址

定义

```
#define CAN1_BASE        (APB1PERIPH_BASE + 0x6400)     //CAN1/2 首地址
#define CAN2_BASE        (APB1PERIPH_BASE + 0x6800)
#define CAN1             ((CAN_TypeDef *) CAN1_BASE)     //CAN1/2 指针变量指向寄存器结
#define CAN2             ((CAN_TypeDef *) CAN2_BASE)     构体
```

定义

```
typedef struct
{
    __IO uint32_t                  MCR;                    //主控制寄存器 MCR
    __IO uint32_t                  MSR;                    //主状态寄存器 MSR
    __IO uint32_t                  TSR;                    //发送状态寄存器 TSR
    __IO uint32_t                  RF0R;                   //接收 FIFO0/1 寄存器 RF0R 和
    __IO uint32_t                  RF1R;                   RF1R
    __IO uint32_t                  IER;                    //中断使能寄存器 IER
    __IO uint32_t                  ESR;                    //错误状态寄存器 ESR
    __IO uint32_t                  BTR;                    //位时序寄存器 BTR
    CAN_TxMailBox_TypeDef          sTxMailBox[3];          //发送邮箱
    CAN_FIFOMailBox_TypeDef        sFIFOMailBox[2];        //接收 FIFO 邮箱
    __IO uint32_t                  FMR;                    //过滤器主控寄存器 FMR
    __IO uint32_t                  FM1R;                   //过滤器模式寄存器 FM1R
    __IO uint32_t                  FS1R;                   //过滤器位宽寄存器 FS1R
    __IO uint32_t                  FFA1R;                  //过滤器 FIFO 关联寄存器
    __IO uint32_t                  FA1R;                   //过滤器激活寄存器 FA1R
    CAN_FilterRegister_TypeDef     sFilterRegister[28];    //过滤器组
} CAN_TypeDef;
```

定义

```
typedef struct
{
    __IO uint32_t TIR;                      //发送邮箱标识符寄存器 TIR
    __IO uint32_t TDTR;                     //发送邮箱数据长度 / 时间戳寄存器 TDTR
    __IO uint32_t TDLR;                     //发送邮箱低字节数据寄存器 TDLR
    __IO uint32_t TDHR;                     //发送邮箱高字节数据寄存器 TDHR
} CAN_TxMailBox_TypeDef;
typedef struct
{
    __IO uint32_t RIR;                      //接收 FIFO 邮箱标识符寄存器 RIR
    __IO uint32_t RDTR;                     //接收 FIFO 邮箱数据长度 / 时间戳寄存器 RDTR
    __IO uint32_t RDLR;                     //接收 FIFO 邮箱低字节数据寄存器 RDLR
    __IO uint32_t RDHR;                     //接收 FIFO 邮箱高字节数据寄存器 RDHR
} CAN_FIFOMailBox_TypeDef;
typedef struct
{
    __IO uint32_t FR1;                      //过滤器组 i 的寄存器 FR1
    __IO uint32_t FR2;
} CAN_FilterRegister_TypeDef;               //过滤器组 i 的寄存器 FR2
```

在标准库中，CAN 功能通过 stm32f4xx_can.h 文件中给出的 CAN_InitTypeDef 和 CAN_FilterInitTypeDef 结构体进行初始化。

代码展示：

	语句（stm32f4xx_can.h）	注释

定义	typedef struct
	{
	uint16_t CAN_Prescaler;
	uint8_t CAN_Mode;
	uint8_t CAN_SJW;
	uint8_t CAN_BS1;
	uint8_t CAN_BS2;
	FunctionalState CAN_TTCM;
	FunctionalState CAN_ABOM;
	FunctionalState CAN_AWUM;
	FunctionalState CAN_NART;
	FunctionalState CAN_RFLM;
	FunctionalState CAN_TXFP;
	} CAN_InitTypeDef;
		//定义结构体
		
		//分频系数 Fdiv，0 ～ 1023
		//模式设置：正常 0/ 回环 1/ 静默 3
		//重新同步跳跃宽度 Tsjw，0 ～ 3
		//时间段 1 的时间单元 Tbs1，0 ～ 15
		//时间段 2 的时间单元 Tbs2，0 ～ 7
		//时间触发通信模式 TTCM
		//总线自动离线管理 ABOM
		//睡眠模式唤醒 AWUM
		//报文否是自动重新传送 NART
		//报文是否锁定 RFLM
		//优先级由报文标识符决定 TXFP
		//其中，FunctionalState 为使能还是禁止

定义	typedef struct
	{
	uint16_t CAN_FilterIdHigh;
	uint16_t CAN_FilterIdLow;
	uint16_t CAN_FilterMaskIdHigh;
	uint16_t CAN_FilterMaskIdLow;
	uint16_t CAN_FilterFIFOAssignment;
	uint8_t CAN_FilterNumber;
	uint8_t CAN_FilterMode;
	uint8_t CAN_FilterScale;
	FunctionalState CAN_FilterActivation;
	} CAN_FilterInitTypeDef;
		
		//定义结构体
		//过滤器标识符 ID 高位
		//过滤器标识符 ID 低位
		//屏蔽标识符 ID 高位
		//屏蔽标识符 ID 低位
		//过滤器 i 关联到 FIFO0 或 1
		//过滤器 i
		//过滤器模式：屏蔽还是列表过滤
		//位宽是双 16 位还是 32 位
		//激活本次设定的过滤器 i

bxCAN 支持的中断源包括发送邮箱空 RQCP0/1/2、接收 FIFO0 和 FIFO1 的新报文 FMP0/1、存储区满 FULL0/1 和溢出 FOVR0/1 以及错误、唤醒等状态改变。

9.3.4 工作模式

STM32F4xx 内部的 bxCAN 可以设置为正常模式、测试模式和调试模式，而正常模式又分为初始化、工作和睡眠模式，测试模式又分为回环、静默和静默+回环模式，如图 9-13 所示。图 9-13（a）表示正常工作时的模式；图 9-13（b）表示测试模式，如自发自收测试采用回环模式；图 9-13（c）表示当微控制器进入调试模式时（即 ARM Cortex-M4 内核停止工作）CAN 进入调试模式。

STM32F4xx 系统硬件复位后，bxCAN 处于睡眠模式（低功耗）以节省电能，同时 CAN_TX 引脚的内部上拉电阻被激活。当 bxCAN 处于睡眠模式时，软件必须对 MCR 主控寄存器的 INRQ 位置“1”并且同时对 SLEEP 位清零，才能进入初始化模式。这时等待硬件对 CAN_MSR 主控寄存器的 INAK 位是否置“1”来进行确认。当 bxCAN 处于初始化模式时，禁止报文的接收和发送，并且 CAN_TX 引脚输出隐性位（高电平）。初始化模式的进入，不会改变配置寄存器。

软件对 bxCAN 的初始化至少包括：位时间特性寄存器 BTR 和控制寄存器 CAN_MCR。

在对 bxCAN 的过滤器组（模式、位宽、FIFO 关联、激活和过滤器值）进行初始化前，软件要对滤波寄存器 FMR 的 FINIT 位置“1”。对过滤器的初始化可以在非初始化模式下进行。

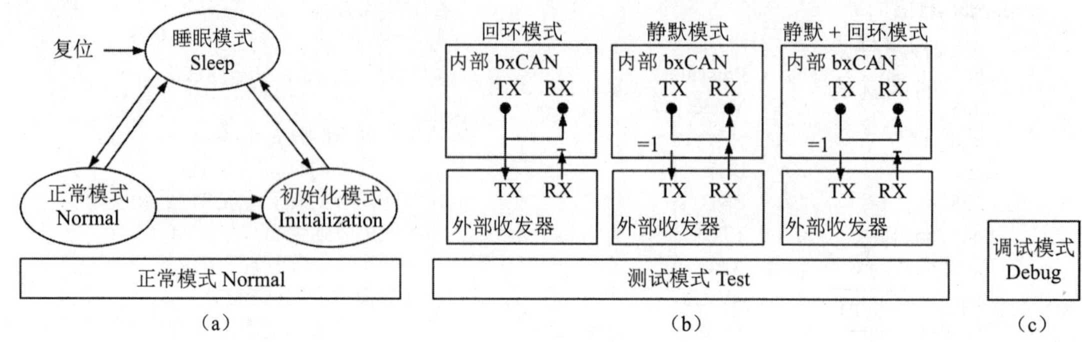

图 9–13 CAN 功能的模式

在初始化完成后，应该让硬件进入工作模式，以便正常接收和发送报文。可以通过对 MCR 主控寄存器的 INRQ 位清“0”，来请求从初始化模式进入工作模式，然后要等待硬件对 MSR 主控寄存器的 INAK 位置“1”的确认。在跟 CAN 总线取得同步，即在 CAN_RX 引脚上监测到 11 个连续的隐性位（等效于总线空闲）后，bxCAN 才能正常接收和发送报文。

滤波器初值的设置独立于初始化模式，但必须在滤波器未激活时完成（相应的 FACTx 位清零）。在进入正常模式之前，必须配置过滤器的位宽和模式。

通过对 MCR 主控寄存器的 SLEEP 位置“1”来请求进入睡眠模式。在该模式下，bxCAN 的时钟停止，但软件仍可以访问邮箱寄存器。有两种方式可唤醒 bxCAN：通过软件对 SLEEP 位置“1”，或硬件检测到 CAN 总线的活动。

测试模式可以通过 BTR 位时序寄存器中的 SILM 和 LBKM 位来选择。bxCAN 处于初始化模式时，必须配置这些位。一旦选择了测试模式，MCR 寄存器中的 INRQ 位必须复位才能进入正常模式。

通过设置 BTR 位时序寄存器中的 SILM 位，bxCAN 可以进入静音模式（旁听模式）。在静默模式下，bxCAN 能够接收有效的数据帧和有效的远程帧，但只能在 CAN 总线上发送隐性位（高电平），并且无法开始传输。静默模式可用于分析 CAN 总线上的流量，而不会受到主导位（确认位、错误帧）传输的影响。

bxCAN 可以通过设置 BTR 位时序寄存器中的 LBKM 位来设置为回环模式（自发自收模式）。在回环模式下，bxCAN 将自己发送的消息视为接收到的消息，并将其存储在接收邮箱中（如果这些报文通过了接收过滤）。该模式用于自测功能。为了独立于外部事件，在回环模式下，CAN 内核忽略确认错误（在数据 / 远程帧的确认时隙中没有采样的主导位）。在这种模式下，bxCAN 从其 Tx 输出到其 Rx 输入执行内部反馈。bxCAN 忽略 CAN_RX 输入引脚的实际值。可以通过 CAN_TX 引脚监控传输的信息。

通过设置 BTR 位时序寄存器中的 LBKM 和 SILM 位，也可以将回环模式和静默模式结合起来。该模式可用于“热自检”，这意味着 bxCAN 可以像回环模式一样进行测试，但不会影响连接到 CAN_TX 和 CAN_RX 引脚的运行中的 CAN 总线系统。在这种模式下，CAN_RX 引脚与 bxCAN 断开，CAN_TX 引脚保持隐性。

9.3.5 CAN 通信的波特率和标识符过滤

在 CAN 通信时，通过位时间逻辑监控串行总线，并通过在起始位边沿同步和在后续边沿再同步来执行采样点的采样和调整。位时间就是指一个（二进制）位在总线传输所需要的时间，即：位时间就是位速率（波特率）的倒数。图 9-14 为 CAN 通信数据帧格式。图 9-14（a）为标准帧格式，最多需要传送 108 位，图 9-14（b）为传送扩展帧格式时，最多要传送 128 位。

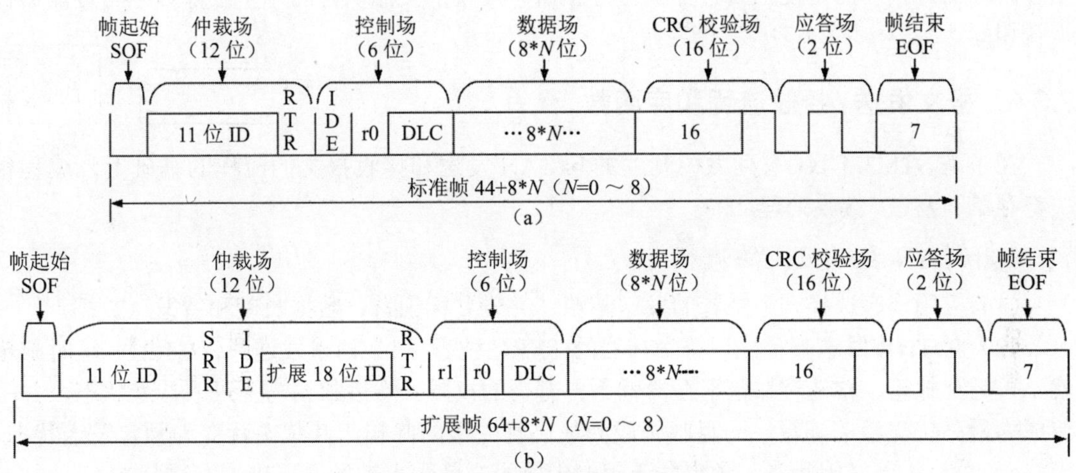

注：RTR: 远程发送请求；IDE：标识符是否扩展；DLC：数据长度；SRR：代替远程请求

图 9-14 CAN 通信的数据帧格式

由 bxCAN 总线的位时间设置即可计算出 CAN 通信的波特率。设置好 BTR 寄存器中的 BRP[9:0]、TS1[3:0] 和 TS2[2:0]，即 CAN_InitTypeDef 结构体中的 CAN_Prescaler、CAN_BS1 和 CAN_BS2 参数，并已知 APB1 的时钟频率 f_{PCLK1}（最高为 42MHz），则波特率的计算公式为：

$$波特率 = \frac{f_{PCLK1}}{[1+（TS1[3:0]+1）+（TS2[2:0]+1）*（BRP[9:0]+1）} \text{ bps}$$

例如，当设置 CAN_Prescaler=BRP[9:0]=5，CAN_BS1=TS1[3:0]=6，CAN_BS1=TS2[2:0]=5 时，CAN 通信的波特率为 42M/[(1+6+1+5+1)*(5+1)]=500(kbps)。

在 CAN 协议里，报文的标识符不代表节点的地址，而是跟报文的内容相关的。因此，发送端以广播的形式把报文发送给所有的接收方。节点在接收报文时根据标识符的值决定软件是否需要该报文；如果需要，就复制到 SRAM 里；如果不需要，报文就被丢弃且无须软件的干预。

STM32F4xx 中的 bxCAN 控制器为应用程序提供了 28 个位宽可变的、可配置的过滤器组 0 ～ 27，以便过滤后只接收那些软件需要的报文。硬件过滤的做法节省了 CPU 开销，否则就必须由软件过滤从而占用一定的 CPU 开销。每个过滤器组由 2 个 32 位寄存器 FiR0 和 FiRl 组成。设置 FA1R 过滤器激活寄存器的相应位激活某组过滤器（i=0, 1,⋯, 27）。

通过 FS1R 过滤器位宽寄存器可以配置过滤器组的位宽是双 16 位还是单 32 位；通过

FM1R 过滤器模式寄存器配置过滤器的工作模式是屏蔽位模式或标识符列表模式。有 4 种组合的滤波模式：双 16 位屏蔽位模式、4 个 16 位标识符列表模式、单 32 位屏蔽位模式以及 2 个 32 位标识符列表模式。

在屏蔽位模式下，标识符寄存器和屏蔽寄存器一起，指定报文标识符的任何一位，应按照“必须匹配（位取 1 时）”或“不用关心（位取 0 时）”处理。

在列表模式下，屏蔽寄存器被当作标识符寄存器用。因此，不是采用一个标识符加一个屏蔽位的方式，而是使用 2 个标识符寄存器。接收报文标识符的每一位都必须与过滤器标识符相同。

9.3.6 报文发送 / 接收流程和库函数

在了解 STM32F4xx 系列微控制器的 bxCAN 发送和接收报文的流程的基础上，编程相关寄存器和发送 / 接收处理。

1. bxCAN 发送报文的流程

（1）应用程序选择一个空置的发送邮箱，并设置标识符、数据长度和待发送数据。

（2）对 TIyR 发送邮箱标识符寄存器的 TXRQ 位置“1”请求发送（y=0,1,2）。这时邮箱就不再是空邮箱，软件对邮箱寄存器就不再有写的权限。然后邮箱马上进入挂号状态，并等待成为最高优先级的邮箱。一旦邮箱成为最高优先级的邮箱，其状态就变为预定发送状态。当 CAN 总线进入空闲状态，预定发送邮箱中的报文就马上被发送（进入发送状态）。

（3）标志处理。邮箱中的报文被成功发送后即刻变为空置邮箱；硬件相应地对 TSR 发送状态寄存器的 RQCP 和 TXOK 位置“1”，来表明一次成功发送。如果发送失败，由于仲裁引起的就对 TSR 寄存器的 ALST 位置“1”，由于发送错误引起的就对 TERR 位置“1”。应用程序根据这些标志进行处理。

当有超过一个发送邮箱在挂号时，发送顺序由邮箱中报文的标识符决定。根据 CAN 协议，标识符数值最低的报文具有最高的优先级。如果标识符的值相等，那么邮箱号小的报文先被发送。

2. bxCAN 接收报文的流程

接收 FIFO 完全由硬件管理，从而节省 CPU 的处理负荷，简化软件并保证数据的一致性。应用程序只能通过读取 FIFO 输出邮箱，读取 FIFO 中最先收到的报文。

（1）bxCAN 接收时有 2 个 FIFO 用来存放，每个过滤器组可以通过 FFA1R 过滤器 FIFO 关联寄存器被关联到 FIFO0/1 上。

（2）读取报文。FIFO 从空状态开始，当接收到的报文被正确接收且通过标识符过滤，该报文就被认为是有效报文，被存储在 3 级邮箱深度的关联 FIFO 中，这时 FIFO 状态变为“挂号 _1”。接收到第一个有效的报文后，硬件相应地把 RFxR 接收寄存器的 FMPx[1:0] 设置为“01”。软件可以读取 FIFO 输出邮箱来读出邮箱中的报文，然后通过对 RFxR 接收寄存器的 RFOMx 位置“1”来释放邮箱，这样 FIFO 又变为空状态。

如果在释放邮箱的同时，又收到了一个有效的报文，那么 FIFO 仍然保留在“挂号 _1”状态，软件可以读取 FIFO 输出邮箱来读出新收到的报文。

如果应用程序不释放邮箱，在接收到下一个有效的报文后，FIFO 状态变为“挂号 _2”，硬件相应地把 FMPx[1:0] 设置为“10”。重复上面的过程，第三个有效的报文把 FIFO 变为“挂号 _3”状态。此时，软件必须对 RFOMx 位置“1”释放邮箱，以便 FIFO 有空间存放下一个有效的报文；否则，下一个有效的报文到来时就会导致溢出，并且会有一个报文的丢失。

（3）报文处理。由用户编程来完成报文的数据分析，如用于计算、存储或显示。

3. 标准库定义的报文结构体

在标准库中，CAN 发送和接收的报文分别通过 2 个结构体 CanTxMsg 和 CanRxMsg 给出，供读者使用。

代码展示：

	语句（stm32f4xx_can.h）	注释

定义	typedef struct
	{
	uint32_t StdId;
	uint32_t ExtId;
	uint8_t IDE;
	uint8_t RTR;
	uint8_t DLC;
	uint8_t Data[8];
	} CanTxMsg;
		
		//标准帧的标识符 ID
		//扩展帧的标识符 ID
		//标准帧还是扩展帧
		//远程帧还是数据帧
		//发送的字节数，0 ～ 8
		//将要发送的数据

定义	typedef struct
	{
	uint32_t StdId;
	uint32_t ExtId;
	uint8_t IDE;
	uint8_t RTR;
	uint8_t DLC;
	uint8_t Data[8]
	uint8_t FMI;
	} CanRxMsg;
		
		//标准帧的标识符 ID
		//扩展帧的标识符 ID
		//标准帧还是扩展帧
		//远程帧还是数据帧
		//接收的字节数，0 ～ 8
		//接收到的数据
		//指定存储在邮箱中的数据匹配过滤器的索引号，0 ～ 0xFF

4. bxCAN 相关的库函数

应用 bxCAN 时，操作步骤基本上是首先配置相关输入通道的 I/O 口、使能 bxCAN 时钟以及设置 bxCAN 各项参数，完成 bxCAN 的模式转换和初始化，然后进行发送 / 接收报文。通常的做法是：先准备好报文，再按预定时间（如定时）发送；过滤接收到的报文，并处理报文得到数据。

在 stm32f4xx_can.h 和 stm32f4xx_can.c 文件中定义了 CAN 总线相关寄存器设置变量和标准库函数，其部分说明如表 9–8 所示（表中 x=1,2）。

表 9–8　CAN 标准库结构体和库函数（stm32f4xx_can.c/.h）

序号	数据变量 / 函数名称	使用说明
1	CAN_InitTypeDef 结构体	设置工作模式、波特率等
2	CAN_FilterInitTypeDef 结构体	设置滤波器等
3	CanTxMsg 结构体	构建发送报文：标识符，标准帧还是扩展帧，数据长度

续表 9-8

序号	数据变量 / 函数名称	使用说明
4	CanRxMsg 结构体	构建接收报文：标识符，标准帧还是扩展帧，数据长度
5	CAN_Init ( ) 函数	初始化指定 CANx 外设，入口参数结构体，返回是否成功
	uint8_t CAN_Init(CAN_TypeDef* CANx, CAN_InitTypeDef* CAN_InitStruct);	
6	CAN_StructInit ( ) 函数	将 CAN_InitStruct 结构体变量成员按默认值填充
	void CAN_StructInit(CAN_InitTypeDef* CAN_InitStruct);	
7	CAN_DeInit ( ) 函数	将指定 CANx 寄存器重置为默认值
	void CAN_DeInit(CAN_TypeDef* CANx);	
8	CAN_FilterInit ( ) 函数	初始化指定 CANx 外设的滤波器
	void CAN_FilterInit(CAN_FilterInitTypeDef* CAN_FilterInitStruct);	
9	CAN_Transmit ( ) 函数	通过指定 CANx 外设发送 CAN 报文
	uint8_t CAN_Transmit(CAN_TypeDef* CANx, CanTxMsg* TxMessage);	
10	CAN_Receive ( ) 函数	返回由指定 CANx 外设接收的 CAN 报文
	void CAN_Receive(CAN_TypeDef* CANx, uint8_t FIFONumber, CanRxMsg* RxMessage);	
11	CAN_TransmitStatus ( ) 函数	检查指定 CANx 外设所用的邮箱发送状态
	uint8_t CAN_TransmitStatus(CAN_TypeDef* CANx, uint8_t TransmitMailbox);	
12	CAN_MessagePending ( ) 函数	返回由指定 CANx 外设接收挂起的 CAN 报文数
	uint8_t CAN_MessagePending(CAN_TypeDef* CANx, uint8_t FIFONumber);	
13	CAN_ITConfig ( ) 函数	配置指定的 CANx 中断
	void CAN_ITConfig(CAN_TypeDef* CANx, uint32_t CAN_IT, FunctionalState NewState);	
14	CAN_GetFlagStatus ( ) 两个函数	获取指定 CANx 的中断、标志位状态
	ITStatus CAN_GetITStatus(CAN_TypeDef* CANx, uint32_t CAN_IT); FlagStatus CAN_GetFlagStatus(CAN_TypeDef* CANx, uint32_t CAN_FLAG);	
15	CAN_ClearFlag ( ) 两个函数	清除指定 CANx 的挂起标志、标志位
	void CAN_ClearITPendingBit(CAN_TypeDef* CANx, uint32_t CAN_IT); void CAN_ClearFlag(CAN_TypeDef* CANx, uint32_t CAN_FLAG);	

9.3.7 CAN 总线应用实例

分别采用标准库 STD 法和硬件抽象库 HAL 法完成例 9-3，读者可扫数字资源 9-6 和数字资源 9-7 查看工程实现、编程方法和代码说明。

例 9-3 利用两块 STM32F407 开发板进行 CAN 通信实验。甲机通过按键触发发送一帧数据（8 个字节）给乙机，乙机将接收的数据显示出来。CAN 通信波特率设为 250kbps，扩展帧，发送的标识符 ID 是 0x0CF0 0400，数据场第 3 字节和第 4 字节为发动机转速值，其他字节则自定数据。

数字资源 9-6
例 9-3 标准库
STD 法

数字资源 9-7
例 9-3 硬件抽
象库 HAL 法

硬件电路：如图 9-15 所示，将两块 STM32F407ZGT6 开发板的 CAN1 接口 CAN1H 和 CAN1H、CAN1L 和 CAN1L 相连，PE3 上的 LED 指示接收和发送成功，按键 PF6 按下后启动发送。图中 TJA1040 为 CAN 总线收发器芯片，其作用是将 CAN 收发信号 RX 和 TX 转换为总线信号。本次实验开发板需要 5V 供电，显示的方法采用 FSMC 接口，这部分电路请参见第 7 章例 7-2。

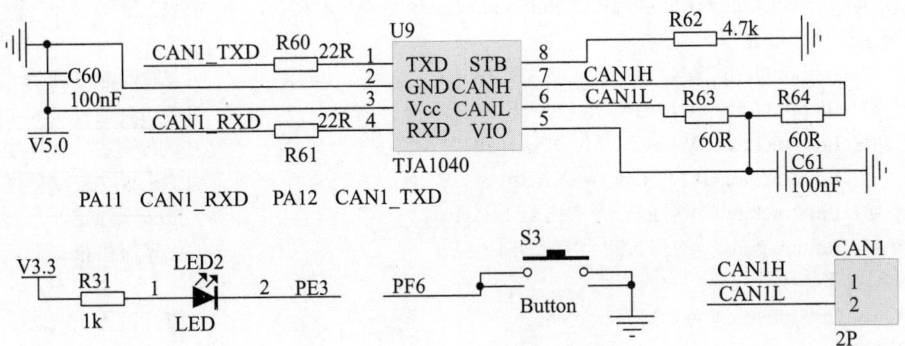

图 9-15 例 9-3 电路原理及接口

软件思路：首先针对 GPIO、FSMC 和 CAN 进行初始化。CAN 的初始化主要是设置工作模式、波特率、滤波器等。采用查询方式检测按键是否按下，一旦按下按键则即刻发送 CAN 报文；采用中断方式接收 CAN 报文，通过全局变量传送到 main 函数进行显示。有关 CAN 初始化、发送和接收的函数放在 CAN407.c/.h 文件，需添加到工程。

本题波特率的参数设置为 CAN_Prescaler=BRP[9:0]=11，CAN_BS1=TS1[3:0]=6，CAN_BS1=TS2[2:0]=5 时，CAN 通信的波特率为 42M/[(1+7+6)*12]=250kbps。

采用标准库方法管理工程时需加入的标准库文件至少有 startup_stm32f40_41xxx.s、stm32f4xx_rcc.c、stm32f4xx_gpio.c、stm32f4xx_syscfg.c、stm32f4xx_fsmc.c、stm32f4xx_can.c、misc.c 及其包含的头文件。

代码展示 1：		
	语句（can407.c/.h）	注释
定义	void CAN1_Init(uint8_t mode); uint8_t CAN1_Send_Msg(uint8_t* msg, uint8_t len);	//初始化函数 //打包发送函数

初始化函数	void CAN1_Init(uint8_t mode)
	{
	GPIO_InitTypeDef GPIO_InitStructure;
	CAN_InitTypeDef CAN_InitStructure;
	CAN_FilterInitTypeDef CAN_FilterInitStruct;
	NVIC_InitTypeDef NVIC_InitStructure;
	
	RCC_AHB1PeriphClockCmd(RCC_AHB1Periph_GPIOA, ENABLE);
	RCC_APB1PeriphClockCmd(RCC_APB1Periph_CAN1, ENABLE);
	
	GPIO_InitStructure.GPIO_Pin = GPIO_Pin_11| GPIO_Pin_12;
	GPIO_InitStructure.GPIO_Mode = GPIO_Mode_AF;
		//CAN1 初始化的参数：250kbps, FIFO0, PA11/PA12，不滤波，使能中断接收
		
		//使能 PORTA 时钟 +CAN1 时钟
		
		//PA11, PA12
		//复用功能

初始化函数

```
    GPIO_InitStructure.GPIO_OType = GPIO_OType_PP;                    //推挽输出
    GPIO_InitStructure.GPIO_Speed = GPIO_Speed_100MHz;                //100MHz
    GPIO_InitStructure.GPIO_PuPd = GPIO_PuPd_UP;                      //上拉
    GPIO_Init(GPIOA, &GPIO_InitStructure);                            //初始化 GPIO

    GPIO_PinAFConfig(GPIOA,GPIO_PinSource11,GPIO_AF_CAN1);            //引脚复用映射配置 PA11/
    GPIO_PinAFConfig(GPIOA,GPIO_PinSource12,GPIO_AF_CAN1);            PA12 复用
    //CAN 单元设置
    CAN_InitStructure.CAN_TTCM=DISABLE;                               //非时间触发通信
    CAN_InitStructure.CAN_ABOM=DISABLE;                               //自动离线管理
    CAN_InitStructure.CAN_AWUM=DISABLE;                               //睡眠模式以软件唤醒
    CAN_InitStructure.CAN_NART=ENABLE;                                //禁止报文自动传送
    CAN_InitStructure.CAN_RFLM=DISABLE;                               //报文不锁定
    CAN_InitStructure.CAN_TXFP=DISABLE;                               //优先级由报文标识符
    //配置工作模式
    CAN_InitStructure.CAN_Mode= mode;                                 //模式设置 , 0,1,2
    CAN_InitStructure.CAN_SJW=CAN_SJW_1tq;                            //重新同步跳跃 (Tsjw)
    CAN_InitStructure.CAN_Prescaler=12;                               //分频系数 (Fdiv)Brp
    CAN_InitStructure.CAN_BS1=CAN_BS1_7tq;                            //时间段 1 的单元 Tbs1
    CAN_InitStructure.CAN_BS2=CAN_BS2_6tq;                            //时间段 2 的单元 Tbs2
    if(CAN_Init(CAN1, &CAN_InitStructure) != CAN_InitStatus_Success)  //初始化 CAN1
      return 0;                                                       //0 表示失败
    //配置过滤器
    CAN_FilterInitStruct.CAN_FilterNumber=0;                          //过滤器 0
    CAN_FilterInitStruct.CAN_FilterMode=CAN_FilterMode_IdMask;        //采用屏蔽模式
    CAN_FilterInitStruct.CAN_FilterScale=CAN_FilterScale_32bit;       //32 位
    CAN_FilterInitStruct.CAN_FilterIdHigh=0x0000;                     //0 表示无关
    CAN_FilterInitStruct.CAN_FilterIdLow=0x0000;
    CAN_FilterInitStruct.CAN_FilterMaskIdHigh=0x0000;
    CAN_FilterInitStruct.CAN_FilterMaskIdLow=0x0000;
    CAN_FilterInitStruct.CAN_FilterFIFOAssignment=CAN_Filter_FIFO0;   //过滤器 0 关联 FIFO0
    CAN_FilterInitStruct.CAN_FilterActivation=ENABLE;                 //激活过滤器 0
    CAN_FilterInit(& CAN_FilterInitStruct);                           //滤波器初始化
    CAN_ITConfig(CAN1, CAN_IT_FMP0, ENABLE);
                                                                      //允许 FIFO0 挂号中断
    NVIC_InitStructure.NVIC_IRQChannel = CAN1_RX0_IRQn;               //中断号
    NVIC_InitStructure.NVIC_IRQChannelPreemptionPriority = 0x01;      //主优先级为 1
    NVIC_InitStructure.NVIC_IRQChannelSubPriority = 0x00;             //次优先级为 0
    NVIC_InitStructure.NVIC_IRQChannelCmd = ENABLE;
    NVIC_Init(&NVIC_InitStructure);
    return 1;                                                         //1 为初始化成功
}
```

	语句	注释

自定义发送报文函数	uint8_t CAN1_Send_Msg(uint8_t* msgData,uint8_t len)
	{
	  uint8_t mbox;
	  uint16_t i=0;
	  CanTxMsg TxMessage;
	
	  TxMessage.IDE=CAN_Id_Extended;
	  TxMessage.StdId=0x01;
	  TxMessage.ExtId=0x0CF00400;
	  TxMessage.RTR=CAN_RTR_Data;
	  TxMessage.DLC=len;
	  for(i=0;i<len;i++)
	    TxMessage.Data[i]=msgData[i];
	  mbox= CAN_Transmit(CAN1, &TxMessage);
	  i=0;
	  while((CAN_TransmitStatus(CAN1, mbox)==CAN_TxStatus_Failed)
	      &&(i<0xFFF))
	    i++;
	  if(i>=0xFFF)
	    return 1;
	  return 0;
	}
		//固定格式发送，len: 数据长度 (最大为 8)
		
		//使用扩展标识符
		//标准标识符为 01
		//设置扩展 ID=29 位
		//消息类型为数据帧，一帧 8 个数据
		//组合好了一帧信息
		//发送
		
		//等待发送结束
		
		//短延时判断超时
		//1 为失败

代码展示 2:		
	语句（usermain.c）	注释

定义	CanRxMsg RxMessage1;
	uint8_t canRxFlag=0;
	uint8_t myIndex=0, i, txDLC;
	uint8_t mTxData[8];
	uint8_t Key0;
	char mystr[50];
		//RxMessage1 结构体
		
		//txDLC 为发送长度

主函数	int main(void)
	{
	  RCC_GetClocksFreq(&RCC_Clocks);
	  SysTick_Config(RCC_Clocks.HCLK_Frequency / 1000);
	
	  LEDKEY_Init();
	  LCD_Init();
	  BRUSH_COLOR=RED;
	
	  if(CAN1_Init(0)==0)
	  {
	    LCD_DisplayString(80,200,24,(uint8_t*)"FAIL INIT CAN!");
	    while(1) { __NOP(); }
	  }
	  while (1)
	  {
		
		//系统时钟设定 1ms
		
		//初始化 LED 和按键
		//初始化 LCD
		//设置画笔颜色为红色
		
		//初始化 CAN1 失败
		
		//显示 FAIL
		//停机

主函数	<pre> Key0=GPIO_ReadInputDataBit(GPIOF,GPIO_Pin_6); //按键按下
	        if(Key0==0){
	          Delay(15); //延时 15ms 去抖
	          Key0=GPIO_ReadInputDataBit(GPIOF,GPIO_Pin_6);
	          if(Key0==0){ //再次判断
	            for(i=0;i<txDLC;i++)
	              mTxData[i]=myIndex+i; //模拟数据
	            CAN1_Send_Msg(mTxData,txDLC); //调用发送函数
	
	            GPIO_ResetBits(GPIOE, GPIO_Pin_3); //闪烁一下 LED
	            Delay(500);
	            GPIO_SetBits(GPIOE, GPIO_Pin_3);
	          }
	        }
	        myIndex++;
	        if(canRxFlag){ //中断接收成功
	          LCD_DisplayNum(10,240,myIndex,8,24,1);
	          LCD_DisplayNum(120,240,RxMessage1.Data[0],8,24,1);
	          sprintf(mystr,"RxSpeed=%drpm",
	                ((RxMessage1.Data[4]<<8)+RxMessage1.Data[3])/8); //第 3/4 字节得到转速
	          LCD_DisplayString(5,280,24,(uint8_t*)mystr); //显示转速
	          canRxFlag=0; //重新接收
	        }
	      }
	    }</pre>

接收中断服务函数	<pre>void CAN1_RX0_IRQHandler(void)
	{
	  CAN_Receive(CAN1, CAN_FIFO0, &RxMessage1); //接收报文
	  if ((RxMessage1.ExtId == 0x0CF00400) && (RxMessage1.IDE == //判断 ID 是否符合，也可
	          CAN_ID_EXT) && (RxMessage1.DLC == 8)) 以采用滤波的方法筛选
	  {
	    canRxFlag=1; //接收标志位
	  }
	}</pre>

在硬件抽象库 HAL 法中，通过 STM32CubeMX 设置 CAN 总线通信参数，如图 9-16 所示。生成工程后，注意需要另行添加的代码有：初始化滤波器结构体 CAN_FilterTypeDef，调用函数 HAL_CAN_ConfigFilter( ) 进行配置；启动总线 HAL_CAN_Start(&hcan1)；激活接收中断 HAL_CAN_ActivateNotification(&hcan1,CAN_IT_RX_FIFO0_MSG_PENDING)。同时，需在 STM32CubeMX 配置 Register Callback 中使能 CAN 总线回调函数。软件由回调函数 HAL_CAN_RxFifo0MsgPendingCallback( ) 来接收报文。为使用方便，自定义了发送 CAN 通信报文的函数 void My_CAN1_Send(uint8_t* txdata,uint8_t len)。

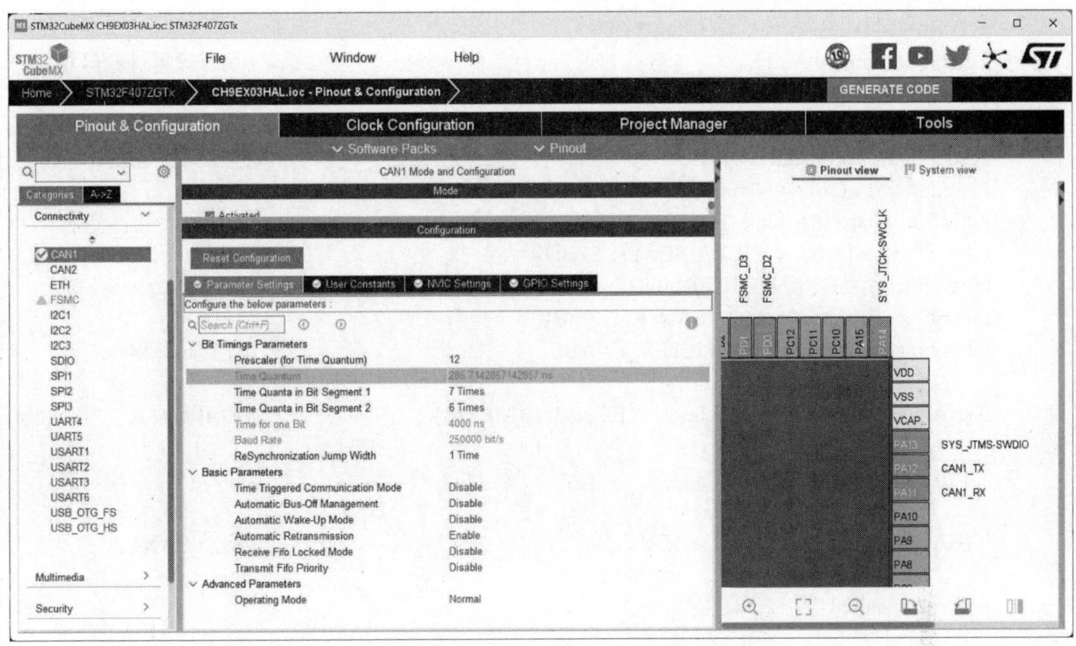

图 9–16　例 9–3 的 STM32CubeMX 设置图

代码展示：

	语句（main.c）	注释
	void MX_CAN1_Init(void) { /* USER CODE BEGIN CAN1_Init 0 */ CAN_FilterTypeDef Filter; /* USER CODE END CAN1_Init 0 */	//在初始化函数中添加过滤器、激活中断回调函数的代码 //定义 Filter

初始化函数	/* USER CODE BEGIN CAN1_Init 1 */
	/* USER CODE END CAN1_Init 1 */
	hcan1.Instance = CAN1;
	hcan1.Init.Prescaler = 12;
	hcan1.Init.Mode = CAN_MODE_NORMAL;
	hcan1.Init.SyncJumpWidth = CAN_SJW_1TQ;
	hcan1.Init.TimeSeg1 = CAN_BS1_7TQ;
	hcan1.Init.TimeSeg2 = CAN_BS2_6TQ;
	hcan1.Init.TimeTriggeredMode = DISABLE;
	hcan1.Init.AutoBusOff = DISABLE;
	hcan1.Init.AutoWakeUp = DISABLE;
	hcan1.Init.AutoRetransmission = ENABLE;
	hcan1.Init.ReceiveFifoLocked = DISABLE;
	hcan1.Init.TransmitFifoPriority = DISABLE;
	if (HAL_CAN_Init(&hcan1) != HAL_OK)
	{
	Error_Handler();
	}
		//这部分代码是自动生成的

定义

```
  /* USER CODE BEGIN CAN1_Init 2 */
  Filter.FilterBank=0x0000;                                   //另行设置过滤器 0
  Filter.FilterIdHigh=0x0000;                                 //掩码全 0
  Filter.FilterIdLow=0x0000;
  Filter.FilterMaskIdHigh=0x0000;                             //全 0 不屏蔽任何位
  Filter.FilterMaskIdLow=0x0000;
  Filter.SlaveStartFilterBank=14;                             //CAN2 使用过滤器号
  Filter.FilterScale=CAN_FILTERSCALE_32BIT;                   //32 位
  Filter.FilterMode=CAN_FILTERMODE_IDMASK;                    //掩码模式
  Filter.FilterFIFOAssignment= CAN_RX_FIFO0;                  //用 FIFO0
  Filter.FilterActivation=CAN_FILTER_ENABLE;                  //使能过滤器

  if (HAL_CAN_ConfigFilter(&hcan1,&Filter) != HAL_OK)         //调用滤波器设置函数
  {
    Error_Handler();
  }
  if (HAL_CAN_Start(&hcan1) != HAL_OK)                        //启动 CAN1
  {
    Error_Handler();
  }

  HAL_Delay(1);
  HAL_CAN_ActivateNotification(&hcan1, CAN_IT_RX_FIFO0_MSG_   //开启接收 FIFO0 中断
           PENDING);
  /* USER CODE END CAN1_Init 2 */
}
```

回调函数

```
void HAL_CAN_RxFifo0MsgPendingCallback(CAN_HandleTypeDef      //在 CAN1 的回调函数
     *CanHandle)                                              中接收数
{                                                             //接收报文
  if (HAL_CAN_GetRxMessage(CanHandle, CAN_RX_FIFO0, &RxHeader,
    RxData) != HAL_OK)
  {
    Error_Handler();
  }
  if ((RxHeader.ExtId == 0x0CF00400) && (RxHeader.IDE == CAN_ID_   //判断 ID 号，也可以用
    EXT) && (RxHeader.DLC == 8))                                   滤波的方法筛选
  {
    canRxFlag=1;                                              //接收成功
  }
}
```

发送报文函数

```
void My_CAN1_Send(uint8_t* txdata, uint8_t len)
{
  uint8_t TxData[8];                                          //自定义按固定格式发
  uint8_t i=0;                                                送报文

  TxHeader.StdId = 0x01;                                      //ID
  TxHeader.ExtId = 0x0CF00400;
  TxHeader.RTR = CAN_RTR_DATA;                                //数据帧
  TxHeader.IDE = CAN_ID_EXT;                                  //扩展帧
```

发送报文函数

```
    TxHeader.DLC = len;
    TxHeader.TransmitGlobalTime = ENABLE;
    for(i=0;i<len;i++)
      TxData[i]=txdata[i];                                              //准备数据

    if (HAL_CAN_AddTxMessage(&hcan1, &TxHeader, TxData, &TxMailbox)      //调用发送的库函数
            != HAL_OK)
    {
      Error_Handler();
    }
}
```

思考题与练习题

1. 什么是 SPI 总线？其是怎么进行信号传输的？

2. 简述 STM32F407 在 SPI 通信时工作在主设备模式的流程，并说明影响的标志位。

3. STM32F407 运用 SPI 总线通信时，初始化的结构体是什么？有哪些参数要设置？

4. 什么是 I^2C 总线？有什么优点？ I^2C 两线各传输的是什么信号？

5. 简述 STM32F407 运用 I^2C 传送数据的流程，标明其中的事件。

6. 练习例 9-1，尝试读写 W25Q128JV 芯片不同的地址和不同的数据。

7. 在嵌入式系统中，利用数据存储器 AT24C01 芯片记录开机次数。请设计电路接口和编程实现该功能。

8. 请设计 STM32F407 通过 I^2C 总线读写 MPU-6050 模块（三轴陀螺仪和三轴加速度）的系统，测试某个运动物体，读出模块相应的数据并显示出来。

9. CAN 总线的定义是什么？ CAN 与其他总线相比有什么特点和优势？

10. 画图说明 CAN 总线数据帧的帧格式，并计算波特率为 500 kbps 时，1s 能发送多少字节的数据？

11. 简述 STM32F407 运用 CAN 总线通信时初始化编程的相关步骤。

12. 请查阅资料，了解 ISO 11783 农林装备数据通信协议，总结 CAN 总线的协议数据单元 PDU 格式。

第 10 章　模拟信号转换（ADC、DAC）

模拟信号的输入和输出是嵌入式系统必不可少的组成，一个智能控制系统往往是模拟信号和数字信号混合在一起的系统。本章首先学习模拟量和数字量相互转换的有关基本概念，然后学习 STM/GD32F4xx 系列微控制器内置的 3 个 12 位精度 ADC 和 2 路 10 位精度 DAC 接口原理及应用。本章导学请扫数字资源 10-1 查看。

数字资源 10-1
第 10 章导学

10.1　模拟信号转换概述

在农业装备作业过程中，有很多传感器输出是随时间连续变化的模拟量，如温度、湿度、压力、流量、水分、液位、耕深等。传感器将这些物理量转换为电量，然后通过去噪、滤波、放大等调理和转换，最终变为嵌入式系统能识别的数字信号。能实现模拟量转换成数字量的元件就称为模 / 数转换器（analog to digital converter，ADC）。

相反，嵌入式微控制器处理后的数字控制信号也需转换成模拟量信号输出，实现对外部设备，如行走机构、工作臂、夹紧机构、灌溉阀门等装置的控制。将数字信号转换成模拟信号的元件称为数 / 模转换器（digital to analog converter，DAC）。

10.1.1　基本概念

嵌入式系统能否快速、准确地进行模拟信号转换由多种因素决定，其中包括传感器、前置调理电路、输出处理电路及隔离方式等，还包括模 / 数转换器、数 / 模转换器的性能参数。

1. 量程和基准电压源

量程指的是模 / 数转换器、数 / 模转换器能转化的模拟电压变化范围。传感器及处理电路要把输入 ADC 的模拟电压信号限定在 ADC 的测量量程之内才能实现整个模拟信号的有效测量。量程有时也称为满刻度、满量程 FS。

基准电压源为模 / 数转换、数 / 模转换量化环节提供基准参考电压。在对精度要求不高、成本敏感的场合，可直接用电源电压作为基准，但是通常更好的做法是：模拟转换都需要引入额外的基准电路以保证运行的可靠性和转换的精准性。基准电压源标记为 V_{REF-} 和 V_{REF+}。量程即是 V_{REF+} 和 V_{REF-} 之差。

2. 分辨率和位数

位数即模 / 数转换器、数 / 模转换器的量化位数，用 N 表示。

分辨率指模 / 数转换器、数 / 模转换时数字量变化一个最小量时对应的模拟信号的变化量，定义为量程与位数 2^N 的比值。习惯上用二进制位数、BCD 码位数或最低有效位 LSB

对应的电压表示。

例如，对于12位ADC，满量程为5V，其分辨率为12位，按最低有效位LSB计算，也即 $5V/2^{12}=5V/4096=1.22mV$，表示最低能分辨出的输入电压为1.22mV。

对于 $3\frac{1}{2}$ 的BCD码，即量化范围为0000～1999，若满量程为2V，则分辨率为2V/(1999+1)=1mV。

若DAC的分辨率为10位，量程为3.3V，则输出的最小电压为 $3.3V/2^{10}=3.22mV$。

位数在很大程度上影响了ADC、DAC的精度和成本，普通的农业装备控制系统常取8位、10位或12位，一些高精度应变、生物、振动信号的测量常取16位或24位。

3. 量化误差

量化过程引起的误差称为量化误差。量化误差是由于有限位数字量对模拟量进行量化而引起的误差。提高模/数转换器、数/模转换器的位数既可以提高分辨率，又能减少量化误差。根据舍入方式不同，量化误差通常是1个或半个最小数字量的模拟变化量，表示为 ± 1LSB或 $\pm\frac{1}{2}$LSB。

4. 转换时间和建立时间

转换时间是指模/数转换器完成一次转换所需要的时间。转换时间的倒数为转换速率。转换速率也用于数/模转换器描述数字量变化引起模拟量变换的转换时间。

建立时间是描述数/模转换器转换速度的参数，表明转换时间长短。其值为从输入数字量到输出达到量化误差时所需的时间。

5. 采样速率（采样率）

采样速率表示单位时间内能够正确完成的采样量化和编码操作的次数。采样速率的单位常用sps表示，即每秒钟采样点的数量（sample per second）。采样率与被测信号本身的最大频率（频宽）有关，遵循香农采样定理（也称为奈奎斯特采样定理，指的是为了不失真地恢复模拟信号，采样频率应该大于模拟信号频谱中最高频率的2倍）。

注意不能将采样速率与转换速率等同起来，采样速率定义了用户获取数据的速率，与执行的采样方式有关，如多次采样取平均、过采样、去噪滤波采样方法。

10.1.2 分类

1. 模/数转换器的种类

模/数转换器ADC的种类很多，按工作原理和功能分主要有并行式、逐次逼近式、积分式以及Σ-Δ式等。

并行式又称闪烁式，由于采用并行比较，因而转换速率可以达到很高，抗干扰性能较差。并受到硬件成本、工艺限制，其分辨率一般不高于8位。可用于如数字示波器、高速摄影中。

逐次逼近式ADC是逐次地将内部比较器的输出信号进行有规律的搜索，以得到输入电压的等效数字量。其硬件成本、转换时间与转换精度比较适中，适用于一般场合。

积分式ADC的核心部件是积分器，因此速度较慢，其转换时间较长，但抗干扰性能强，价格低廉。适用于要求精度高，但转换速度较慢的场合。例如数字式电压表、热电偶温度测量等。

Σ-Δ 式变换器又称为过采样变换器，主要用于低频信号的高分辨率变换和含有音频信号的低失真变换。由于这种变换器中的数字电路占了很大比重，因此非常适合以集成电路的形式大批量生产。例如应变式称重传感器测量专用芯片 HX711。

2. 数 / 模转换器的种类

数 / 模转换器 DAC 将输入的每一位二进制代码按其权的大小通过电阻网络转换成相应的模拟量，然后将代表各位的模拟量相加，所得的总模拟量就与数字量成正比。按输出模拟量种类 DAC 可分为电压输出型和电流输出型两大类，电流输出型比电压输出型的转换速度要快，精度更高，更加适合低阻抗电阻、电感和电抗性负载。按电阻阵列结构分类，常见的 DAC 主要有权电阻网络、T 形电阻网络、树形开关网络、权电流型电阻网络以及倒 T 形电阻网络等几种类型。

权电阻网络 DAC 结构简单，使用电阻元件数少；但电阻种类多，且电阻阻值差别大，很难集成，精度不易保证，在集成的 DAC 中很少单独使用。

T 形电阻网络 DAC 输出只与电阻比值有关，且电阻取值只有两种：R 和 2R，易于集成；但电阻网络各支路存在传输时间差异，易造成动态误差，对转换精度和转换速度有较大影响。

树形开关网络 DAC 由电阻分压器和接成树状的开关网络组成，电阻种类单一，有利于提高转换速度，对开关的导通内阻要求不高，缺点是转换位数增加时，电阻开关器件的数量增加较多。

权电流型电阻网络 DAC 引入了恒流源，减少了由模拟开关导通电阻、导通压降引起的非线性误差，且电流直接流入运放输入端，传输时间小，转换速度快；但其电路较复杂。

倒 T 形电阻网络 DAC 既具有 T 形网络的优点，又避免了其缺点，各支路电流直接流入运算放大器的输入端，转换精度和转换速度都得到提高，对 R 和 2R 电阻比值的精度、模拟开关的导通电阻和基准电压稳定性要求较高。

10.2 模 / 数转换器 ADC

10.2.1 硬件结构和特点

STM/GD32F4xx 系列芯片内置有 3 个逐次逼近式的 ADC，其内部结构如图 10-1 所示，主要由模拟信号通道、模拟多路开关、可分组的模 / 数转换器、模拟看门狗、中断电路等部分组成，其中 x=1 ～ 3。

模拟信号通道共有 19 个通道，可测 16 个外部信号源、2 个内部信号源和 V_{BAT} 通道的信号。其中 16 个外部通道对应 ADCx_IN0 ～ IN15；2 个内部通道连接到温度传感器和内部参考电压 V_{REFINT}。对于 STM32F40x 系列，温度传感器 V_{SENSE} 内部连接到 ADC1_IN16，V_{REFINT} 连接到 ADC1_IN17，V_{BAT} 连接到 ADC1_IN18 通道，大小是备用电源 $V_{BAT}/2$。温度传感器可测量范围是 -40 ～ 125℃，精度 ±1.5℃，V_{REFINT} 的典型值是 1.21V。

19 个通道由模拟多路切换器进入 A/D 转换器，分为注入通道（injected）和常规通道（regular）。每个通道都有相应的触发电路，常规通道的触发电路为常规组所用，注入通道的触发电路为注入组提供。常规组最多可包含16个通道，注入组最多包含4个通道的转换。这样设置转换分组将简化事件处理的程序并提高事件处理的速度。注入通道的转换可以打断常规通道的转换，注入通道具有较常规通道更高的优先级，在注入通道被转换完成之后，常规通道才得以继续转换。

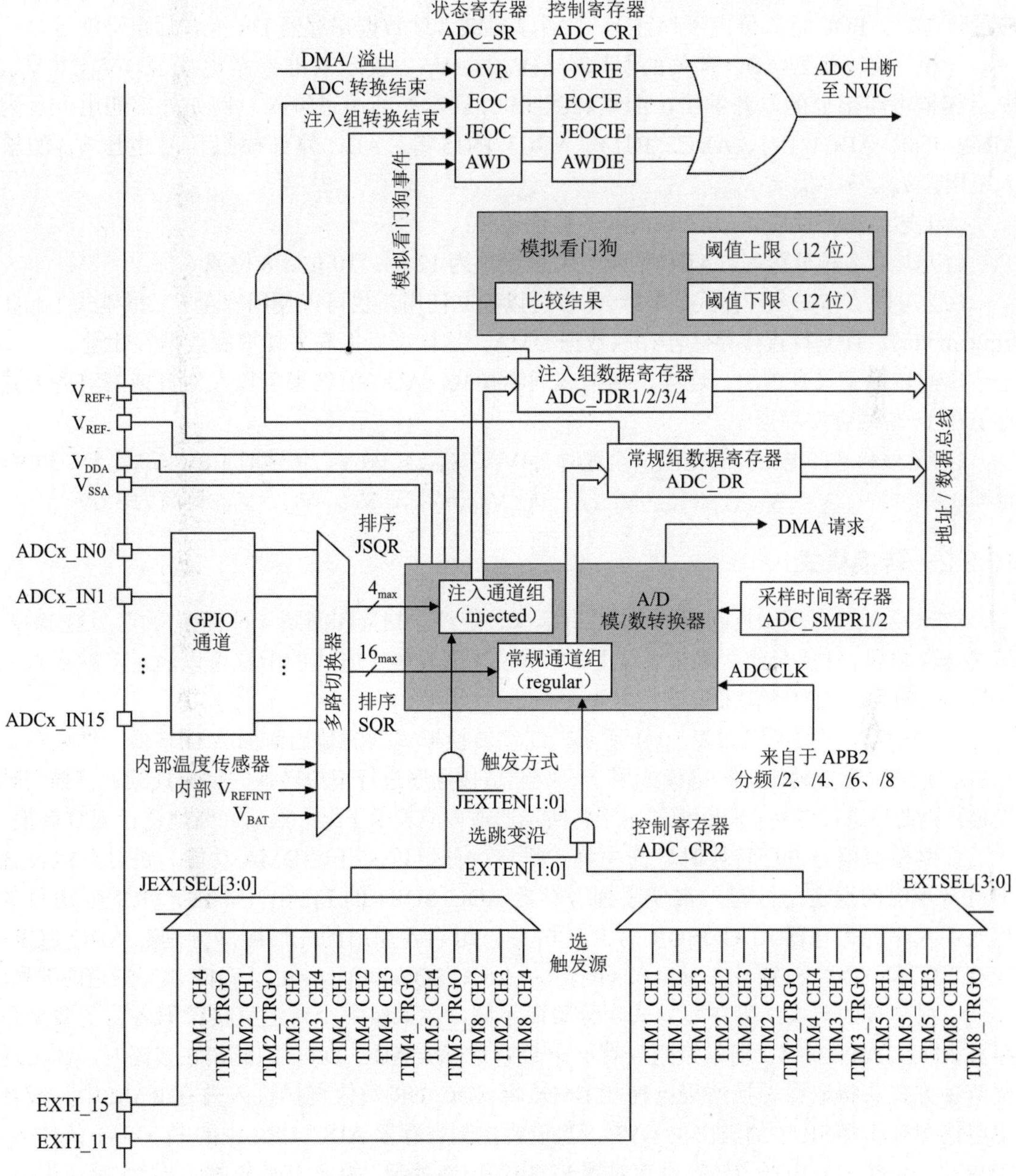

图 10–1 ADC 内部结构

每个注入通道具有独立的转换结果数据寄存器ADC_JDR1/2/3/4。而常规通道的数据寄存器ADC_DR是共用的。

A/D转换器的时钟来自APB2（即f_{PCLK2}，最高84MHz），通过专用的/2、/4、/6、/8可编

程分频后得到 ADCCLK。

模拟“看门狗”用于监控高低电压阈值，可作用于一个、多个或全部转换通道，当检测到的电压低于或高于设定电压阈值时，可以产生中断。

模 / 数转换器 ADC 支持的中断包括常规通道转换结束 EOC、注入通道转换结束 JEOC、发生模拟看门狗阈超限事件 AWD 以及 DMA/ 溢出 OVR。中断的使能由控制寄存器 CR1 相应的位决定。EOC 标志位由硬件置 1，软件清零或者读数据寄存器 DR 操作后自动清零。

与模 / 数转换器 ADC 有关的引脚有：V_{REF-}、V_{REF+} 表示基准参考电压源，V_{DDA}、V_{SSA} 表示模拟电路部分的电源供给，ADCx_IN[15:0] 表示外部通道输入。例如外部通道表示为 ADC1_IN0、ADC1_IN1、ADC2_IN13、ADC3_IN15 等。ADC 外部模拟信号电压 V_{IN} 的输入范围：$V_{REF-} \leqslant V_{IN} \leqslant V_{REF+}$。

除上述结构特性以外，ADC 的其他特性还有：

（1）具有多种分辨率，ADC 的位数可以设置为 12 位、10 位、8 位或 6 位。

（2）可以工作在多种模式，3 个 ADC 可以独立使用，也可以使用双重 / 三重模式（dual/triple mode），均支持直接存储器存取数据 DMA，这样可以提高采样率和数据吞吐量。

（3）转换模式有单次、连续、扫描或间断模式，ADC 的结果可以左对齐或右对齐方式存储在 16 位数据寄存器中。

（4）量程和基准电压源的范围：全速时 $2.4V \leqslant V_{DDA} \leqslant 3.6V$，慢速时 $1.8V \leqslant V_{DDA} \leqslant 3.6V$，也即 $1.8V \leqslant V_{REF+} \leqslant V_{DDA}$，$V_{REF-}=V_{SSA}$。一般 $V_{DDA}=V_{DD}$，$V_{SSA}=V_{SS}$，V_{DD} 最高为 3.6V。

10.2.2 转换模式

STM32F4xx 系列微控制器的 ADC 有单次、连续、扫描和间断 4 种转换模式，这些转换模式结合常规 / 注入分组、独立 / 双重 / 三重模式以及触发方式的配置可以满足多种嵌入式系统场合应用，为自动化采集提供方便。

4 种转换流程的区别如表 10-1 所示。连续转换模式指的是当前面 A/D 转换一结束马上就启动另一次 A/D 转换。扫描模式用于一组通道按顺序进行模拟转换，如果连续、扫描同时设定，则循环进行转换。间断模式用于将所选通道分成若干子组，然后间断地进行 A/D 转换。

多路模拟信号进行转换时，需先确定排序、分组以及开启 DMA 功能。进行分组设置需将常规组的通道总数写入常规序列寄存器 ADC_SQR1 的 L[3:0] 中，注入组的通道总数写入注入序列寄存器 ADC_JSQR 的 JL[1:0] 中。组内各通道的先后顺序分别在 ADC_SQRx（x=1,2,3）和 ADC_JSQR 中 SQn[4:0]（n=1,2,…,16）、SQm[4:0]（m=1,2,…,4）填写通道的编号。

模拟信号的转换结果获取方式随分组而不同，注入组每个通道直接读取各自的数据寄存器 ADC_JDR1/2/3/4，而常规组只有一个数据寄存器 ADC_DR。因此，在多路时，需要通过两种方式获得取得转换结果：使能 DMA 将 ADC_DR 数值直接进入内存 RAM 中，或者使用状态寄存器 SR 中的溢出位 OVR。当设置控制寄存器 ADC_CR2 中的 EOCS=1 条件下，OVR 位在每个常规组通道转换结束时置 1，申请中断处理，从而获取转换结果。实际应用中，多通道 ADC 采集一般使用 DMA 数据传输方式更加高效方便。

独立模式指的是仅仅使用 3 个 ADC 的其中 1 个，这是复位后默认的模式；双重模式则是同时使用 ADC1 和 ADC2；而三重模式就是 3 个 ADC 同时使用。在双重或者三重模式下一般需要配合 DMA 数据传输使用，并有主、从 ADC 之分。

注入组通道转换时管理注入通道有以下两种方法。

1. 触发注入

将 ADC_CR1 寄存器的 JAUTO 位清零，并且设置 SCAN 位，即可使用触发注入功能。

(1)利用外部触发或通过设置 ADC_CR2 寄存器的 ADON 位，启动一组常规通道的转换；

(2) 如果在规则通道转换期间产生一外部注入触发，当前转换被复位，注入通道序列被以单次扫描方式进行转换；

(3) 注入通道组扫描完毕后恢复上次被中断的常规通道转换继续执行。

当使用触发的注入转换时，必须保证触发事件的间隔长于注入序列。在实际工程应用中，常采用外部触发方式进行设定的通道（注入通道）转换。

表 10-1　ADC 转换模式

模式		单次模式	连续模式	扫描模式	间断模式
转换流程		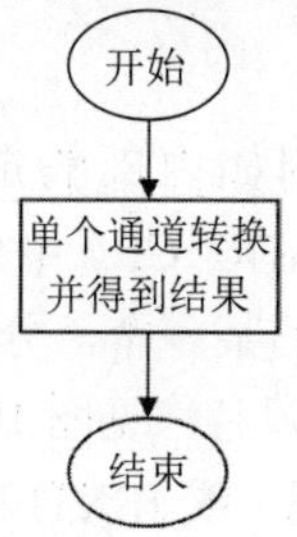 开始 → 单个通道转换并得到结果 → 结束	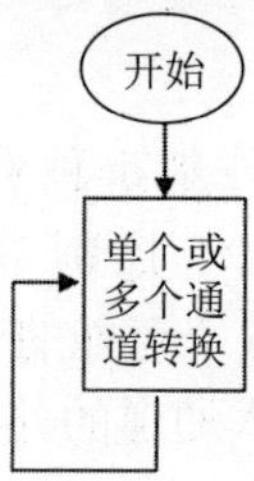 开始 → 单个或多个通道转换（循环）	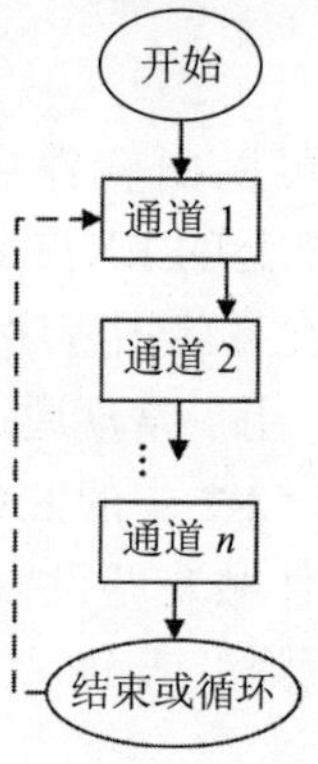 开始 → 通道 1 → 通道 2 → ⋮ → 通道 n → 结束或循环	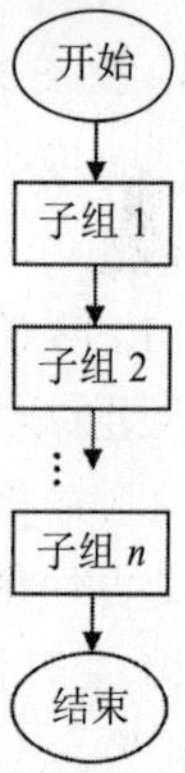 开始 → 子组 1 → 子组 2 → ⋮ → 子组 n → 结束
使能位	常规组	ADC_CR2 中的 ADON 位	ADC_CR2 中的 CONT 位	ADC_CR1 中的 SCAN 位	ADC_CR1 中的 DISCEN 位
	注入组	同上	单独的注入通道不能连续转换	同上	ADC_CR1 中的 JDISCEN 位
DMA 功能		如果设置了 DMA 位，在每次 EOC 后，DMA 控制器会把常规通道的转换数据传输到 SRAM 中，而注入通道转换的数据总是存储在 ADC_JDRx 寄存器中			

2. 自动注入

如果 ADC_CR1 寄存器的设置了 JAUTO 位，在常规通道之后，注入通道被自动转换。为避免与通道外部触发混乱，此模式下需要禁止注入通道的外部触发。如果除 JAUTO 位外还设置了 CONT 位，整个常规通道至注入通道的转换序列将被连续执行。

10.2.3　转换参数

1. 转换时间

STM32F4xx 微控制器的 ADC 是在 ADCCLK 时钟下进行转换，每一个通道（包括 IN0 ～ 18）的转换时间由寄存器 ADC_SMPR1 和 ADC_SMPR2 来设置。每个通道占用 3 位，表示为 SMPx[2:0]（x=0 ～ 18）。3 位取值的含义为 000 表示 3 个周期，001、010、011、

100、101、110、111 分别表示 15、28、56、84、112、144、480 个周期。ADC 的转换时间 T_{conv} 可以根据由“设置时间 +12 个周期”计算得到。

例如，设置通用控制寄存器 ADC_CCR 的 ADCPRE[1:0] 位等于 01，即 4 分频，则 ADCCLK 的频率为 $f_{PCLK2}/4=84/4=21(MHz)$。这时，若 IN3 通道 SMP3[2:0] 的设置为 000 即 3 个周期，则其转换时间就为 $T_{conv}=3+12=15$ 个周期，即 15/21MHz=0.7μs。

2. 对齐方式

ADC_CR2 寄存器中的 ALIGN 位设置转换后数据储存的对齐方式。ALIGN=0 表示数据右对齐，ALIGN=1 时左对齐。假如设置 ADC 精度为 12 位，如果选择数据为左对齐，那常规组 A/D 转换完成数据存放在 ADC_DR 寄存器的 [4:15] 位内；如果为右对齐，则存放在 ADC_DR 寄存器的 [0:11] 位内。

对于注入通道转换的数据值已经减去在 ADC_JOFRx 寄存器中定义的偏移量，因此结果可以是一个负值，这时在数据中引入了 SEXT 位，位于最高位，表示扩展的符号值。

3. 触发方式

启动模 / 数转换可以由软件启动或外部事件触发（例如内部的定时器比较输出或触发输出事件、引脚上的 EXTI 线）。位于控制寄存器 ADC_CR2 中的 EXTSEL[3:0] 和 JEXTSEL[3:0] 控制位允许应用程序选择 16 个可能的事件中的某一个，分别可以触发常规组和注入组的通道采样。用于常规通道和注入通道的外部触发源名称见图 10-1。

控制寄存器 ADC_CR2 中的 EXTEN[1:0] 控制位（常规组）或 JEXTEN[1:0] 位（注入组）用于是否使能外部事件触发并设置跳变沿，规定外部事件能够触发所选极性来启动转换，选择 01 上升沿、10 下降沿或 11 双边沿皆可。而取值 00 时表示不使能外部触发，使用软件启动转换。

4. 校准

STM32F4xx 中的 ADC 有一个内置自校准模式。校准可大幅减少因内部电容器组的变化而造成的精准度误差。在校准期间，在每个电容器上都会计算出一个误差修正码（数字值），这个码用于消除在随后的转换中每个电容器上产生的误差。

在 V_{DDA}=3.3 V、30℃条件下测得 V_{REFINT} 的校准值 V_{REFIN_CAL} 保存在地址 0x1FFF 7A2A 和 0x1FFF 7A2B 中，测得温度校准值 TS_CAL1 保存在 0x1FFF 7A2C 和 0x1FFF 7A2D 中，而 110℃对应的标定值 TS_CAL2 保存在 0x1FFF 7A2E 和 0x1FFF 7A2F 中。

内部温度传感器测得温度大小的计算公式是：

$$\text{Temperature (℃)} = [(\text{VSENSE} - \text{V25}) / \text{Avg\_Slope}]+25$$

式中：V_{SENSE} 为温度通道 ADC 转换测量结果（V）；V25 为 25℃对应的温度测量值，典型值是 0.76 V；Avg_Slope 为温度曲线平均斜率，典型值是 2.5 mV/℃。

10.2.4 寄存器及其初始化

由 STM/GD32F4xx 系列微控制器内部结构可知，3 个 ADC 挂在 APB2 总线上，各 ADC 有关寄存器的地址分布可在文件 stm32f4xx.h 中找到，并以结构体 ADC_TypeDef 与 ADC_Common_TypeDef 给出各寄存器定义，以指向该首地址的指针变量 ADC1、ADC2、ADC3

和 ADC 名称表示。

代码展示：		
	语句（stm32f4xx.h）	注释
定义	#define PERIPH_BASE ((uint32_t)0x40000000) #define APB2PERIPH_BASE (PERIPH_BASE + 0x00010000)	// 片上外设首地址 //APB2 的首地址

定义	#define ADC1_BASE (APB2PERIPH_BASE + 0x2000)
	#define ADC2_BASE (APB2PERIPH_BASE + 0x2100)
	#define ADC3_BASE (APB2PERIPH_BASE + 0x2200)
	#define ADC_BASE (APB2PERIPH_BASE + 0x2300)
	#define AD ((ADC_Common_TypeDef *) ADC_BASE)
	#define ADC1 ((ADC_TypeDef *) ADC1_BASE)
	#define ADC2 ((ADC_TypeDef *) ADC2_BASE)
	#define ADC3 ((ADC_TypeDef *) ADC3_BASE)
		//ADC1/2/3 首地址
		
		//ADC1/2/3 为寄存器结构体指针

定义	typedef struct
	{
	__IO uint32_t SR;
	__IO uint32_t CR1;
	__IO uint32_t CR2;
	__IO uint32_t SMPR1;
	__IO uint32_t SMPR2;
	__IO uint32_t JOFR1;
	__IO uint32_t JOFR2;
	__IO uint32_t JOFR3;
	__IO uint32_t JOFR4;
	__IO uint32_t HTR;
	__IO uint32_t LTR;
	__IO uint32_t SQR1;
	__IO uint32_t SQR2;
	__IO uint32_t SQR3;
	__IO uint32_t JSQR;
	__IO uint32_t JDR1;
	__IO uint32_t JDR2;
	__IO uint32_t JDR3;
	__IO uint32_t JDR4;
	__IO uint32_t DR;
	} ADC_TypeDef;
		
		//状态寄存器 SR
		//控制寄存器 CR1/2
		
		//采样时间寄存器 SMPR1 和 SMPR2
		
		//注入组偏移量寄存器 JOFR1 ～ 4
		
		//模拟看门狗阈值上限 HTR 和下限 LTR
		
		//常规组序列寄存器 SQR1/2/3
		
		//注入组序列寄存器 JSQR
		//注入通道数据寄存器 JDR1 ～ 4
		
		//常规通道数据寄存器 DR

定义	typedef struct
	{
	__IO uint32_t CSR;
	__IO uint32_t CCR;
	__IO uint32_t CDR;
	} ADC_Common_TypeDef;
		//ADC 共有参数寄存器
		
		//状态寄存器 CSR
		//控制寄存器 CCR
		//数据寄存器 CDR

初始化 ADC 的各项参数通过标准库 stm32f4xx_adc.h 文件中的 ADC_InitTypeDef 和 ADC_CommonInitTypeDef 结构体进行设定。如果是多通道转换，则还需要分组，对常规组和注入组进行通道排序、DMA 功能等设定。

<table>
<tr><td colspan="3">代码展示：</td></tr>
<tr><td colspan="2">语句（stm32f4xx_adc.h）</td><td>注释</td></tr>
<tr><td>定义</td><td><pre>typedef struct
{
  uint32_t   ADC_Resolution;
  FunctionalState   ADC_ScanConvMode;
  FunctionalState   ADC_ContinuousConvMode;
  uint32_t   ADC_ExternalTrigConvEdge;
  uint32_t   ADC_ExternalTrigConv;
  uint32_t   ADC_DataAlign;
  uint8_t   ADC_NbrOfConversion;
}ADC_InitTypeDef;</pre></td><td>//定义结构体

//ADC 的分辨率 6/8/10/12 位
//是否扫描方式
//是否连续方式
//是否外部触发并选择跳变沿
//外部触发通道
//数据对齐方式
//通道数量</td></tr>
<tr><td>定义</td><td><pre>typedef struct
{
  uint32_t ADC_Mode;
  uint32_t ADC_Prescaler;
  uint32_t ADC_DMAAccessMode;
  uint32_t ADC_TwoSamplingDelay;
}ADC_CommonInitTypeDef;</pre></td><td>//定义了 ADC 共有设置结构体

//独立模式还是双重、三重模式
//ADCCLK 分频数 2/4/6/8
//DMA 使能
//双采样延时周期数</td></tr>
</table>

10.2.5 标准库函数

应用 ADC 时，操作步骤大多是首先配置相关输入通道的 IO 口、使能 ADC 时钟以及设置 ADC 各项参数，完成 ADC 的初始化，然后启动 A/D 转换，最后读取转换结果。若采用中断，则需使能中断、编写中断处理函数。若采用 DMA 方式，需使能 DMA 功能（ADC_CR2 中 DMA=1），并设置好对应的内存地址。

标准库中文件 stm32f4xx_adc.h 和 stm32f4xx_adc.c 定义了 ADC 相关寄存器设置变量和标准库函数，其部分说明如表 10-2 所示（x=1, 2, 3）。

表 10-2　ADC 标准库结构体和库函数（stm32f4xx_adc.c/.h）

<table>
<tr><th>序号</th><th>数据变量 / 函数名称</th><th>使用说明</th></tr>
<tr><td>1</td><td>ADC_InitTypeDef 结构体</td><td>设置连续 / 扫描模式、对齐方式、通道数 / 组、分辨率、触发模式</td></tr>
<tr><td>2</td><td>ADC_CommonInitTypeDef 结构体</td><td>设置转换模式是否独立模式、分频数、DMA 使能等</td></tr>
<tr><td rowspan="2">3</td><td>ADC_Init ( ) 函数</td><td>初始化指定 ADCx 外设的参数设置</td></tr>
<tr><td colspan="2">void ADC_Init(ADC_TypeDef* ADCx,ADC_InitTypeDef* ADC_InitStruct);</td></tr>
<tr><td rowspan="3">4</td><td>ADC_StructInit ( ) 函数</td><td>将结构体变量成员按默认值填充</td></tr>
<tr><td colspan="2">void ADC_StructInit(ADC_InitTypeDef* ADC_InitStruct);</td></tr>
<tr><td colspan="2">void ADC_CommonStructInit(ADC_CommonInitTypeDef* ADC_CommonInitStruct);</td></tr>
<tr><td rowspan="2">5</td><td>ADC_DeInit ( ) 函数</td><td>将指定 ADCx 各寄存器重置为默认值</td></tr>
<tr><td>void ADC_DeInit(void);</td><td></td></tr>
</table>

续表 10-2

<table>
<tr><th>序号</th><th>数据变量 / 函数名称</th><th>使用说明</th></tr>
<tr><td rowspan="2">6</td><td>ADC_Cmd ( ) 函数</td><td>使能或者禁止指定 ADCx 外设，ENABLE 或 DISABLE</td></tr>
<tr><td colspan="2">void ADC_Cmd(ADC_TypeDef* ADCx,FunctionalState NewState);</td></tr>
<tr><td rowspan="2">7</td><td>ADC_CommonInit ( ) 函数</td><td>初始化指定 ADCx 外设的共有设置</td></tr>
<tr><td colspan="2">void ADC_CommonInit(ADC_CommonInitTypeDef* ADC_CommonInitStruct);</td></tr>
<tr><td rowspan="2">8</td><td>ADC_RegularChannelConfig ( )</td><td>设置 ADCx 中的常规通道进行转换的函数</td></tr>
<tr><td colspan="2">void ADC_RegularChannelConfig(ADC_TypeDef* ADCx,uint8_t ADC_Channel,uint8_t Rank,uint8_t ADC_SampleTime);</td></tr>
<tr><td rowspan="2">9</td><td>ADC_SoftwareStartConv ( ) 函数</td><td>软件启动指定的 ADCx 转换</td></tr>
<tr><td colspan="2">void ADC_SoftwareStartConv(ADC_TypeDef* ADCx);</td></tr>
<tr><td rowspan="2">10</td><td>ADC_GetFlagStatus ( ) 函数</td><td>获取当前 ADCx 的状态标志位</td></tr>
<tr><td colspan="2">FlagStatus ADC_GetFlagStatus(ADC_TypeDef* ADCx,uint8_t ADC_FLAG);</td></tr>
<tr><td rowspan="2">11</td><td>ADC_GetConversionValue ( ) 函数</td><td>获取转换结果</td></tr>
<tr><td colspan="2">uint16_t ADC_GetConversionValue(ADC_TypeDef* ADCx);</td></tr>
<tr><td rowspan="2">12</td><td>ADC_ITConfig ( ) 函数</td><td>设置 ADCx 的中断类型</td></tr>
<tr><td colspan="2">void ADC_ITConfig(ADC_TypeDef* ADCx,uint16_t ADC_IT,FunctionalState NewState);</td></tr>
<tr><td rowspan="2">13</td><td>ADC_GetITStatus ( ) 函数</td><td>获取当前 ADCx 的中断标志位</td></tr>
<tr><td colspan="2">ITStatus ADC_GetITStatus(ADC_TypeDef* ADCx,uint16_t ADC_IT);</td></tr>
<tr><td rowspan="2">14</td><td>ADC_ClearFlag( ) 函数</td><td>清除指定 ADCx 的标志</td></tr>
<tr><td colspan="2">void ADC_ClearFlag(ADC_TypeDef* ADCx,uint8_t ADC_FLAG);</td></tr>
<tr><td rowspan="2">15</td><td>ADC_ClearITPendingBit ( ) 函数</td><td>清除指定 ADCx 的中断挂起位</td></tr>
<tr><td colspan="2">void ADC_ClearITPendingBit(ADC_TypeDef* ADCx,uint16_t ADC_IT);</td></tr>
<tr><td rowspan="2">16</td><td>ADC_DMACmd ( ) 函数</td><td>指定 ADCx 采用 DMA 传输功能是否使能</td></tr>
<tr><td colspan="2">void ADC_DMACmd(ADC_TypeDef* ADCx,FunctionalState NewState);</td></tr>
<tr><td rowspan="2">17</td><td>ADC_DMARequestAfterLastTransferCmd ( ) 函数</td><td>单 ADC 模式下是否使能上次传输后的 DMA</td></tr>
<tr><td colspan="2">void ADC_DMARequestAfterLastTransferCmd(ADC_TypeDef* ADCx,FunctionalState NewState);</td></tr>
</table>

例如，单次采集方式所用到的函数依次是：针对指定的模拟信号输入通道和 ADC1/2/3，设置结构体变量并代入 ADC_Init ( ) 函数，使能 ADC_Cmd ( ) 函数完成初始化；设置通道信息调用 ADC_RegularChannelConfig ( )；软件启动转换 ADC_SoftwareStartConv ( ) 函数；然后等待转换结束，由 ADC_GetFlagStatus ( ) 函数判断 EOC 标志位；如果转换结束，则调用函数 ADC_GetConversionValue ( ) 获取 ADC 转换结果。

10.2.6 ADC 应用实例

分别采用标准库 STD 法和硬件抽象库 HAL 法完成例 10-1，读者可扫数字资源 10-2 和数字资源 10-3 查看工程实现、编程方法和代码说明。

数字资源 10-2
例 10-2 标准库
STD 法

数字资源 10-3
例 10-2 硬件抽
象库 HAL 法

例 10-1 需要采集 1 路模拟信号和芯片内部温度，请设计与 STM32F407ZGT6 的接口电路，并编程实现 A/D 采集以及显示测量结果。要求：ADC 工作在独立模式下，模拟信号由电位计调节，采用 4 位数码管分时显示电压（mV）和温度值（℃）。

硬件电路：设计如图 10-2 所示的电路，STM32F407ZGT6 开发板上，GPIO B 端口 PB0 ～ 7 和 PB8 ～ 11 分别连接 LED 共阳极数码管的段选线和位选线（详细电路请参考图 7-5），GPIO C 端口 PC5 为模拟信号输入引脚（即 ADC12_IN15），对外连接一只电位计输出端。

软件思路：对于共阳极 4 位数码管显示的编程请参考第 7 章的方法。ADC 部分按单次转换模式分别采集 2 路模拟信号。PC5 为 IN15 通道，内部温度传感器为 IN16 通道。main 函数中采用分时轮询的方法管理采集和显示。

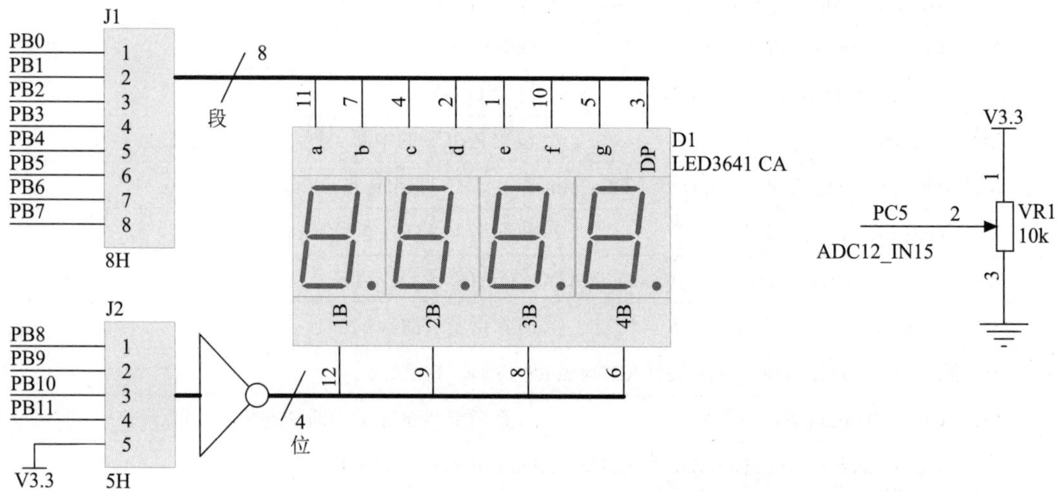

图 10-2 例 10-1 电路原理及接口

采用标准库法的流程是：首先初始化配置 ADC 引脚 PC5 为模拟输入模式，使能 ADC1 时钟，配置通用 ADC1 为独立模式，采样率为 4 分频，12 位分辨率，单次转换模式，不需要外部触发；然后启动 ADC 转换，使能软件触发 ADC 转换。在 main 函数需先调用初始化数码管和 ADC1 的函数，然后在 while 循环中依次采集 IN15 和 IN16，共 2 通道，将结果适当转换后显示出来。

管理工程时需加入的标准库文件至少包括 startup_stm32f40_41xxx.s、stm32f4xx_rcc.c、stm32f4xx_gpio.c、stm32f4xx_syscfg.c、stm32f4xx_adc.c 及其包含的头文件。

代码展示：		
	语句（usermain.c）	注释
定 义	void LEDSHMG4_Init(void); void ADC1PC5_Init(void);	//定义两个函数

主函数

```
int main(void)
{
  RCC_GetClocksFreq(&RCC_Clocks);                                   //SysTick 为 1ms
  SysTick_Config(RCC_Clocks.HCLK_Frequency / 1000);

  LEDSHMG4_Init();                                                  //初始化数码管
  ADC1PC5_Init();                                                   //初始化 ADC

  while (1)
  {                                                                 //电位计
    ADC_RegularChannelConfig(ADC1, ADC_Channel_15, 1,               //ADC1 通道 15，56+12 个周期
          ADC_SampleTime_56Cycles );                                //使能指定的 ADC1 的软件启动
    ADC_SoftwareStartConv(ADC1);
    while(!ADC_GetFlagStatus(ADC1, ADC_FLAG_EOC));                  //等待转换结束
    ADC_retData = ADC_GetConversionValue(ADC1);                     //返回单次转换结果
    DispData =    ADC_retData *3300/4096;                           //转换成电压 mV

    DispWdata[0]= 0xff00 | (LEDSEG[DispData / 1000 % 10]);          //PB0～7+PB8～11 显示
    DispWdata[1]= 0xff00 | (LEDSEG[DispData / 100 % 10]);
    DispWdata[2]= 0xff00 | (LEDSEG[DispData / 10 %10]);
    DispWdata[3]= 0xff00 | (LEDSEG[DispData % 10]);
    for(j=0;j<200;j++){                                             //显示 2s，为了看清楚
      for(i=0;i<4;i++){
        GPIO_Write(GPIOB,DispWdata[i] & LEDWEI[i]);                 //位和段同时输出
        Delay(5);
      }
    }

    ADC_RegularChannelConfig(ADC1, ADC_Channel_16, 1,               //内部温度传感器
         ADC_SampleTime_480Cycles );                                //480+12 个周期
    ADC_SoftwareStartConv(ADC1);
    while(!ADC_GetFlagStatus(ADC1, ADC_FLAG_EOC));
    ADC_retData = ADC_GetConversionValue(ADC1);
    DispData = ADC_retData *3300/4096;
    DispDataf = (DispData/1000 - 0.760)/2.5 + 25;                   //转换成温度
    DispData = (uint16_t)DispDataf;

    DispWdata[0]= 0xff00 | (LEDSEG[DispData / 1000 % 10]);          //PB0～7+PB8～11 显示
    DispWdata[1]= 0xff00 | (LEDSEG[DispData / 100 % 10]);
    DispWdata[2]= 0xff00 | (LEDSEG[DispData / 10 %10]);
    DispWdata[3]= 0xff00 | (LEDSEG[DispData % 10]);
    for(j=0;j<200;j++){
      for(i=0;i<4;i++){
        GPIO_Write(GPIOB,DispWdata[i] & LEDWEI[i]);
        Delay(5);
      }
    }
```

初始化函数

```
void ADC1PC5_Init(void)                                              //自定义初始化 ADC 的函数
{
    GPIO_InitTypeDef              GPIO_InitStructure;
    ADC_CommonInitTypeDef         ADC_CommonInitStructure;           //结构体变量
    ADC_InitTypeDef               ADC_InitStructure;

    RCC_AHB1PeriphClockCmd(RCC_AHB1Periph_GPIOC, ENABLE);            //使能 GPIOC 时钟
    RCC_APB2PeriphClockCmd(RCC_APB2Periph_ADC1, ENABLE);             //使能 ADC1 时钟

    GPIO_InitStructure.GPIO_Pin = GPIO_Pin_5;                        //初始化 ADC1 通道 PC5，对应 IN15
    GPIO_InitStructure.GPIO_Mode = GPIO_Mode_AN;                     //模拟输入
    GPIO_InitStructure.GPIO_PuPd = GPIO_PuPd_NOPULL ;                //不用上下拉，浮空
    GPIO_Init(GPIOC, &GPIO_InitStructure);                           //初始化

    RCC_APB2PeriphResetCmd(RCC_APB2Periph_ADC1,ENABLE);              //ADC1 复位
    RCC_APB2PeriphResetCmd(RCC_APB2Periph_ADC1,DISABLE);

    ADC_CommonInitStructure.ADC_Mode = ADC_Mode_Independent;         //独立模式
    ADC_CommonInitStructure.ADC_TwoSamplingDelay =                   //两个采样阶段之间的延迟 5 个时钟
        ADC_TwoSamplingDelay_5Cycles;
    ADC_CommonInitStructure.ADC_DMAAccessMode =                      //不使能 DMA
        ADC_DMAAccessMode_Disabled;
    ADC_CommonInitStructure.ADC_Prescaler = ADC_Prescaler_Div4;      //预分频数为 4 分频，21MHz
    ADC_CommonInit(&ADC_CommonInitStructure);                        //初始化

    ADC_InitStructure.ADC_Resolution = ADC_Resolution_12b;           //12 位模式
    ADC_InitStructure.ADC_ScanConvMode = DISABLE;                    //非扫描模式
    ADC_InitStructure.ADC_ContinuousConvMode = DISABLE;              //关闭连续转换
    ADC_InitStructure.ADC_ExternalTrigConvEdge =                     //使用软件触发
        ADC_ExternalTrigConvEdge_None;
    ADC_InitStructure.ADC_DataAlign = ADC_DataAlign_Right;           //右对齐
    ADC_InitStructure.ADC_NbrOfConversion = 1;                       //1 个常规序列中
    ADC_Init(ADC1, &ADC_InitStructure);                              //ADC 初始化
    ADC_Cmd(ADC1, ENABLE);                                           //开启 AD 转换器
}
```

本例如果 ADC 采用连续模式，转换结果数据使用中断方式读取，请思考如何编程。另外将在 while 循环中的采集并显示的语句如果写成一个函数调用，怎么实现？

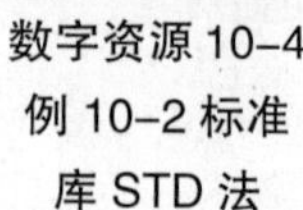

数字资源 10-4 例 10-2 标准库 STD 法

数字资源 10-5 例 10-2 硬件抽象库 HAL 法

例 10-2 请采用 STM32F407ZGT6 6 路农田土壤信息传感器设计模拟信号采集系统，采用常规组建立序列、使能 DMA 获取转换结果，并通过串口通信传送到电脑端查看。读者可扫数字资源 10-4 和数字资源 10-5 查看工程实现、编程方法和代码说明。

硬件电路：STM32F407ZGT6 开发板上，GPIO A 端口 PA0 ～ 3 接入 4 路模拟信号，分别对应 ADC1 的 IN0 ～ 3 通道；2 路由 GPIO C 端口 PC4 和 PC5，对应 ADC1 的 IN14 和 IN15 通道；另外附加 1 路是测量内部基准电压 V_{REFINT}（ADC1_IN17 通道）。串口通信采

用 USART1 引脚 GPIO A 端口 PA9 和 PA10，通过 USB-TTL 模块与电脑相连。

软件思路：6+1 路模拟输入通道都按常规组排序，依次是 IN0、IN1、IN2、IN3、IN14、IN15、IN17。配置 7 路通道采用函数 ADC_RegularChannelConfig( ) 完成，连续扫描转换模式。ADC1 所用的 DMA 功能属于 DMA2 Stream0 和 DMA_Channel_0 通道，方向为外设到内存，循环模式，按字对齐，采用 DMA_InitTypeDef 结构体进行初始化。初始化后可将 7 个转换结果 DR 直接存入数组变量中。

代码展示：

	语句（usermain.c）	注释
定义	uint32_t adcRETdata[7];	//采集值
	void ADC1_DMA_Init(void);	//函数名
初始化函数	void ADC1_DMA_Init(void)	
	{	
	GPIO_InitTypeDef GPIO_InitStruct;	
	ADC_CommonInitTypeDef ADC_ComStruct;	
	ADC_InitTypeDef ADC_InitStruct;	
	DMA_InitTypeDef DMA_InitStruct;	
	NVIC_InitTypeDef NVIC_InitStruct;	
	RCC_AHB1PeriphClockCmd(RCC_AHB1Periph_GPIOA| RCC_AHB1Periph_GPIOC, ENABLE);	//使能 GPIOA+ C 时钟
	RCC_APB2PeriphClockCmd(RCC_APB2Periph_ADC1, ENABLE);	//使能 ADC1 和 DMA2 时钟
	RCC_AHB1PeriphClockCmd(RCC_AHB1Periph_DMA2,ENABLE);	
	GPIO_InitStruct.GPIO_Pin=GPIO_Pin_0|GPIO_Pin_1|GPIO_Pin_2 |GPIO_Pin_3;	//模拟 I/O 初始化
	GPIO_InitStruct.GPIO_Mode=GPIO_Mode_AIN;	
	GPIO_InitStruct.GPIO_PuPd = GPIO_PuPd_NOPULL ;	
	GPIO_Init(GPIOA,&GPIO_InitStruct);	
	GPIO_InitStruct.GPIO_Pin=GPIO_Pin_4|GPIO_Pin_5;	
	GPIO_InitStruct.GPIO_Mode=GPIO_Mode_AIN;	
	GPIO_InitStruct.GPIO_PuPd = GPIO_PuPd_NOPULL ;	
	GPIO_Init(GPIOC,&GPIO_InitStruct);	
	RCC_APB2PeriphResetCmd(RCC_APB2Periph_ADC1,ENABLE);	//ADC1 复位
	RCC_APB2PeriphResetCmd(RCC_APB2Periph_ADC1,DISABLE);	//复位结束
	ADC_ComStruct.ADC_Mode = ADC_Mode_Independent;	//独立模式
	ADC_ComStruct.ADC_TwoSamplingDelay = ADC_TwoSamplingDelay_5Cycles;	//两个采样阶段之间的延迟 5 个时钟
	ADC_ComStruct.ADC_DMAAccessMode = ADC_DMAAccessMode_Disabled;	
	ADC_ComStruct.ADC_Prescaler = ADC_Prescaler_Div4;	//预分频 4 分频 84M/4= 21 MHz

初始化函数

```
ADC_CommonInit(&ADC_ComStruct);                                          //初始化

ADC_InitStruct.ADC_Resolution = ADC_Resolution_12b;                      //12 位模式
ADC_InitStruct.ADC_ScanConvMode = ENABLE;                                //扫描模式
ADC_InitStruct.ADC_ContinuousConvMode = ENABLE;                          //连续转换
ADC_InitStruct.ADC_ExternalTrigConvEdge =                                // 禁止触发检测，使
        ADC_ExternalTrigConvEdge_None;                                   用软件触发
ADC_InitStruct.ADC_DataAlign = ADC_DataAlign_Right;                      //右对齐
ADC_InitStruct.ADC_NbrOfConversion = 7;                                  //7 常规序列

ADC_Init(ADC1, &ADC_InitStruct);                                         //ADC 初始化

DMA_DeInit(DMA2_Stream0);                                                //DMA 初始化设置
DMA_Cmd(DMA2_Stream0, DISABLE);                                          //ADC1 对应是 DMA2
                                                                         Stream0 和 DMA_
DMA_InitStruct.DMA_Channel = DMA_Channel_0;                              Channel_0
DMA_InitStruct.DMA_PeripheralBaseAddr = (uint32_t)&(ADC1->DR);           //外设地址
DMA_InitStruct.DMA_Memory0BaseAddr = (uint32_t)&adcRETdata;              //内存地址
DMA_InitStruct.DMA_DIR = DMA_DIR_PeripheralToMemory;                     //外设到内存
DMA_InitStruct.DMA_BufferSize = 7;                                       //7 个内存单元
DMA_InitStruct.DMA_PeripheralInc = DMA_PeripheralInc_Disable;
DMA_InitStruct.DMA_MemoryInc = DMA_MemoryInc_Enable;
DMA_InitStruct.DMA_PeripheralDataSize = DMA_PeripheralDataSize_Word;     //32 位
DMA_InitStruct.DMA_MemoryDataSize = DMA_MemoryDataSize_Word;
DMA_InitStruct.DMA_Mode = DMA_Mode_Circular;                             //循环模式
DMA_InitStruct.DMA_Priority = DMA_Priority_High;                         //优先级高
DMA_InitStruct.DMA_FIFOMode = DMA_FIFOMode_Disable;
DMA_InitStruct.DMA_FIFOThreshold = DMA_FIFOThreshold_HalfFull;           //半满
DMA_InitStruct.DMA_MemoryBurst = DMA_MemoryBurst_Single;
DMA_InitStruct.DMA_PeripheralBurst = DMA_PeripheralBurst_Single;         //单次传输
DMA_Init(DMA2_Stream0, &DMA_InitStruct);

ADC_DMARequestAfterLastTransferCmd(ADC1, ENABLE);                        //ADC1 转换后进行 DMA
ADC_DMACmd(ADC1, ENABLE);                                                //使能 DMA
ADC_Cmd(ADC1, ENABLE);                                                   //启动 ADC1 和 DMA
DMA_Cmd(DMA2_Stream0, ENABLE);

ADC_RegularChannelConfig(ADC1,ADC_Channel_0,1,                           //ADC 常规组通道配
        ADC_SampleTime_56Cycles);                                        置
ADC_RegularChannelConfig(ADC1,ADC_Channel_1,2,
        ADC_SampleTime_56Cycles);
ADC_RegularChannelConfig(ADC1,ADC_Channel_2,3,
        ADC_SampleTime_56Cycles);
ADC_RegularChannelConfig(ADC1,ADC_Channel_3,4,
        ADC_SampleTime_56Cycles);
ADC_RegularChannelConfig(ADC1,ADC_Channel_14,5,
        ADC_SampleTime_112Cycles);
ADC_RegularChannelConfig(ADC1,ADC_Channel_15,6,
        ADC_SampleTime_112Cycles);
```

```
    ADC_RegularChannelConfig(ADC1,ADC_Channel_17,7,
            ADC_SampleTime_112Cycles);

    ADC_TempSensorVrefintCmd(ENABLE);                          //内部基准电压使能

    DMA_ClearFlag(DMA2_Stream0,DMA_IT_TC);
    DMA_ITConfig(DMA2_Stream0,DMA_IT_TC,ENABLE);               //DMA 中断

    NVIC_InitStruct.NVIC_IRQChannel=DMA2_Stream0_IRQn;         //中断号
    NVIC_InitStruct.NVIC_IRQChannelPreemptionPriority=0x01;    //抢占优先级
    NVIC_InitStruct.NVIC_IRQChannelSubPriority=0x01;           //响应优先级
    NVIC_InitStruct.NVIC_IRQChannelCmd=ENABLE;
    NVIC_Init(&NVIC_InitStruct);                               //中断初始化
}
```

中断服务函数

```
void DMA2_Stream0_IRQHandler(void)
{
    if (DMA_GetFlagStatus(DMA2_Stream0, DMA_IT_TCIF0) == SET)  //Stream0 完成中断标志
    {
        sprintf((char*)mystr,"adcRETdata=%d,%d,%d,%d,%d,%d,%d,%d\r\n",
                myIndex,adcRETdata[0],adcRETdata[1],adcRETdata[2],   //形成字符串
                adcRETdata[3],adcRETdata[4],adcRETdata[5],adcRETdata[6]);
        uart1SendChars(mystr, strlen((char*)mystr));             //发送
        myIndex++;

        DMA_ClearFlag(DMA2_Stream0, DMA_IT_TCIF0);               //清标志位
    }
}
```

主函数

```
int main(void)
{
    RCC_GetClocksFreq(&RCC_Clocks);
    SysTick_Config(RCC_Clocks.HCLK_Frequency / 1000);          //系统时钟 1ms
    NVIC_PriorityGroupConfig(NVIC_PriorityGroup_2);            //中断优先级分组 2

    Delay(5);
    uart1DEBUG_Init(115200);
    ADC1_DMA_Init();                                           //ADC1 初始化

    uart1SendChars((uint8_t*)"CH10-2 TEST BEGIN...\r\n",22);   //发送提示
    ADC_SoftwareStartConv(ADC1);                               //开启 ADC 的转换

    while (1)
    {
        Delay(500);                                            //在 while 中等中断
    }
}
```

采用硬件抽象库 HAL 法时，由 void HAL_ADC_ConvCpltCallback(ADC_HandleTypeDef* hadc) 中断回调函数将 DMA 数据取出并通过 USART1 发送出去。

10.3 数 / 模转换器 DAC

10.3.1 硬件结构和特点

STM/GD32F4xx 系列芯片内置了 2 个电压输出型数 / 模转换器 DAC，每个转换器对应一个输出通道，其内部硬件组成如图 10-3 所示（其中 x=1、2）。

引脚部分具有 V_{REF+} 表示基准参考电压源，V_{DDA}、V_{SSA} 表示模拟电路部分的电源供给，DAC_OUTx 表示输出通道（x=1,2）。DAC_OUT1 对应 PA4 引脚，DAC_OUT2 对应 PA5 引脚。参考电压范围 $1.8V \leqslant V_{REF+} \leqslant V_{DDA}$。在要求精度较高的场所，需单独外配基准电压源芯片提供 V_{REF+}，一般应用时也可将 V_{REF+} 与 V_{DDA} 直接相连。

控制寄存器 DAC_CR 配置 DAC 的使能、触发、缓冲等，状态寄存器 DAC_SR 反映了 DMA 下溢状态。

触发方式有软件、定时器和外部中断 3 种。触发源由控制寄存器 DAC_CR 中 TSELx[2:0] 设置了 8 种触发方式，包括 111 软件启动、110 外部引脚、000 ～ 101 定时器触发。配合定时器触发，DAC 能产生频率可变的波形。

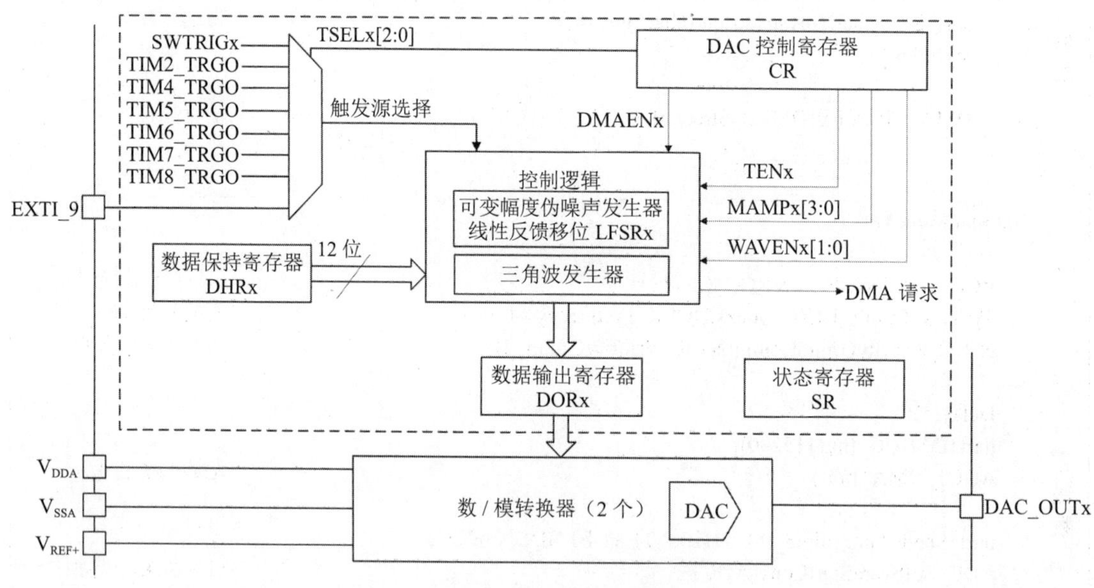

图 10-3 DAC 内部结构图

DAC 工作原理：CPU 先将 DAC 待输出的数据写入保持寄存器 DAC_DHRx，然后再由内部传给输出数据寄存器 DAC_DORx，最后送入数 / 模转换器进行转换，在经过转换时间后从引脚输出电压信号。其中寄存器 DAC_DORx 是只读的。8 位模式时用户将数据写入 DAC_DHR8Rx[7:0] 中，12 位左对齐时写入 DAC_DHR12Lx[15:4]，12 位右对齐时写入 DAC_DHR12Rx[11:0]。为了降低输出阻抗并驱动外部负载，每个 DAC 模块内部各自集成了一个输出缓冲器，可无须外置运放。在缺省情况下，输出缓冲器是开启的，也可以通过设置控制寄存器 DAC_CR 的 BOFFx 位来开启或者关闭。

转换时间：如果没有选中硬件触发（控制寄存器DAC_CR的TENx=0），存入寄存器DAC_DHRx的数据会在一个APBl时钟周期后自动传至寄存器DAC_DORx。如果选中硬件触发（寄存器DAC_CR的TENx=1），数据传输在所选触发发生以后3个APBl时钟周期后完成。一旦数据从DAC_DHRx寄存器装入DAC_DORx寄存器，在经过一定的时间（3～6μs）之后，输出即有效，这段时间的长短依电源电压和模拟输出负载的不同会有所变化。

输出电压：DAC的输出电压是线性的0～V_{REF+}范围。12位模式下DAC引脚上输出电压的计算公式为：DAC_OUTx输出电压＝V_{REF+}×DAC_DORx/4096。

STM/GD32F4xx系列微控制器内部DAC的特点如下。

（1）DAC外设挂载在APBl总线上，使用APB1的时钟源PCLK1。

（2）分辨率有8位或者12位，8位模式固定为数据右对齐，12位模式下数据可设置为左对齐或者右对齐。

（3）波形发生器可生成噪声波形、三角波形。

（4）每个通道都有DMA功能，并可监测下溢错误。

（5）DAC的工作模式分为单DAC模式和双DAC模式两种。

①单DAC模式：独立使用2个DAC。

②双DAC模式：2个通道可以独立转换，也可以同时进行转换并同步更新2个通道的输出。为有效利用总线带宽，采用了3个同时包含DAC1和DAC2数据在内的双保持寄存器DHR8RD、DHR12RD和DHR12LD，这样只需一个寄存器即可同时操作两个DAC通道。双DAC模式有11种可能的转换方式供用户选择。

10.3.2 寄存器及其初始化

STM32F4xx系列微控制器内部2个DAC挂在APB1总线上，各寄存器的地址分布可在文件stm32f4xx.h中找到，并以结构体DAC_TypeDef给出定义，以指向该首地址的指针变量DAC名称表示。

代码展示：		
	语句（stm32f4xx.h）	注释
定义	#define PERIPH_BASE ((uint32_t)0x40000000) #define APB1PERIPH_BASE PERIPH_BASE	//片上外设首地址 //APB1的首地址
定义	#define DAC_BASE (APB1PERIPH_BASE + 0x7400) #define DAC ((DAC_TypeDef *) DAC_BASE)	//DAC首地址和寄存器结构体指针

定义	ypedef struct
	{
	__IO uint32_t CR; //控制寄存器CR
	__IO uint32_t SWTRIGR; //软件触发寄存器SWTRIGR
	__IO uint32_t DHR12R1; //DAC1的12位右对齐DHR12R1
	__IO uint32_t DHR12L1; //DAC1的12位左对齐DHR12L1
	__IO uint32_t DHR8R1; //DAC1的8位右对齐DHR8R1
	__IO uint32_t DHR12R2; //DAC2的12位右对齐DHR12R2
	__IO uint32_t DHR12L2; //DAC2的12位左对齐DHR12L2
	__IO uint32_t DHR8R2; //DAC2的8位右对齐DHR8R2	

定义	`__IO uint32_t DHR12RD;`
	`__IO uint32_t DHR12LD;`
	`__IO uint32_t DHR8RD;`
	`__IO uint32_t DOR1;`
	`__IO uint32_t DOR2;`
	`__IO uint32_t SR;`
	`} DAC_TypeDef;`
		//双 DAC 的 12 位右对齐 DHR12RD
		//双 DAC 的 12 位左对齐 DHR12LD
		//双 DAC 的 8 位右对齐 DHR8RD
		//输出数据寄存器 DOR1/2
		
		//状态寄存器 SR

控制寄存器 DAC_CR 中，ENx 使能 DACx，DMAENx 使能 DMA、TENx 使能触发，TSELx[2:0] 触发源选择，WAVE1[1:0] 波形选择、MAMP2[3:0] 调整波形幅值大小、BOFFx 开启输出缓冲器等。

在标准库中，DAC 功能通过 stm32f4xx_dac.h 文件中定义的 DAC_InitTypeDef 结构体进行初始化。

代码展示：		
	语句（stm32f4xx_dac.h）	注释

定义	`typedef struct`
	`{`
	`  uint32_t DAC_Trigger;`
	`  uint32_t DAC_WaveGeneration;`
	`  uint32_t DAC_LFSRUnmask_TriangleAmplitude;`
	`  uint32_t DAC_OutputBuffer;`
	`}DAC_InitTypeDef;`
		//定义结构体
		
		//触发源选择
		//是否产生波形、哪种波形
		//噪声波和三角波的幅值
		//使能输出缓冲器

10.3.3 DAC 应用实例

分别采用标准库 STD 法和硬件抽象库 HAL 法完成例 10-3，读者可扫数字资源 10-6 和数字资源 10-7 查看工程实现、编程方法和代码说明。

例 10-3 请设计通过 STM32F407ZGT6 内部 DAC1 模块输出定值电压，DAC2 模块输出三角波的系统。DAC1 输出的电压可使用一个按键调整。DAC2 输出三角波的触发源由 TIM4 给定，频率由 TIM4 的时基决定，由另一个按键控制启停。

数字资源 10-6 例 10-3 标准库 STD 法

数字资源 10-7 例 10-3 硬件抽象库 HAL 法

硬件电路：STM32F407ZGT6 开发板中 DAC1 按 PA4 引脚输出电压和 DAC2 按 PA5 引脚产生三角波，通过万用表或示波器观察。PF6 和 PF7 为按键输入接口。通过按键 PF6 调整 DAC1 输出电压，按键 PF7 由按键奇偶次数启动和停止 DAC2 输出波形。电路接口如图 10-4 所示。

软件思路：应用 DAC 的操作步骤首先对 GPIO、DAC 和 TIM 初始化，使能 DAC 时钟、GPIO 数字输入时钟和模拟复用时钟、DAC 模拟复用引脚、2 个独立 DAC 通道模式、DAC1 为软件触发、DAC2 为定时器触发以及数据格式为 12 位右对齐等。TIM 的初始化主要是设置时基参数作为输出三角波的频率，并通过 TIM_SelectOutputTrigger( ) 函数产生 TRGO 触发事件。在主函数中，启动 DAC 转换，通过按键 PF6 调整输出电压并观察，通过按键 PF7

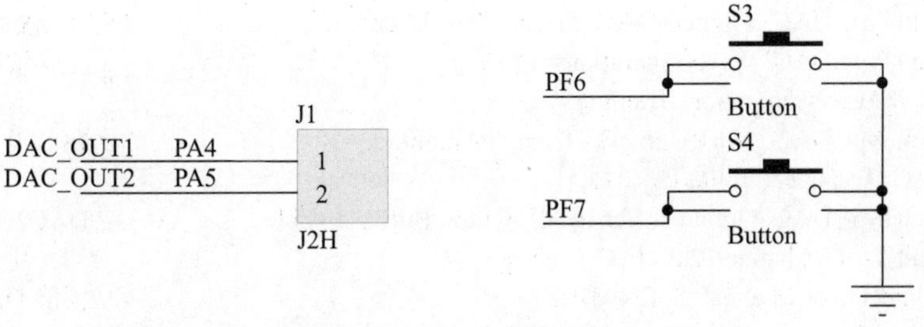

图 10-4 例 10-3 电路接口

启停输出波形。

采用标准库方法管理工程时需加入的标准库文件至少包括 startup_stm32f40_41xxx.s、stm32f4xx_rcc.c、stm32f4xx_gpio.c、stm32f4xx_syscfg.c、stm32f4xx_dac.c、stm32f4xx_tim.c 及其包含的头文件。

代码展示：

	语句（usermain.c）	注释

定义	uint8_t keyFlag1,keyFlag2;
	uint8_t KEY2index=0;
	uint32_t tempData=0;
		//定义变量

定义	void myKEY_Init(void);
	void DAC1_2_Init(void);
	void TIM4_TRGO_Init(uint32_t reloadARR,uint32_t PSCnum);
		//定义函数

初始化函数	void DAC1_2_Init(void)
	{
	GPIO_InitTypeDef GPIO_InitStructure;
	DAC_InitTypeDef DAC_InitType;
	
	RCC_AHB1PeriphClockCmd(RCC_AHB1Periph_GPIOA, ENABLE);
	RCC_APB1PeriphClockCmd(RCC_APB1Periph_DAC, ENABLE);
	
	GPIO_InitStructure.GPIO_Pin = GPIO_Pin_4|GPIO_Pin_5;
	GPIO_InitStructure.GPIO_Mode = GPIO_Mode_AN;
	GPIO_InitStructure.GPIO_PuPd = GPIO_PuPd_NOPULL;
	GPIO_Init(GPIOA, &GPIO_InitStructure);
	//DAC1
	DAC_InitType.DAC_Trigger=DAC_Trigger_None;
	DAC_InitType.DAC_WaveGeneration=DAC_WaveGeneration_None;
	DAC_InitType.DAC_LFSRUnmask_TriangleAmplitude=
	DAC_LFSRUnmask_Bit0;
	DAC_InitType.DAC_OutputBuffer=DAC_OutputBuffer_Enable ;
	DAC_Init(DAC_Channel_1,&DAC_InitType);
	
	DAC_Cmd(DAC_Channel_1, ENABLE);
	DAC_SetChannel1Data(DAC_Align_12b_R, 0);
	//DAC2
		//DAC 通道 1/2 初始化
		
		//使能 GPIOA 时钟
		//使能 DAC 时钟
		
		//PA4/PA5 模拟输入
		
		//初始化
		
		//不使用触发 TEN1=0
		//不使用波形发生
		//屏蔽、幅值设置
		
		//DAC1 输出缓冲器开启
		//初始化 DAC 通道 1
		
		//使能 DAC 通道 1
		//12 位右对齐格式设置
		DAC1 值 =0

初始化函数

```
    DAC_InitType.DAC_Trigger=DAC_Trigger_T4_TRGO;                    //使用触发功能 TIM4
    DAC_InitType.DAC_WaveGeneration=                                 //三角波形发生
        DAC_WaveGeneration_Triangle;
    DAC_InitType.DAC_LFSRUnmask_TriangleAmplitude=                   //幅值设置最大 3.3V
        DAC_TriangleAmplitude_4095;
    DAC_InitType.DAC_OutputBuffer=DAC_OutputBuffer_Enable ;          //DAC2 输出缓存开启
    DAC_Init(DAC_Channel_2,&DAC_InitType);                           //初始化 DAC 通道 2
    DAC_Cmd(DAC_Channel_2, ENABLE);                                  //使能 DAC 通道 2
    DAC_WaveGenerationCmd(DAC_Channel_2, DAC_Wave_Triangle,          //先不产生三角波
            DISABLE);
}
```

初始化函数

```
void TIM4_TRGO_Init(uint32_t reloadARR,uint32_t PSCnum)              //设置 TIM4 的 TRGO
{
    TIM_TimeBaseInitTypeDef   TIM_TimeBaseStruct;

    RCC_APB1PeriphClockCmd(RCC_APB1Periph_TIM4,ENABLE);              //TIM14 时钟使能

    TIM_TimeBaseStruct.TIM_Prescaler=PSCnum;                         //定时器分频
    TIM_TimeBaseStruct.TIM_CounterMode=TIM_CounterMode_Up;           //向上计数模式
    TIM_TimeBaseStruct.TIM_Period=reloadARR;                         //自动重装载值
    TIM_TimeBaseStruct.TIM_ClockDivision=TIM_CKD_DIV1;
    TIM_TimeBaseInit(TIM4,&TIM_TimeBaseStruct);                      //初始化定时器 4

    TIM_SelectOutputTrigger(TIM4, TIM_TRGOSource_Update);            //选择 TIM4 的 TRGO
    TIM_Cmd(TIM4, ENABLE);                                           更新事件去触发 DAC2
}
```

主函数

```
int main(void)                                                       //main 函数
{
    RCC_GetClocksFreq(&RCC_Clocks);
    SysTick_Config(RCC_Clocks.HCLK_Frequency / 1000);                //SysTick=1ms

    myKEY_Init();                                                    //各初始化函数
    DAC1_2_Init();
    TIM4_TRGO_Init(8399,19);                                         //8399 和 19 对应的频率
                                                                     是 500Hz
    while (1)
    {
        keyFlag1 = GPIO_ReadInputDataBit(GPIOF, GPIO_Pin_6);         //FP6 按键读入
        if(keyFlag1 == 0){
            Delay (20);                                              //去抖
            keyFlag1 = GPIO_ReadInputDataBit(GPIOF, GPIO_Pin_6);
            if(keyFlag1 == 0)
                tempData +=100;                                      //每次按下 +100
                if(tempData>4001)                                    //范围是 0 ～ 4095
                    tempData=0;
                DAC_SetChannel1Data(DAC_Align_12b_R, tempData);      //改变输出值
        }

        keyFlag2 = GPIO_ReadInputDataBit(GPIOF, GPIO_Pin_7);
```

主函数

```
        if(keyFlag2==0){                                            //FP7 按键读入
          Delay(20);                                                //去抖
          keyFlag2 = GPIO_ReadInputDataBit(GPIOF, GPIO_Pin_7);
          if(keyFlag2==0)
            KEY2index++;
          if(KEY2index%2==0)                                        //按次数判断
            DAC_WaveGenerationCmd(DAC_Channel_2,                    //停止波形
                        DAC_Wave_Triangle, DISABLE);
          else
            DAC_WaveGenerationCmd(DAC_Channel_2,                    //启动波形产生
                        DAC_Wave_Triangle, ENABLE);
        }
      }
    }
```

思考题与练习题

1. STM32F4xx 系列微控制器内部 ADC 是什么类型的 A/D 转换器？最高分辨率是多少？

2. STM32F40x 系列的 ADC 能采集多少通道？分别是哪些通道？

3. STM32F40x 系列的 ADC 有几种转换方式？单通道和多通道的采集方法一样吗？

4. 简述规则通道和注入通道的作用。

5. 采用 STM32F40x 系列的 ADC 外设进行 A/D 转换时，转换时间和采样率如何计算？如何进行初始化编程？（分单通道和多通道分析）

6. 假设 1 个 12 位的 ADC 采集到的数字量为 2047，满量程为 3.3 V，其对应的电压值是多少？

7. 假设 STM32F4xx 系列的 DAC 中的 VREF+ 引脚电压是 3.3 V，若要输出 +2 V 的电压，则对应输出的数字量为多少？

8. STM32F4xx 系列的 DAC 输出缓冲器的作用是什么？ DAC 输出模式有几种？

9. 请设计一个采集系统，要求采集 2 路肥水管道中压力传感器输出的电压信号（范围是 0 ~ 3 V），并将转换为电压大小以 mV 数值传送至电脑显示出来或把被测波形显示在 LCD 屏上。

第 11 章　嵌入式系统设计与开发

通过前面的学习，对处理器内核组成、存储器分配、软件编程方法、各个功能模块的原理及应用有所了解。在此基础上，结合所选微控制器芯片的处理能力，便可设计与开发出一个完整的嵌入式系统。在开发过程中，需要软硬件综合考虑，遵循软硬件协同设计理念。本章首先概述操作系统基本知识，然后给出 2 个嵌入式系统实例进行分析。本章导学请扫数字资源 11-1 查看。

数字资源 11-1
第 11 章导学

11.1　嵌入式操作系统

11.1.1　基本概念

在较为简单的嵌入式系统中，硬件资源分配、软件层次划分和交互功能都比较少，采用前后台方式、轮询机制基本上可以满足系统的要求，并不需要用到操作系统进行管理。而随着功能的增加，运行系统所涉及的硬件和软件资源更多，提出了对人机界面、并发活动、任务调度、文件读写、网络传输等方面的要求，这样便引入了操作系统。嵌入式操作系统主要负责嵌入系统的全部硬件和软件资源的分配、调度工作，控制协调任务间的冲突，为复杂嵌入式产品的开发提供了从硬件到软件的桥梁，成为嵌入式应用软件开发的软平台，用户的应用程序都是建立在嵌入式操作系统之上的。

嵌入式系统设计与开发中，软件工作包括操作系统自身的移植与裁剪、板级驱动程序及接口、中间层及接口、应用程序以及诊断调试接口等方面，其工作量约占全部工作量的 70% 及以上，而且随着技术的不断发展，硬件集成度越来越高，软件设计所占据的比例将越来越大。

嵌入式操作系统的选择与嵌入式系统宿主设备的要求密切相关，例如，针对农机智能装备的嵌入式系统需结合农业机械专业的特点综合考虑，面向现场设备、偏向测量及控制类的嵌入式系统通常采用实时操作系统。为了使读者对实时操作系统有初步了解，本节概述一些相关的基本概念。

1. 嵌入式实时操作系统的特点和要求

对实时系统有两个基本要求：逻辑功能正确、时间正确。嵌入式实时操作系统能保证及时响应外部事件的请求，及时控制所有实时设备、运行装置与实时任务协调运行和正确执行，且能在一个规定的时间内完成对事件的处理。嵌入式实时操作系统 RTOS 的特点如下。

（1）系统的正确性。

（2）系统的实时性，通过时间参数制定、响应机制、资源分配和任务调度等策略保证执行时间的可确定性、系统行为的可预测性。

（3）对多任务的抢占式策略、随机性任务的处理、多种输入 / 输出接口并存的管理均有比较高的要求。

（4）系统的可靠性，具有容错性、抗干扰性、健壮性，能经得住各项严格测试，保证系统长时间稳定运行。

（5）在内核体量、可剪裁性方面，实时操作系统具有规模小、中断被屏蔽时间短、中断处理时间短以及任务切换快的特点。

总之，实时系统对逻辑和时序的要求非常严格，是在嵌入式系统设计与开发中的技术关键，是首要保证的。

2. 任务的定义

在系统开发时，编写程序是按各模块分工进行的，那么在应用嵌入式实时操作系统中，这些“模块”是以任务的形式存在的。任务跟通用操作系统中“进程”的概念类似，是事先存储在存储器中的程序的一种动态表现，是程序的一次执行过程。在嵌入式操作系统中，任务体现为具有独立功能的无限循环程序段的一次运行活动。

多任务系统指的是系统中需要支持多个任务同时执行，例如某嵌入式系统包含了用户自定义并编制的采集任务 1、采集任务 2、显示任务、通信任务以及系统自身运行中的空闲任务和统计任务等。

在多任务实时操作系统中，由于多个任务的交替执行，分别使用系统的处理器、存储器、I/O 端口、片上外设等资源，这样就提出了任务的状态、任务切换、任务调度、任务之间的同步和通信等管理机制。

3. 任务的管理

实时操作系统中的任务一般有就绪、运行和挂起等至少 3 种状态。当创建好一个任务后，即处于就绪状态，进入任务等待队列；一旦通过任务调度则转为运行状态，能够获得 CPU 控制权并执行操作；当任务执行过程中由于系统某些资源暂时得不到满足而出现任务阻塞时，将该任务挂起，移出任务等待队列，等待满足资源事件的发生而唤醒，从而再次转为就绪态等待调度。

在嵌入式系统中，由于 CPU 通常只有一个，因此，在任何时刻，系统中只能有一个任务能获得 CPU 控制权而处于运行状态，其他的任务则分别处于就绪和挂起状态。

任务调度就是用来确定多任务环境下任务执行的顺序和在获得 CPU 资源后能够执行的时间长度。常用的调度算法有时间片轮转、短作业优先、优先级调度等。按任务在运行过程中能否被打断的处理情况，又有抢占式调度和非抢占式调度之分。抢占式指的是正在运行的任务可能被其他任务（如更高优先级的任务）打断，让后者运行。通过这种方式的任务调度保证了系统的实时性，但是，如果任务之间抢占 CPU 控制权处理不好，就会产生优先级反转甚至系统崩溃、死机等严重后果。不同的嵌入式实时操作系统可能支持其中的一种或几种任务调度算法，由用户选择使用。

任务间的同步与通信一般要实现：任务对共享资源（临界区）的互斥访问；任务与另一个任务进行同步处理；任务与其他任务交换数据。

任务间的通信方式分为直接通信（指明对方是哪个任务）、间接通信（通过邮箱等中间机制）。常用的任务同步和通信的方式有全局变量、信号量、邮箱、消息队列和事件标志组等。信号量有互斥信号量、二值信号量、计数信号量等类型。

4. 时间管理

实时操作系统的时间管理指的是通过定时器定时中断产生周期性的时钟节拍信号，在此基础上完成延时、计时 / 超时控制、软件定时器等功能。所用的定时器也称为系统定时器或滴答定时器，时钟节拍即是每秒的滴答（tick）数，一个滴答值是用户应用系统的最小时间单位。时钟节拍一般为 10 ～ 100 ms，其大小取决于用户应用程序的精度要求，过短的时钟节拍会使系统的额外负担过重。

5. 内存管理

内存管理提供对内存资源的合理分配和存储保护功能。嵌入式系统的开发人员必须参与系统的内存管理，对软件中的一些内存操作要格外谨慎。

在具体的嵌入式应用中，任务的数量和各自可能使用的内存容量是可以在开发时预测的，因此嵌入式操作系统通常采用静态内存分配。尽量不用或减少运用动态内存、虚拟内存分配技术。一定要使用时，对于动态内存分配通常的做法也是从缓冲区中动态分配一块固定大小的内存，在使用完毕后就要释放。

11.1.2　实时操作系统之 RTX

在 CMSIS 体系中提供了 CMSIS-RTOS v1 和 CMSIS-RTOS v2 两个版本的实时操作系统应用程序接口 API，用于基于 ARM Cortex-M 处理器的设备。CMSIS-RTOS API 为需要实时操作系统功能的软件编程提供了一个标准化接口。该 CMSIS-RTOS v1 和 CMSIS-RTOS v2 版本分别对应于实时操作系统 Keil RTX v4 和 RTX v5 内核（分别简写为 RTX4 和 RTX5），是在开源协议 Apache-2.0 许可下提供的，可以随项目模板免费分发。RTX 的源代码包含在所有 MDK-ARM 版本中，供用户使用。作为小型内核，RTX 可提供的功能包括任务调度、任务间通信、时间管理和简单内存管理，如图 11-1 所示为 RTX 功能组成。RTX 内核提供了一组 C 函数和宏来构建在 CPU 上准并行运行的多任务实时应用程序，其特点如下。

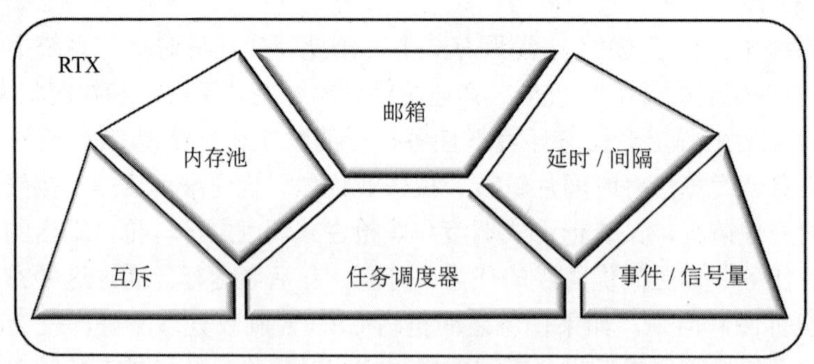

图 11-1　RTX 功能组成

（1）带源代码的免版税、确定性 RTOS。

（2）灵活的调度方法：轮转式、抢占式和协作式。

（3）具有低中断延迟的高速实时操作。

（4）资源受限系统占用空间小。

（5）无限数量的任务，每个任务有 254 个优先级。

（6）无限数量的邮箱、信号量、互斥和计时器。

（7）支持多线程和线程安全操作。

（8）支持 MDK-ARM 中的内核感知调试。

（9）使用基于对话框的配置向导进行设置。

在实际 RTX 编程中，最经常使用的就是时间片轮转和抢占式调度混用，一部分任务的优先度较高，允许抢断，优先执行，其他较低而且相同优先度的任务按轮转式排程。并且加上不同的任务间能够相互调节任务的优先级，所以调度的自由度是非常大的。

CMSIS-RTOS RTX5 的文件结构如表 11-1 所示，包括内核、接口、实现、时钟、配置、模板等文件。

表 11-1　RTX5 的文件结构（位于 CMSIS/RTOS2 目录）

目录名称	内容	用途
Include	cmsis_os2.h,os_tick.h	定义了 CMSIS-RTOS C API v2 和系统时钟 OS Tick API
Source	os_systick.c,os_tick_gtim.c	基于 OS Tick API 的各种处理器的通用 Tick 实现代码
Template	cmsis_os.h,cmsis_os1.c	CMSIS-RTOS C API 模板中的 c/.h 文件
RTX		包含 RTX 特定文件和文件夹的目录
RTX/Config	RTX_Config.h,RTX_Config.c.	RTX 配置文件
RTX/Examples	如 Blinky.uvprojx	可直接在开发工具中使用的示例项目
RTX/Include	rtx_def.h,rtx_os.h,rtx_evr.h	RTX5 专用的 .h 头文件
RTX/Include1	cmsis_os.h	RTX4 专用的 .h 头文件
RTX/Library	Library/ARM,Library/GCC	RTX 各种库文件，如 RTX_CM4F.lib,RTX_CM.uvprojx
RTX/Source	rtx_core_c.h,rtx_mutex.c 等	RTX 各种源文件
RTX/Template	main.c,Mutex.c 等	使用 RTX5 创建应用程序项目的用户代码模板

初学者可以通过 RTX5 自带的例子，如 Blinky.uvprojx、MsqQueue.uvprojx 进行练习，熟悉操作系统相关概念和功能。在 Keil MDK-ARM 平台，选用 STM32F4xx 系列微控制器，采用标准库法新建工程时，选择 CMSIS 的 RTOS 模板可以很方便地开展操作系统编程。

11.1.3　实时操作系统之 FreeRTOS

FreeRTOS 也是一款小型的嵌入式实时操作系统 RTOS，目前逐步被推广应用在诸如物联网分布式不太复杂的设备中，特别适合农业领域这一新兴市场。FreeRTOS 面向微控制器和小型微处理器，与世界领先的芯片公司合作开发，通过 MIT 开源许可免费分发，生态系统宽广，具有长期支持 LTS 版本。基于 MISRA-C 语言编码标准，FreeRTOS 应用程序的构建易读、可靠、可移植和易于维护。

FreeRTOS 包括一个内核和一组不断丰富的物联网 IoT 库，提供的功能包括任务管理、时间管理、信号量、消息队列、互斥锁、内存管理、协程（已弃用）、软件定时器、文件系统 FAT 以及基于套接字的轻量级 TIP/IP 协议栈等。FreeRTOS 使用 FreeRTOSConfig.h 配置文件进行应用程序定制。FreeRTOS 目前所包含的库有内核 Kernel、Plus、Core、AWS IoT 以及 Labs，例如 FreeRTOS-Plus-TCP、轻量级 IoT 客户端 FreeRTOS-coreHTTP 等。

为了更好地降低微控制器的运行功耗，FreeRTOS 支持无滴答闲置模式，即在闲置期间（没有可执行的应用程序任务的期间）停止周期性滴答中断，然后，在滴答中断重启时，再次对 RTOS 滴答计数值进行校正调整。通过停止滴答中断，微控制器可以维持在深度节能状态，直到中断发生或某任务“就绪”。

与 RTX 相似，FreeRTOS 对系统任务的数量没有限制，既支持优先级调度算法，也支持轮转调度算法，可以混合使用。FreeRTOS 的内核可根据用户需要设置为可剥夺型内核或不可剥夺型内核。当 FreeRTOS 被设置为可剥夺型内核时，处于就绪态的高优先级任务能剥夺低优先级任务的 CPU 使用权，这样可保证系统满足实时性的要求；当 FreeRTOS 被设置为不可剥夺型内核时，处于就绪态的高优先级任务只有等当前运行任务主动释放 CPU 的使用权后才能获得运行，这样可提高 CPU 的运行效率。

FreeRTOS 的代码是以 .zip 压缩文件提供的，解压后包含 FreeRTOS、FreeRTOS-Plus 和 tools 3 个文件夹（以版本 V10.4.6 为例），其中 FreeRTOS 文件夹包含了所有内核源码 Source 和例程 Demo。为了方便用户使用和减少发行版本的种类，FreeRTOS 将源码、所有已移植过的处理器文件、例程都打包在一起，所以压缩文件中包含的文件非常多。例如，对于 ST 公司的 STM32F40x 系列，...\\Source\\portable\\RVDS\\ARM_CM4F 目录中给出了 Cortex_M4F 系列处理器的接口文件 port.c 和头文件 portmacro.h，并在 ...\\Demo\\CORTEX_M4F_STM32F407ZG-SK 给出了 STM32F407 项目例程。在这个例子工程中就能看到 FreeRTOSConfig.h 配置文件的改动。portable 文件夹是和硬件平台、软件开发环境相关的文件，其中 ...\\Source\\portable\\MemMang 目录中提供了内存管理文件。在采用标准库法开发 FreeRTOS 程序时，根据所选芯片，将上述 Source、portable 中 MemMang 和 RVDS 目录中的源文件、内存管理文件、硬件接口文件以新的组添加到工程中。

读者在初步接触 FreeRTOS 操作系统时，可以选用 STM32CubeMX 作为向导，选择左侧配置类别中的 Middleware，勾选其中 FREERTOS，这样能方便地建立基于 FreeRTOS 的工程。

11.2 农田信息监测物联网系统

11.2.1 组建方案

农业物联网是物联网技术在农业领域的延伸应用，使农业生产经营更具有信息化、智能化和科学化。农田信息监测系统的主要任务是及时、准确、全面地掌握作物生长环境状况，采集空气温湿度、光照度、土壤温湿度、含水量、含盐度、酸碱度以及农作物生长态势等信息，由分布在被测农田地块的多个节点组成无线传感器网络，具有远程传送的功能。基于物联网的农业远程监测系统主要由感知层、网络层和应用层组成。感知层是由分布式传感器节点单元组成，通过各种传感器获取实时数据并通过局域网传送到上层网关。网络层传送底端感知层的数据至信息处理中心，由应用层进行处理，同时将应用层发出的命令信息送达感知层，进行环境调节。

采取的组网方案如图 11-2 所示，感知层由开发的低功耗嵌入式采集单元形成 ZigBee 节点，分布在各个被测点，然后按网状（mesh）拓扑结构组建一个近距离无线局域网；网络层则以 2G/4G/5G 无线技术搭建一个长距离广域网，将感知层的数据打包，传输给应用层服务器。ZigBee 网络存在 3 种功能的节点：协调器是整个网络的主控节点，担负着发起新网络的任务，网络中其他节点设备受协调器管理，结束协调任务后，可以变成路由器；路由器担任发现路由的任务，能够传送数据信息；终端节点通过协调器或者路由器链接到局域网，可以进行睡眠和唤醒。这 3 种节点可以采用相同的硬件组成。

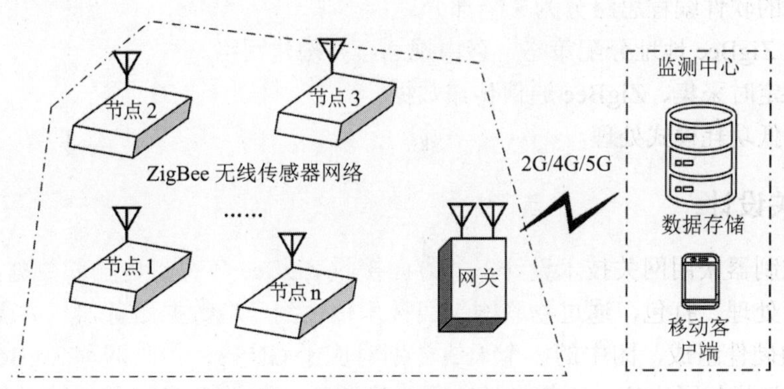

图 11-2 农田信息监测系统组网方案

11.2.2 采集节点设计

无线传感器采集节点主要功能是采集各种传感器的信号，并完成 ZigBee 无线通信。节点的硬件组成拟采取两种方案，如图 11-3 所示，图 11-3（a）由超低功耗 ARM Cortex-M3 架构的 STM32L151CBT6 微控制器和 ZigBee 模块组成，图 11-3（b）采用 ST 公司新推出的超低功耗 ARM Cortex-M4 和 Cortex-M0+ 双核多协议无线芯片 STM32WB35CC，该芯片支持 ZigBee 3.0。由于节点采用电池供电，分散布置在农田地块各处，环境恶劣，因此对功耗、可靠性要求较高。

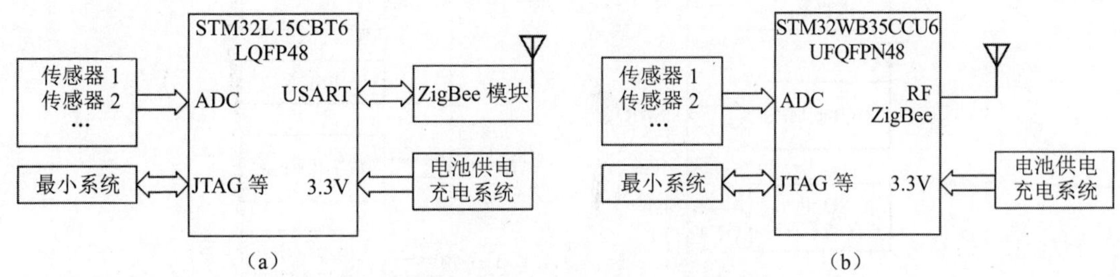

图 11-3 无线采集节点硬件组成方案

对于低功耗的处理要从硬件和软件多方面入手。电路上选择消耗电流少的器件，如 M 级的分压电阻、尽量不用 LED、低压降 DC-DC 芯片、多采用 MOS 管开关控制外设电源、未用 I/O 端口接地、静态电流小的外围芯片等。由于 ZigBee 的数据通信速率低，发送功率仅为 1mW 左右，故 ZigBee 适合低功耗工作。软件上主要是注意如何进入低功耗模式（睡眠、停机或待机模式），如何保护数据，采用哪种唤醒方法。特别是对于耗电较大的无线发送等模块，必要的时候才启动传送，而不是每时每刻都处于工作状态。

超低功耗 STM32WB35CC 微控制器内嵌无线电模块，符合蓝牙低功耗 SIG 规范 5.0 和 IEEE 802.15.4-2011 标准，支持蓝牙 LE5.2、802.15.4、ZigBee、Thread、USB、AES-256 协议。该芯片内核之一是高性能 ARM Cortex-M4，工作频率可达 64 MHz，旨在实现超低功耗。该内核带有单精度浮点运算单元 FPU，支持所有单精度数据处理指令和数据类型，具备 DSP 指令集和增强应用安全的内存保护单元 MPU。该芯片另一个内核是专用的 ARM Cortex-M0+，工作频率可达 32 MHz，用于执行所有的底层实时操作。

采集节点的软件编程思路分为 3 个部分：

（1）完成 ZigBee 地址分配策略、路由规划，并构建网络。

（2）进行定时采集、ZigBee 通信传递数据。

（3）适时低功耗模式处理。

11.2.3 网关设计

网络层控制器采用网关技术设计，一方面接收 ZigBee 各节点传输的数据，另一方面将这些数据初步处理、打包，通过物联网无线技术传送到云端数据服务器。如图 11-4 所示为网关控制器的硬件组成，图中的 3 个天线分别对应于 GNSS、物联网和 ZigBee 模块。在上传的数据包中还增加了定位、农作物长势照片等信息。SD 卡和存储芯片用于备份采集数据，离线时可读出来。STM32U575VGT6 芯片是一种以 ARMCortex-M33 为内核的超低功耗微控制器，最高工作频率是 160MHz，具有单精度浮点运算单元 FPU、DSP 指令集、内存保护单元 MPU、外部存储器控制器 FSMC、多功能数字滤波器 MDF、数字摄像头接口 DCMI 等功能。该芯片符合 ARM 提出的基于信任的安全架构 TBSA，内置了必要的安全功能，以实现安全启动、安全数据存储和安全固件更新，并内置了监控功能，提供主动篡改检测，防止瞬态和环境扰动攻击，提高了嵌入式应用的安全保障。

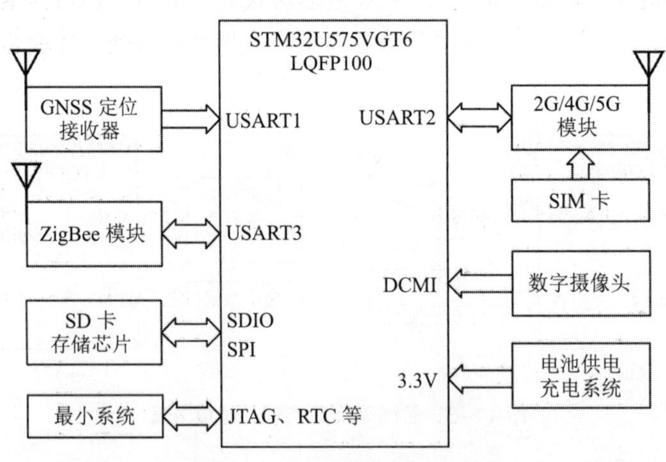

图 11-4 网关硬件组成方案

网关控制器的软件架构可以分为 4 层：

（1）最底层是硬件接口层，提供上述硬件接口的通信访问实现，并在基础上可以有一定的硬件接口抽象，完成数据在通信线路上的读写传输；除此以外还需完成农作物照片采集、GNSS 定位的功能。

（2）传输协议层，指本网关支持的 ZigBee、物联网自定义协议。

（3）协议转换层，其功能是将 ZigBee 协议与物联网协议数据进行交换，按规定的协议重新打包数据。

（4）应用层，完成本地数据存储、应用程序管理。

11.3　单轨运输机控制系统

11.3.1　开发需求

在山区农业，复杂的地形难以形成完善的交通运输网络，常规的运输车难以推广使用，近些年发展起来的单轨运输机很好地解决了山地经济作物种植中果实、农药和肥料的运输要求。单轨机轨道可以在复杂、狭窄、曲折、陡峭的地方进行铺设，几乎能够适应任意地形。建好的运输系统能大幅度地减轻劳动强度，而且能够循环使用，综合成本低，提高了农业机械化水平。

单轨运输机按动力类型可分为发动机驱动和电力驱动，按行走方式可分为自走式和牵引式。目前单轨运输机正在朝智能化、无人化、联网化以及更加安全可靠的方向发展。

电动自走式单轨运输装备主要由运输机（亦称机头）、货运拖车和轨道等组成，整机结构示意如图 11-5 所示。运输机以可充电电池为动力源，通过整机控制器控制直流电机、制动系统等总成实现行驶和停车等主要功能。轨道通过支撑架随地形架设，在轨道的下侧面焊接啮合齿节。直流电机动力通过减速箱后传递给驱动轮，驱动轮上的圆柱滚子与轨道齿节啮合，带动运输机行走。货运拖车与运输机通过杆件连接，由运输机拖动或推动。机架装有防

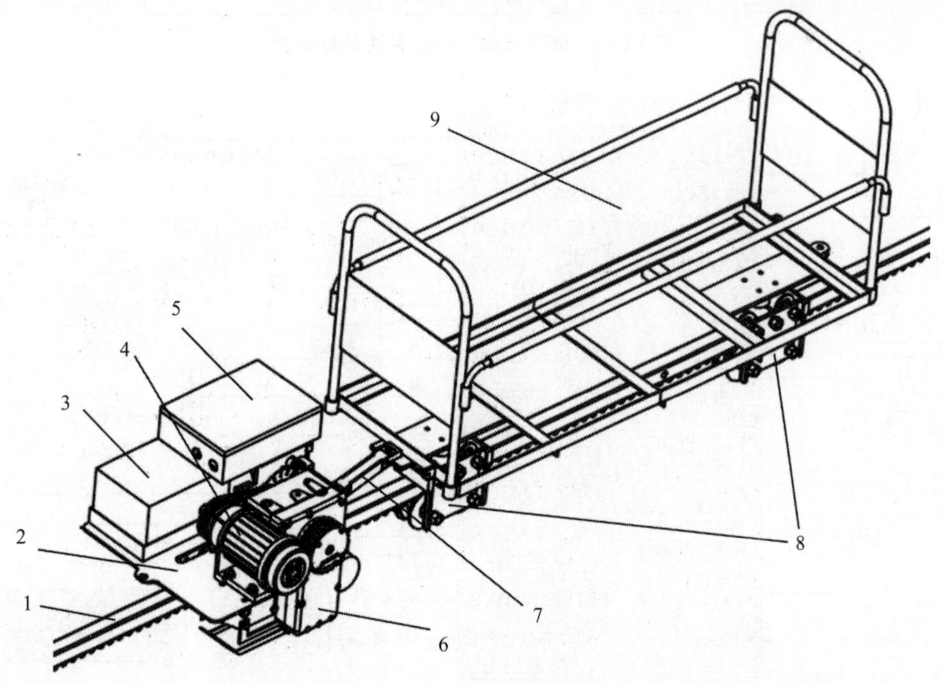

1. 轨道　2. 运输机　3. 电池箱　4. 直流电机　5. 控制箱　6. 减速箱　7. 连杆　8. 防侧倒装置　9. 货运拖车

图 11-5　电动单轨运输装备

脱轨防侧倒装置，防止运行时运输机和拖车脱轨和侧倒。

根据单轨运输机的设计要求，控制系统的主要功能是保证双向运行稳定的速度、制动（包括常规制动和紧急处理）、轨道末端自动停车、车载手动操控和无线遥控 2 种控制模式、感知运输机位置信息、电池能量管理以及报警提示等。为保证 45°坡地运输有足够的动力，选定额定功率为 3.0 kW、种类是三相六极永磁直流无刷电机。

11.3.2 电路设计

依据单轨运输机控制系统具有多路通信、电机驱动等较为复杂的功能需求，并考虑后期扩展到更智能版本，因此选用 STM32F4xx 或 GD32F4xx 系列微控制器为核心进行开发。系统总体设计如图 11-6 所示，主要组成包括最小系统、电源供给、直流无刷电机控制部分、操控部分、输入部分、输出部分、人机交互、系统管理以及通信部分等。主芯片选用 STM32F407VGT6 或者 GD32F407VGT6，封装为 LQFP100，控制系统原理图如图 11-7 所示。

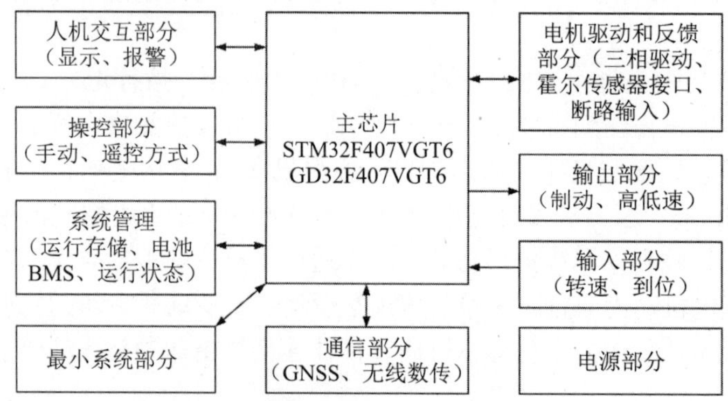

图 11-6　单轨运输机控制系统总体设计

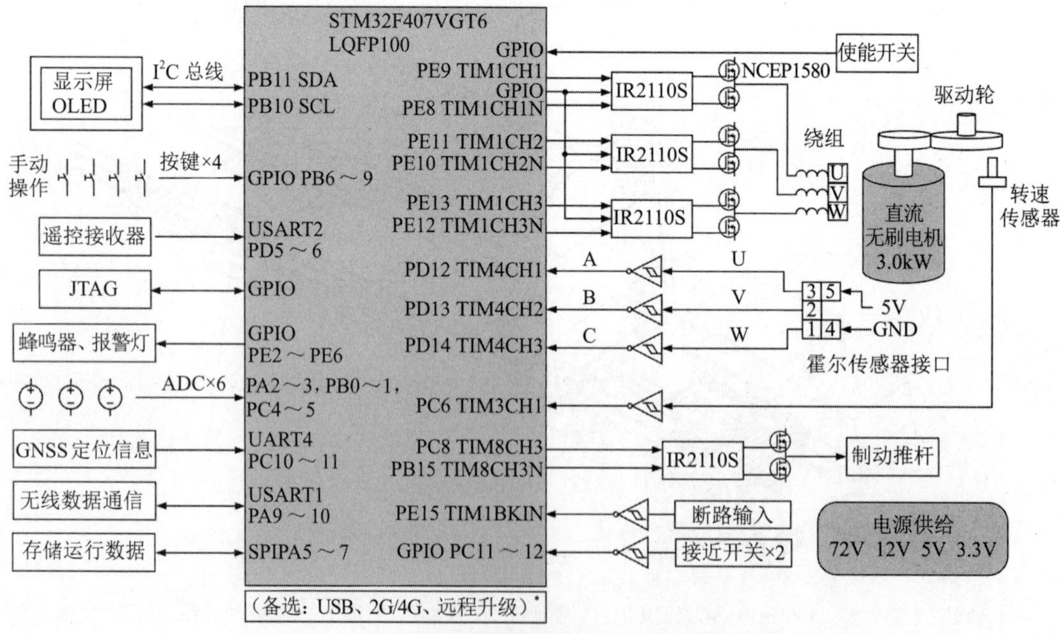

图 11-7　单轨运输机控制系统硬件电路

1. 电源供给部分

电动单轨运输机的电源等级划分为 3 级。动力电池、直流电机额定电压为 72V；72V 经过 DC-DC 变换为 12V 提供给控制主板、接近开关、转速传感器、制动推杆等使用；控制主板上再将 12V 通过电源芯片转换为 5V 和 3.3V，用于 STM32F407 主芯片及其外围芯片。

2. 电机驱动和控制部分

直流无刷电机的工作电压是 72V，所配动力电池最大电压值在 85V 左右，因此 MOSFET 驱动管选择耐压 150V 的 NCEP1580 型号，其额定漏极电流为 80A，漏源极通态电阻小于 12.5mΩ，并且在每个桥臂配 3 个进行并联，从而形成 18 管驱动电路。IR2110S 为一种高低侧桥式驱动芯片，其逻辑输入 HIN 和 LIN 为一对互补 PWM 信号，可直接与 STM32F407 的高级定时器 TIM1 输出通道引脚相连。IR2110S 有一个关断保护引脚 SD，可以接收微控制器的信号使得 IR2110S 停止所有输出，从而达到保护后级功率管电路和电机，该信号可以与 STM32F407 的断路输入信号 TIM1BKIN 关联。IR2110S 采用自举式悬浮电源 10 ～ 15V 来实现栅极驱动信号的高压浮动，其中自举二极管型号为快恢复 BYT52M，自举电容为 0.45μF/35V 的钽电容。栅极电阻是 MOSFET 管与 IR2110S 芯片之间的串联电阻，能减少电磁干扰，一般选择 10Ω 左右。

电机转子的位置信号通过 3 个霍尔传感器输出，经过整形后输入 STM32F407 定时器 TIM4 输入通道，3 路传感器信号 A/B/C 两两相差 120°。转子旋转一周，每个霍尔传感器会产生 6 个脉冲信号。这些位置信号由 STM32F407 的输入捕捉获得，并与换相时刻表进行比较，得到下一时刻的状态控制字。将这个状态控制字输出给驱动芯片 IR2110S，从而切换相应的 MOSFET 导通和关断状态。这部分工作则是软件编程要完成的。

电机驱动和控制部分与输入、输出部分组合构成了单轨运输机的动力控制核心部件。转速传感器与驱动轮同步旋转，通过检测其输出波形可以得到运输机的速度；接近开关安装在轨道末端停车位置，到位触发自动停车。输出执行器主要是蜗轮蜗杆电动推杆，由 MOSFET 管驱动，可正反转。推杆作用在制动液压主缸上，通过液压系统产生足够的制动力。

3. 系统管理部分

整机的运行参数被存放在诸如 W25Q128 存储类的芯片中，这些参数通常是机械结构设计常数、测量标定值、阈值，如最大转速、驱动轮直径等，每次开机时被读出来放入内存以便使用。存储芯片通过 SPI 总线与 MCU 相连。

电池能量管理主要是检测母线电压、整机运行时间，预测电池 SOC 得到剩余容量，并提示用户什么时候充电。

整机运行状态分为充电准备、正在充电、就绪、启动、工作、返回以及错误共 7 种状态，完全覆盖运输机的所有行为。例如依据状态管理，必须严格执行上下电的流程，充电期间禁止放电等。图 11-7 中使能开关便是执行电机输出，整机进入工作状态的起始条件。

4. 控制模式

单轨运输机具有无线遥控和手动控制两种控制模式，都可以完成运输机的启停、前进、后退、高低速。控制面板上安装 4 个手动操控按键、显示屏和紧急开关。无线遥控采用遥控器和接收器点对点通信的方式，接收器通过 GPIO 与 MCU 相连，软件解析载波时序得到遥控命令。

5. 通信部分

GNSS 定位模块涵盖了 GPS、北斗、GALILEO、GLONASS 多个卫星定位系统，综合得到定位数据，感知运输机位置并记录在存储器中。

无线数传模块可以与记录仪对接，将单轨运输机的运行数据通过无线的方式传给电脑端，供分析使用。

6. 其他部分

6 路 ADC 主要检测母线电压、母线电流、电池温度、电机温度和 MOSFET 管温度，如果出现异常，则整机运行状态进入错误状态，进行相应的提示或报警，等待处理。

显示屏采用单色 OLED 类型，能在白天强光照下看得清，屏幕尺寸为 2.42 寸，主要作用是进行必要的显示。

11.3.3 软件编写

单轨运输机控制器的软件较为复杂，既可以选用小型操作系统，也可以基于前后台系统编程。本节介绍几个主要部分的软件思路。

1. 整机状态

定义一个全局变量 vRunStatus 表示整机运行状态，这 7 种状态的关系如图 11-8 所示，系统上电自检正常后进入就绪状态。单轨运输机处于工作状态时又可划分为前进、后退、停机以及调速几种状态，由按下遥控器或手动按键进行切换。

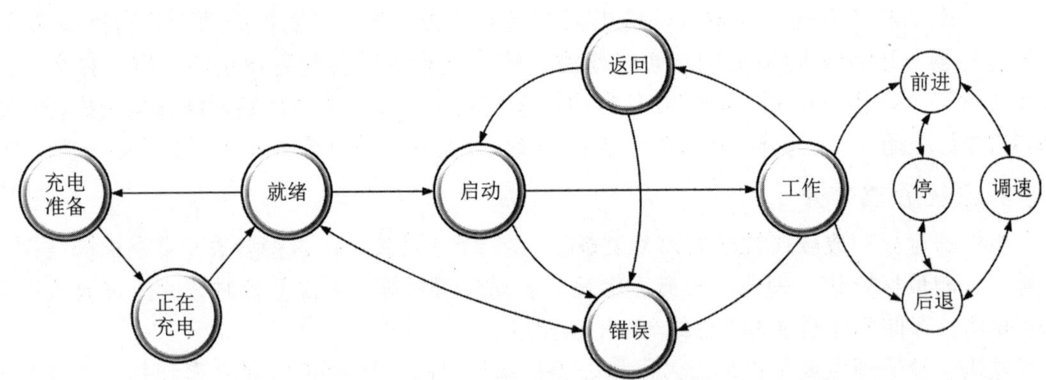

图 11-8 整机运行状态切换

2. 电机驱动控制流程

三相直流无刷电机驱动控制可分为转向和转速两方面。转向控制的关键在于转子位置检测和绕组换相控制，而实现电机稳定旋转的关键是正确的检测换相时刻并在该时刻做出正确的换相动作。转速控制则通过 PWM 的占空比来调节。如表 11-2 所示为电机霍尔信号、PWM 通道输出的换相控制值以及 MOSFET 管工作状态三者的关系，编程时按此表所列换相控制值输出 PWM 波到 IR2110S 芯片。

对于三相直流无刷电动机逆变电路来说，PWM 控制又分两种控制方式：单桥臂控制和双桥臂控制。单桥臂控制方式的 PWM 信号只控制一个桥臂，而另一端桥臂则采用常开或者常闭的信号，这种控制方式工作效率和安全性较高；双桥臂控制方式的 PWM 信号可以同时控制上、下两个桥臂的开关，这种方式控制灵敏度高，对快速性要求高的控制系统较为适用，同时也产生更高的开关损耗。对于电流和发热较高的电路，通常采用双桥臂 PWM 控制方式。

表 11-2　直流无刷电机换相时刻表

霍尔信号	整形后	换相控制值	正转	反转
UVW	ABC	HIN1/2/3,LIN1/2/3	绕组通电方向	绕组通电方向
101	010	100,100	U→V，U 正 V 反	V→U，V 正 U 反
100	011	100,001	U→W，U 正 W 反	W→U，W 正 U 反
110	001	001,001	V→W，V 正 W 反	W→V，W 正 V 反
010	101	011,000	V→U，V 正 U 反	U→V，U 正 V 反
011	100	010,010	W→U，W 正 U 反	U→W，U 正 W 反
001	110	000,110	W→V，W 正 V 反	V→W，V 正 W 反

3. 其他部分的软件编程思路

6 路 ADC 采集采用常规组 DMA 的方式，直接将采集结果放在内存（数组）中；基于 I^2C 总线的显示屏应该放置在距离主控电路板 0.5 m 的范围内，可以紧贴主控板外壳安装；系统时钟可以启动 RTC 功能，并对照 GNSS 时间进行纠正，按北京时间格式输出。

11.3.4　调试方法

单轨运输机整机控制器根据前述确定的硬件设计和软件思路，逐步分模块地完成嵌入式硬件部分的制作和软件模块的编写，然后联合机械结构、硬件和软件完成嵌入式系统的组合，进入系统测试验证阶段。通过软硬件平台测试、单元模块测试、集成测试、样机现场测试等步骤来测试嵌入式系统是否满足实际要求，这部分的工作量是较大的。

硬件系统是软件系统调试的基本保障。针对目标板上的各个硬件模块，通常采用逐一测试调试的方法进行，通过常用的测试仪器，如万用表、示波器等进行电气参数的测试。首先应特别注意电源系统检查，以防止芯片错焊、电源短路和极性错误。初次通电一定要检查电源电压的幅值和极性，否则很容易造成集成块损坏。然后排除逻辑故障，如由于设计和加工制板过程中工艺性错误所造成的错线、开路、短路、虚焊。排除的方法是将加工的印制板认真对照原理图，看两者是否一致。排除元器件失效，检查元器件与设计要求的型号、规格和安装是否一致。一些复杂难以判断的硬件问题往往采用自己编写的单独调试软件来进行，如 AD 采集不够准确、时钟不对、存储器地址有误等。

软件调试常用的方法有 LOG 打印法、JTAG 调试法等。复杂的嵌入式系统还有黑盒、白盒、灰盒测试以及各种在环测试方法，如硬件在环 HIL、处理器在环 PIL、软件在环 SIL、模型在环 MIL。

LOG 打印法是一种简单实用的打印显示工具，如采用 printf 或其他类似语句，记录程序运行的关键节点数据，用以判断代码执行的情况。但是，printf 对正常的代码执行干扰比较大，一般 printf 占用 CPU 比较长的时间，其代码会占用一定的空间，需要慎重使用，最好设置打印宏开关来控制是否输出打印。

ARM 处理器中集成了 JTAG 调试模块，只要保证开发环境、调试适配器和目标板含有 JTAG 接口及其协议转换模块，使用 JTAG 调试方法就会很方便。JTAG 是一种国际标准测试协议，通过在芯片内部封装的专门测试电路芯片对内部寄存器、挂在 CPU 总线上的设备、片上外设进行访问和测试，很方便地对嵌入式系统进行下载（ISP 方式）、仿真、设置断点和各种调试。

以 ARM Cortex-M 为内核的系列处理器还支持只有两根线的 SW 调试方法。市场上很多调试适配器均支持 JTAG 和 SW 两种接口，如 ST-Link、ULINK、J-Link 等。

嵌入式系统调试实际上就是不断诊断发现问题并优化设计、解决问题的过程，而且将一直伴随着一个产品的终身，这便是迭代式的产品开发方法。由于嵌入式系统的软硬件结合的特性会造成调试过程中出现的问题很难定位，对于开发者来说也是一个长期实践、积累经验、提高综合能力的过程。

思考题与练习题

1. 嵌入式实时操作系统 RTOS 的特点是什么？

2. 运用嵌入式实时操作系统时如何编程任务？任务间如何通信？

3. 结合 Keil MDK RTX 例子 Blinky.uvprojx，练习如何基于 RTX 和 FreeRTOS 操作系统进行嵌入式系统编程。

4. 在进一步分析农田信息监测物联网系统实例的基础上设计一套猪舍环境监控系统。

5. 进一步分析单轨运输机控制系统实例，在此基础上设计面向设施大棚的农业采摘机器人底盘驱动控制系统。

附　录

附表 1　ASCII 码表

十进制	十六进制	ASCII 码	十进制	十六进制	ASCII 码	十进制	十六进制	ASCII 码
000	00	NUL	043	2B	+	086	56	V
001	01	SOH	044	2C	,	087	57	W
002	02	STX	045	2D	-	088	58	X
003	03	ETX	046	2E	.	089	59	Y
004	04	EOT	047	2F	/	090	5A	Z
005	05	ENQ	048	30	0	091	5B	[
006	06	ACK	049	31	1	092	5C	\
007	07	BEL	050	32	2	093	5D	]
008	08	BS	051	33	3	094	5E	^
009	09	HT	052	34	4	095	5F	_
010	0A	LF	053	35	5	096	60	`
011	0B	VT	054	36	6	097	61	a
012	0C	FF	055	37	7	98	62	b
013	0D	CR	056	38	8	099	63	c
014	0E	SO	057	39	9	100	64	d
015	0F	SI	058	3A	:	101	65	e
016	10	DLE	059	3B	;	102	66	f
017	11	DC1	060	3C	<	103	67	g
018	12	DC2	061	3D	=	104	68	h
019	13	DC3	062	3E	>	105	69	i
020	14	DC4	063	3F	?	106	6A	j
021	15	NAK	064	40	@	107	6B	k
022	16	SYN	065	41	A	108	6C	l
023	17	ETB	066	42	B	109	6D	m
024	18	CAN	067	43	C	110	6E	n
025	19	EM	068	44	D	111	6F	o
026	1A	SUB	069	45	E	112	70	p
027	1B	ESC	070	46	F	113	71	q
028	1C	FS	071	47	G	114	72	r

续附表 1

十进制	十六进制	ASCII 码	十进制	十六进制	ASCII 码	十进制	十六进制	ASCII 码
029	1D	GS	072	48	H	115	73	s
030	1E	RS	073	49	I	116	74	t
031	1F	US	074	4A	J	117	75	u
032	20	SPACE	075	4B	K	118	76	v
033	21	!	076	4C	L	119	77	w
034	22	"	077	4D	M	120	78	x
035	23	#	078	4E	N	121	79	y
036	24	$	079	4F	O	122	7A	z
037	25	%	080	50	P	123	7B	{
038	26	&	081	51	Q	124	07C	|
039	27	'	082	52	R	125	07D	}
040	28	(	083	53	S	126	07E	～
041	29	)	084	54	T	127	07F	DEL
042	2A	*	085	55	U			

注：NUL 空，ACK 回应，FF 走纸控制换页，NAK 无回应，ESC 取消，SOH 标题开始，BEL 响铃，CR 回车，SYN 同步空闲，FS 文字分隔符，STX 正文开始，BS 退格，SO 移位输出，ETB 块传送结束，GS 组分隔符，ETX 正文结束，HT 水平制表，SI 移位输入，CAN 取消，RS 记录分隔符，EOY 传输结束，LF 换行，DLE 数据链路转义，EM 介质满，US 单元分隔符，ENQ 询问请求，VT 垂直制表，DC1 ～ 4 设备控制 1 ～ 4，SUB 替换，DEL 删除。

附表 2　STM/GD32F407 微控制器的中断 / 异常向量表

IRQ 号	中断 / 异常名称	优先级	向量	STM32F407 中断处理函数 (startup_stm32f40_41xxx.s)	GD32F407 中断处理函数 (startup_gd32f407_427.s)
–	–	–	0x0000 0000	–	–
–	上电或热复位 Reset	–3 最高	0x0000 0004	Reset_Handler	Reset_Handler
–14	不可屏蔽中断 NMI	–2	0x0000 0008	NMI_Handler	NMI_Handler
–13	各种硬件的故障 HardFault	–1	0x0000 000C	HardFault_Handler	HardFault_Handler
–12	存储器管理故障 MemManage	▲	0x0000 0010	MemManage_Handler	MemManage_Handler
–11	总线上的取指 / 存储故障 BusFault	▲	0x0000 0014	BusFault_Handler	BusFault_Handler
–10	指令执行的故障 UsageFault	▲	0x0000 0018	UsageFault_Handler	UsageFault_Handler

续附表 2

IRQ 号	中断 / 异常名称	优先级	向量	STM32F407 中断处理函数 (startup_stm32f40_41xxx.s)	GD32F407 中断处理函数 (startup_gd32f407_427.s)
	保留		0x001C ～ 002B	0	0
–5	监管者 SWI 调用 SVCall	▲	0x0000 002C	SVC_Handler	SVC_Handler
–4	调试器监控 Debug Monitor	▲	0x0000 0030	DebugMon_Handler	DebugMon_Handler
	保留		0x0000 0034	0	0
–2	挂起的系统服务请求 PendSV	▲	0x0000 0038	PendSV_Handler	PendSV_Handler
–1	系统时钟 SysTick	▲	0x0000 003C	SysTick_Handler	SysTick_Handler
0	窗口看门狗 WWDG	▲	0x0000 0040	WWDG_IRQHandler	WWDGT_IRQHandler
1	连接到 EXTI 线的电源管理 PVD	▲	0x0000 0044	PVD_IRQHandler	LVD_IRQHandler
2	连接到 EXTI 线的 RTC 侵入和时间戳 TAMP_STAMP	▲	0x0000 0048	TAMP_STAMP_IRQHandler	TAMPER_STAMP_IRQHandler
3	连接到 EXTI 线的 RTC 唤醒 RTC_WKUP	▲	0x0000 004C	RTC_WKUP_IRQHandler	RTC_WKUP_IRQHandler
4	Flash/FMC 存储全局中断	▲	0x0000 0050	Flash_IRQHandler	FMC_IRQHandler
5	复位和时钟 RCC	▲	0x0000 0054	RCC_IRQHandler	RCU_CTC_IRQHandler
6	外部中断 / 事件线 0 EXTI0	▲	0x0000 0058	EXTI0_IRQHandler	EXTI0_IRQHandler
7	外部中断 / 事件线 1 EXTI1	▲	0x0000 005C	EXTI1_IRQHandler	EXTI1_IRQHandler
8	外部中断 / 事件线 2 EXTI2	▲	0x0000 0060	EXTI2_IRQHandler	EXTI2_IRQHandler
9	外部中断 / 事件线 3 EXTI3	▲	0x0000 0064	EXTI3_IRQHandler	EXTI3_IRQHandler
10	外部中断 / 事件线 4 EXTI4	▲	0x0000 0068	EXTI4_IRQHandler	EXTI4_IRQHandler

续附表 2

IRQ 号	中断 / 异常名称	优先级	向量	STM32F407 中断处理函数 (startup_stm32f40_41xxx.s)	GD32F407 中断处理函数 (startup_gd32f407_427.s)
11	DMA1 的通道 0 中断 DMA1_Stream0	▲	0x0000 006C	DMA1_Stream0_IRQHandler	DMA0_Channel0_IRQHandler
12	DMA1 的通道 1 中断 DMA1_Stream1	▲	0x0000 0070	DMA1_Stream1_IRQHandler	DMA0_Channel1_IRQHandler
13	DMA1 的通道 2 中断 DMA1_Stream2	▲	0x0000 0074	DMA1_Stream2_IRQHandler	DMA0_Channel2_IRQHandler
14	DMA1 的通道 3 中断 DMA1_Stream3	▲	0x0000 0078	DMA1_Stream3_IRQHandler	DMA0_Channel3_IRQHandler
15	DMA1 的通道 4 中断 DMA1_Stream4	▲	0x0000 007C	DMA1_Stream4_IRQHandler	DMA0_Channel4_IRQHandler
16	DMA1 的通道 5 中断 DMA1_Stream5	▲	0x0000 0080	DMA1_Stream5_IRQHandler	DMA0_Channel5_IRQHandler
17	DMA1 的通道 6 中断 DMA1_Stream6	▲	0x0000 0084	DMA1_Stream6_IRQHandler	DMA0_Channel6_IRQHandler
18	ADC 转换全局中断 ADC	▲	0x0000 0088	ADC_IRQHandler	ADC_IRQHandler
19	CAN1 发送中断 CAN1_TX	▲	0x0000 008C	CAN1_TX_IRQn	CAN0_TX_IRQHandler
20	CAN1 接收 0 中断 CAN1_RX0	▲	0x0000 0090	CAN1_RX0_IRQn	CAN0_RX0_IRQHandler
21	CAN1 接收 1 中断 CAN1_RX1	▲	0x0000 0094	CAN1_RX1_IRQn	CAN0_RX1_IRQHandler
22	CAN1 状态变化错误 CAN1_SCE	▲	0x0000 0098	CAN1_SCE_IRQn	CAN0_EWMC_IRQHandler
23	外部中断 / 事件线 5 ～ 9，EXTI9_5	▲	0x0000 009C	EXTI9_5_IRQHandler	EXTI5_9_IRQHandler
24	定时器 1 的断路输入和定时器 9 中断 TIM1_BRK_TIM9	▲	0x0000 00A0	TIM1_BRK_TIM9_IRQHandler	TIMER0_BRK_TIMER8_IRQHandler
25	定时器 1 的更新和定时器 10 中断 TIM1_UP_TIM10	▲	0x0000 00A4	TIM1_UP_TIM10_IRQHandler	TIMER0_UP_TIMER9_IRQHandler
26	定时器 1 的触发 / 交换和定时器 11 中断 TIM1_TRG_COM_TIM11	▲	0x0000 00A8	TIM1_TRG_COM_TIM11_IRQHandler	TIMER0_TRG_CMT_TIMER10_IRQHandler

续附表 2

IRQ 号	中断 / 异常名称	优先级	向量	STM32F407 中断处理函数 (startup_stm32f40_41xxx.s)	GD32F407 中断处理函数 (startup_gd32f407_427.s)
27	定时器 1 的捕捉和比较中断 TIM1_CC	▲	0x0000 00AC	TIM1_CC_IRQHandler	TIMER0_Channel_ IRQHandler
28	定时器 2 全局中断 TIM2	▲	0x0000 00B0	TIM2_IRQHandler	TIMER1_IRQHandler
29	定时器 3 全局中断 TIM3	▲	0x0000 00B4	TIM3_IRQHandler	TIMER2_IRQHandler
30	定时器 4 全局中断 TIM4	▲	0x0000 00B8	TIM4_IRQHandler	TIMER3_IRQHandler
31	I2C1 总线的事件 I2C1_EV	▲	0x0000 00BC	I2C1_EV_IRQHandler	I2C0_EV_IRQHandler
32	I2C1 总线的错误 I2C1_ER	▲	0x0000 00C0	I2C1_ER_IRQHandler	I2C0_ER_IRQHandler
33	I2C2 总线的事件 I2C2_EV	▲	0x0000 00C4	I2C2_EV_IRQHandler	I2C1_EV_IRQHandler
34	I2C2 总线的错误 I2C2_ER	▲	0x0000 00C8	I2C2_ER_IRQHandler	I2C1_ER_IRQHandler
35	SPI1 总线全局中断 SPI1	▲	0x0000 00CC	SPI1_IRQHandler	SPI0_IRQHandler
36	SPI2 总线全局中断 SPI2	▲	0x0000 00D0	SPI2_IRQHandler	SPI1_IRQHandler
37	USART1 全局中断 USART1	▲	0x0000 00D4	USART1_IRQHandler	USART0_IRQHandler
38	USART2 全局中断 USART2	▲	0x0000 00D8	USART2_IRQHandler	USART1_IRQHandler
39	USART3 全局中断 USART3	▲	0x0000 00DC	USART3_IRQHandler	USART2_IRQHandler
40	外部中断 / 事件线 10 ～ 15，EXTI15_10	▲	0x0000 00E0	EXTI15_10_IRQHandler	EXTI10_15_IRQHandler
41	连接到 EXTI 线的 RTC_Alarm	▲	0x0000 00E4	RTC_Alarm_IRQHandler	RTC_Alarm_IRQHandler
42	连接到 EXTI 线的 USB OTG_FS_WKUP	▲	0x0000 00E8	OTG_FS_WKUP_ IRQHandler	USBFS_WKUP_ IRQHandler
43	定时器 8 的断路输入和定时器 12 中断 TIM8_BRK_TIM12	▲	0x0000 00EC	TIM8_BRK_TIM12_ IRQHandler	TIMER7_BRK_ TIMER11_ IRQHandler

续附表 2

IRQ 号	中断 / 异常名称	优先级	向量	STM32F407 中断处理函数 (startup_stm32f40_41xxx.s)	GD32F407 中断处理函数 (startup_gd32f407_427.s)
44	定时器 8 的更新和定时器 13 中断 TIM8_UP_TIM13	▲	0x0000 00F0	TIM8_UP_TIM13_IRQHandler	TIMER7_UP_TIMER12_IRQHandler
45	定时器 8 的触发 / 交换和定时器 14 中断 TIM 8_TRG_COM_TIM14	▲	0x0000 00F4	TIM8_TRG_COM_TIM14_IRQHandler	TIMER7_TRG_CMT_TIMER13_IRQHandler
46	定时器 8 的捕捉和比较中断 TIM8_CC	▲	0x0000 00F8	TIM8_CC_IRQHandler	TIMER7_Channel_IRQHandler
47	DMA1 的通道 7 中断 DMA1_Stream7	▲	0x0000 00FC	DMA1_Stream7_IRQHandler	DMA0_Channel7_IRQHandler
48	FSMC 全局中断	▲	0x0000 0100	FSMC_IRQHandler	EXMC_IRQHandler
49	SDIO 全局中断	▲	0x0000 0104	SDIO_IRQHandler	SDIO_IRQHandler
50	定时器 5 全局中断 TIM5	▲	0x0000 0108	TIM5_IRQHandler	TIMER4_IRQHandler
51	SPI3 全局中断	▲	0x0000 010C	SPI3_IRQHandler	SPI2_IRQHandler
52	UART4 全局中断	▲	0x0000 0110	UART4_IRQHandler	UART3_IRQHandler
53	UART5 全局中断	▲	0x0000 0114	UART5_IRQHandler	UART4_IRQHandler
54	定时器 6 和 DAC 全局中断 TIM6_DAC	▲	0x0000 0118	TIM6_DAC_IRQHandler	TIMER5_DAC_IRQHandler
55	定时器 7 全局中断 TIM7	▲	0x0000 011C	TIM7_IRQHandler	TIMER6_IRQHandler
56	DMA2 的通道 0 中断 DMA2_Stream0	▲	0x0000 0120	DMA2_Stream0_IRQHandler	DMA1_Channel0_IRQHandler
57	DMA2 的通道 1 中断 DMA2_Stream1	▲	0x0000 0124	DMA2_Stream1_IRQHandler	DMA1_Channel1_IRQHandler
58	DMA2 的通道 2 中断 DMA2_Stream2	▲	0x0000 0128	DMA2_Stream2_IRQHandler	DMA1_Channel2_IRQHandler
59	DMA2 的通道 3 中断 DMA2_Stream3	▲	0x0000 012C	DMA2_Stream3_IRQHandler	DMA1_Channel3_IRQHandler
60	DMA2 的通道 4 中断 DMA2_Stream4	▲	0x0000 0130	DMA2_Stream4_IRQHandler	DMA1_Channel4_IRQHandler
61	以太网全局中断 ETH	▲	0x0000 0134	ETH_IRQHandler	ENET_IRQHandler

续附表 2

IRQ 号	中断 / 异常名称	优先级	向量	STM32F407 中断处理函数 (startup_stm32f40_41xxx.s)	GD32F407 中断处理函数 (startup_gd32f407_427.s)
62	连接到 EXTI 线的以太网唤醒 WKUP	▲	0x0000 0138	ETH_WKUP_IRQHandler	ENET_WKUP_IRQHandler
63	CAN2 发送中断 CAN2_TX	▲	0x0000 013C	CAN2_TX_IRQHandler	CAN1_TX_IRQHandler
64	CAN2 接收 0 中断 CAN2_RX0	▲	0x0000 0140	CAN2_RX0_IRQHandler	CAN1_RX0_IRQHandler
65	CAN2 接收 1 中断 CAN2_RX1	▲	0x0000 0144	CAN2_RX1_IRQHandler	CAN1_RX1_IRQHandler
66	CAN2 状态变化错误 CAN2_SCE	▲	0x0000 0148	CAN2_SCE_IRQHandler	CAN1_EWMC_IRQHandler
67	USB FS 全局中断 OTG_FS	▲	0x0000 014C	OTG_FS_IRQHandler	USBFS_IRQHandler
68	DMA2 的通道 5 中断 DMA2_Stream5	▲	0x0000 0150	DMA2_Stream5_IRQHandler	DMA1_Channel5_IRQHandler
69	DMA2 的通道 6 中断 DMA2_Stream6	▲	0x0000 0154	DMA2_Stream6_IRQHandler	DMA1_Channel6_IRQHandler
70	DMA2 的通道 7 中断 DMA2_Stream7	▲	0x0000 0158	DMA2_Stream7_IRQHandler	DMA1_Channel7_IRQHandler
71	USART6 全局中断	▲	0x0000 015C	USART6_IRQHandler	USART5_IRQHandler
72	I2C3 总线的事件 I2C3_EV	▲	0x0000 0160	I2C3_EV_IRQHandler	I2C2_EV_IRQHandler
73	I2C3 总线的错误 I2C3_ER	▲	0x0000 0164	I2C3_ER_IRQHandler	I2C2_ER_IRQHandler
74	USB HS 端点 1 输出 OTG_HS_EP1_OUT	▲	0x0000 0168	OTG_HS_EP1_OUT_IRQHandler	USBHS_EP1_Out_IRQHandler
75	USB HS 端点 1 输入 OTG_HS_EP1_IN	▲	0x0000 016C	OTG_HS_EP1_IN_IRQHandler	USBHS_EP1_In_IRQHandler
76	连接到 EXTI 线的 OTG_HS_WKUP	▲	0x0000 0170	OTG_HS_WKUP_IRQHandler	USBHS_WKUP_IRQHandler
77	USB HS 全局中断 OTG_HS	▲	0x0000 0174	OTG_HS_IRQHandler	USBHS_IRQHandler
78	DCMI 全局中断	▲	0x0000 0178	DCMI_IRQHandler	DCI_IRQHandler
79	CRYP 全局中断	▲	0x0000 017C	CRYP_IRQHandler	0

续附表 2

IRQ 号	中断 / 异常名称	优先级	向量	STM32F407 中断处理函数 (startup_stm32f40_41xxx.s)	GD32F407 中断处理函数 (startup_gd32f407_427.s)
80	HASH_RNG 全局中断	▲	0x0000 0180	HASH_RNG_IRQHandler	TRNG_IRQHandler
81	FPU 全局中断	▲	0x0000 0184	FPU_IRQHandler	FPU_IRQHandler

注：▲表示可通过编程配置该中断 / 异常的优先级。

参考文献

[1] 谢能付，曾庆田，马炳先，等．智能农业——智能时代的农业生产方式变革[M]. 北京：中国铁道出版社，2020.

[2] 李道亮．农业 4.0 即将来临的智能农业时代[M]. 北京：机械工业出版社，2018.

[3] 方宪法，吴海华．农机装备亟待智能化转型升级[J]. 中国农村科技，2018(02):54-57.

[4] 李道亮．农业物联网导论[M]. 2 版．北京：科学出版社，2021.

[5] 何勇，聂鹏程，刘飞．农业物联网技术及其应用[M]. 北京：科学出版社，2016.

[6] 马德新．物联网与嵌入式技术及其在农业上的应用[M]. 北京：中国农业科学技术出版社，2019.

[7] Joseph Yiu. ARM Cortex-M3 与 Cortex-M4 权威指南 [M]. 3 版．吴常玉，曹孟娟，王丽红，译．北京：清华大学出版社，2015.

[8] 程启明，黄云峰，赵永熹，等．嵌入式微控制器原理及应用：基于 ARM Cortex-M4 微控制器（STM32 系列）[M]. 北京：中国水利水电出版社，2021.

[9] 王文成，胡应坤，胡智. ARM Cortex-M4 嵌入式系统开发与实战[M]. 北京：北京航空航天大学出版社，2021.

[10] 郭建，陈刚，刘锦辉，等．嵌入式系统设计基础及应用：基于 ARM Cortex-M4 微处理器[M]. 北京：清华大学出版社，2022.